New Wun Ching Developmental Publishing Co., Ltd.

New Age · New Choice · The Best Selected Educational Publications — NEW WCDP

REVIEW OF INTRODUCTION
TO HOSPITALITY

第 **3** 版
Third Edition

觀光餐旅業導論

總複習

好文化編輯小組◎編著

國家圖書館出版品預行編目資料

觀光餐旅業導論總複習/好文化編輯小組編著. -- 三版. --
新北市：新文京開發出版股份有限公司, 2024.08
　　面；　　公分

ISBN　978-626-392-034-7（平裝）

1.CST：餐旅業　2.CST：餐旅管理　3.CST：技職教育

528.8358　　　　　　　　　　　　　　　113010347

觀光餐旅業導論總複習（第三版）　　（書號：VF041e3）

編 著 者	好文化編輯小組
出 版 者	新文京開發出版股份有限公司
地　　址	新北市中和區中山路二段 362 號 9 樓
電　　話	(02) 2244-8188（代表號）
Ｆ Ａ Ｘ	(02) 2244-8189
郵　　撥	1958730-2
初　　版	西元 2021 年 09 月 10 日
二　　版	西元 2023 年 08 月 20 日
三　　版	西元 2024 年 08 月 20 日

有著作權　不准翻印　　　　　　　　建議售價：490 元
法律顧問：蕭雄淋律師
ISBN　978-626-392-034-7

序言
Preface

　　國內自90年週休二日制度實施以來，國人從事觀光旅遊活動之人數與需求日益增加。觀光餐旅業為綜合性的服務業，需仰賴大量的人力資源，是故為配合當前觀光政策，培育觀光餐旅人才為目前重要之課題。

　　本書乃依據民國107年教育部修正之12年國民基本教育技術型高級中等學校餐旅群之「觀光餐旅業導論」課程綱要與國內相關法令編輯而成，此次改版新增了最新統測題目及解析，提供讀者第一手資訊。

本書特色：

1. 本書共計八章，第一、二章為觀光餐旅業之基本概念與從業理念、第三章為餐飲業、第四章為旅宿業、第五章為旅行業、第六章為觀光餐旅相關產業、第七章為觀光餐旅行銷、第八章為觀光餐旅業的現況與未來。

2. 本書在每章前皆有趨勢導讀，分析該章節之重點，於每一章節之後放入歷屆試題，以強化學習者對課程之了解，並加深對該章節之記憶。

3. 每一章節後皆有自我評量之試題，方便學生進行課後之練習。

4. 部分章節附上相關圖片輔助說明，以加強學習者對課程內容的印象。

祝福各位考生順利應試！

編著者 謹識

目錄
Contents

01 CHAPTER

觀光餐旅業基本觀念

☑ 1-1　觀光餐旅業的定義

☑ 1-2　觀光餐旅業的範圍

☑ 1-3　觀光餐旅業的特性

☑ 1-4　觀光餐旅業的發展過程

☑ 1-5　觀光餐旅業發展的影響

☑ 1-6　我國觀光餐旅主管機關

趨勢導讀　　本章之學習重點

1. 了解觀光餐旅業廣義與狹義的定義，並延伸熟悉觀光的相關產業與範疇。

2. 相關行政單位針對餐旅產業的分類宜多留意與熟記。

3. 觀光餐旅業之特性為本章節之考試重點。

4. 我國觀光餐旅行政組織為新課綱的內容，其中各觀光遊憩區與其主管機關之配合是最常出現的是題型式，學習者宜多熟記。

致勝關鍵

1-1　觀光餐旅業的定義

一、觀光餐旅業(Introduction to Tourism & Hospitality Industry) 之語源與定義

項目	英文	語源與定義
觀光	Tourism	1. 由tour和ism組成。 2. tour源於拉丁文的tornus，原為畫圓圈的工具，有離家遠行又回到家裡，巡迴旅遊的意思。 3. 中國對觀光一詞出自《易經》：「觀國之光，利用賓于王」。 4. 定義：觀光涵蓋人們離開自己的日常生活居住地，前往其他目的之相關活動的總稱，且停留時間介於24小時以上到1年之內，而後返回居住地。（聯合國世界觀光組織）
餐旅業	Hospitality Industry	1. Hosipitality源於法文 "Hospice" 為十字軍東征之招待所，親切款待之意（Hospice現指旅客休之招待所）。 2. 定義： 　(1) 狹義：指餐飲業(Food & Beverage Industry)與住宿業(Lodging Industry)。 　(2) 廣義：餐旅包含觀光(Tourism)、遊憩(Recreation)、休閒(Leisure)、旅行(Travel)、住宿(Lodging)、餐飲(Food & Beverage)、會議(Convention)、交通運輸(Transportation)、娛樂(Entertainment)、文化(Culture)、博弈(Casino)等相關服務與產業。

二、觀光餐旅業之相關語源

名稱	英文	說明
旅館	Hotel	Hotel出自於**法文的Hôtel**，原是貴族利用別墅招待親朋好友之所。另此字源於**拉丁語Hospitale**。而Hospitale又可再分為Hospital與Hostel兩字。現Hospital為醫院，原意為提供簡便住所。而Hostel原指公寓之出租房子。
餐廳	Restaurant	源於**法文Restaurer**，原意為恢復元氣，演變為提供食物、休息之場所。
旅遊	Travel	源於**拉丁文Tripalium，指拷問用之刑具**。與法語Travail同源，有辛勞工作的意思。可見古代交通不便，旅遊被視為辛勞之事。
休閒	Leisure	源於拉丁文Licere，原意為被允許或自由，衍生為個人自由。
遊憩	Recreation	源於拉丁文Recreare，有更新、恢復、活化的意涵。

三、觀光與餐旅之比較

名稱	英文	範圍	比較	說明
觀光業	Tourism Industry	餐飲業、旅館業、旅遊業休閒產業、交通事業	範圍大	依其屬性，較偏重觀光休閒事業，內容多元化。
餐旅業	Hospitality Industry	餐飲業、旅館業、旅遊業	範圍較小（明確）	漸成主流名稱，有取代觀光之勢。

考題推演

(A) 1. 餐旅業的語源與定義，下列敘述何者錯誤？　(A)Travel原指畫圓的工具，因此有離家遠行又回家巡迴旅遊的意義　(B)Hospitality是指誠摯、親切、殷勤地款待旅行者　(C)Hostel原指類似公寓的出租房子，現多定義為招待所　(D)Tourism是指人們在工作之餘，離開居住地，前往從事觀光活動的目的地，最後會回到原居住地。　【101統測】

解答 A

解析 (A)Travel源於拉丁文Tripalium，意指拷問用之刑具。與法語Travail同源，有辛勞工作的意思。在古代因交通不便，旅行被視為辛勞之事。

( ) 2. 下列何者為觀光的語源，原為希臘語中表示一種畫圓圈的工具－轆轤，有離家遠行又回到出發地的巡迴旅遊之意： (A)Food and Beverage (B)Tour (C)Hospitality (D)Restaurant。 【103餐服技競】

解答 B

1-2 觀光餐旅業的範圍

一、觀光餐旅業之狹義定義

僅指餐飲業(Food & Beverage Industry)與住宿業(Lodging Industry)。

二、觀光餐旅業的廣義定義

（一）聯合國中央分類標準表(Central Product Classification, CPC)

世界觀光組織(UNWTU)祕書處將服務行業分為12大類，其中觀光旅遊服務業被列為9大類，其包含：餐飲服務業、旅飲服務業、旅行社服務業、導遊服務業。

（二）行政院主計處行業標準分級

類別	內容	相關行業		
第I大類	住宿及餐飲業	住宿業	短期住宿業	
			其他住宿業	
		餐飲業	餐食業	餐館
				餐食攤販業
			外燴及團膳承包業	
			飲料業	飲料店
				飲料攤販
第N大類	支援服務業	旅行及其他相關服務業		
		行政支援服務業	會議及工商展覽服務業	
第H大類	運輸及倉儲業	陸上運輸業		
		水上運輸業		
		航空運輸業		

類別	內容	相關行業	
第R大類	藝術、娛樂及休閒服務業	博弈業	
		運動、娛樂及休閒服務業	運動服務業
			娛樂及休閒服務業

資料來源：行政院主計總處－中華民國行業標準分類（110年1月第11次修訂）

（三）依據《發展觀光條例》第2條

「觀光產業：指有關觀光資源之開發、建設與維護，觀光設施之興建、改善，為觀光旅客旅遊、食宿提供服務與便利及提供舉辦各類型國際會議、展覽相關之旅遊服務產業。」

三、觀光與觀光事業

1. 觀光(Tourism)的中文一詞最早源於**周文王易經觀卦**，有「**觀國之光**」一詞；另**左傳中有「觀上之國」**之稱。

2. **觀光產業**為－**綜合性**事業，為一多功能之服務性產業。有「**無煙囪工業**」之稱。有「服務業的火車頭」之稱。

3. 依UNWTO對觀光客所下之定義：離開居住地 **24小時以上，一年以內**，以觀光為旅行之目的，前往他處從事旅遊活動者。

4. 內政部公佈自民國**67年**起，每年**農曆正月十五日（元宵節）為觀光節**，正月十五日前後七天為觀光週（正月十二日至十八日）。

5. 觀光有形產品，包含自然、人文環境兩大類（有形的商品，無形的服務）。

6. **觀光構成三要素：**
   人（觀光客）、空間（觀光資源）、時間（觀光客在觀光地區所花費的時間）。

7. 觀光系統分成三類

觀光系統	說明
觀光主體	指觀光客，觀光系統中最重要的部分。
觀光媒體	指餐飲業、旅行業、交通運輸業、旅館住宿業、觀光從業人員（例如：領隊、導遊）、觀光相關產業等。
觀光客體	指觀光目的地、觀光資源、觀光設施，能夠引起旅客觀光動機的空間、地點，例如：主題樂園、旅遊景點等。

8. 休閒(Leisure)指工作後從事之活動。**遊憩為一活動，包含休閒活動中。**

9. 觀光供應者：提供交通運輸、遊樂、住宿、餐飲及其他相關產業者。

   觀光消費者：旅客。

   觀光仲介者：旅行業。

10. 觀光之類型：

名稱	英文	說明
大眾觀光	Mass Tourism	是指適合各年齡層消費者的觀光旅遊。
娛樂觀光	Amusement Tourism	1. 又稱休閒觀光(Leisure Tourism/Recreation Tourism)，以觀賞風景、放鬆心情為主的旅遊。 2. 例如：大陸黃山之旅。
博弈觀光	Casino Tourism	1. 與博弈結合的觀光產業。 2. 例如：美國拉斯維加斯賭場旅遊、澳門賭場旅遊、摩洛哥的蒙地卡羅等。
文化觀光	Cultural Tourism	1. 以參觀風土民情為主、娛樂為輔的觀光活動，人們心存復古懷舊或尋根思古情懷。 2. 如世界遺產觀光(Heritage Tourism)是針對觀光資源進行的觀光活動。 3. 例如：臺南古蹟之旅、高雄內門宋江陣。
節慶觀光	Festival Tourism	1. 節慶觀光具有文化、教育和觀光的特質。 2. 例如：宜蘭七月搶孤、臺南鹽水蜂炮。
生態觀光	Eco-tourism	1. 是強調生態保育和遊憩活動結合的生態旅遊。 2. 強調以不影響旅遊地區的原始生態和社會結構為原則。 3. 又稱綠色觀光(Green Tourism)、永續觀光(Sustainable Tourism)、環境觀光(Environmental Tourism)。
會議暨展覽觀光	Convention & Exhibition Tourism	1. 包括會議觀光和展覽觀光，主要是參加會議或展覽，順道進行觀光活動。 2. 例如：發表論文、參加研討會、上海世博等。

名稱	英文	說明
社會觀光	Social Tourism	1. 政府對社會中弱勢團體提供協助，使他們不會因為沒有能力從事度假、觀光旅遊活動，而喪失了觀光旅遊的權利。 2. 社會觀光源自於北歐國家，北歐國家視社會觀光為基本人權之一。
產業觀光	Industrial Tourism	1. 與產業結合的觀光活動。 2. 例如：埔里酒文化館、可口可樂博物館等。
療養觀光	Hospital Tourism	1. 注重休養和醫療保健。 2. 例如：北投溫泉之旅、陽明山溫泉之旅。
醫療觀光	Medical Tourism	1. 以醫療護理、疾病與健康為主的觀光旅遊服務。 2. 例如：整型團。
另類觀光	Alternative Tourism	1. 又稱為替選性觀光。是針對傳統式大眾觀光的缺失而衍生出來的觀光型態。 2. 針對特殊族群設計的主題旅遊，例如：極地極光之旅。
黑暗觀光	Dark Tourism	1. 又稱為黑色旅遊(Black Tourism)、悲傷旅遊(Grief Tourism)。 2. 通常黑暗觀光的參訪地點是曾經發生過死亡、災難或戰爭的地方。
運動觀光	Sports Tourism	1. 與運動結合的觀光活動。 2. 例如：澳洲大堡礁潛水之旅、日本滑雪之旅。

11. 依WTO對各國觀光型態分類：

(1) **International** Tourism（**國際觀光**）：**Inbound** and **Outbound** Tourism。

(2) **Internal** Tourism（**內部觀光**）：**Domestic** and **Inbound** Tourism。

(3) **National** Tourism（**國家觀光**）：**Domestic** and **Outbound** Tourism。

（Outbound國人出國旅遊、Inbound外國人來臺旅遊、Domestic國民旅遊）

12. 馬斯洛的需求層次理論，人們獲得民生基本滿足後，便藉由觀光活動，滿足**實現自我**的最完善方式。

13. **觀光乘數**效果越大，所產生的**經濟效果越高**。（成正比）

14. 觀光衛星帳(Tourism Satellite Accounts, TSA)：評估觀光產業對一個國家的經濟貢獻度。

15. 觀光活動由四個部分組成：1.環境、2.設施、3.遊客、4.管理者。

考題推演

( ) 1. 有關「觀光客」的定義，下列敘述何者正確？　(A)佑青家住臺北，元宵節早上出門到九份去旅遊，傍晚再坐平溪支線火車到平溪參加放天燈的活動，當天晚上回家　(B)杏人家住高雄，利用暑假與朋友到墾丁衝浪，晚上逛「墾丁大街」時，還買了一些紀念品，隔天晚上返回高雄住家　(C)大茫家住高雄，在端午節下午跟朋友到愛河邊觀看划龍舟比賽　(D)子期住在臺中，固定於每週星期一早上到臺北後火車站批貨，下午再趕回臺中逢甲夜市擺攤賣小飾品。

【101統測】

解答 B

《解析》依據聯合世界觀光組織於1991年定義觀光為：「觀光涵蓋人們因為休閒、商務或其他目的，而離開自己日常生活環境，到其他地方從事旅遊活動或住宿，且停留時間介於24小時以上1年以內。」

( ) 2. 臺南市政府推廣七股騎單車一日遊行程，路線包括參訪鹿耳門聖母廟、觀賞黑面琵鷺及四草紅樹林，藉以鼓勵民眾參與低碳旅遊，上述行程的觀光旅遊類型不包含下列哪一種？　(A)產業觀光　(B)生態觀光　(C)運動觀光　(D)宗教觀光。

【111統測】

解答 A

《解析》七股騎單車一日遊行程為「運動觀光」,參訪鹿耳門聖母廟為「宗教觀光」,觀賞黑面琵鷺及四草紅樹林則為「生態觀光」,題目敘述中並未提及選項(A)產業觀光。

( ) 3. 下列何者為設計 ecotourism 觀光活動的主要目的？　(A)推廣各地傳統節慶活動　(B)發展景點周邊購物商場　(C)重視資源保育降低衝擊　(D)規劃銀髮樂齡旅遊行程。

【111統測】

解答 C

《解析》生態觀光(ecotourism)以環境生態保育為主,不改變原始環境且將負面衝擊降到最低為主要目的。

( ) 4. 小名在家族聚會中分享歐洲十天旅遊行程的經驗，其中對法國的巴黎鐵塔印象深刻，且對當地導遊的導覽解說感到滿意，回國後也與同行團員成為好朋友。小名的旅遊分享經驗中，哪一項不屬於觀光構成要素？　(A)法國的當地導遊　(B)法國的巴黎鐵塔　(C)歐洲的十天行程　(D)小名及同行團員。

【111統測】

解答 C

《解析》 觀光構成要素為觀光客、觀光景點、觀光客從事觀光活動所花用（停留）的時間。

( ) 5. 王明與家人在春節期間，委託陽陽旅行社安排，搭乘濟州航空公司的班機出發到韓國濟州島渡假，入住Grand Hyatt Jeju。根據以上的敘述，何者屬於「觀光客體」？ (A)濟州航空公司 (B)陽陽旅行社 (C)Grand Hyatt Jeju (D)韓國濟州島。 【112統測】

解答 D

《解析》 濟州航空公司、陽陽旅行社、Grand Hyatt Jeju 飯店均為觀光媒體，韓國濟州島為觀光客體，王明與家人則為觀光主體。

1-3 觀光餐旅業的特性

特性	英文	內容
立地性	Location	因不同位置，產生不同因應設施服務，且無法隨顧客移動其地理位置。
無歇性	Restless	為全天候24小時服務，而餐飲業也大多在12小時以上。
易變性	Sensibility	・又稱為敏感性、替換性。 ・易受政治、經濟、國際情勢、天災人禍之影響（例如：SARS、911事件、印尼海嘯）。 ・Law of demand and supply指市場供需法則，亦即餐旅市場的多變性。
異質性	Heterogeneity	服務品質因個人差異，而有不同的需求與認知。故業界設計「標準作業流程(S.O.P.)」來進行服務。
易逝性	Perishability	・又稱為不可儲存性、易滅性、易腐性、有限性。 ・餐旅產品（客房、機位），**無法儲存到次日再出售**，故業者採營收管理技巧策略。
不可分割性	Inseparability	生產與消費同時發生（如點餐、用餐），無法分割。
無形性	Intangibility	・又稱為不可觸摸性。 ・餐旅業主要在銷售親身體驗，故顧客滿意度（口碑），為其有利之促銷。
季節性	Seasonality	受季節（春、夏、秋、冬）變化，有淡季(Off Season)、旺季(On Season)之分，受景觀影響，產品也有不同（**北海道雪祭、泰國潑水節、墾丁風鈴季、奧萬大賞楓**）。

特性	英文	內容
競爭性	Competition	餐旅業為勞力密集產業，產品同質性高、故競爭激烈。
綜合性	Combination	結合旅行、旅館、餐飲、交通…等行業，滿足旅客不同需求，具有綜合性之服務功能。
合作性	Cooperation	旅客決定旅遊行程時，餐旅業之相關產業需彼此合作，提供旅客所需。
公共性	Public	餐旅業為提供大眾旅遊、會議、宴客休閒等之公眾活動場所。
替換性	Replace	旅遊非生活必需品，當有天災人禍影響時，消費者即改變目的地或意願。
僵硬性	Inflexible	飯店客房、班機機位無法在短期內改變數量。

考題推演

( ) 1. 疫情後餐旅業蓬勃發展，帆船大飯店因員工流動率高，導致服務品質不佳，於是飯店的王總經理開始建構標準化流程來提高服務品質，此種方式主要因應餐旅業的哪一種特性？ (A)cooperation (B)heterogeneity (C)inseparability (D)perishability。 【113統測】

解答 B

《解析》(A)合作性；(B)異質性；(C)不可分割性；(D)易逝性。

( ) 2. 關於餐旅業特性之敘述，下列何者正確？ (A)必須提供全年性及全天候服務，是為季節性 (B)服務品質容易受服務時間、地點及個人需求而影響，是為異質性 (C)餐旅產品無法儲存，是為僵固性 (D)需要大量人力服務，是為無歇性 【105統測】

解答 B

( ) 3. 消費者在網路上發表對某家餐廳的評價，而造成該餐廳顧客大量增加或減少，以下哪一種餐旅業特性最能說明此現象？ (A)易逝性 (B)異質性 (C)立地性 (D)易變性。 【106統測】

解答 D

( ) 4. 鄉村慢食餐館只有 16 個座位，每週營業三天且只供應晚餐一個餐期，號稱中臺灣最難訂的無菜單料理餐廳；主打澎湖海產當日新鮮直送，所有菜色均為現

點現烹調；**餐廳採預約制，每月 10 號開始接受下個月的訂位，開放當日即預約額滿**。此餐廳<u>不具有</u>下列哪一種餐飲業特性？　(A)消費即時性　(B)食材限時性　(C)生產時間短　(D)銷售難預估。　　　　　　　　　　　【111統測】

解答 D

《**解析**》該餐館採用預約制方式，來克服餐飲業的產品銷售量不易預估的特性。

(　　) 5. 聖誕節假期旅客入住 W Taipei Hotel，此期間該旅館連續一週住房率都達 100 %，房間雖供不應求但也無法增加銷售量，根據上述客房銷售情形，<u>不包含</u>下列哪一項旅館特性？　(A)供給無彈性　(B)需求波動高　(C)經營合作性　(D)銷售季節性。　　　　　　　　　　　　　　　　　【111統測】

解答 C

《**解析**》題目敘述內容描述旅宿業經濟方面的特性，包含短期供給無彈性、需求波動性、季節性。

1-4 觀光餐旅業的發展過程

一、我國觀光餐旅業的發展過程

年代	重要紀事
40~50年	1. 臺灣省政府臨時編制「臺灣省觀光事業委員會」，民間觀光單位成立**「臺灣觀光協會」**(Taiwan Visitors Association, TVA)，**屬於半官方組織，為我國第一個成立的民間觀光團體。** 2. 民國45年可謂我國觀光事業之創始年。 3. 可接待外賓的旅館僅有圓山旅店、中國之友社、自由之家及臺灣鐵路飯店等4家。 4. 頒佈「新建國際觀光旅館建築及設備要點」，以鼓勵民間興建觀光旅館。 5. 旅行社開放民營，同年有8家旅行社成立（此時臺灣有臺灣、中國、遠東、歐亞、亞美、亞洲、歐美、臺新、東南9家旅行社）。
50~60年	1. 53年首度舉辦導遊人員甄試，錄取40名，成為我國觀光史上的首屆導遊。 2. 頒佈「臺灣省觀光旅館輔導辦法」（將觀光旅館分為國際及一般觀光旅館）。 3. 大型觀光旅館之始，如統一大飯店、國賓大飯店（臺灣第一家五星級飯店）。 4. 日本開放國民海外旅遊。
60~70年	1. 臺北**「希爾頓飯店」**（現為臺北凱撒）開幕，**是臺灣首座五星級國際連鎖飯店，亦是第一家簽訂經營管理契約**（所有權與管理權完全分開）**的旅館。** 2. 我國觀光旅館業開始進入國際連鎖時期。 3. 來臺旅客突破100萬人次。 4. 觀光局訂定「元宵節」（農曆正月十五日）為觀光節，並以觀光節前後三天為觀光週。 5. 交通部會同內政部首次發佈「觀光旅館業管理規則」。 6. 開放國人出國觀光。 7. 觀光局首次辦理國際領隊甄試。
70~80年	1. 觀光旅館實施梅花評鑑制度。（71.10~72.1接受申請） 2. 「墾丁國家公園」成立管理處，成為我國第一座國家公園。（隸屬於「內政部營建署」） 3. 解除戒嚴令，國人增加大陸之旅遊活動。 4. 臺灣觀光協會首辦第一屆國際旅展(International Travel Fair, ITF)活動至今。 5. 觀光局開放旅行業申請設立。訂定資本額、保證金及專任經理人並區分為綜合、甲種及乙種等三類旅行社。

年代	重要紀事
80~90年	1. 5月1日外交部公佈給予美、加、日、澳、紐、英、法、德、荷、比、盧、奧、西、葡、義、哥、瑞典及希臘等18國國籍旅客入境，可享14天免簽之優惠。 2. 實施隔週休二日制，帶動觀光活動商機。 3. 依據獎勵民間參與交通建設條例規定，政府鼓勵民間採BOT或BOO方式參與重大觀光遊憩設施。 4. 90年1月1日起全面實施週休二日，並積極規劃「臺灣地區觀光旅憩系統」。
90~100年	1. 「挑戰2008：國家發展重點計畫(2002~2007)」，發展重點之一為「觀光客倍增計畫」，目標2008年打造臺灣成為觀光之島，來臺人數倍增為500萬人次 (Inbound)。其中有200萬人次是以觀光旅遊為目的。 2. 民國91年行政院訂定「臺灣生態旅遊年」。 3. **觀光局訂定2008~2009年為「旅行臺灣年」(Tour Taiwan)**。並配合行政院「2015經濟發展願景第一階段三年(2008~2009)衝刺計畫」，以「美麗臺灣」、「特色臺灣」、「友善臺灣」、「品質臺灣」及「行銷臺灣」為主軸，全力打造優質的旅遊環境。 4. 98年政府推動「觀光拔尖領航方案」，各地區之發展主軸定位如下： (1) 北部：生活及文化的臺灣。　　(2) 中部：產業及時尚的臺灣。 (3) 南部：歷史及海洋的臺灣。　　(4) 東部：慢活及自然的臺灣。 (5) 離島：特色島嶼的臺灣。　　(6) 不分區：多元的臺灣。 5. 99年首次辦理星級評鑑，觀光局並頒發星級旅館標章。 6. 推動「旅行臺灣－感動一百」行動計畫，以**「催生與推廣百大感動旅遊路線」**、**「體驗臺灣原味的感動」**及**「貼心加值服務」**為主軸，形塑臺灣觀光感動元素，爭取國際旅客來臺觀光。 7. 發表臺灣觀光新品牌：亞洲心。臺灣情。從心出發(Taiwan-The Heart of Asia)，取代舊有之Taiwan Touch Your Heart。
100~至今	1. 以永續、品質、友善、生活、多元為核心理念、持續推動「觀光拔尖領航方案」及「重要觀光景點建設中程計畫」。 2. 2015年來臺旅客首度突破千萬，正式邁向觀光大國。 3. 2017年啟動「Tourism 2020：臺灣永續觀光發展方案」，促進臺灣永續觀光。 4. 2019年交通部振興臺灣觀光，全面佈局2030：啟動Taiwan Tourism 2030台灣觀光政策白皮書。 5. 2023年，交通部組改後，觀光局升格為「交通部觀光署」，可提升決策功能，應變速度和彈性更好。

二、國際觀光餐旅業的發展過程

（一）上古時期（西元前2世紀～2世紀）

年代	重要紀事
上古時期 階級旅遊 (Class Travel)	1. 蘇美人製造工具、發明貨幣，從事商業行為，並留下文字紀錄。 2. **腓尼基人控制海上貿易，可算是世界上最早的旅行家。** 3. 古埃及王國時代，興建金字塔與神廟，埃及成為最早的人造旅遊勝地，舉世聞名。 4. **古希臘時代**，西元前776年起，舉辦**奧林匹克運動會**，吸收眾多旅遊人潮參與，**為真正以觀光旅遊型態出現**。由於愛好旅行、古希臘人稱霸地中海。 5. 西元前6世紀，**古波期帝國興建「御道」**，橫跨歐亞大陸公路，首開東西文化、貿易交流的風氣。 6. 古羅馬時代，建立羅馬帝國、修建道路、交通發達，讓旅遊者更有保障，特權階級僱用外語強且身強力壯之**護衛Courier，開創專業領隊與導遊之先河**（因當時貴族熱衷SPA）。 7. 歐洲餐廳之起源可追溯至古羅馬時代。

（二）中古時期（3~13世紀）

年代	重要紀事
中古時期 宗教旅遊 (Pilgrimages Travel)	1. 因羅馬帝國衰退，影響旅遊活動，僅朝聖活動為13世紀之一大觀光現象。 2. 西元1095~1291年，**基督教、回教、希臘教徒，發起十字軍東征，以奪取聖城耶路撒冷為目的。促使東、西文化交流。為歐洲人東遊奠定基礎。** 3. 因修道院提供住宿給朝聖者，扮演客棧角色，因此造成歐洲餐旅業進入衰退時期。 4. **十字軍東征，將東西飲食文化融合，阿拉伯人間接將冰淇淋作法傳入歐洲。馬可波羅將中國麵點傳入義大利。**

（三）文藝復興時期（14~18世紀）

年代	重要紀事
文藝復興時期 學習旅遊 (Comprehensive Tour)	1. 14、15世紀，**學習旅遊興起於義大利**，以人文主義為主，再擴展到歐洲各國，帶動文化、藝術、教育之路(Education Tour)。 2. 1533年義法聯姻，飲食交流使法國菜成為世界主流。**義大利菜被稱為「西餐之母」**。 3. **18世紀，英國流行大旅遊(Grand Tour)**，為英國貴族培育其子女，以學習歷史、藝術、教育、文化為主，安排之**全備旅遊(All Inclusive Tour)**。 4. 大旅遊奠定歐洲團體全備旅遊(Group Inclusive Package Tour)的基礎。

（四）工業革命時期（18~19世紀）

年代	重要記事
工業革命時期 汽車旅遊 (Bus Tour)	1. 1769年，英國出現以馬車作為城市間交通工具。 2. 1787年，**瓦特發明蒸氣機**，海上交通成為主流，觀光已成為媒介型事業（**火車發明**）。 3. 1825年**英國密德蘭鐵路完成，為世界第一條鐵路**。 4. **1845年，英人湯瑪斯‧庫克(Thomas Cook)創立「通濟隆公司」**，是**世界最早的旅行社**。為包辦式旅行(Inclusive Tour)業務的開始，配合英國之禁酒運動，發起之活動。 5. **湯瑪斯‧庫克，被尊稱為「旅行業之鼻祖」、「近代觀光業之父」**。 6. 美國旅行業創設源於威廉哈頓（1839年）是歷史上最早出現旅運公司的國家，**1850年，美國運通公司成立，為世界最大的民營旅行社**。 7. 1885年汽車問世，**美國**為世界上最早興建「國有州際公路系統」、**發明汽車的國家**。 8. 1850~第一次世界大戰，巴士之旅最為盛行。公路旁出現**汽車旅館(Motel)**，收費低廉。Motel創始於美國。 9. 工業革命時期，馬車、蒸汽機、火車、旅行指南、汽車問世的帶動下，印證了「**交通運輸為觀光事業之母**」這句話。 10. 1930年世界經濟大恐慌，餐旅業發展呈停滯狀態。

（五）現代（20世紀至今）

年代	重要紀事
大眾旅遊時期 大眾旅遊 (Mass Travel)	1. 1963年美國啟用客機波音747，開啟航空進入噴射客機時代。 2. 1974年英國、西班牙、德國、法國研發了空中巴士300(Air Bus 300)民航機。 3. 二次大戰後，歐美各國紛紛立法修正縮短工時，調整休假時段，餐旅業成為全世界最大的產業。 4. 美國完成「國有州際鐵路系統」之興建，是以鐵路為主要交通工具之代表國家。 5. 德國之高速鐵路系統稱為ICE(Inter-City Express)系統。 6. 1999年世界觀光組織UNWTO，公佈觀光衛星帳TSA(Tourism Satellite Account)之會計系統，確立觀光為單一產業，藉此衡量觀光產業對一個國家的經濟貢獻度。

考題推演

( ) 1. 餐旅業的發展中受許多因素影響，下列何種重要的發展使得旅遊大眾化，因此被稱為是觀光事業之母？ (A)文藝復興 (B)交通運輸 (C)學習旅遊 (D)階級旅遊。 【107統測】

解答 B

( ) 2. 關於國外餐旅業的發展，下列敘述何者錯誤？ (A)波斯帝國滅亡，讓歐洲旅遊沒落，進入黑暗時代 (B)文藝復興時期，發展出「大旅遊」(Grand Tour)的旅遊型態 (C)英國人湯瑪斯‧庫克(Thomas Cook)被後人尊稱為「旅行業鼻祖」 (D)工業革命期間，交通運輸的發展，促使旅行活動的大變革。 【102統測】

解答 A

( ) 3. 觀光餐旅業的發展過程，下列敘述何者正確？ (A)民國76年臺灣開放國人出國觀光是與外國雙向交流之開始 (B)臺灣最早成立的民間觀光組織是臺灣省觀光協會 (C)黑暗時代特權階級所雇用精通外語的護衛稱為Courier，首開領隊與導遊之先河 (D)美國的汽車旅館(Motel)是從1930年以後陸續發展。 【101統測】

解答 D

《解析》(A)民國68年開放國人出國觀光。(B)民國45年由政府設立「臺灣省觀光事業委員會」，民間則成立「臺灣觀光協會」。(C)古羅馬時期，貴族遠赴外地會雇用精通外語的護衛稱為Courier，首開領隊與導遊之先河。

( ) 4. 關於我國餐旅業發展的重要事件發生順序，下列何者正確？甲： SARS 疫情爆發，重創觀光產業、乙：全面實施週休二日，國民旅遊盛行、丙：啟動兩岸大三通，促進餐旅業發展、丁：臺北希爾頓飯店開幕，旅館業走入國際連鎖時代 (A)甲→乙→丙→丁　(B)乙→甲→丙→丁　(C)丙→甲→丁→乙　(D)丁→乙→甲→丙。　　　　　　　　　　　　　　　　　　　　　　　　【110統測】

解答 D

( ) 5. 我國交通部觀光局曾推動多項觀光政策，對餐旅業發展具有重大影響，下列政策何者於民國 100 年後啟動？　(A)臺灣觀光年　(B)觀光客倍增計畫　(C)觀光大國行動方案　(D)開放陸客來台觀光。　　　　　　　　　　　　　　　　　【110統測】

解答 C

( ) 6. 餐酒館不僅提供酒精性飲料，也會提供無酒精性飲料和餐點，下列何者為此類型餐飲場所最早的代表稱呼？ (A)bistro　(B)lounge　(C)pub　(D)tavern。

【111統測】

解答 D

《解析》(A)小酒館；(B)飯店、旅館等的休息室、會客廳；(C)酒吧；(D)為羅馬帝國時期供應簡單餐食與酒類，為小酒館最早的起源形式。

1-5 觀光餐旅業發展的影響

影響層面	正面衝擊	負面衝擊
經濟層面	1. **增加就業機會** 2. 提高國民所得 3. 平衡國際收支 4. **影響政府稅收** 5. 促進其他產業投資 6. 觀光乘數效應	1. **物價上漲、通貨膨脹壓力** 2. **產業結構改變** 3. 外部成本之產生 4. 明顯之淡旺季發生 5. 過分依賴觀光之波動
社會層面	1. 提供正當休閒娛樂 2. **均衡地方發展、降低貧富差距** 3. 安定當地居民生活 4. **建立鄉土特色**	1. **消費型態轉變** 2. 生活節奏改變 3. 社會風氣改變
文化層面	1. 促進文化藝術保存 2. 保存故有文化資產 3. 加強人們之文化交流 4. 推動文化科技交流	1. 文化價值商品化 2. 文化價值改變 3. 文化資產易管理不當
環境層面 （重視生態觀光 ECO-Tourism）	1. 保護環境生態保育 2. 系統規劃觀光資源 3. 提升環境品質	1. 生態資源易被破壞 2. 環境易破壞汙染 3. 興建設施之破壞 4. 觀光客人之破壞

p.s.「觀光乘數效應」，觀光客於某一地區花費，各項花費將直接或間接帶動整體經濟繁榮。

考題推演

(　　) 1. 遊客在花蓮購買大理石，所花費的金錢被大理石店老闆用來支付員工薪水，員工再用薪水去百貨公司消費，促使當地經濟繁榮、市場活絡。此經濟循環作用所產生的效益，稱為下列何者？　(A)tourism multiplier effect　(B)tourism motivation effect　(C)tourism more effect　(D)tourism mass effect。【106統測】

解答 A

（　　）2. 下列何者**不是**餐旅業發展的正面效益？　(A)提升國家經濟成長　(B)塑造地方在地特色　(C)帶給居民示範效果　(D)增加國民就業機會。　　【105統測】

解答 C

（　　）3. 臺灣觀光餐旅業目前所面臨的課題，下列敘述何者**錯誤**？　(A)基層就業人員的流動率高　(B)應開拓潛在來臺旅客市場　(C)永續發展的觀念有待落實　(D)觀光旅遊產品的差異性高。　　【111統測】

解答 D

《**解析**》部分觀光餐旅業進入門檻低，產品同質性高。

1-6　我國觀光餐旅主管機關

一、我國觀光產業主管機關

（一）中央觀光主管機關

1. 觀光主管機關組織圖

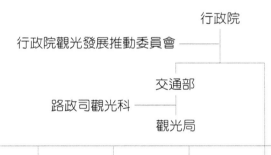

＊ 2023年9月交通部觀光局升格為交通部觀光署。

2. 交通部觀光署各組管轄及主要業務

行政機構			管轄與主要業務
交通部	觀光署	企劃組	1. 研擬觀光計畫與執行、年度施政計畫。 2. 審訂觀光事業法規。 3. 觀光市場調查分析、蒐集觀光旅客資料與統計分析等。
		業務組	1. 管理輔導旅行業、導遊人員及領隊人員、證照核發。 2. 觀光從業人員培育、甄選。 3. 調查蒐集旅業資料。 4. 輔導觀光法人團體等。
		技術組	1. 觀光資源、觀光地區名勝古蹟、風景特定區設立。 2. 觀光地區規劃、國家級風景特定區（13處）。 3. 自然人文生態景觀區之劃定與專業導覽人員之資格。 4. 稀有野生物資源調查及保育等。
		國際組	1. 爭取國際觀光組織、會議及展覽之推廣及協調。 2. 駐外機構（14處）及業務之聯繫。 3. 國際觀光宣傳推廣等。
		國民旅遊組	1. 審核觀光遊樂設施興辦事業。 2. 海水浴場申請與經營管理。 3. 觀光遊樂業經營管理。 4. 辦理地方觀光民俗節慶活動等。
		旅宿組	1. 審核國際觀光旅館、一般觀光旅館建築與設備標準。 2. 管理輔導觀光旅館及其從業人員教育訓練。 3. 旅館星級評鑑、好客民宿遴選活動等。
		「國際機場旅客服務中心」 「旅遊服務中心」	加強來華及出國觀光旅客之服務。

＊ 2023年9月交通部觀光局升格為交通部觀光署。

（二）其他觀光資源主管機關

1. 臺灣各類型觀光遊憩區管理機關

遊憩類別	涵蓋範圍	管理機關
國家公園	墾丁、玉山、陽明山、太魯閣、雪霸、金門、東沙環礁、臺江、澎湖南方四島等9處。	內政部營建署

遊憩類別	涵蓋範圍	管理機關
國家風景區	東北角、東海岸、澎湖、花東縱谷、大鵬灣、馬祖、日月潭、參山、阿里山、茂林、北觀、雲嘉南濱海與西拉雅等13處。	交通部觀光局
森林遊樂區與國家自然步道系統	內洞、滿月園、東眼山、觀霧、棲蘭、明池、太平山、武陵、大雪山、八仙山、合歡山、奧萬大、阿里山、藤枝、墾丁、池南、雙流、知本、富源等19處森林遊樂區與全國國家自然步道系統。	農業委員會（農委會）林務局
實驗森林遊樂區	溪頭森林遊樂區（臺灣大學）、惠蓀森林遊樂區（中興大學）。	教育部
休閒農場	福田園、綠世界、大肚山達賴、久大生態教育、欣隆、稻香、臺大、彰化、庄腳所在、圳頭、君達、池上……等。	農業委員會（農委會）
國家農場	武陵、福壽山、清境、嘉義等4處國家農場。	退除役官兵輔導委員會（退輔會）
休閒漁業區	各地休閒漁業區。	農業委員會（農委會）
博物館	故宮博物院、自然科學博物館、海洋生物博物館……等。	教育部
高爾夫球場	新淡水、林口、鴻禧大溪、高雄澄清湖……等82處。	體育委員會（體委會）
海水浴場	2006年夏季開放以下17處海水浴場：新金山、翡翠灣、和平島、龍洞灣、龍洞南口、鹽寮、福隆、磯崎、杉原、南灣、小灣、青洲、旗津、三條崙、大安、通宵西濱、崎頂。	觀光局
觀光水庫	石門、曾文、明德與翡翠水庫……等。	經濟部水利局
國定古蹟	總統府、行政院、監察院、臺北賓館……等13處。	內政部民政司
省定古蹟	臺南火車站。	內政部民政司
第一級古蹟	八仙洞、大坌坑、赤崁樓、安平古堡、紅毛城等24處。	內政部民政司
第二三級古蹟	各縣市公告之第二級（48處）、第三級古蹟。	縣（市）政府

資料來源：楊正情(2011)。觀光與行政法規I。臺北：龍騰。

◎ 13處國家風景區擬定之吉祥物

風景區	吉祥物	風景區	吉祥物
東北角	福龍	茂林	紫蝶標誌
北觀	野柳女王頭及風箏	大鵬灣	黑鮪魚
參山	獅頭山－和氣獅	花東縱谷	寶貝熊
	八卦山－智慧鷹	東海岸	阿美族娃娃
	梨山－花仙子	西拉雅	菱角
日月潭	白鹿	澎湖	吉祥龜
雲嘉南	黑面琵鷺	馬祖	黑嘴瑞鳳頭燕鷗
阿里山	鄒族青山勇士美少女		

2. 我國之「國家公園」主管機關為內政部（9處）

名稱	成立日期	內容
墾丁	73.1.1	**為我國第一個成立之國家公園**，為珊湖礁海岸構成之地質景觀（全世界第一個國家公園，為美國的黃石國家公園）。
玉山	74.4.10	**為臺灣最大之國家公園**。位於臺灣中央，以高山地形為代表特色。玉山為東亞第一高峰。
陽明山	74.9.16	**臺灣本島面積最小之國家公園**。位於臺北盆地，以**火山地形**為代表特色。為臺灣唯一靠近市區之國家公園。
太魯閣	74.11.28	位於花蓮、臺中、南投交界處，具有獨一無二大理石切割地形，被美國**雜誌評為東方七大奇景之一**。
雪霸	81.7.1	位於雪山山脈之中心，為**山岳型之國家公園**，包括冰河遺跡、櫻花鉤吻鮭等。
金門	84.10.18	以**戰地史蹟文化為特色**之國家公園。地質以花岡片麻岩為主。
東沙環礁	96.1.17	包括東沙島及環礁保護區之海域，由珊瑚礁歷經千萬年堆積形成。是我國**唯一發育完整之巨型環礁地景**。
臺江	98.10.15	位於臺灣本島西南部，**海埔地為其一大特色**。沙洲、濕地、特殊地形景觀、海域、陸域生態資源豐富。
澎湖南方四島國家公園	103.6.8	涵蓋東吉嶼、西吉嶼、東嶼坪、西嶼坪及周邊九個附屬島嶼，**有壯觀的玄武岩地景**，以及多樣的海蝕地形。

3. 國家公園分五區管理

(1) 一般管制區。

(2) 遊憩區（提供民眾觀光休憩）。

(3) 史蹟保存區。

(4) **特別景觀區（特殊天然景緻，嚴格限制開放之地區）。**

(5) 生態保護區（需事先向管理處提出申請）。

p.s.為保存國內特有自然生態及人文景觀資源，在自然人文生態景觀區應設置專業導覽人員。

一、影響觀光需求之因素

理性因素	非理性因素
1. 觀光資源、觀光設施 2. 觀光之便利與否 3. 人口結構、環境條件 4. 地理條件（距離是否太遠） 5. 政治因素（政局、自由性）	1. 個人偏好、習慣 2. 家族旅遊、朋友介紹 3. 觀光推廣及宣傳 4. 經濟狀況（所得能力） 5. 時尚模仿 6. 宗教（朝聖）

二、觀光資源構成要件

1. 具有相當之吸引力。

2. 能滿足旅客生理、心理上之需求。

3. 促成旅客消費的意願。

三、觀光資源開發規劃原則

1. 保持和開發觀光資源的特色。（永續利用）

2. 保護和利用相結合的原則。

3. 符合市場需求的原則。

4. 經濟效益的原則。

5. 綜合開發原則。

p.s.觀光資源開發利用首要遵守保持原有特色，維護重於開發。

四、觀光資源依據「臺灣地區觀光遊憩系統開發計畫」共分為 五類

類別	內容
自然資源	湖泊、水庫、溪流、森林遊樂區、海岸、溫泉等
人文資源	歷史建築物、民俗活動、文教設施、聚落
產業資源	休閒農業、漁業養殖、休閒礦業、地方特產
遊樂資源	遊樂園、高爾夫球場、海水浴場、遊憩活動
相關服務資源	可分為交通與住宿兩大系統

一、國際觀光組織

1. **世界觀光組織**(The World Tourism Organization, WTO)，總部設於**西班牙馬德里**，為聯合國下官方諮詢機構。**我國非會員國。**

2. **亞太旅行協會(Pacific Asia Travel Association, PATA)**，會址為美國舊金山。

3. 東亞旅遊協會EATA，會址為東京。

4. 美洲旅遊協會(American Society of Travel Agents, ASTA)，會址為美國華盛頓，主張旅行自由。

5. **國際航空運輸協會(International Air Transport Association, IATA)**，會址設於**加拿大蒙特婁**，將全球分為三大飛航區域，為世界各國航空組成的非官方組織。

6. 亞太經濟合作理事會(Asia Pacific Economic Cooperation, APEC)，會址設於新加坡。

7. 世界旅行業協會(World Association of Travel Agents, WATA)，會址設於日內瓦。

8. 聯合國教科文組織(United Nations Educational Scientific and Cultural Organization, UNESCO)，評定古蹟列入世界遺產。

9. 國際民航組織(International Civil Aviation Organization, ICAO)，總部在加拿大蒙特婁YUL。我國非會員國。

10. 國際會議協會(International Congress and Convention Association, ICCA)，總部在荷蘭阿姆斯特丹AMS，是一專業之國際會議推廣組織。

p.s.依據WTO預估，全球觀光人數到2020年約16.02億人次。

二、世界各國觀光組織(NTO)

國別	管理單位	中央主管機關
美國	美國旅遊暨觀光行政局(United States Travel and Tourism Administration, USTTA)	商務部副部會 (Under Secretary)
日本	日本觀光振興會(Japan National Tourist Organization, JNTO)非營利	運輸省觀光部
新加坡	新加坡旅遊促進局(Singapore Tourist Promotion Board, STPB)半官方	工商部
香港	香港旅遊協會(Hong Kong Tourist Association, HKTA) 半官方	
韓國	觀光局(Bureau of Tourism)	交通部(Ministry of Transportation)
加拿大	觀光局(The Canadian Government Office of Tourism, CGOT)	工商貿易部助理副部會 (Assistant Deputy Minister)

考題推演

(　　) 1. 下列單位與主管機關的配對，何者錯誤？　(A)墾丁國家公園—內政部營建署 (B)國立海洋生物博物館—教育部　(C)藤枝森林遊樂區—農業委員會林務局 (D)大鵬灣國家風景區—屏東縣政府。　　　　　　　　　　　【98統測】

　　解答　D

★1-1 觀光餐旅業的定義

( ) 1. 下列何者最可解釋「hospitality」的本意？ (A)具彈性的服務 (B)有同理心 (C)注意細節 (D)親切款待。

( ) 2. 餐旅業在廣義的解釋上，**不包括**下列哪一種產業？ (A)旅行業 (B)遊憩娛樂 產業 (C)醫療產業 (D)會展產業。 【102統測】

( ) 3. 根據行政院主計處頒佈的「中華民國行業標準分類」，交通運輸工具上之餐飲 承包服務，屬於下列何類？ (A)餐館業 (B)其他餐飲業 (C)餐飲攤販業 (D)流動餐廳業。 【108統測】

★1-2 觀光餐旅業的範圍

( ) 1. 在餐旅發展效益中，觀光乘數效益(tourism multiplier effects)是屬於下列哪一種 層面的考量？ (A)社會 (B)經濟 (C)文化 (D)環境。 【102統測】

( ) 2. 構成觀光現象的基本要素有哪三種？ (A)旅遊區、交通、飯店 (B)餐廳、交 通、飯店 (C)人、空間及時間 (D)人、飯店、餐廳。 【103餐服技競】

( ) 3. 參觀羅馬教皇及西班牙聖地牙哥大教堂，為何種觀光為主？ (A)宗教觀光 (B)遊學觀光 (C)美食觀光 (D)環境觀光。 【102餐服技競】

( ) 4. 每年「端午節」熱鬧非凡，各地辦理划龍舟比賽，已歷史悠久，此種旅遊活動 稱為 (A)生態之旅 (B)宗教之旅 (C)節慶之旅 (D)人文之旅。

【103餐服模擬】

( ) 5. 小明與朋友到臺南參觀古蹟、廟宇及老房子，這種觀光活動是屬於下列哪一種 觀光活動？ (A)生態 (B)產業 (C)社會 (D)文化。 【104統測】

( ) 6. 依據經濟部商業司的行業分類代碼，臺鐵列車上所販售的餐盒，屬於下列哪一 大類？ (A)F大類 (B)H大類 (C)I大類 (D)J大類。 【113統測】

解答

| 1-1 | 1.D | 2.C | 3.B | 1-2 | 1.B | 2.C | 3.A | 4.C | 5.D | 6.A |

《解析》(A)批發、零售及餐飲業；(B)金融、保險及不動產業；(C)專業、科學及技術服務業；(D)文化、運動、休閒及其他服務業。

★ 1-3 觀光餐旅業的特性

( ) 1. 「餐旅業全天候為顧客服務，即使在過年期間，仍照常營業」，此敘述是屬於餐旅業的何種特性？ (A)立地性 (B)有限性 (C)易變性 (D)無歇性。

【100統測】

( ) 2. 餐旅業的特性，下列敘述何者錯誤？ (A)生產過程顧客的介入程度高 (B)季節性明顯 (C)重視口碑形象 (D)關聯性產業不多且各自獨立。

【101統測】

( ) 3. 在餐旅業中，每一位服務人員所提供的服務內容，無法像製造業的產品一樣完全標準化，這種屬性稱為 (A)無形性 (B)不可分割性 (C)不可儲存性 (D)異質性。 【102統測】

( ) 4. 餐旅消費者的喜好會受經濟情況、國際情勢、媒體報導與網路傳播的因素進而影響其最後抉擇，此現象說明存在餐旅產業特質中的何種特性？ (A)競爭性(Competition) (B)季節性(Seasonality) (C)合作性(Cooperation) (D)敏感性(Sensibility)。 【103統測】

( ) 5. 製作Crepes Suzette（法式火焰薄餅）時，桌邊服務人員會在製作過程中淋上烈酒、焰燒烹調並擺盤供應給客人。這種生產與消費同時發生的特性是屬於餐飲服務業的哪一種屬性？ (A)不可儲存性(Perishability) (B)不可分割性(Inseparability) (C)無形性(Intangibility) (D)異質性(Heterogeneity)。

【103統測】

( ) 6. 電視購物頻道在銷售餐旅相關產品時，採用影片或名人推薦的方式進行，讓旅客有親身體驗的感受，是屬於哪一商品特性？ (A)Perishability (B)Inseparability (C)Intangibility (D)Heterogeneity。 【104全國教甄】

解答

| 1-3 | 1.D | 2.D | 3.D | 4.D | 5.B | 6.C |

( ) 7. 下列何者為餐旅業商品屬性之「易變性」？ (A)消費者的喜好，經常受到外在因素的影響，包括經濟景氣、國際情勢、政治動盪或是突來的天災人禍 (B)因春夏秋冬不同，而提供不同的行程安排 (C)不同的立地環境營造出不同的旅遊樂趣，吸引不同客源 (D)旅館業一年365天，一天24小時，全天候服務。

【103餐旅技競】

★1-4 觀光餐旅業的發展過程

( ) 1. Joy在民國113年1月為了做課堂上的遊程規劃和導覽報告，自行規劃實地造訪高雄都會公園、惠蓀林場、武陵森林遊樂區等景點，這些景點的主管機關依序為下列何者？ (A)內政部、教育部、農業部 (B)高雄市政府、教育部、農業部 (C)高雄市政府、農業部、內政部 (D)高雄市政府、教育部、內政部。

【113統測】

《解析》(A)內政部國家公園署、教育部、行政院農業部林業及自然保育署。

( ) 2. 關於國外餐旅的發展，下列敘述何者錯誤？ (A)波斯帝國滅亡，讓歐洲旅遊沒落，進入黑暗時代 (B)文藝復興時期，發展出「大旅遊」(grand tour)的旅遊型態 (C)英國人湯瑪斯‧庫克(Thomas Cook)被後尊稱為「旅行業鼻祖」 (D)工業革命期間，交通運輸的發展，促使旅行活動的大變革。 【102統測】

( ) 3. Air Bus空中巴士系統客機由四個國家共同研發，下列何者不包括在內？ (A)英國 (B)義大利 (C)西班牙 (D)德國。 【100全國教甄】

( ) 4. 現代大眾旅遊(Mass Travel)的興起，主要是發生在哪一個時期？ (A)第二次世界大戰結束後 (B)哥倫布發現新大陸 (C)文藝復興運動時期 (D)工業革命時期。 【103統測】

《解析》第二次世界大戰（1939~1945年），戰後各個國家為了自身的產業，推出振興經濟措施。

解答

7.A 　1-4　 1.A 2.A 3.B 4.A

( ) 5. 近代英國開啟了「壯遊」（The Grand Tour，又稱為「大旅遊」）的風潮，此風潮最符合下列哪一種的旅遊型態？ (A)文化教育旅遊(Cultural and Educational Travel) (B)生態旅遊(Eco-tourism) (C)大眾旅遊(Mass Travel) (D)宗教朝聖旅遊(Pilgrimages)。 【105統測】

( ) 6. 關於臺灣觀光發展的歷程，依時間先後順序排列，下列何者正確？甲、交通部觀光局成立；乙、公務人員休假開始使用國民旅遊卡；丙、重新開放旅行業執照申請，並將旅行業分為綜合、甲種及乙種；丁、開放國人出國觀光 (A)甲丙丁乙 (B)甲丁丙乙 (C)丁甲丙乙 (D)丁丙甲乙。 【100統測】

( ) 7. 「觀國之光，利用賓于王」，觀光一詞最早出自於 (A)西周易經 (B)夏禹 (C)春秋戰國 (D)魏晉南北朝。 【103餐服模擬】

( ) 8. 易經觀卦中有「觀國之光，利用賓于王」，此句話為什麼一詞最早出現？ (A)餐旅 (B)休息 (C)遊憩 (D)觀光。 【102餐服技競】

( ) 9. 我國民間最早成立的觀光組織是 (A)HARC (B)ATM (C)TGA (D)TVA。 【101餐服技競】

( )10. 關於提昇臺灣觀光的政策，下列何者最早推動？ (A)觀光客倍增計畫 (B)觀光拔尖領航方案 (C)全面開放大陸人士來臺觀光 (D)推動一縣市一旗鑑觀光計畫。 【104統測】

《解析》觀光客倍增計畫：91年。推動一縣市一旗鑑觀光計畫：95年。全面開放大陸人士來臺觀光：97年。觀光拔尖領航方案：98年。

( )11. 下列哪一項政府推動的觀光政策，是以「將臺灣打造成為東亞交流轉運中心及國際觀光重要旅遊目的地」為政策目標？ (A)觀光客倍增計畫 (B)旅行臺灣感動100 (C)觀光拔尖領航方案 (D)開放大陸人士來臺觀光。 【105統測】

( )12. 下列哪一項是交通部觀光局民國101年起推動的觀光行銷主軸？ (A)Naruwan Welcome to Taiwan (B)Taiwan Touch Your Heart (C)Time for Taiwan (D)Tour Taiwan Years。 【105統測】

🔔 解答

| 5.A | 6.B | 7.A | 8.D | 9.D | 10.A | 11.C | 12.C |

( )13. 關於臺灣觀光發展重要事件發生時程之順序，由先至後的排列，下列何者正確？ 甲、臺灣高速鐵路正式完工通車，臺灣進入一日生活旅遊圈；乙、全面實施週休二日；丙、開始實施星級旅館評鑑制度；丁、開放陸客自由行 (A)甲→乙→丙→丁 (B)甲→丙→丁→乙 (C)乙→甲→丙→丁 (D)丁→乙→甲→丙。 【105統測】

《解析》 全面實施週休二日：90年；臺灣高速鐵路正式完工通車：96年；開始實施星級旅館評鑑制度：99年；開放陸客自由行：100年。

( )14. 以下觀光發展的排序何者正確？甲、發行機器可判讀護照；乙、發佈旅行業管理規則；丙、開放第二類大陸人士來臺觀光；丁、國外旅遊警示分級由三級制改為四級制；戊、成立交通部觀光事業小組；己、首度舉辦大陸地區領隊人員甄試 (A)乙→戊→甲→己→丁→丙 (B)戊→乙→己→甲→丁→丙 (C)戊→乙→甲→己→丙→丁 (D)乙→戊→己→甲→丙→丁。 【105全國教甄】

《解析》 乙、發佈旅行業管理規則：42年→戊、成立交通部觀光事業小組：49年→己、首度舉辦大陸地區領隊人員甄試：81年→甲、發行機器可判讀護照：84年→丙、開放第二類大陸人士（第二類：大陸地區人民由大陸地區經第三地中轉來臺）來臺觀光：91年→丁、國外旅遊警示分級由三級制改為四級制：98年。

★1-5 觀光餐旅業發展的影響

( ) 1. 下列何者不是餐旅業發展的正面效益？ (A)增加外匯收入，平衡國際收支 (B)工作型態改變，從事服務性的人員增加 (C)減少失業人口，穩定社會功能 (D)促進國際貿易，加速經濟建設。 【101統測】

《解析》 當工作型態改變，從事服務性的人員增加為社會發展之現象，較無法判斷是否為正面效益。

( ) 2. 關於餐旅業對社會環境的責任，下列敘述何者錯誤？ (A)飲料店鼓勵愛護地球活動，提出自備環保杯裝飲料，折價優惠活動 (B)餐飲業者為節省成本，可將未經處理過的水、油煙排放到戶外 (C)旅館業者成立慈善基金會，每年歲末年終時捐贈救護車給當地的醫院 (D)旅館業者，每年舉辦員工淨山活動與沙灘撿垃圾活動，展現愛地球的決心。 【102統測】

🔔 解答

13.C 14.D 1-5 1.B 2.B

( ) 3. 下列何者屬於餐旅業的個體環境(micro enviornment)分析？ (A)經濟景氣對餐旅業的影響分析 (B)消費者飲食習慣改變分析 (C)現代化科技對餐旅業的影響分析 (D)餐旅業本身組織結構分析。 【102統測】

( ) 4. 下列何者是觀光餐旅業所帶來的「環境正面的效益」？ (A)破壞觀光景點的自然生態 (B)市容美化 (C)土地過度開發 (D)環境髒亂。 【103餐服模擬】

( ) 5. 餐旅業發展引發大量外來人口湧入，將導致原有優美文化傳統喪失，傳統文化工藝受到衝擊，失去原有特色而商品化。此為何者影響？ (A)經濟正面影響 (B)經濟負面影響 (C)教育文化正面影響 (D)教育文化負面影響。

【103餐服技競】

★1-6 我國觀光餐旅主管機關

( ) 1. 墾丁國家森林遊樂區是由下列哪個單位經營管理？ (A)行政院農業委員會林務局 (B)國軍退除役官兵輔導委員會 (C)教育部 (D)交通部。 【105導實1】

( ) 2. 具有半官方性質，於海外派駐頗多據點，協助推動我國觀光旅遊的財團法人機構是： (A)中華觀光管理學會 (B)台灣觀光協會 (C)中華民國工商協進會 (D)中華民國旅行業務質保障協會。 【93統測】

( ) 3. 下列哪一個單位主要是「負責督導」我國觀光業務及審核旅遊事業發展政策？ (A)觀光局中部辦公室 (B)觀光局企劃組 (C)台灣觀光協會 (D)路政司觀光科。 【96統測】

( ) 4. 觀光局所舉辦的台灣十二項大型地方節慶活動之業務，是屬於何組的工作職掌？ (A)企劃組 (B)業務組 (C)國際組 (D)國民旅遊組。 【92統測】

 解答

| 3.D | 4.B | 5.D | 1-6 | 1.A | 2.B | 3.D | 4.D |

( ) 5. 下列關於各觀光遊憩區及其行政管理機關的敘述，何者錯誤？ (A)陽明山國家公園由內政部營建署管轄 (B)石門水庫由經濟部水利署北區水資源局管轄 (C)大鵬灣國家風景區由交通部觀光局管轄 (D)棲蘭森林遊樂區由農業委員會林務局管轄。 【96統測】

《解析》石門水庫的行政管理機關為經濟部水利署北區水資源局（簡稱北水局）；棲蘭國家森林遊樂區由「國軍退除役官兵輔導委員會森林保育處」所管轄。

( ) 6. 下列何者是「清境農場」的主管機關？ (A)交通部觀光局 (B)行政院農業委員會 (C)行政院退除役官兵輔導委員會 (D)教育部。 【97統測】

( ) 7. 下列何者是「花東縱谷國家風景區」的主管機關？ (A)交通部觀光局 (B)行政院農業委員會 (C)行政院退除役官兵輔導委員會 (D)內政部營建署。 【97統測】

《解析》國家風景區的主管機關是交通部觀光局。

( ) 8. 下列何者非觀光局直接管轄之風景區？ (A)東部海岸 (B)太平山 (C)大鵬灣 (D)澎湖。 【92統測】

( ) 9. 依據我國「風景特定區管理規則」規定，經評鑑小組評鑑為國家級風景特定區者，由哪個單位公告？ (A)交通部 (B)國防部 (C)內政部 (D)法務部。 【94統測】

( )10. 下列何者是「金門國家公園」的主管機關？ (A)交通部觀光局 (B)行政院農業委員會 (C)行政院退除役官兵輔導委員會 (D)內政部營建署。 【97統測】

解答

5.D　　6.C　　7.A　　8.D　　9.A　　10.D

02
CHAPTER

觀光餐旅業之從業理念

☑ 2-1　觀光餐旅從業人員的身心條件
☑ 2-2　觀光餐旅從業人員的職場倫理
☑ 2-3　觀光餐旅從業人員的職涯規劃

趨勢導讀　　*本章之學習重點*

1. 了解觀光餐旅從業人員應具備的的身心條件與職場倫理。
2. 本章節在過去的統測試題中多是基本概念題目，只要熟悉內涵，是較容易得分之章節。

2-1 觀光餐旅從業人員的身心條件

一、觀光餐旅從業人員的基本人格特質

（一）人格特質的類型

令人喜歡的特質		令人不喜歡的特質	
1. 誠實	6. 可信賴	1. 說謊	6. 不可信賴
2. 正直	7. 聰明伶俐	2. 虛偽	7. 庸俗遲鈍
3. 同理心	8. 可靠	3. 固執	8. 心術不正
4. 親切	9. 活潑熱情	4. 傲慢	9. 孤僻冷漠
5. 忠誠	10. 情緒穩定	5. 不老實	10. 暴戾

資料來源：整理自鄭建瑋譯，《餐旅管理概論》，頁506~509，臺北：桂魯公司。

（二）良好的基本特質

1. 熱愛服務、富工作熱忱。

2. 情緒穩定、個性開朗、抗壓性高。

3. 禮貌微笑、樂意助人。

4. 富愛心、同理心。

二、觀光餐旅從業人員應具備的條件

項目	說明
內在條件	1. 健康的身心。
	2. **自我情緒控制的能力**：包含抗壓性與情緒管理。
	3. **永不停止的學習精神**：包含具有開放的胸襟、謙虛的心態、追求新知的慾望。
	4. 良好的人際關係。

項目	說明
外在條件	1. 合宜的舉止。 2. 適當的裝扮： 　(1) 手部的清潔：**勿擦指甲油或戴戒指、首飾。** 　(2) 髮型的修飾： 　　女：長髮者，**須綁髮髻。** 　　男：以短髮為主，可抹適當的髮油。 　(3) 臉部的氣色： 　　**女：宜畫淡妝。** 　　男：不可留鬍子。 　(4) 身體的清潔： 　　**不宜使用香水**，有體味者應於工作前沐浴。 　(5) 鞋襪的配合：鞋子保持光亮清潔。 　　女：穿絲襪及素色包鞋。 　(6) 衣服的整潔：依公司規定穿著整齊之制服。
專業能力條件	1. 豐富的學識、專精的技能。 2. 良好的外語及溝通協調能力。 3. 專注的注意力、敏銳的觀察力。 4. 良好的記憶力、機警的應變能力。

三、觀光餐旅從業人員應具備的基本態度

項目	說明
服務熱忱 (Sincere Service)	餐飲服務業成功的祕訣，是餐廳員工熱心的服務、誠懇的態度及主動打招呼問候，讓消費者有賓至如歸及家的溫馨感覺。
專業知識 (Professional Knowledge)	例如：餐廳服務員不但要**熟記菜單內容**，及每一道菜餚的製作方法、口味，從容不迫的介紹給消費者，對顧客提供最佳的服務。
講究清潔 (Cleanliness)	整潔的生活衛生習慣是用餐最起碼的條件，讓客人相信餐廳的衛生品質保證，不論是食材的新鮮及用具的清潔都是不可或缺的。
團隊精神 (Team Work)	各部門具備良好的協調、溝通管道，可以建立良好的團隊合作之工作，而**良好的服務團隊將給予顧客極佳的形象。**

四、觀光餐旅從業人員應有的修養

項目	說明
工作態度	1. **無微不至**：對於客人的所有一切需求都要盡力配合，以達顧客滿意。 2. **主動積極**：能設身處地為客人著想，感覺客人需要服務，不待客人招喚，即主動服務。
敬業精神	1. 餐旅從業人員能喜愛自己的工作、敬重自己的工作。 2. 能遵守「員工服務守則」，即具體的表現出敬業精神。
專業知識	餐旅業相關的證照相當多，從業人員可從落實職業證照制度(Professional Certification Degree Program)上著手，以增進自我的專業知能。
人際關係	1. 對內能夠與其他員工一起和諧工作，具有團隊精神。 2. 對外有相當之親和力與各界人士和諧相處。
作事技巧	1. 能主動幫助他人。 2. 能知輕重緩急。 3. 能做到「今日事，今日畢」。

考題推演

( ) 1. 關於餐旅從業人員應具備的條件，下列何者錯誤？ (A)自我中心與個人主義 (B)情緒管理與抗壓性高 (C)具備專業知識與技術 (D)觀察敏銳與隨機應變。

【106統測】

解答 A

( ) 2. 餐旅從業人員很敏銳地觀察到一位老翁吞嚥食物不慎噎住，隨即施以「哈姆立克急救法」，使老翁得以吐出梗塞物而救回一命。此舉是展現餐旅從業人員的何種能力？ (A)隨機應變能力 (B)吃苦耐勞能力 (C)溝通協調能力 (D)語言表達能力。 【106統測】

解答 A

( ) 3. 王同學希望未來成為五星級國際觀光旅館的客務部經理，除了其本身的人格特質與工作態度外，下列何者是屬於王同學所需持續精進的條件？ (A)具有服務熱忱 (B)重視團隊精神 (C)具備職業道德 (D)外語溝通能力。

【111統測】

解答 D

《解析》 (A)、(B)、(C)均為本身的人格特質與工作態度，而(D)選項「外語溝通能力」則為需持續精進的條件。

( ) 4. 小華是餐廳的服務人員，當為客人點餐時，發現在場的兒童和長輩比例較高，所以會建議客人不要點難咀嚼的菜色，並且避開辛辣的菜餚，另外在上熱菜時也會避開小朋友坐的位置，下列哪一種人格特質較<u>不符合</u>小華貼心的舉動？
(A)展現親和力　(B)富有同理心　(C)具高度抗壓性　(D)重視人際互動。

【111統測】

解答 C

《解析》具高度抗壓性並非展現貼心的舉動，而為服務人員所具備良好的情緒商數(EQ)及逆境商數(AQ)。

2-2 觀光餐旅從業人員的職場倫理

一、職場倫理的定義

　　職場倫理（或稱工作倫理），是指在工作場所中規範各從業人員或群體之間的倫常規範，也是明確統一該行業和從業人員的職位與職責的行為準則。

二、職業道德的意義

項目	說明
職業的意義	1. 可以由所從事的連續性活動或工作中，獲取固定「收入」，此活動或工作也象徵其社經地位者。如餐旅業從業人員、廚師。 2. 職業是一種工作、一種生活，但工作不一定等於職業。
道德的意義	1. 道德(Ethics)，指大眾所應遵循的倫理規範、待人接物的行為準則與價值觀。此價值體系是源自宗教、文化、社會的普世價值觀。 2. 道德是一種人倫與人際互動的規範，須由個人修身養性做起，己達達人，止於至善。
職業道德的定義	指在職場工作所應遵循的工作倫理或規範，及人與人互動所應有的行為規範或待人接物準則。
職業道德的意涵	1. 是保證餐旅業務、經營活動的必要條件。 2. 是提高餐旅業素質和增強企業活力的前提。 3. **是提高餐旅業服務品質、創造良好社會經濟效益的保障。**

三、餐旅業的職業道德規範

　　根據美國康乃爾大學教授史蒂芬(Stephen S. J. Hall)認為餐旅業者應具備的道德規範如下：

1. 時時秉持誠信、守法、公平、無愧、良知等倫理道德。
2. 協同餐旅業從業人員共同推動誠信待客運動。
3. 童叟無欺、不惡意攻訐同業。
4. **對待客人一律平等**，予以公平待遇，不因種族、宗教、國籍、性別，而有個別差異的產品或服務。
5. **提供客人與員工良好的安全衛生環境。**
6. 餐旅業之營運堅持「**誠信**」為終身原則，矢志不變。
7. 督導員工成為專業人員，以最優品質來服務客人。
8. 善待每位員工，對待員工均一視同仁。
9. 重視環保觀念，堅守環境保護原則，珍惜自然資源。
10. 以賺取恰如其分的「合理」利潤。
11. 分擔企業的社會責任，回饋社區。

四、多元商數

　　在職場生涯的發展上，情緒商數和智力商數常被當做評斷工作能力的參考指標。

商數名稱	英文	說明
IQ 智力商數	Intelligence Quotient	智商透過一系列標準測試，測量人在其年齡階段的認知能力。智商是天生的，較不會因他人指導或個人調整而改善。
LQ 學習商數	Learning Quotient	學習商數是指一個人不斷在外界環境中獲得認知，或者通過邏輯思考獲得經驗的能力。
EQ 情緒商數	Emotional Quotient	情緒商數是指一個人對環境和個人情緒的掌控以及對整體團隊關係的運作能力，可以經由他人指導或個人調整而改變。
AQ 逆境商數	Adversity Quotient	一個人的挫折忍受力，或是面對逆境時的處理能力。
KQ 知識商數	Knowledge Quotient	指取得知識的能力，面對知識爆炸的年代，知道如何取得知識的能力很重要。

商數名稱	英文	說明
HQ 健康商數	Health Quotient	個人對自己身心健康狀況的了解和掌握。
CQ 創意商數	Creation Quotient	指個人能以新的方式面對生活中各種事物，且效果比舊有方式為佳。
MQ 道德商數	Moral Quotient	道德商數是指一個人的內在本質部分，例如善良、正直、和善、感恩、助人等德行，包含倫理學和哲學層次的討論。
BQ 美麗商數	Beauty Quotient	指欣賞任何美的能力，不僅眾人認知的美，還包括不被喜好之物的缺陷之美。

五、餐旅業從業人員的職業道德

1. 講究誠信與公平原則。

2. 遵守職場倫理，配合企業經營理念。

3. 奉公守法、嚴守商業機密，以團體利益為重。

4. 溝通協調，發揮團隊精神。

5. 遵守餐旅企業組織員工服務規範。

6. 正確服務心態，善盡企業社會責任。

補充　法規資料

■ 旅行業管理規則【個人篇】

旅行業管理規則對於從業人員之行為有明文要求者為：

第三十七條　旅行業辦理旅遊時，該旅行業及其所派遣之隨團服務人員，均應遵守下列規定：

一、不得有不利國家之言行。

二、不得於旅遊途中擅自離開團體或隨意將旅客解散。

三、**應使用合法業者依規定設置之遊樂及住宿設施。**

四、旅遊途中注意旅客安全之維護。

五、除有不可抗力因素外，不得未經旅客請求而變更旅程。

六、除因代辦必要事項須臨時持有旅客證照外，非經旅客請求，不得以任何理由保管旅客證
　　照。

七、執有旅客證照時，應妥慎保管，不得遺失。

■ 觀光旅館業管理規則【個人篇】

觀光旅館業管理規則中有特別明文規定之行為如下：

第三十八條　觀光旅館業對其僱用之人員，應製發制服及易於識別之胸章。

一、不得代客媒介色情、代客僱用舞伴或從事其他妨害善良風俗行為。

二、不得竊取或侵占旅客財物。

三、不得詐騙旅客。

四、不得向旅客額外需索。

五、不得私自兌換外幣。

考題推演

（　　）1. 關於餐旅從業人員的職業道德，下列敘述何者正確？　(A)能有效率節省食物
成本，調味料與香料超過期限，在不影響風味下是可使用的　(B)能正確判斷客
人不同社經背景等階層，依顧客社經等級給予不同等級之服務　(C)能有效實踐
環保概念，將顧客餐盤中未食用完的菜餚回收重組，並烹煮於員工餐中　(D)
能運用各種銷售技巧兼顧公司業績，並能給予客人建議選取適量食物。

【106統測】

解答 D

（　　）2. 下列何者**不屬於**餐旅從業人員應有的職業道德？　(A)尊重職場倫理　(B)重視
團隊精神　(C)追求個人財富增加　(D)具備良好工作態度。　【110統測】

解答 C

( ) 3. Danny's Bistro餐館經營者很重視食材採購，尤其是食材的來源地、栽種方式與標章等，他會選擇公平交易的咖啡豆與茶葉，挑選產量豐富的永續海鮮，並支持在地食材。根據以上敘述顯示經營者能善盡哪一個面向的責任？　(A)員工　(B)政府　(C)顧客　(D)社會。　　　　　　　　　　　　　　【112統測】

解答 D

2-3　觀光餐旅從業人員的職涯規劃

一、職業的定義與內涵

項目	說明
定義	指能提供源源不絕的收入，且需繼續不斷去從事的活動，此項活動將影響一個人的社經地位。因此「工作」並不等於職業，但是職業卻是一種工作。例如餐旅服務員、領隊、導遊、領班等。
內涵	1. 技術性的能力：指從事餐旅業或某種職業所需的專業知能。例如：旅館櫃檯接待員，必須具備基本的外語、旅館實務知能、電腦操作能力以及應對的禮節與技巧。 2. 功能性能力：指一種對環境的察覺能力，以及對問題的理解、分析及處理的能力。例如：餐旅服務人員要具備機敏的警覺力，懂得如何察言觀色。 3. 社會性能力：指人際關係之溝通、協調、應對進退之能力，以及情緒之自我控制能力。

二、職涯發展

　　職涯發展(Career Development)包括職涯規劃(Career Planning)和職涯管理(Career Management)。

（一）職涯規劃

　　職涯規劃是指員工在不同的生涯階段，對行業、職業、職位等一連串的選擇過程。

（二）職涯管理

　　職涯管理是指企業組織針對員工的興趣、能力、發展機會等，相互配合進行準備及執行。

（三）職涯規劃與職涯管理的關係

從組織角度而言，重要任務是職涯管理；從個人角度而言，重點任務是職涯規劃，職涯管理和職涯規劃是互動的。

三、職業前程規劃的意義與方法

意義	指職業生涯規劃而言。考量自己本身的性向、興趣、專業知能、價值觀、及週遭環境的阻力或助力等因素，予以綜合考量，再針對職業類別之工作內涵做最明智的選擇，妥善的安排規劃未來一項適合自己的職業生涯，而非別人認為最好的職業前程（蘇芳基，2007）。
方法	規劃之前，**須先了解自己的興趣能力、個性、性向、價值觀、社會環境及家庭因素**，例如：父母師長期盼、家庭經濟狀況、同儕影響等各方面因素。透過學校座談會、參觀職場、參加升學博覽會，了解大專院校研究所的科系，未來想從事的職業別、職業發展趨勢、升學就業管道以及職業工作內涵等資訊須加蒐集、整理分析。根據認識自己、探索職業後，做出明確的選擇。作好決定後，再擬訂個人的短程、中程及長程目標。根據目標，加以實踐，經過一段時間後再進行評估，再加以檢討與修正。 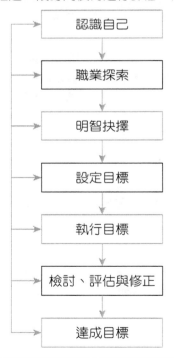

考題推演

( ) 1. 關於餐旅職涯規劃與職涯管理的敘述，下列何者<u>不適當</u>？　(A)員工職涯規劃中包含自我探索，了解自身優缺點　(B)員工必須了解餐旅產業人才需求與產業趨勢　(C)餐旅業者進行職涯管理前，必須先具備企業目標及策略方向　(D)餐旅業者可透過財務管理部門協助各單位員工進行職涯規劃。　【106統測】

解答　D

( ) 2. 餐旅人員職涯前程發展(career development)的規劃作法當中，下列何者較<u>不適當</u>？　(A)由基層員工經由工作輪調(job rotation)，升為部門主管　(B)僅從事原部門例行工作，避免耗時的在職進修或訓練　(C)考慮自身條件與公司前景，在餐旅業或相關行業中轉職　(D)強化管理與行銷，培養創業或成為餐旅經營管理者能力。　【106統測】

解答　B

( ) 3. 小楊將從餐旅科系畢業，準備邁入餐旅業工作，在職涯規劃時應優先採取下列哪一個步驟？　(A)確定職業目標與職業方向，勇往直前　(B)檢視各家公司給予的薪資待遇間的差距　(C)調整學習方向，評估個人優缺點與產業發展需求結合　(D)了解與分析自身人格特質、價值觀、內外在條件與興趣。　【113統測】

解答　D

《解析》職涯規劃時第一步驟要先認識自己。

★ 2-1 觀光餐旅從業人員的身心條件

(　) 1. 下列何者**不是**餐旅服務人員必備的專業服務知能？　(A)良好的記憶力，機警的應變能力　(B)專注的注意力，敏銳的觀察力　(C)豐富的學識，專業的技能　(D)擅長社交，辯才無礙的能力。　【101統測】

(　) 2. 下列何者**不是**身為一名優質且專業的餐旅服務人員所應有的條件？　(A)外貌姣好，傲慢自大　(B)熱愛服務，富工作熱忱　(C)禮貌微笑，樂意助人　(D)認真負責，抗壓性高。　【101統測】

(　) 3. 一般在餐旅從業人員的條件中，擁有高的EQ是必要的，下列關於EQ的敘述何者正確？　(A)EQ稱為智商　(B)EQ可經他人指導或個人調整而改變　(C)EQ是天生的，不會因他人指導或個人調整而改善　(D)EQ又稱為逆境商數。　【102統測】

(　) 4. 下列何者是餐飲從業人員須具備的條件？　(A)在與顧客溝通時，使用專業的術語或專有名詞，以表現出餐飲專業，而不需顧及顧客的感受　(B)有能力分類顧客的點單，規劃來往廚房與服務區域的動線，以節省工作時間及步驟，並有效率地提供服務　(C)在餐飲業中，語言的溝通是服務中最重要的一環，豐富的專業知識，可克服語言不通的障礙　(D)餐飲從業人員每天需要和許多人接觸，也會面對很多突發狀況，但都是小事，不需有抗壓性，亦能夠有正常的工作表現。　【102統測】

(　) 5. 下列何者**不屬於**餐旅從業人員應具備之條件之一？　(A)情緒穩定，具備良好抗壓力　(B)避免團隊合作，積極表現自我　(C)展現同理心，注意服務細節　(D)主動熱忱，積極提供服務。　【104統測】

(　) 6. 下列敘述何者符合餐旅業基層員工的工作特性？　(A)休假時間與一般朝九晚五上班族相同　(B)工作內容以服務為主，不須耗費體力　(C)須具備多種專業能力，入門門檻較高　(D)需從基層做起，要有刻苦耐勞的準備。　【105統測】

解答

2-1	1.D	2.A	3.B	4.B	5.B	6.D

( ) 7. 「站在顧客立場,設身處地為顧客著想,盡力滿足需求,提供細心的服務。」以上敘述屬於餐旅業從業人員的哪一種人格特質或條件? (A)同情心(Sympathy) (B)團隊合作(Team Work) (C)親和力(Affinity) (D)同理心(Empathy)。 【105統測】

( ) 8. 關於餐旅從業人員應表現的外在行為,下列何者正確?甲、髮型會影響一個人的氣質或氣色,因此女性長髮者須將頭髮挽起,男性則以短髮為主,並挑染不同顏色,可更顯朝氣;乙、每天沐浴保持身體清潔是基本禮貌,使用濃郁香水也是一種禮貌,可使身旁的同事與顧客心情愉悅;丙、服裝須整齊清潔,按照公司規定,不適合標新立異及穿戴手鐲或腳鍊等飾物;丁、指甲彩繪令人賞心悅目,但餐飲從業人員不適合彩繪指甲或塗抹色彩太深或鮮豔的指甲油 (A)甲、乙 (B)甲、丁 (C)乙、丙 (D)丙、丁。 【107統測】

( ) 9. 關於餐旅業必須具備的基本能力,下列敘述何者正確?甲、技術性能力:為餐旅業所需的專業知識與技能,可透過學校或專業教育訓練培養的能力;乙、功能性能力:為對問題的理解分析與處理的能力。餐旅從業人員須具備察言觀色,與顧客良好互動的能力;丙、社會性能力:為對人際關係的溝通協調與應對進退的能力。對於顧客的客訴有進行溝通協調的能力;丁、心理性能力:受先天條件的影響較深,對餐旅從業人員而言,可說是最重要的能力 (A)甲、乙、丁 (B)甲、乙、丙 (C)乙、丙、丁 (D)甲、丙、丁。 【107統測】

( )10. 某甲從學校畢業後,欲從事餐旅業,下列何者是其應具備的條件之一? (A)與客人辯論與保護自我能力 (B)彈性調整之應變能力 (C)避免與客人接觸及解決衝突 (D)保守被動的溝通技巧。 【107統測】

( )11. 關於餐旅業從業人員必備的三種基本工作能力的敘述,下列何者正確? (A)科技性能力:為現代餐旅業所需的技能,是所有從業人員須具備的最基本能力 (B)生理性能力:為對環境的察覺能力,特別是對客訴的溝通協調能力 (C)技術性能力:是指情緒管理的能力,可透過學校課堂訓練的能力 (D)功能性能力:是指餐旅從業人員觀察細微,主動解決問題的能力。 【108統測】

《解析》餐旅從業人員的必備基本工作能力:(C)技術性能力:指從事工作需具備的專業知識與技能;(D)功能性能力:指理解、分析與處理問題隨機應變的能力;此外,尚有社會性能力:指溝通協調、管理情緒的能力。

 解答

7.D 　　 8.D 　　 9.B 　　 10.B 　　 11.D

( )12. 關於餐旅從業人員應有的條件，下列何者錯誤？ (A)餐旅專業知能亦包含對顧客的管理能力 (B)必須具備良好情緒管理及主動溝通能力 (C)必須具備良好服裝儀容與態度，及自我形象管理 (D)嚴守標準作業流程，並對偶發事件進行無差異服務。 【108統測】

( )13. 關於餐旅從業人員的服務守則，下列何者正確？ (A)為了建立良好衛生形象，應常在客人面前做例行清潔工作 (B)因為好朋友來餐廳消費，可自行增加餐食份量及種類以答謝他的捧場 (C)不可依客人的性別、年齡、種族、穿著而提供差異化的服務品質 (D)不可暗示或索討小費，但可接受客人私下饋贈，以免辜負客人好意。 【108統測】

( )14. 關於餐飲從業人員展現最佳社會責任的作法，下列何者正確？ (A)盡量使用在地食材，減少碳足跡 (B)節省成本，應避免將獲利回饋給慈善機構 (C)激勵同行共同抬高售價，以獲取較佳利潤 (D)鼓勵回教徒入境隨俗，體驗台灣優質豬肉。 【107統測】

( )15. 餐旅從業人員在工作時，應注意自身的專業形象及儀態，下列敘述何者錯誤？ (A)保持良好的精神狀態 (B)穿著公司規定之制服 (C)保持雙手與指甲乾淨 (D)噴濃烈香水展現特質。 【110統測】

( )16. 餐旅科系學生於就讀大學期間，希望能提升自己餐旅業專業知能，下列敘述何者錯誤？ (A)參加輪調工作，以熟悉餐旅業各部門運作 (B)參加辯論比賽，提升與客人據理力爭能力 (C)參加餐旅專業講座，以獲得餐旅相關新知 (D)參加餐旅業海外實習，豐富相關工作經驗。 【110統測】

( )17. 下列何者不是餐旅從業人員應具備的條件？ (A)高度情緒管理能力 (B)體型高瘦面容姣好 (C)與他人協調溝通能力 (D)能用心傾聽他人需求。 【110統測】

★2-2 觀光餐旅從業人員的職場倫理

( ) 1. 下列何者不是餐旅從業人員應具備的職業道德？ (A)提供客人與員工良好的安全衛生環境 (B)賺取「合理」的利潤 (C)重視環保觀念，堅守環境保護原則 (D)同行競爭、攻訐同業、以獲得更大利益。

🔔 解答

| 12.D | 13.C | 14.A | 15.D | 16.B | 17.B | 2-2 | 1.D |

( ) 2. 有關「道德」的意義下列敘述，何者錯誤？ (A)是待人接物的行為準則 (B)源自於法律的普世價值觀 (C)是人倫與人際互動的規範 (D)須從個人修身養性做起。

( ) 3. 工作與職業有密切關係，下列敘述何者正確？ (A)志工是一種職業 (B)職業等於工作，工作等於職業 (C)職業是一種生活、一種工作 (D)職業無法象徵社經地位。

( ) 4. 有關良好「職業道德」的意涵，下列敘述何者錯誤？ (A)是提高餐旅業素質的前提 (B)能降低餐旅業服務品質 (C)能創造良好的社會經濟效益 (D)是保證餐旅業務、經濟活動的必要條件。

( ) 5. 下列何者不符合餐旅業者應有的職業道德規範？ (A)對客人皆以禮相待 (B)堅守誠信的原則 (C)賺取最大的利潤 (D)善盡社會責任。

( ) 6. 餐旅從業人員對待客人時，不分宗教、種族、性別皆以禮相待，是屬於下列哪一項職業道德？ (A)敬業原則 (B)公平原則 (C)誠信原則 (D)守法原則。

( ) 7. 下列何者不屬於餐旅從業人員的職業道德？ (A)傲慢 (B)敬業 (C)守法 (D)誠信。

( ) 8. 下列有關旅行業管理規則對於從業人員的敘述何者錯誤？ (A)旅行從業人員若執有旅客證照時，應妥善保管 (B)旅行從業人員不得於旅遊途中擅離團體 (C)應使用熟識業者之遊樂及住宿設施以測安全 (D)在旅途中要隨時注意旅客安全。

( ) 9. 關於餐旅從業人員的服務守則，下列敘述何者正確？ (A)顧客抱怨時，不要告知主管 (B)顧客贈送貴重禮物時，可私自收下 (C)顧客邀約出遊時，可趁主管不在私下答應 (D)顧客要求虛報發票款項時，應告知主管處理。

【100統測】

( ) 10. 餐旅從業人員應有的職業道德，下列敘述何者錯誤？ (A)堅守誠信原則 (B)對同仁應注意公平原則 (C)相互合作敬業樂群 (D)創造自己的成就感。

【101統測】

 解答

| 2.B | 3.C | 4.B | 5.C | 6.B | 7.A | 8.B | 9.D | 10.D |

( )11. 餐旅從業人員的服務守則，下列敘述何者錯誤？ (A)進入客房打掃時房門要關好 (B)房門外掛「請勿打擾」牌子，不得干擾顧客 (C)服務熱食用熱盤、冷食用冷盤 (D)要確認每道菜所須的調味料與餐具。 【101統測】

《解析》(A)進入客房打掃時應將房門打開，避免顧客有不必要誤會。

( )12. 餐旅從業人員工作須知，下列敘述何者錯誤？ (A)內外場溼滑應立即擦拭以防止滑倒 (B)玻璃門要設置警語以免不慎撞傷 (C)玻璃破碎時要收到垃圾桶一起倒掉 (D)通道不可擺放物品與堆置設備。 【101統測】

《解析》(C)玻璃破碎時應用報紙包好，與垃圾分開放置，並標示清楚，以防清潔人員受傷。

( )13. 旅館的員工在餐旅職場上發生了以下幾種現象，下列何者違反職業道德？ (A)櫃臺人員在結帳時少找錢給顧客，經發現後，馬上想辦法通知到顧客，並將錢歸還給顧客 (B)旅館從業人員在大廳發現顧客的遺失物，該從業人員隨即將遺失物交由櫃臺，以遺失招領處理 (C)旅館廚師在下班後，可將處理過的剩餘食材，帶回家裡打牙祭，避免浪費食材 (D)小明每天上、下班，都經過員工出入口，打卡上、下班，並打開隨身攜帶之物件接受檢查。 【102統測】

( )14. 下列何者是餐旅從業人員應具備的職業道德？ (A)為實踐環保概念，應將新油與舊油重覆混合當油炸油使用 (B)為降低公司成本，應將調理包食品混充並當成新鮮產品出售 (C)為增加公司業績，應強力推銷客人點最貴與超量之菜餚 (D)為展現專業服務，對不同種族的顧客均提供一致且完整的服務。

【103統測】

( )15. 下列何者不是餐旅從業人員提升自我成長的策略？ (A)服務過程中，在臉書(Facebook)上與朋友交換訊息 (B)參加職業訓練單位課程，以增進專業技能 (C)參加餐旅從業人員互動網 (D)培養終身學習觀念。 【103統測】

( )16. 下列有關餐旅從業人員職業道德的敘述，何者正確？ (A)依照客人性別的不同，提供不同的服務態度 (B)即使付出稍高成本，仍須以提供消費者安全的餐飲為前提 (C)檢視員工服務環境中之潛在危險因子，非餐旅業者的職責 (D)執行工作時，將個人利益置於顧客需求之上。 【104統測】

( )17. 下列哪一項作法不符合餐旅服務業應具備的職業道德？ (A)向顧客收取正確合理費用，交易公道清楚 (B)提供對稱明確的產品資訊，保障消費權益 (C)

🔔 解答

11.A 12.C 13.C 14.A 15.A 16.B 17.C

回收重複使用油品與食材，降低營運成本　(D)設立汙水與廢氣處理設備，確保安全環境。　　　　　　　　　　　　　　　　　　【105統測】

★ 2-3　觀光餐旅從業人員的職涯規劃

(　　) 1. 有關「職業」的內涵敘述，何者有錯誤？　(A)職業的社會性能力是包含懂得察言觀色　(B)職業的技術性能力是包含與顧客的應對禮節與技巧　(C)職業的社會性能力是包含人際關係中的溝通與協調能力　(D)職業的技術性能力是包含專業的基本外語能力。

(　　) 2. 所謂的「職業前程規劃」是指職業生涯規劃，其規劃首要步驟為何？　(A)確定目標　(B)職業探索　(C)評估執行　(D)認識自己。

(　　) 3. 下列有關「職業前程規劃」的方法步驟何者正確？甲、確定目標；乙、明智抉擇；丙、職業探索；丁、認識自己；戊、評估執行　(A)甲→乙→丙→丁→戊　(B)乙→丙→丁→戊→甲　(C)丁→丙→乙→甲→戊　(D)丁→甲→丙→乙→戊。

(　　) 4. 關於職業生涯前程規劃的方法有很多，下列何種方式是最佳的？　(A)由父母決定　(B)選擇目前最熱門的科別　(C)先評估自己的特質要做明智抉擇　(D)選擇較輕鬆的職業。

(　　) 5. 身為餐旅從業人員，對於個人的職業前程規劃，下列敘述何者錯誤？　(A)要先認識與了解自己　(B)主動參與各種學習　(C)具終身學習的理念　(D)常換工作以多了解各飯店的商機。　　　　　　　　　　　　　　　　　【101統測】

(　　) 6. 企業組織針對員工的興趣、能力、發展機會等，相互配合進行準備及執行，我們稱為　(A)職涯管理　(B)職涯訓練　(C)職涯發展　(D)職涯規劃。

　　　　　　　　　　　　　　　　　　　　　　　　　　　　　　【102統測】

(　　) 7. 下列何者不是餐旅從業人員職業前程規劃的考慮項目？　(A)明確認知自己的興趣與專長　(B)抱持著終身學習的認知　(C)抱持著錢多、事少、離家近的心態　(D)努力學習各種基礎作業與服務的技巧。　　　　　　　　　【102統測】

(　　) 8. 下列何者是餐旅職業生涯規劃的首要步驟？　(A)確定目標　(B)職業探索　(C)認識自己　(D)明智執行。　　　　　　　　　　　　　　　　　　【103統測】

🔔 解答

| 2-3 | 1.A | 2.D | 3.C | 4.C | 5.D | 6.A | 7.C | 8.C |

( ) 9. 下列有關餐旅職業生涯規劃的敘述，何者為<u>錯誤</u>？ (A)立定目標，確定職涯後不應更改 (B)可透過參觀職場後評估 (C)需考慮個人與環境關係 (D)規劃循序漸進。 【103統測】

( )10. 餐旅從業人員如何做好職業規劃，依序步驟為何？ (A)認清了解自己→職業探索→設定目標→執行與評估→達成目標 (B)認清了解自己→設定目標→職業探索→執行與評估→達成目標 (C)設定目標→認清了解自己→執行與評估→職業探索→達成目標 (D)設定目標→認清了解自己→職業探索→執行與評估→達成目標。 【102餐服技競】

( )11. 下列有關餐旅職涯發展的敘述，何者<u>錯誤</u>？ (A)職涯管理和職涯規劃是互動的 (B)從組織角度而言，重點任務是職涯管理 (C)從個人角度而言，重點任務是職涯規劃 (D)員工的職涯發展由人力資源部門全權負責。 【104統測】

( )12. 餐旅職業前程規劃的步驟，必須了解到幾個大方向，下列何者<u>不是</u>首要考量的條件？ (A)自己的能力、興趣、特質 (B)職業環境機會探索 (C)僅聽親戚好友的期望 (D)設定目標。 【107統測】

( ) 13. 小林是位斜槓青年，同時兼職餐廳廚師及導遊兩份工作，關於小林應遵守的職業倫理與道德規範，下列敘述何者正確？ (A)若小林患有B型肝炎，則不得從事廚師工作 (B)若公司同意，可將導遊執業證租借他人使用 (C)從事廚師工作時，可塗抹接近膚色的指甲油 (D)執行導遊工作時，不得私自與旅客兌換外幣。 【112統測】

《解析》(A)若患有A型肝炎，則不得從事廚師工作；(B)法規規定導遊執業證不得租借他人使用；(C)從事廚師工作時，不得塗抹指甲油。

( ) 14. 陳經理在餐廳員工的教育訓練中，為了傳達正確的工作態度與職業倫理，下列何者正確？ (A)依公司給予的薪資高低，決定對工作的認真與貢獻程度 (B)為公司成本考量，採購與進貨時，優先選擇最低價格食材 (C)協助客人點餐時，依照客人需求給予適當份量及建議的餐點 (D)老弱婦孺的顧客群行動較慢，服務時應優先處理年輕者或熟客。 【113統測】

《解析》(A)公司有保障員工的權益，按制度及工作內容給予合理的薪資；(B)採購食材應選擇符合其質量的價格，並非一昧追求低價，遵守商業道德；(D)服務時應優先留意老弱婦孺的顧客群，具備同理心。

🔔 解答

9.A 10.A 11.D 12.C 13.D 14.C

餐飲業

☑ 3-1　餐飲業的定義與特性

☑ 3-2　餐飲業的發展過程

☑ 3-3　餐飲業的類別與餐廳種類

☑ 3-4　餐飲業的組織與部門

☑ 3-3　餐飲業的經營理念

趨勢導讀 　本章之學習重點（本章為每年必考的重點）

1. 了解餐飲業的定義、特性、餐飲商品的判別；國內外餐飲業的發展過程；餐飲業的類別與餐廳種類都是需要熟讀的重點內容。

2. 了解餐飲業的相關組織與部門、餐飲內外場工作人員之相關執掌。

3. 了解餐飲業的經營理念，內容中包含人力資源、餐廳廚房的格局設計、廚房管理、餐飲成本與控制為本節之重點試題內容。

致勝關鍵

3-1 餐飲業的定義與特性

一、餐飲業的定義

依據	定義
世界觀光組織	專門為大眾開放提供餐飲且附有席位的場所。
中華民國行業標準分級	從事調理餐食或飲料,供立即食用或飲用之行業。餐飲外帶外送、餐飲承包等服務亦歸入本類。
經濟部商業司	係以固定場所接待客人,提供餐飲、設備、人員服務,以此賺取合理利潤的服務企業。

補充

1. 綜合定義:餐飲業是在家庭之外提供消費者餐飲和飲料(Food & Beverage)、服務(Service)、設施(Facilities)等,並以營利為的目。
2. 餐廳英文Restaurant一詞源於法文Restaurer,有重新恢復(To Restore)、重新振作精神(To Refresh)之意。

二、餐飲業的商品

分類	說明	要素	舉例	備註
有形商品 (Tangible Products)	直接與消費者喜好有關	支援設備 (Supporting Facilities)	建築、裝潢、座位、制服、餐具、設備	提供服務時所需的資源
		促成貨品 (Facilitating Goods)	餐點、種類、飲料等客用消耗品	顧客消費的實質商品
無形商品 (Intangible Products)	間接影響消費者再次消費的意願	外顯服務 (Explict Services)	清潔、衛生、服務、氣氛、色香味	顧客五官所感受到的
		內隱服務 (Implicit Services)	舒適、方便、幸福感、身分	顧客心裡所感受到的

三、餐飲業的特性

項目	特性
生產方面	1. 產品易腐、不易儲存。 2. 產品屬於個別化生產。 3. 生產量不易預測。 4. 生產過程時間短。 5. 生產與服務並存,即銷售、生產、消費並行,不可分割。 6. 營業時間有尖峰、離峰之別。 7. 屬勞力密集產業。
銷售方面	1. 設備、服務多樣化、供人享受。 2. 受經營空間限制。 3. 銷售量不易估計。 4. 銷售量受時間的限制。 5. 銷售以收現為主、資金周轉快。
消費方面	1. 需求的異質性。 2. 服務的即時性。 3. 不可觸知性。
服務方面	1. 從業人員具專業性與服務性。 2. 寓銷售於服務中。 3. 服務難以標準化。
經營方面	1. 投入資金的適切性。 2. 店址擇地的正確性。

考題推演

( ) 1. 關於餐飲產品的特性,下列哪些項目不屬於「intangible products」?甲、用餐氣氛;乙、服務態度;丙、裝潢;丁、菜單;戊、餐點　(A)甲、乙、丙　(B)甲、丙、戊　(C)乙、丙、丁　(D)丙、丁、戊。　　　　　　　　　【100統測】

解答 D

《解析》 餐飲產品分為有形產品(Tangible Products),例如:裝潢、菜單、餐點。無形商品(Intangible Products)例如:用餐氣氛、服務態度。

( ) 2. 依據餐廳經營管理的特性與內涵，下列哪些敘述正確？甲、餐飲業具勞力密集度高的特性，易造成基層員工流動率高；乙、餐廳提供的有形商品包含給予顧客的心理認知與感官知覺的感受；丙、因應餐飲差異化特質，不同服務人員可依自己習慣進行不同服務流程；丁、餐飲消費易受外在因素影響，精確預估餐廳採購量與銷售量是不容易的　(A)甲、乙　(B)乙、丙　(C)甲、丁　(D)丙、丁。　　　　　　　　　　　　　　　　　　　　　【113統測】

解答 C

《解析》乙、無形商品；丙、應採用標準作業流程，以降低異質性。

( ) 3. 元宇宙科技公司於今日中午召開業務會報，承辦人員使用 foodpanda 外送服務訂購午餐餐盒，會議所需的餐盒是屬於下列哪一種餐飲業的構成要素？
(A)explicit services　(B)facilitating goods　(C)implicit services　(D)supporting facilities。　　　　　　　　　　　　　　　　　　　　　　　【111統測】

解答 B

《解析》(A)外顯服務；(B)促成貨品：會議所需的餐盒為消耗品，故答案為B；(C)內隱服務；(D)支援設施。

( ) 4. 近年來越來越多餐廳除了提供美食也強調用餐時內心的感受體驗，更有經營者推出「無光晚餐」、「一人餐桌」、「與明星共餐」等特殊的餐會活動，根據以上敘述的用餐體驗是屬於哪一種餐飲業商品？　(A)facilitating goods　(B)intangible products　(C)potential products　(D)tangible products。　　　　　　　　　　　　　　　　　　　　　　　　　　　　　　【112統測】

解答 B

3-2 餐飲業的發展過程

一、國外餐飲業的發展

(一)西方餐飲業的起源與發展

時期	重要紀事
上古時期 （西元前30世紀至 西元4世紀） （神權時期）	◎美索不達米亞文明(Mesopotamia Culture) 1. 人們以大麥、小麥烘烤麵包，釀造啤酒。於祭典儀式後設有宴席，並以「桌」為單位，共飲共食。 2. 此時無供人付費吃喝的場所。 ◎古埃及文明(Ancient Egypt Culture) 1. **西元前512年，出現最早的「公共餐飲地點」。** 2. 古埃及人在泥碑上刻列食物名稱及價格，是「宴會形式」之開始。 ◎古希臘時期有提供貴族享樂的場所，且具有現代餐飲的雛型。 ◎羅馬時期 1. 古典時期，經貿往來，餐飲供應場所林立，例如：餐館、旅店等。 （西元70年，由**赫崗蘭城(Herculanecum)**的廢墟中，可看出各式各樣餐飲店鋪(Snack Bar)，**具外食文化的雛型**） 2. 羅馬人設有「Tavern」，**是小酒館的前身**。 3. 羅馬帝國時期，商人、朝聖者日增，商業性餐飲業出現。有醒目的餐廳招牌，主管機關明定客棧營業時間。
中古時期 （西元5~15世紀） （君權時期）	1. 西元476年，羅馬帝國滅亡，餐飲業進入黑暗時期。 2. 西元9世紀，拜占庭帝國將古羅馬、古希臘及近東飲食文化結合，為義大利菜的研發立下標竿。 (1) 回教徒入侵南歐，並傳入冰淇淋、甜點及中國的麵點給義大利人（**馬可波羅將中國麵點傳入，引發義式乾燥麵條與披薩的研發**），義大利的飲食文化在此時得以甦醒及萌芽。 (2) 10世紀，叉子(Fork)被普遍使用。（叉子是義大利人發明的） 3. 西元11~13世紀，十字軍東征，東西文化交流。 ＊**西元1183年倫敦出現第一家公共餐飲屋(Public Cook House)。** 4. 西元1453年，拜占庭帝國滅亡，活字版印刷出現，食譜普及。

時期	重要紀事
文藝復興時期 （西元16~18世紀）	◎法王路易十三，首創於餐桌上鋪設檯布。 ◎路易十四，舉辦烹調大賽，賞以藍帶獎章(Cordon Bleu)。 ◎西元1789~1799法國大革命，貴族才能享受的美食，轉為一般大眾能消費的口味，且經濟實惠。 1. 傳承自羅馬文化的**義大利菜被稱為「西餐之母」**，西餐的代表則為法國菜。 2. 西元1634年，美國人朱爾寇斯(Samuel Coles)於波士頓設立第一家供餐客棧。 3. 西元1645年，義大利威尼斯出現「Bottega del Caffee或稱為Bottega del」（咖啡屋），此為現代「Restaurant」（餐廳）的前身。 ◎咖啡屋簡史 表格如下： 4. Restaurant（餐廳），首次出現在法國，並成為高級餐飲場所的代稱。 ◎餐廳的起源 1. **餐廳(Restaurant)，由法文Restaurer衍生而來，有「恢復精神元氣」**之意。 2. 大英百科全書描述：西元1765年法國巴黎有一位名叫布朗傑(Mon Boulanger)的人，在他所開設的高級餐廳，製作一道名為Le Restaurant Divin（指令人恢復精神元氣的神品）的湯供客人享用，因而聲名大噪。 ＊補充： 1. **餐廳的同義字有Café、Restaurant、Brasserie。** 2. Brasserie相當於英文的「Brewery」。法國常用「Brasserie」來稱「餐廳」，原指「釀造與出售啤酒等飲料的場所」，19世紀後普遍採用，指「有許多好吃東西的地方」。

咖啡屋簡史表格：

1530年	中東「大馬士革」出現世界第一家咖啡屋。
1645年	**義大利威尼斯出現歐洲第一家咖啡屋(Bottega del caffee)。**
1650年	英國第一家咖啡廳於牛津出現。
1670年	美國波士頓出現第一家咖啡屋。
1672年	法國巴黎出現第一家咖啡屋－Procope Café（普各勃咖啡屋）。
1685年	奧地利維也納出現第一家咖啡屋。

時期	重要紀事
文藝復興時期 （西元16~18世紀） （續）	3. **餐廳的必備要件：** (1) **具有固定的營業場所。** (2) **提供餐食與飲料的設備與服務。** (3) **以「營利」為目的。**但廣義的餐廳則包含了非以營利為目的的餐廳，例如：軍隊餐廳、監獄伙食。
19世紀	1. **西元1802年法國漢尼耶(Grimod de La Reynière)著美食者年鑑，首開法國美食評論之始。** 2. 西元1827年，**美國紐約成立第一家名為Delmonico（戴蒙尼克）的法式餐廳 (Restaurant)。** 3. **西元1850年，巴黎歌聯飯店(Grand Hotel De Paris)為真正具現代化設備與服務的餐廳。** 4. 西元1876年，**美國亨利哈維(Frederick Henry Hervey)在堪薩斯州，經營多家餐廳(Harvey House)，為連鎖餐廳的始祖。** 5. 1893年，美國芝加哥從瑞典引進了Cafeteria的服務方式。 6. 西元1900年美國John Kruger在芝加哥首創自助餐(Buffet)餐廳。
20世紀～迄今	1. 20世紀美國大眾文化影響全球，科技進步，冰箱、烤箱、微波爐等設備普及，餐飲供應更多元。 2. 美國首先將法式西餐改為便利西餐。 3. 美式酒吧提供雞尾酒（Cocktail，為調配的混合性酒類飲料），Cabaret指有歌舞助興的酒館、酒吧。 4. 米其林輪胎公司於1900年出版第一本米其林指南，1926年開始星級評鑑系統。 ＊挑選餐廳的聖經－米其林餐廳指南。 餐廳的三等級 <table><tr><td>☆</td><td>A very good restaurant in its category.（表示是一家很不錯的餐廳，值得停下來享用美食）。</td></tr><tr><td>☆☆</td><td>Excellent cooking, worth a detour.（表示非常好的廚藝，值得繞道前往享用美食）。</td></tr><tr><td>☆☆☆</td><td>Exceptional cuisine, worth a special journey.（表示這裡有極致的美食，值得讓你為了它專程前往）。</td></tr></table> 5. 1930年，美國興起汽車旅遊，公路餐廳、汽車旅館因應而生。

時期	重要紀事
20世紀～迄今 （續）	6. 麥當勞(McDonald's)創始於1940年，是一家快餐店，名為「Dick and Mac McDonald」。於1948年引入「速度服務系統」。1960年代秉持著「100％顧客滿意」及QSCV（「品質(Quality)」、「服務(Service)」、「清潔(Cleanliness)」、「價值(Value)」）的經營理念快速擴張，以標準化食物及快速的服務持續成長。（1984年進入臺灣市場） 7. 美國速食業迅速發展，1952年肯德基(KFC, Kentucky Fried Chicken)在鹽湖城開幕，1954年漢堡王(Burger King)在邁阿密開幕，1965年潛艇堡(Subway)在康乃狄克州開幕，速食業進入連鎖的經營型態，最後進到國際連鎖經營。（1985年進入臺灣市場） 8. 1971年，星巴克咖啡(Starbucks Coffee)在西雅圖開幕，目前已拓展到30多個國家，在全球餐飲連鎖企業中占重要地位。（1998年進入臺灣市場） 9. 1970年代，人們重視健康，主張調味宜清淡、少油膩，保持食物原汁本味，盤飾趨向簡單，是一種不同於傳統的古典烹飪的烹調方法，稱為新式烹飪(Nouvelle Cuisine)。 10. 2011年，潛艇堡(Subway)是全球最多分店的連鎖餐飲，第二名是麥當勞。 11. 餐飲業的發展以速簡餐廳和豪華餐廳為兩大主流。

（二）西餐史上的重要代表人物

時期	重要記事
華麗廚藝時期 （19世紀前期）	1. 安東尼・卡雷姆(Marie Antoine Caréme, 1784~1833)為代表。曾任俄帝沙皇亞歷山大一世及英皇喬治四世的首席廚師。 2. 被推崇為「古典烹飪創始者」，有「王之廚師、廚師之王」(Cook of Kings and King of Cooks)、「法國菜廚師界的摩西」之美稱。 3. 貢獻： 　(1) 匯集當時廚房烹調技巧及用語。 　(2) 編著「烹調大字典」(Dictionary of Cuisine)、「古典式法國菜」(Survey of Classical French Cooking)及「法國菜藝術大全」(Làt De La Cuisine Francaise)。 　(3) 將烹飪原理食譜菜單作有系統之編排。 　(4) 把Sauce分為五大類並建立上菜的層次感(Order of Presentation)及優雅簡單的呈現。

時期	重要記事

古典廚藝時期
（19世紀後期）
	1. **奧格斯特・愛司可菲(Georges Auguste Escoffier, 1846~1935)**為代表。
	2. 被尊稱為「**近代廚師之父**」，有「**西餐之父**」、「**20世紀烹飪學之父**」之美稱。
	3. 貢獻：
	  (1) 將當時法國新舊菜系統結合，有系統地加以分類。
	  (2) 有許多烹調的巨著，其中被世界公認的古典菜餚之典範是「法國菜的烹調(Le Cuisine Francois)」。
	  (3) 將菜餚精練簡化，並推行吃完一道菜再上另一道菜的服務方式。
	  (4) 建立廚房人員組織編制與職務內容。
	  (5) 主張高雅、簡單(Elegant Simpicity)的烹調風格。

新廚藝時代 （20世紀）	1. **以費南德・波尹特(Fernand Point)為代表，為新式烹調(Novelle Cuisine)**的創始人。 2. **蜜雪兒・朱瑞(Michel Guerard)、羅傑・佛吉(Roger Vefge)**亦為此時期的重要代表人物。 3. **強調自然、淡雅的烹調風格。**

二、中國餐飲業的發展

1. 中國餐飲業的由來，與西方大致相同，分述如下：

時期	重要紀事
上古時期 （上古至春秋戰國時期）	1. 夏朝的「庖正」為專管廚師的官吏。 2. 商朝的伊尹被餐飲業奉為祖師爺。 3. 春秋時代，著名的廚師易牙，相傳能一嚐即辨水之味。 4. **因通商貿易、旅行，故而有餐飲、住宿的需求**，餐廳的雛型逐漸形成。 周禮云：「凡國野之道，十里有廬，廬有飲食」。
中古時期 （秦、漢、魏晉南北朝、隋唐）	1. 秦漢時代，有「亭」或「驛站」的設置，以提供官吏休息、住宿、飲食。 2. 南北朝時，旅館有兼賣飲食，有廚房及用餐的公私特定空間出現。 3. 隋、唐有較具規模的餐飲業，其各處通商設有「客舍」與「亭驛」。
近代時期 （宋、元、明、清、民初）	1. 明、清近代，歐美入侵，中國原有的餐飲文化，導入西方的食材。廣東菜為歐化最早的中國菜。 2. **清末民初，上海出現第一家現代化西餐廳，而上海的西餐廳成為政府遷臺後，臺灣西餐的起源。**

2. 中國重要餐飲烹調著作：

時期	著作及說明
夏朝、春秋、戰國	呂不韋（戰國後期~秦）著有《呂氏春秋》，本味篇論及三材五味（三材：水、木、火；五味：酸、甜（甘）、苦、辛（辣）、鹹對烹飪的重要性，是第一本論及烹調理論的著作。
秦、漢、南北朝	北魏賈思勰著有《齊民要術》，對於中國飲食文化的傳播有功，有「農業百科全書」之稱。
隋朝、唐朝	1. 孫思邈著有「備急千金要方」，為藥膳之始，強調「食治」、「養老食療」。 2. 唐朝飲茶之風盛行，陸羽著有《茶經》，茶宴在唐朝已很流行。
元朝	忽思慧著有「飲膳正要」，專書探討飲食與衛生的關係。
明朝、清朝	1. 明朝李時珍著有《本草綱目》，強調「治未病」，即重視「藥食同源，以食養生」。 2. 明末清初韓奕著有《易牙遺意》，記載易牙的著名菜餚。 3. 清朝的袁牧著有《隨園食單》，記載351種烹調法，是一部有系統論述烹飪技術和南北菜餚的著作。 4. 清朝的曹雪芹著有《紅樓夢》，以大篇幅描述清朝豪門貴族的飲食生活。

三、臺灣餐飲業的發展

階段	重要紀事
清末民初、日據時代	1. 受福建菜影響，其味鮮不膩，並以湯湯水水見長。 2. 日據時代，以各地市集、廟宇小吃為主。 ＊1873年基隆廟口小吃。 ＊1900年臺南度小月擔仔麵成立。 3. 日本統治臺灣、日本料理對臺灣餐飲產生影響。 4. 民國23年，波麗露西餐廳於臺北民生西路開業。現代化餐飲管理概念出現。
臺灣光復、政府遷臺（民國35~44年）	1. 餐飲業以日本料理及福州菜為主。 2. 公共食堂盛行與酒家菜的經營，塑造出臺灣菜的雛型。

階段	重要紀事
發展觀光事業時期 （民國45~67年）	1. 臺灣觀光協會於民國45年成立，其《發展觀光條例》於民國58年通過，奠定了臺灣後續觀光餐旅業的基石。 2. **民國47年鼎泰豐開幕，成為日本人來臺必吃的餐廳。** 3. 民國54年圓山飯店成立「空中廚房」，為我國空廚之開端。 4. 民國61年上島咖啡引進塞風式(Syphon)日式咖啡。 5. **民國62年希爾頓飯店成立，餐飲業正式跨入國際連鎖。** 6. 民國63年頂呱呱炸雞，民國64年高雄海霸王海產餐廳成立，為臺灣速食業及連鎖餐廳鋪路。
旅館餐飲及速食業連鎖時代 （民國68~78年）	1. **民國68年，政府開放國人出國觀光。** 2. **民國72年，臺中春水堂茶行，成就了「泡沫紅茶」的新業態。** 3. **民國73年，國內引進麥當勞**，並傳進了Q（品質：Quality）、S（服務：Service）、C（清潔：Cleanliness）、V（價值：Value）的理念。 4. 民國74年肯德基、78年漢堡王、79年Friday's、摩斯漢堡等跨國連鎖餐廳進駐臺灣。
全面連鎖化時期 （民國79年至今）	1. 民國79年日式咖啡館羅多倫引進臺灣，平價連鎖咖啡店開始盛行。 2. 民國86年，國人自創品牌西雅圖極品咖啡出現。 3. **民國87年統一企業引進星巴克咖啡(Starbucks)**，此咖啡館成為國內不可或缺的餐飲型態。 4. 民國92年的85度C，為本土自創品牌，深受國人喜愛，目前有股票上市。

考題推演

(　　) 1. 就目前臺灣餐飲業現況，下列何者**不是**自日本引進的日系品牌？　(A)摩斯漢堡　(B)羅多倫咖啡　(C)聖瑪麗麵包店　(D)品田牧場餐廳。　　【106統測】
解答 D

(　　) 2. 截至民國106年1月底止，關於臺灣連鎖餐飲業之狀態，下列何者錯誤？　(A)星巴克是直營連鎖　(B)85度C是自願加盟連鎖　(C)王品集團是特許加盟連鎖　(D)麥當勞有直營連鎖及特許加盟連鎖。　　【106統測】
解答 C

(　　) 3. 關於餐飲業的發展現況，下列敘述何者**錯誤**？　(A)連鎖化經營可提升品牌認同度，亦可降低營業成本，例如：85度C　(B)重視健康養生與營養概念，強調

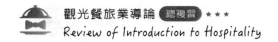

少油鹽與熱量，例如：舒果新米蘭蔬食　(C)經濟且快速的速食餐廳，可滿足較為忙碌的消費者，例如：茹絲葵牛排館　(D)餐飲業融入科技化與資訊化經營管理，例如以觸控式螢幕與設備點餐。　　　　　　　　　　　　　　　　【106統測】

解答 C

( ) 4. 關於我國空中廚房 （空廚）發展的敘述，下列何者錯誤？　(A)空廚發展開始於民國54年　(B)餐食由中央廚房統一製備　(C)復興空廚為我國空廚之肇始　(D)提供交通運輸上的餐飲服務。　　　　　　　　　　　　　　　　　　　【110統測】

解答 C

( ) 5. 關於歐美餐飲業發展過程中的重要推手，下列敘述何者正確？　(A)Fernand Point的餐館供應以羊腿煮成的Le Restaurant Divin的湯品　(B)Georges Auguste Escoffier開始出版一系列評論美食的美食者年鑑　(C)Grimod de La Reynière建立起依序上菜的服務方式以及廚房編制　(D)Marie Antoine Carême建立西餐上菜順序，並被尊為廚師之王。　　　　　　　　　　　　　　　　【112統測】

解答 D

《解析》(A)布朗傑(Boulanger)的餐館供應以羊腿煮成的Le Restaurant Divin的湯品；(B)法國漢尼耶開始出版一系列評論美食的美食者年鑑；(C)喬治•奧古斯特•愛斯可菲(Georges Auguste Escoffier)建立起依序上菜的服務方式以及廚房編制；(D)安東尼卡雷姆(Marie Antoine Carême)建立西餐上菜順序，並被尊為廚師之王。

3-3 餐飲業的類別與餐廳種類

一、餐飲業的類別

（一）依經濟部商業司「公司行業營業項目」分類

依據經濟部商業司所頒訂的「中華民國行業營業項目標準分類」，**餐飲類屬F大類（商業）之F5／餐飲業**，分為：餐館業、飲酒店業、飲料店業及其他餐飲業等，四大營業項目。如表3-1。

表3-1　中華民國行業營業項目標準分類－餐飲業

名稱	說明
餐館業 (Restaurants)	從事中西各式餐食供應，點叫後立即在現場食用之行業，例如：中西式餐館業、日式餐館業、泰國餐廳、越南餐廳、印度餐廳、鐵板燒店、韓國烤肉店、飯館、食堂、小吃店等，亦包括盒餐業。
飲酒店業 (Public House And Beer Halls)	從事含酒精性之餐飲供應，但無提供陪酒員行業，例如：啤酒屋、飲酒等。
飲料店業 (Coffee/Tea Shops And Bars)	從事茶、咖啡、冷飲、水果等餐飲，供應顧客飲用之行業，例如：茶藝館、咖啡店、冰果店、冷飲店等。
其他餐飲業 (Others Eating And Drinking Places Not Elsewhere Class Field)	從事以上細項之其他餐飲供應之行業，例如：伙食包作、辦桌等。

（二）依據行政院主計處「中華民國行業標準」分類

（110年1月，第11次修訂）

1. I類為住宿及餐飲業：從事短期或臨時性住宿服務及餐飲服務之行業。

2. 餐飲業的分類名稱與定義

表3-2　中華民國行業標準分類－I大類餐飲業

I類	中類	小類	細類：行業名稱及定義
住宿及餐飲業	餐飲業：從事調理餐食或飲料供立即食用或飲用，不論以點餐或自助方式，內用、外帶或外送方式，亦不論以餐車、外燴及團膳等形式，均歸入本類。不包括：製造非供立即食用或飲用之食品及飲料歸入「製造業」。零售包裝食品或包裝飲料歸入「零售業」。	餐食業：從事調理餐食供立即食用之商店及攤販。	餐館：從事調理餐食供立即食用之商店；便當、披薩、漢堡等餐食外帶外送店亦歸入本類。不包括：固定或流動之餐食攤販歸入「餐食攤販」。專為學校、醫院、工廠、公司企業等團體提供餐飲服務歸入「外燴及團膳承包業」。
			餐食攤販：從事調理餐食供立即食用之固定或流動攤販。不包括：調理餐食供立即食用之商店歸入「餐館」。
		外燴及團膳承包業	從事承包客戶於指定地點辦理運動會、會議及婚宴等類似活動之外燴餐飲服務；或專為學校、醫院、工廠、公司企業等團體提供餐飲服務之業；承包飛機或火車等運輸工具上之餐飲服務亦歸入本類。
		飲料業：從事調理飲料供立即飲用之商店及攤販。	飲料店：從事調理飲料供立即飲用之商店；冰果店亦歸入本類。不包括：固定或流動之飲料攤販歸入「飲料攤販」。有侍者陪伴之飲酒店歸入「特殊娛樂業」。
			飲料攤販：從事調理飲料供立即飲用之固定或流動攤販。不包括：調理飲料供立即飲用之商店歸入「飲料店」。

（三）依「交通部觀光局」分類

表3-3　餐飲業分類

項目	說明
餐飲業	專門經營中西各式餐食且領有執照的餐廳、飯館、食堂等行業，例如：中式、西式、日式、素餐之餐館業。
速食餐飲業	包括了漢堡店、炸雞店、披薩店、歐式、中式與日式之自助餐店、中式速食店及西式速食店。
小吃店業	凡從事便餐、麵食、點心等供應的行業都是屬於小吃店業，其中包括點心店、燒臘店、山味餐店、野味飲食店、土雞城等。
飲料店業	專門經營以茶類、咖啡、冷飲、水果等行業，例如：茶藝館、冰果店、泡沫紅茶店、冷飲店等。
餐盒業	餐盒業又稱便當業，指供應餐盒之餐飲業者。
其他飲食業	包括酒吧、啤酒屋、特殊風味餐飲業及其他不在上述五類的飲食業。

資料來源：交通部觀光局（民國85年出版的《觀光統計定義及觀光產業分類標準研究》）。

（四）依據「聯合國世界觀光組織」之分類

類別	說明
提供各項服務的餐廳	設有座位，對一般大眾提供的餐飲服務，例如：全服務式餐廳。
速食餐廳與自助餐廳	速食餐廳和自助式餐廳。
移動式的餐飲服務和自動販賣機服務	移式餐飲服務有行動咖啡車、行動窯烤披薩車、早餐車等。
酒吧和飲酒場所	專售酒類產品及相關服務的餐飲場所。
各機關內的福利社或員工餐廳	例如：學校的福利社、飯店的員工餐廳、軍隊的餐廳。
俱樂部及劇院附設的餐飲場所	於夜總會、歌劇院、戲劇院等附設的餐廳場所。

（五）依「北美行業標準分類」之分類

依2012年「北美行業標準分類」(NAICS, North American Industry Classification System)，將餐飲場所(Food Services and Drinking Places)分為三大類：

項目	分項
Special Food Services 特殊餐飲服務	Food Service Contractors 餐飲承包服務
	Caterers 外燴服務（宴席承辦）
	Mobile Food Services 移動式餐飲服務
Drinking Places(Alcoholic Beverages) 飲酒場所	Drinking Places (Alcoholic Beverages) 酒精性飲料店
Restaurants and Other Eating Places 餐廳和其他進食場所	Full-service Restaurants 全服務式餐廳
	Limited-service Restaurants 有限服務式餐飲場所
	Cafeterias, Grill Buffets, and Buffets 速簡餐、碳烤自助餐、自助餐
	Snack and Nonalcoholic Beverage Bars 快餐、點心和無酒精性飲料吧

二、餐廳的種類

（一）依是否具營利目的分類

根據1980英國SIC的修正方式，將餐飲業劃分為商業型及非商業型：

項目	說明
商業型(Commercial)	1. 以營利為目的。 2. 價格依所提供的服務多寡而區分。
非商業型(Non-Commercial)	1. 不以營利為目的。 2 價格低廉，提供方便、安全、衛生的餐食給特定的大眾。

項目	說明

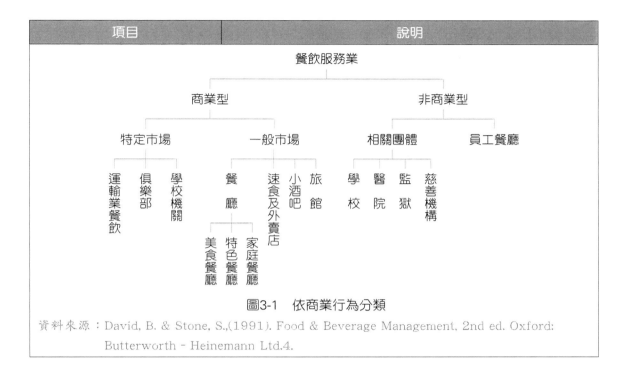

圖3-1 依商業行為分類

資料來源：David, B. & Stone, S.,(1991). Food & Beverage Management, 2nd ed. Oxford: Butterworth - Heinemann Ltd.4.

（二）依營業方式分類

1. 獨立經營(Independent Operation)

    (1) 定義：由一人或數人合夥擁有的餐廳，其經營特色是一家或數家餐廳，但沒有參與連鎖系統組織，其**投資者具有經營管理的所有權利**。

    (2) 優缺點：

    　　優點：① 投資金額可大可小，富有彈性。

    　　　　　② 擁有**獨立管理權，可自行決定營運方針與策略**。

    　　　　　③ **餐廳格調與氣氛可針對個人的期望和理想來掌握**。

    　　　　　④ 菜單的內容可隨著地域和時令的不同而改變，較富彈性，可迅速迎合客人飲食習慣的轉變。

    　　　　　⑤ 餐飲的促銷和宣傳可依需要來配合，經費和效果較易達成平衡。

    　　缺點：① 家庭化管理，缺乏制度。

    　　　　　② 知名度不高，成長慢。

    (3) 分類：獨資經營、合夥經營。

2. 連鎖經營(Chain Operation)

(1) 定義：由二家以上，**具有相同的企業識別系統**，並由總公司設計一套行銷方式，再授權給分公司，以銷售餐食，執行服務。

(2) 優缺點：

優點：① **共同採購，量大價格低**。

② 廚房準備一貫化，具標準作業程序(S.O.P.)。

③ **共同促銷**，享有既定的管理制度。

④ **能分擔廣告促銷費，提升知名度**。

缺點：① 為配合整體連鎖形象，分店容易失去地區性的獨特風格。

② 若有一家分店公司陷入醜聞或危機狀態，有負面消息，則連鎖系統容易受波及。

③ 授權有限，分店主管不易發揮長才。

(3) 分類：

直營連鎖 (Regular Chain Company Owned)	定義			舉例
	由總公司主動尋找地點，開設新店，並且直接百分之百投資分公司，總公司擁有所有的商標產品，作業流程等相關品牌權利。			三商巧福、星巴克咖啡、TGI Friday's
加盟連鎖	指由加盟總公司與其他加盟者以**締結契約**的方式，將加盟總公司的**產品、商標、品牌、經營權利**，有條件的授權給加盟店。			
			定義	舉例
	自願加盟 (Voluntary Chain)	**由加盟者以全部資金設立分公司**，其一切人員皆由加盟者負責。		統一麵包加盟店
	特許加盟 (Franchise Chain)	分公司設立所需的**資金六成或以上由加盟者負責**，且分店所需人員由加盟者負責。		全家便利商店、真鍋咖啡
	委任加盟 (Delegated Chain)	**由加盟總公司百分之百投資設立分公司**，而分公司內部的人員由加盟者負責，並專業集中管理該公司。		統一超商

（三）依菜單項目的繁簡程度分

項目	說明
美食餐廳 (Gourmet Restaurant)	1. 以供應傳統、經典的精緻菜餚為主。 2. 屬於**高級餐廳**(Fine Dining Room)。 3. 注重食物品質與傳統的服務方式，服務人員需受專業訓練。
特色餐廳 (Specialty Restaurant)	1. 例如：**主題餐廳**(Theme Restaurant)，**供應獨特的主題菜式為主**，以吸引特定的顧客。 2. 提供與眾不同的服務方式，可以是高級餐廳，也可以是普通餐廳。 3. 例如：「**大鼎活蝦**」連鎖餐廳。
家庭餐廳(Family Restaurant)或社區餐廳 (Community Restaurant)	1. 以供應**經濟實惠的家常菜**或小吃為主。 2. 餐廳裝潢與服務人員親切且溫馨。 3. 是一種**大眾化普通餐廳**。
填飽站(Filling Station)	1. 提供上班族或學生為對象，在有限的時間內解決民生問題。 2. 菜單項目少。 3. 例如：速食餐廳、速簡餐廳。

（四）依服務方式分類

項目	說明		
餐桌服務餐廳 (Table Service Restaurant)	1. 指顧客就座後，所有餐具、餐飲皆由服務員供應，故又稱「完全服務的餐廳」(Full Service Restaurant)。 2. 服務方式分類		
	歐式的分法	**美式的分法**	**特色**
	法式服務餐廳(French Service)	又稱獻菜服務或「英式服務」	服務人員獻完菜後再由「**顧客**」自行挾取菜餚至盤中。
	英式服務餐廳 (English Service)	又稱分菜服務或稱「俄式服務」	服務人員獻完菜後，再由「**服務人員**」挾派食物。
	旁桌服務餐廳 (Side Table Service)	又稱桌邊服務或稱「法式服務」	由兩名服務員，於旁桌上完成製備或切割盛盤，從顧客的右側端菜上桌。

項目	說明		
餐桌服務餐廳 (Table Service Restaurant) （續）	**歐式的分法**	**美式的分法**	**特色**
	俄式服務餐廳 (Russian Service)		(1) 亦稱為「修正法式服務」。 (2) 由服務人員獻完菜後，於旁桌分菜後再分送給客人食用。
	美式服務餐廳 **(American Service)**	**又稱持盤式服務** **(Plate Service)**	所有烹調和裝飾都在廚房完成，再由服務員一次端送。
	合菜服務餐廳 (Chinese Service)		(1) 將菜餚直接放置餐桌上，由顧客自行取用。 (2) 將菜餚置於轉檯上介紹菜餚後，再由服務員進行分菜。
櫃檯服務餐廳 **(Counter Service** **Restaurant)**	1. 指顧客到櫃檯點餐，櫃檯內的人員立即在「**開放式廚房**」(Open Kitchen)進行餐食的服務製備。 2. 可欣賞到**廚師現場烹調過程**。 3. 例如：**鐵板燒**(Teppanyaki)、**小吃攤**(Refreshment Stand)、速食餐廳(Snack Bar)、酒吧(Pub)、速食店(Fast Food Restaurant)。		
半自助式服務 (Semi Buffet Service)	1. 介於餐桌服務與自助式服務之間。 2. 主菜由服務人員端送至餐桌。 3. 其餘沙拉甜點飲料則自行取用，且無限量供應。		
自助餐廳 (Self-Service Restaurant)	1. 為快速、個人的用餐方式。 2. 可節省餐廳人力。 3. 區分為：		
	自助餐廳(Buffet Service **Restaurant)**	指**固定價格、吃到飽**(All You Can Eat)。	
	速簡餐廳(Cafeteria **Service Restaurant)**	指顧客先點菜再依其取菜餚的**份量與種類來計價**。	
機關團體餐廳 **(Feeding)**	1. 以**非營利**為主要目的的餐廳。 2. 提供簡便、衛生、價格合理的膳食。 3. 供應團體的膳食包含：學校餐廳(School Feeding)、醫院餐廳(Hospital Feeding)、公司員工餐廳(Industry Feeding)、工廠員工餐廳(Feeding-in Plate)、空中廚房(Fly Kitchen)。		

項目	說明	
速簡餐廳(Fast Food Restaurant)	1. 為櫃檯服務的餐廳。 2. **提供有限的菜單內容，以簡便的餐食為主**，例如：漢堡、三明治、炸雞。 3. 採用標準化作業流程(S.O.P.)，用半成品的食物原料，縮短製備的時間。 4. 服務快速、精簡。例如：麥當勞、肯德基等，有些還提供免下車選購餐食(Drive-Through Service)的服務方式。 5. 講求乾淨、服務品質為經營特色。例如：麥當勞標榜「S.Q.C.V.」，S(Service)代表服務，Q(Quality)代表品質，C(Cleanliness)代表衛生清潔，V(Value)價值。	
其他類型服務的餐廳	公路餐飲服務 (Drive In Service)	1. **源自西元1930年代的美國。** 2. 多以乘車旅行的人為主要對象。 3. 設立於公路旁，提供24小時的服務。
	汽車餐飲服務 (Drive-Through Service)	1. 為顧客**不必下車即在車內進行點餐**、付款、取餐的行為。 2. 例如：麥當勞的「得來速」(Drive-Through)。
	外賣、外送服務 (Take-out Service /Take-away / Deliver)	1. 指顧客以電話或親自到店訂購的方式取餐，不在餐廳用餐。 2. 例如：必勝客(Pizza Hut)、達美樂(Domino)、拿坡里(Napole)。
	小吃攤服務 (Refreshment Stand Service)	1. 設置在公共場所的小型餐飲攤位，例如：機場(Airport)、港口(Seaport)、車站(Terminal)。 2. 提供顧客外帶或在座位上食用。 3. 例如：夜市小吃。
	自動販賣機服務(Vending Machine Service)	顧客投幣後，即可取得食品或飲料的一種服務方式。
	外燴服務 (Catering Service)	將供應餐時所需的器皿、設備，搬至客人指定的地點，進行烹調與供食的服務。
	客房餐飲服務 (Room Service)	1. 為旅館提供給房客的客房用餐服務。 2. 隱密性高。 3. 收費加收二成服務費。

（五）依供應的餐食內容分類

1. 綜合餐廳(Combination Restaurants)

   指菜色的花樣繁多，並且不只提供一種餐食的餐廳。依口味不同分為：

   (1) 中餐廳：

   ① 一般以「菜系」做為區分標準，例如：八大菜系、十大菜系。

   華北區：山東（魯）菜。

   華中區：湖南（湘）菜、四川（川）菜。

   華東區：江蘇（蘇）菜、浙江（浙）菜、安徽（皖）菜。

   華南區：福建（閩）菜、廣東（粵）菜。

   ② 臺灣以北平菜、廣東菜、江浙菜、四川菜、臺菜、客家菜為主。

   ③ 各地方菜系及特色：

菜系	特色說明
粵菜 （廣東菜）	可分為廣東菜、東江菜、潮洲菜等三大區域。 1. 廣州菜：擅長焗、泡、灼、煲，調味料：梅醬、蠔油、蝦醬、沙茶、紅醋等。 2. 東江菜（客家菜）：多為肉類，愛用豆豉入菜。 3. 潮州菜：特色是素菜及甜味。 4. 著名菜餚：咕嚕肉、**京都排骨**、蔥油雞、梅乾菜扣肉、鹽焗雞、發財瑤柱、臘味雞、**叉燒肉**、XO醬炒帶子、腰果蝦仁、百花釀豆腐、**滑蛋蝦仁**、烤乳豬等。
閩菜 （福建菜）	1. 以海鮮為主，並以紅糟料理聞名。 2. 為臺菜的起源。 3. 著名菜餚：**佛跳牆**、紅糟雞、**八寶蟳飯**、海鮮魚翅、紅糟鰻魚等。
川菜 （四川菜）	1. 以成都、重慶風味為主。 2. **四川七味：酸、甜、苦、辣、鹹、麻、香**（四川菜運用了多變化的複合式調味料）。 3. **四川八法：乾燒、魚香、酸辣、麻辣、怪味、紅油、小炒、乾煸**。 4. 著名菜餚：回鍋肉、蒜泥白肉、樟茶鴨、貴妃雞、豆瓣魚、家常豆腐、家常茄段、魚香肉絲、**魚香茄子**、毛肚火鍋、五更腸旺、怪味雞、棒棒雞、**宮保雞丁**、麻辣豆魚、麻婆豆腐、夫妻肺片、紅油炒手等。

菜系	特色說明
湘菜 （湘南菜）	1. 湘菜可分為洞庭湖區、湘西山區等兩大區。 2. 擅長燒臘、煨、炒、燉等方法。 3. 著名菜餚：**左宗棠雞**、安東子雞、**富貴火腿**、竹節鴿盅、麻辣子雞、筆筒魷魚、油燜雙冬、烤素方等。
北平菜 （北京菜）	1. **中國的「滿漢全席」源自北平菜系。** 2. 擅長炸、滷；重油脂、口味重；以羊肉料理的爆、涮、烤著名。 3. 以麵食為主：鍋貼、烙餅、拉麵、餃子、燒餅等小吃。 4. 著名菜餚：**醬爆雞丁**、北平烤鴨、**涮羊肉**、砂鍋白肉、**糟溜魚片**、雞絲拉皮、**京醬肉絲**、**拔絲芋頭**等。
江浙菜 （上海菜）	1. 上海菜可分為寧波菜、上海菜、杭州菜等。 2. 寧波菜：擅長蒸、烤、燉等方法；**海鮮居多**、鹹甜合一。 3. 上海菜：上海菜包容了中國各地的名菜，為現代國菜的縮影，擅長清蒸、紅燒、油燜、炒、燴等方法；重油、重糖、重味、重色。 4. 杭州菜：口味以清淡為主。 5. 著名菜餚：叫化雞、鹽水鴨、紹興醉雞、**紅燒划水**、**紅燒下巴**、松鼠黃魚、沙鍋魚頭、獅子頭、金華火腿、荷葉粉蒸排骨、炒鱔糊、西湖醋魚、**東坡肉**、宋嫂魚羹、**龍井蝦仁**、蜜汁火腿、荷葉粉蒸肉等。
臺菜	1. **臺灣菜源自福建菜系，並保有日本料理與廣東菜的風味。** 2. 以海鮮為多：擅長清蒸、生炒、燉、滷；清淡不油膩。 3. 著名菜餚：紅蟳米糕、八寶肉粽、香菇肉羹、三杯雞、腰果雞丁、當歸燉鴨、炸雞、鹽酥蝦、蚵仔捲、龍蝦沙拉、麻油雞等。

④ 臺灣的地方特產：

地方	特產	地名	特產
基隆	鼎邊銼、天婦羅	官田	菱角
木柵	鐵觀音	岡山	三寶：羊肉、蜂蜜、豆瓣醬
文山	包種茶	麻豆	文旦
深坑	臭豆腐	玉井	芒果
新竹	米粉、貢丸、肉圓	關廟	鳳梨
北埔	東方美人茶、擂茶、客家料理	甲仙	芋頭
大湖	草莓	東港	肉粿，三寶：黑鮪魚、油魚子、櫻花蝦
臺中	太陽餅	林邊	黑珍珠蓮霧
大甲	奶油酥餅、芋頭酥	蘇澳	羊羹

地方	特產	地名	特產
嘉義	蝦猴、牛舌餅、芋頭酥	宜蘭	糕渣、鴨賞、膽肝、金棗、牛舌餅、三星蔥
西螺	醬油	花蓮	小米麻糬、餛飩
埔里	紹興酒及其製品	臺東	釋迦
水里	梅子、酒莊	澎湖	黑糖糕
臺南	蝦捲、鱔魚意麵、棺材板、擔仔麵	金門	高粱酒、貢糖
白河	蓮子	馬祖	魚麵

參考資料：劉清華、劉慧雯(2010)。餐旅概論。臺北：宥宸文化。

(2) 西餐廳：

① 西餐市場以美式與歐式為主流。

② 美式餐廳包含：麥當勞、時時樂、必勝客、龐德羅莎、滾石餐廳。

歐式餐廳包含：以法式餐廳為主，其他尚有義大利餐廳、德式餐廳、歐式餐廳，多採高價位的經營方式，重視餐廳裝潢氣氛與服務。

③ 西餐菜系及特色：

菜系	特色說明
法式	1. 以葡萄酒、香檳聞名世界。 2. **松露、魚子醬、鵝肝為常用的高級材料。**
義式	**西餐的起源源自義大利菜。**
德式	1. 德國豬腳、火腿、燻肉、香腸為特色餐食。 2. 酸菜、芥末醬、烤洋芋、德國啤酒為佐餐食品。
美式	1. **大眾化、注重服務、便捷、快速、價格便宜。** 2. 例如：龐德羅莎、時時樂。

(3) 日本料理：

① 食材高級、價位高。

② 菜單可分成「本膳料理」、「精進料理」、「懷石料理」。

③ 日本料理的菜系與特色：

菜系	特色說明
懷石料理	1. 「懷石」之意：禪師在進行修行與斷食中，強忍飢餓懷抱溫石取暖之意。 2. 原為搭配茶道之料理，現今為高級料理之意。 3. 講求環境的悠靜，料理簡單而雅緻，用膳儀式嚴格。
本膳料理	1. 起源：室町時代（約西元十四世紀）。 2. 把所有的菜一次出齊：有三菜一湯、五菜一湯及七菜三湯等。用膳儀式嚴格。 3. 為傳統的正式日本料理，正式場合（婚喪喜慶、祭典或成年禮）採用，一般場合已不多見。
會席料理	1. 起源：文人的集會後，飲酒作樂之餐食，現今則指宴會料理。 2. 吃法較懷石、本膳料理自由輕鬆。 3. **為現今日本料理的代表。**
精進料理	1. 屬於寺廟料理，是以法事上供應完畢回收的菜餚製成。 2. 本來供應粗食、不供應酒，現今越顯豪華，並開始供應酒（般若湯）。 3. **屬於素食料理**，營業場所中較少見。

◎ 各國代表菜餚

分類	說明	代表菜餚
法國菜	1. 法國菜是西方料理的代表。 2. 烹調多用奶油。 3. 特色食材：布列塔尼的貝隆生蠔、布烈斯雞、佩里哥黑松露、霍克福藍紋乳酪（Roquefort）、給宏德鹽之花。 4. 鵝肝醬、魚子醬、松露為法國三大珍味。	鵝肝醬Foie Gras、魚子醬Caviar、松露Truffes（法文）Truffle（英文）、法式焗洋蔥湯French Onion Soup、蟹肉濃湯Bisque of Crabs、牛肉清湯Beef Consommé、馬賽海鮮湯Bouillabaisse à la Marseillaises、焗烤田螺Gratin d'Escargots à la Bourguigno、尼斯沙拉Salade Niçoise、橙汁鴨胸Caneton à l'Orange、阿爾薩斯酸菜豬肉香腸鍋La Choucroute Garnie、紅酒燉牛肉Estouffade de Boeuf Bourguignon、培根菠菜派Quiche Lorraine、長杖型法國麵包Baguettes。
義大利菜	1. 義大利菜多使用橄欖油、大蒜、番茄入菜。 2. 北義大利烹調重肉類；南義大利烹調重麵食類。 3. 特色食材：帕瑪森乳酪、摩典那傳統巴薩米克醋、阿爾巴白松露。	義大利麵製品Pasta、千層麵Lasagna、披薩Pizza、臘腸Salami、蜜瓜火腿Prosciutto Crudo、番茄起司沙拉（卡布里沙拉）Caprese Salad、義式生牛肉Carpaccio、米蘭燴牛膝（義式燴牛膝）Osso Bucc Alla Milanese、義大利式燉飯Risotto、佛羅倫斯雞胸肉Chicken Breast Florentine Style、義大利蔬菜湯Minestrone、提拉米蘇Tiramisu、義大利式濃縮咖啡Espresso、卡布奇諾咖啡Cappuccino。

分類	說明	代表菜餚
德國菜	烹調上多使用牛油、白葡萄酒、芥末。	德國豬腳配德國酸菜Schweinshaxe / Sauerkraut、韃靼生牛肉Steak Tartare、法蘭克福香腸Frankfurter、維也納香腸Vie a Sausage、黑森林蛋糕、啤酒Beer。
西班牙菜	1. 盛產蔬菜、水果、海鮮、葡萄酒。 2. 飲食受到多種民族之影響；希臘人使用橄欖油、羅馬人使用大蒜、回教徒引進米食文化。	西班牙海鮮飯Paella、西班牙冷湯Gazpacho、生火腿Jamon、開胃小菜Tapas。
英國菜	1. 英國菜保留傳統燒烤技巧。 2. 烹調上多使用奶油或爐烤的滴油、葡萄酒、荳蔻及肉桂。	炸魚&薯條Fish and Chips、牛尾湯Oxtail Soup、爐烤牛肉Roast Beef（附約克夏布丁Yorkshire Pudding）、蘇格蘭羊肉湯Scotch Broth、紅茶Black Tea。
美國菜	1. 美國菜本是以英國菜為基礎，現在是具有最多元化的飲食型態。 2. 美式餐飲深受墨西哥、中國、義大利三大主流菜餚之影響。 3. 美式餐飲強調快、速、簡之速食型態。	速食餐飲Fast Food、酒吧Bar、曼哈頓蛤蜊巧達湯Manhattan Clam Chowder。
墨西哥菜	1. 墨西哥菜餚深受西班牙的影響，口味酸辣濃郁，烹調方法講究自然。 2. 以玉米為原料做成多種知名食物，玉米脆片、玉米軟餅、法士達、塔可等。	墨西哥捲餅Tortilla、玉米脆片Nachos、法士達Sizzling Fajitas、塔可Taco、墨西哥酥餅Quesadillas。
俄羅斯菜	1. 口味較重，喜好酸、鹹、甜。 2. 多使用酸奶油、酸黃瓜。	魚子醬Caviar、羅宋湯Russian Borsch（以紅甜菜加牛肉烹煮而成）。
匈牙利菜	1. 匈牙利菜主要是以洋蔥、番茄、紅椒粉增色與調味。 2. 紅椒粉是主要的調味料，酸奶油其次。	匈牙利牛肉湯hungarian Goulash Soup。

分類	說明	代表菜餚
瑞士菜	瑞士北鄰德國、西靠法國、南部與義大利接壤，三國為瑞士美食帶來法式大餐的優雅、德國美食的純粹和義式佳餚的創意。	起司火鍋Cheese Fondue（使用愛摩塔乳酪和葛利亞乳酪）。
奧地利菜	奧地利的餐飲文化屬多元性，許多奧地利佳餚都是由外國傳入。	薩荷蛋糕Sachertorte。
愛爾蘭菜	愛爾蘭美食以肉類較有名，常搭配黑麥啤酒食用。	愛爾蘭燉肉Irish Stew。

2. 主題餐廳(Theme Restaurant)

   (1) 係指以某一特定的主題為主，例如：貓狗寵物餐廳。

   (2) 或以某裝潢擺飾為主要訴求，例如：蒙古包餐廳、星際餐廳。

（六）依供應餐食的時間分

項目	說明		
早餐 (Breakfast)	◎可分為中式及西式早餐		
	中式	北方	豆漿、燒餅、油條
		南方	清粥小菜
	西式	美式	提供果汁(Orange Juice)、蛋類並附火腿或培根(Eggs with Ham or Bacon)、吐司麵包(Toast and Bread)、咖啡或茶(Coffee or Tea)
		歐式	果汁(Fruit Juice)、牛角麵包(Croissant)、不加蛋、咖啡或牛奶(Coffee or Milk)
早午餐 (Brunch)	1. 提供給晚睡晚起的旅客。 2. 為早餐時段後、午餐前的餐食選擇。		
午餐 (Lunch)	1. 又稱為Tiffin。 2. 進餐時間為11：00~14：00。		
下午茶 (Afternoon Tea)	1. 多提供精緻的餐點及飲料。 2. 用餐時間為14：00~17：00。		

項目	說明
晚餐 (Dinner)	1. 供應的菜餚最為豐富。 2. 用餐時間長。
宵夜 (Supper)	1. 比晚餐更短的餐食。 2. 在歐美地區為較高格調且正式的另一種晚餐形式。

（七）依點菜的方式分

分類	說明
套餐餐廳 (Table d'hote)	1. 以供應套餐的菜單為主。 2. 固定的上菜順序、固定的費用。 3. **有利於成本控制。**
單點餐廳 (A'la Cart)	1. 顧客依需求而自行點菜。 2. **餐費較昂貴。** 3. 較不利於成本控制。
自助餐廳 (Buffet & Cafeteria)	1. Buffet：固定價格吃到飽。 2. Cafeteria：以量計價。

（八）其他各式的餐廳

種類	說明
咖啡廳	1. 西元1650年英國牛津出現西歐最早的咖啡店。 2. 為近來成長最快的餐飲形式。 3. 通常也供應早餐、簡餐等。 4. 例如：星巴克咖啡(Starbucks Coffee)、丹堤咖啡、85度C。
酒吧(Bar)	1. **源自於美國西部**，提供休閒及喝飲料的地方。 2. **Bar：橫木之意，為酒吧的命名來源。**（當時美國西部，因顧客經常喝酒鬧事，為阻隔酒醉鬧事的行為，所以在酒保與顧客間加設「橫木」） 3. 現今的Pub，亦為酒吧形式，源自英文的Public House。 4. 提供酒類、飲料外，還附帶現場娛樂表演、網路服務等多元遊樂。
宴會餐廳	1. 早期多以外燴形式，不太講究服務、衛生、氣氛，現今多由飯店或大餐廳取代，講究服務品質，但價格也較貴。 2. 辦理婚喪喜慶、年終尾牙等需大型宴會廳的場所。 3. 宴會會場佈置有許多形式，例如：T字型、U字型及圓桌會議等。 4. **宴會廳通常沒有固定的桌椅擺設，有些會議形式會在中間安排咖啡時間(Coffee Break)或茶敘時間(Break Time)。**

種類	說明
娛樂場所餐廳	1. 設置在娛樂場所內。 2. 以娛樂場所中之顧客為消費對象。 3. 提供小吃、麵食、簡餐且價格較為昂貴。
鐵板燒	1. 源自日文「Teppanyaki」，只經由特製的鐵板在客人面前現場烹調後，供應給顧客。 2. 為櫃檯服務，用餐區與烹調區共同結合設計。
蒙古烤肉	1. 英文為「Barbecue」，其語源為海地語（在野外或戶外，用架子炙烤牛、豬的意思）。 2. 為櫃檯服務，由顧客自行選擇搭配，再由廚師現場烹調。 3. 一般供應牛、羊、豬、雞肉為主，再搭配其他蔬菜。
會員餐廳	1. 採會員制的經營方式，大多不對外營業。 2. **重視個人隱密性。** 3. 菜色因會員需求而變化。

考題推演

( ) 1. 知名王品集團旗下的「夏慕尼」鐵板燒餐廳，不僅提供優質的餐飲服務，亦可欣賞廚師現場的廚藝表演，且廚師並可將烹調好的菜餚直接服務給客人，是屬於下列何種服務方式？ (A)Table Service (B)Self-service (C)Counter Service (D)Bar Service。 【101統測】

解答 C

《解析》(A)餐桌服務。(B)自助服務。(C)櫃檯服務。(D)酒吧服務。

( ) 2. 在餐飲業的經營型態中，消費者需定期繳交一筆費用，才有資格享用餐廳各項餐飲及休閒娛樂等服務，是為下列何種類型的餐廳？ (A)Highway Restaurant (B)Club Member Restaurant (C)Cafeteria Restaurant (D)Fast-food Restaurant。 【101統測】

解答 B

《解析》(A)公路餐廳。(B)會員俱樂部餐廳。(C)速簡餐廳（點餐計費式餐廳）。(D)速食餐廳。

( ) 3. 關於中國各菜系所包含之著名菜餚，下列何者正確？ (A)松鼠黃魚、魚香肉絲屬於江浙菜系 (B)京醬肉絲、涮羊肉屬於北平菜系 (C)麻婆豆腐、宋嫂魚羹屬於四川菜系 (D)咕咾肉、左宗棠雞屬於廣東菜系。 【106統測】

解答 B

( ) 4. 關於國家或地區與其特色食物料理的配對，下列何者正確？ (A)韓國 – 懷石料理 (B)俄羅斯 – 羅宋湯 (C)英國 – 蜜瓜火腿 (D)印尼 – 肉骨茶。

【110統測】

解答 B

( ) 5. 下列哪一道料理不屬於江浙菜的知名菜餚？ (A)東坡肉 (B)紅燒下巴 (C)宋嫂魚羹 (D)豆豉蒸魚。 【111統測】

解答 D

《解析》豆豉蒸魚為湖南菜的知名菜餚。

( ) 6. 李同學與朋友到百貨公司美食街用餐，各自在喜歡的店家點餐結帳後，再自行找尋座位等待取餐享用。此種餐廳服務方式為下列何者？ (A)櫃檯服務 (B)餐桌服務 (C)餐盤服務 (D)半自助服務。 【111統測】

解答 A

《解析》顧客點餐、結帳及取餐後，自行尋找座位用餐為櫃檯服務的方式。

( ) 7. 小隆與同學相約出遊，回程時購買當地特產油魚子作為伴手禮贈送親友品嚐，小隆應該是到下列哪一個地點旅遊？ (A)基隆 (B)綠島 (C)澎湖 (D)東港。

【112統測】

解答 D

( ) 8. 阿國即將大學畢業，目前正積極應徵連鎖餐廳的儲備幹部工作，業界學長與阿國分享連鎖經營餐廳的特點，下列何者錯誤？ (A)促銷活動統一化 (B)生產製備標準化 (C)採購系統規格化 (D)獨立營運自主化。 【112統測】

解答 D

《解析》連鎖餐廳的經營權屬於總公司，除了自願加盟者的自主性會較高。

( ) 9. 米其林餐飲評鑑進入臺灣已邁入第五年，臺北、臺中、臺南與高雄四個城市的餐廳陸續納入評鑑，每年摘星的餐廳都備受矚目，成為餐飲業重要的話題。關於米其林餐廳的說明，下列何者錯誤？ (A)臺灣目前已獲得米其林三星殊榮的是頤宮中餐廳 (B)米其林星級餐廳類型大多數屬於gourmet restaurant (C)法國的米其林輪胎公司在1900年出版米其林指南 (D)米其林星級餐廳所提供的服務多為counter service。 【112統測】

解答 D

(　) 10.關於中式著名菜系與菜餚配對的選項，下列何者<u>錯誤</u>？　(A)川菜：回鍋肉、夫妻肺片　(B)浙菜：西湖醋魚、龍井蝦仁　(C)閩菜：佛跳牆、八寶蟳飯　(D)湘菜：無錫排骨、揚州炒飯。　【112統測】

解答 D

《解析》 (D)蘇菜。

3-4 餐飲業的組織與部門

一、餐飲業的組織與部門

（一）組織結構的基本概念

1. 分工(Division of Labor)

分類	圖示	說明
垂直分工(Vertical Division of Labor)	A → B → C	1. 建立在「直線(Line)」的授權上。 2. 以統一命令(Unity of Command)為前提，由上而下傳遞命令，每位部屬僅聽命於1位管理。
水平分工(Horizontal Division of Labor)	A　B　C	1. 建立在工作的「差異性」上。 2. 由水平分工，使工作更有效率。

2. 組織設計的基本原則

原則	說明
統一指揮 (Unity of Command)	一位員工僅接受一位主管指揮，不同時受命於數人。
指揮幅度 (Span of Control)	指一位單位主管所能有效督導指揮的部署人數。一位主管約指揮1~12位部屬。

原則	說明
工作分配 (Job Assignment)	按照員工內外在條件，分別賦予適當的指定工作。
賦予權責 (Delegation of Authority & Responsibility)	工作分配後，逐級授權，分層負責，依照不同層級及職位賦予不同的責任和權力。

（二）組織的型態

型態	特色
直線式 (Line Style)	1. 指揮系統由上而下，統一指揮、權責分明。 2. 命令來源只有一個。
幕僚式 (Staff Style)	1. 除了主管，另設有顧問（幕僚）。 2. **幕僚不能直接下達命令。**
混合式 (Line & Staff Style)	1. 為直線式與幕僚式的綜合體。 2. 有直線指揮的組織體系，又另設有幕僚單位協助主管。為**目前餐飲業最常使用的型態**。

（三）餐飲組織的結構

1. 最常使用

結構	圖示	說明
簡單型	老闆兼經理 廚師　　調酒員　領　檯　出　納 （可由領檯兼任） 洗滌員　　副　手　　服務員　　服務員 圖3-2　小型旅館餐飲部組織	1. **又稱為分級式組織、軍隊式組織，是最簡單的組織結構。** 2. 以工作人員之勞動力和人數為劃分的依據。 3. **組織結構扁平化**，指揮系統是由上而下，形成一直線的關係，決策權多集中於一人，部屬須服從上級所交待的事項。 4. 優點：命令一致，反應迅速、職責劃分清楚、降低意見分歧。

結構	圖示	說明
簡單型（續）		缺點： (1) 過度依賴管理人員之能力，當決策者犯錯時，不易自我察覺。 (2) 不易協調、缺乏彈性。 (3) 缺少幕僚人員協助。 5. **適用**規模：**小規模企業**。
功能型	總經理 餐飲部經理 餐廳部　飲務部　廚務部　餐務部 圖3-3　大型旅館餐飲部組織	1. **又稱為部門化(Departmentalization)組織、職能式**組織、**專職式**組織，是企業普遍採用的組織結構。 2. 依**工作內容**和**性質**作為劃分依據，將相關人員集中在同一個單位，具有高度專業化的效益。 3. 優點：專業分工，能發揮員工專長、管理階層較願意授權、利於垂直式控制及資訊交流。 缺點：導致各部門本位主義強、忽略整體營運績效，責任歸屬不易。 4. 適用於環境變化緩慢，以生產作業為主的大規模企業。
產品型	董事長 總經理 經理 內場　　　　　　　外場 主廚　　　　領班　調酒領班 副主廚　　　組長　調酒員 冷廚 內廚 沙拉 燒烤 點心 湯　領檯　服務員 助手 助手 助手 助手 助手 助手　服務員 練習生 清潔傳菜生 圖3-4　大型西餐廳的組織	1. 依**產品內容作為劃分依據**，並採分權決策方式。 2. 例如：餐飲業將工作性質是否與顧客直接接觸，區分為外場及內場，且外場和內場皆各自有經理人員，各司其職。 3. 優點：權責分明、分權決策、盈虧立見、發揮專業化。 缺點：組織結構重複，增加成本、協調不易。 4. 適用於生產或銷售多項產品的大型企業組織。

2. 其他的組織結構

組織結構	說明
矩 陣 式 組 織 (Matrix Organization)	1. **結合功能型組織和產品型組織的垂直和水平組織結構**，又因為矩陣式組織圖像柵欄，又稱為**柵欄組織**(Grid Organization)。 2. 企業在原有的組織結構中，為了**處理臨時性且具有相互依存關係的任務，集中組織中最佳及特定的專業人才來完成一特殊任務，任務達成後即解散，人員回歸原單位。例如：參加美食展**，由各餐廳派廚師組成一美食展小組，配合行政人員、服務人員，共同完成活動後，各自回歸原服務單位。 3. 優點：兼具效率與適應性、學習團隊合作精神、各單位互動頻繁。 　缺點：造成單位之衝突、邀功心態、員工短視、組織耗費龐大。 4. 適用於環境變化快速、業務牽涉範圍廣者，現代化國際企業常用。
客戶型	1. 又稱為顧客型。 2. 依顧客的需求或特質為市場區隔的依據。 3. 例如：葷食、素食者。
區域型	1. 以地理位置作為分隔依據。 2. 較適用於企業規模大或區域業務分散較大的機構。 3. 例如：將企業據點分為北、中、南。
網 路 式 組 織 (Network Organization)	1. 企業將組織精簡，把一部分業務外包給其他廠商，僅留下自己擅長的核心。 2. 業務及一個主管團隊負責監督與控制業務，以創造最高價值和保持最佳彈性，是現代流行的組織方式。
衛星式組織	1. 指在母企業組織外，針對子公司或分公司所採取一種類似衛星對行星的組織管理架構。 2. 衛星組織對母公司負責，子公司為母公司之外的組織架構。

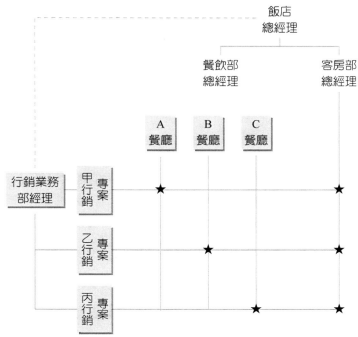

註：★餐旅商品團隊(Product Team)

圖3-5　矩陣式組織結構圖

資料來源：呂永祥(2007)。餐旅概論II。臺北：啟英。

（四）餐飲組織系統

　　餐飲組織編制會依餐飲規模、經營者需求及目的不同而有不同的組織型態，除上述餐飲系統依其結構分類外，其他尚有分類方式如下：

1. 依部門分

部門	工作內容
餐廳部／餐飲服務部 (Restaurant Dept.)	1. 負責飯店內各餐廳食物及飲料的銷售服務，以及餐廳內的佈置管理、清潔、安全與衛生。 2. 部內設有各餐廳經理、領班、領檯、餐廳服務員、服務生。
飲務部 (Beverage Dept.)	負責館內各種飲料的管理、儲存、銷售與服務。
宴會部 (Banquet Dept.)	負責接洽一切訂席、會議、酒會、聚會、展覽等業務，以及負責會場佈置及現場服務等工作。

部門	工作內容
廚房部 (Kitchen Dept.)	1. 負責食物、點心之烹調及製作、控制食物材料的申請領用，協助宴會安排及菜單擬定。 2. 較具規模的五星級飯店，設有個別的西式廚房，並另設中央廚房(Central Kitchen)，將飯店所有單位須用的食材先行處理，再配送至各單位。
餐務部 (Steward Dept)	1. **負責一切餐具管理、清潔、維護、換發等工作，以及廢物處理、蟲害防治(Pest Control)、餐具的維護消毒、清潔、洗刷炊具、搬運等工作。** 2. 餐務部在餐飲部門中居於調理、服務和外場三單位的協調工作。
採購部 (Purchasing Dept.)	1. 負責飯店內一切用品、器具之採購，對餐飲部甚重要，凡餐飲部所需一切食品、飲料、餐具、日用品等均由此單位負責採購。 2. 有審理食品價格、市場訂價、比價檢查之責任。
庫房部／倉儲 (Storage Dept. / Warehouse)	1. 一般庫房分「乾料庫房」、「冷凍藏庫」及「日用品儲藏庫」等單位，一般也是屬於「財務部」管轄。 2. 負責倉儲作業，如驗收、儲存、發放等工作，確保餐廳標準庫存量及庫房的安全維護。
管制部／成本控制部 (Cost Control Dept.)	1. 負責餐飲部一切食品、飲料之控制、管理、成本分析、核計報表、預測等工作。 2. 不隸屬於餐飲部，為一獨立作業單位，直接向上級負責。

資料來源：整理自張麗英(2003)，旅館暨餐飲業人力資源管理。

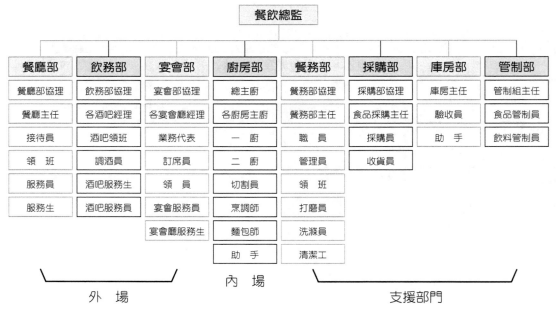

圖3-6　大型餐飲組織系統圖

2. 依工作內容分

以工作內容分類	名稱	說明
服勤線	餐廳(Dining Room)	1. 提供客人餐飲服務的場所，將產品依適切的服務方式提供給客人。 2. **俗稱「外場」或「堂口」。**
生產線	廚房(Kitchen)	1. 製備客人餐點的場所。 2. **俗稱「內場」或「灶」。**
	酒吧(Bar)	1. 開放酒吧(Open Bar)：客人看得見的酒吧。 2. 服務酒吧(Service Bar)：客人看不見的酒吧，透過服務人員間接服務客人。
支援服務部門	管理部門(Administration)	採購、人事、財務、工程等部門。
	後勤補給線	提供生產線及服勤線時，適當的餐具補給與清潔衛生的維護等支援單位，如餐飲部洗滌組、驗收區、備餐區。

資料來源：整理自張麗英(2003)，旅館暨餐飲業人力資源管理。

3. 利潤中心(Profit Center)

(1) 指個別的餐廳單位，形成一個利潤中心，並設置一位督導管轄，主管單位隸屬總經理。

(2) 不編制餐廳部、飲務部、宴會等組織。

(3) 當各利潤中心達到預算的銷售金額時，一部分的利潤會以紅利或年終獎金的形式回饋員工。例如：晶華酒店。

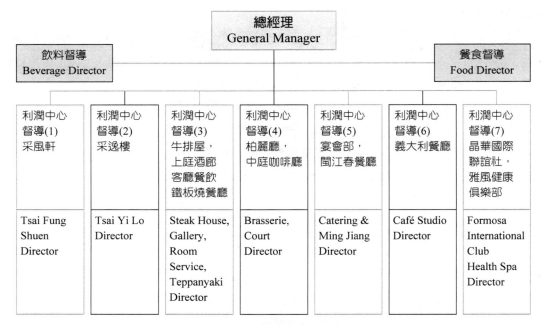

圖3-7　晶華酒店餐飲部門組織圖

（圖片來源：整理自陳堯帝(2002)。餐飲實務。臺北揚智）

（五）餐廳與各部門的關係

關係	內容說明
餐廳與廚房	餐廳（外場），負責將客人的點菜單送至廚房（內場），製備餐食。
餐廳與餐務部	1. 供應餐廳、廚房所需器皿。 2. 負責器皿的清潔與維護。
餐廳與飲務部	負責餐廳各種酒類和飲料的銷售、服務與管理。
餐廳與採購部	負責餐廳內一切食品、飲料、餐具、日用品及其他各種物料、備品等之採購事宜外，適時提供生產單位市場新產品及各種最新商情。
餐廳與宴會部	負責餐廳一切訂席作業，以及各類會議、酒會、展覽等業務之接待、安排、會場佈置與現場服務工作。
餐廳與管制部	針對餐飲部一切物料之管制成本分析報表、核編行銷計畫市場調查分析，以及餐廳人事、財務、公務與安全的管理事宜。

（六）餐飲部與其他部門的關係

關係	內容說明
餐飲部與客務部	1. 服務中心：門衛(Door Man)負責代客停車、引導交通，回答問題。行李員(Bell Man)負責引導客人到客房。 2. 大廳副理：負責處理各種突發狀況。 3. 總機：轉接電話到餐廳，並負責介紹飯店與餐廳的設施與設備。 4. 櫃檯（客務部）：餐飲部需依櫃檯提供的住房比例，安排第二天餐廳外場的工作排班表，特別是「早餐」與「客房餐飲服務」的部分。
餐飲部與房務部	1. 公共區域：餐廳以外的所有公共區域的清潔工作，係由房務部負責。 2. 洗衣：餐廳的所有布巾類都是由房務部的洗衣房負責。 3. 蟲害防治：蟲害防治(Pest Control)的工作，係由餐務部與房務部共同負責。 4. 花的供應：係由房務部的花房所提供。
餐飲部與財務部	1. **櫃檯出納(Front Desk Cashier, FDC)**：櫃檯出納不屬於「客房部」，而是**隸屬「財務部」管轄**。 2. 薪資(Payroll)：餐廳工作人員之薪資均由財務部薪資組審核。 3. 財務部的成本控制室，主掌餐廳經營之「餐飲材料成本」、「勞務成本」與「其他費用」的控制。
餐飲部與採購部	負責餐飲飲料、設備及補給品的採購。
餐飲部與工程部	餐廳的照明、供水、冷凍、空調等維修與保養等工作。
餐飲部與人事部（人力資源部）(Personnel or Human Resource Dept.)	1. 協助餐廳新進員工的甄選與訓練。 2. 餐廳人力資源的調配。
餐飲部與公共關係部(Public Relation)	協助餐廳的形象建立與促銷活動。
餐飲部與安全部	安全部及警衛人員是支持及保護餐廳安全的重要部門。

二、餐飲內場從業人員的職掌

(一) 組織的管理技能

不同階層的餐飲管理人員，需擁有不同的專業技能：

管理階層	說明	範例
高階管理階層 (Top Management)	負責目標性、策略性和管理上的決定。	總裁、執行長、總經理、副總經理、餐廳經理
中階管理階層 (Middle Management)	1. 又稱部門管理階層。 2. 將高階管理階層的決策具體化，再將各項命令或指示傳達給部署。	部門經理、餐廳副理
低階管理階層 (Lower Management)	1. 又稱監督者階層。 2. 負責例行性的決策，擔任現場管理、監督與考核工作。	領班、主任、股長

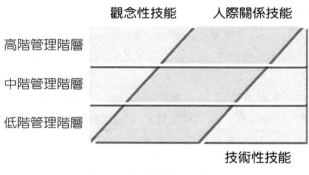

圖3-8　組織的管理技能

Robert L. Katz(1995)

* 觀念性技能：具有抽象問題的思考能力。

* 人際關係技能：與人相處以及溝通方面的能力。

* 技術性技能：達成工作任務的專業領域能力。

(二) 重要的相關名詞定義

名詞	說明
工作頭銜 (Job Title)	1. 指表達這項工作在組織中的層級及地位。 2. 例如：領班(Captain)的地位高於服務員(Waiter / Waitress)。
工作分析 **(Job Analysis)**	1. 指適切的工作資訊說明。 2. 經由觀察及研究的一種組織化決策過程，以確定能與特定工作本質相符之工作說明。
工作分配 (Job Assignment)	依員工特性不同，分配至不同的組織與層級，以期使每位員工均能各盡其才。
工作分類 (Job Classification)	將工作分出類別與層級，以工作的價值決定薪資給付的層級。

名詞	說明
工作說明書 (Job Description)	1. **描述員工工作職位所需負擔之工作內容以及工作責任的書面說明書。** 2. 工作說明書應包含下列項目： 　(1) 工作部門職務，如職稱、頭銜。 　(2) 工作職責與工作項目。 　(3) 直屬的主管，如主任、領班。 　(4) 工作與其他部門的相互關係。 　(5) 工作的前後順序，及所需的資源與設備。
工作輪調 (Job Rotation)	**以水平方式調遷員工，讓員工在水平單位做變動，使其工作活動有變化。**
工作擴大化 (Job Enlargement)	以員工原本的工作為基準，以橫向（水平）方式擴大，負責的工作範圍、內容增加，讓工作擁有多樣性。
工作豐富化 (Job Enrichment)	增加垂直方向的工作內容深度，例如：讓員工參與自己工作的規劃與控制。

（三）中式餐廳內場從業人員之職掌

職稱		工作職掌
管理 階層	行政主廚	1. 餐廳內場主要負責人，負責廚房一切行政事務。 2. 統籌烹調、請購、定價、成本控制、品管等標準作業流程(S.O.P.)的制定。 3. 掌握人事調配與任用，甄選、訓練、考評新進廚務工作人員，並予以任務分配。 4. **制定菜單、研商定價、研發創新食譜。** 5. **與外場經理人溝通、協調、合作。** 6. 召開廚務會議，檢討顧客建議事項。 7. **不執行廚房的烹調工作。**
	行政副主廚	是行政主廚的代理人。
執行 階層	主廚、舊稱領班	負責廚房人員的調配，也負責烹調工作、宴會餐食準備及檢查廚房內場的清潔、衛生與安全。
	副主廚 (Assistant Chef)	1. 由資深廚師擔任，實際監督廚房作業的人。 2. 當人事精簡時，可由砧檯師傅代理，是主廚請假時之職務代理人。

職稱	工作職掌
爐灶師傅 （炒鍋、候鑊、掌灶）	1. **負責食材烹煮、調味工作，是中廚房烹調時的靈魂人物。** 2. 爐灶師傅可分為： (1) 頭爐：資歷完備的廚師，負責爐灶工作人員之調配，工作班表及任務分工，負責酒席、宴會的烹飪調味，可由副主廚兼任。 (2) 二爐：協助頭爐實務操作酒席（大筵）、宴會的烹調。 (3) 三爐：負責小吃（小席）的烹飪調味、客飯麵點的炒煮等工作。 (4) 四爐：協助小吃的烹調工作，維持使用器具的整潔。 (5) 五爐：又名尾爐，油炸食物及其他協助、補位工作，保持工作區域的整潔衛生。
排菜師傅 （打荷、料清）	1. **協助**食材烹飪調味工作後之**排菜傳送作業。** 2. 排菜師傅亦分為：頭排菜、二排菜、三排菜、四排菜、五排菜。
砧檯師傅 （砧板、紅案、墩子）	1. **負責食材進貨、切配、抓碼**（使菜入味）、**盤飾擺設等前置作業。** 2. 對餐食原料份量進行成本控管，是中廚房地位僅次於爐灶師傅的廚師。 3. 砧檯師傅可分為： (1) 頭檯：資歷完備的廚師。負責砧檯工作人員的調配、工作班表及任務分工，廚房物料進貨及配菜的選定，管控成本及份量，負責酒席、宴會的調配菜料，可由副主廚兼任。 (2) 二檯：協助頭檯實務操作酒席、宴會的調配菜料，切配食材、盤飾擺設工作。 (3) 三檯：負責小吃（小席）的調配菜料、盤飾擺設工作。 (4) 四檯：協助小吃的調配菜料、盤飾擺設工作。 (5) 五檯：又稱尾檯、冰箱整理員，負責冰箱內食材儲放、取用、清點整理工作，即「翻冰箱」之意。因經驗資歷較淺，在無水檯（殺魚、殺雞鴨者）編制的餐廳，須協助殺魚、切肉等切割工作。

執行階層（續）

職稱	工作職掌

點心師傅（白案）	1. 具畫龍點睛功能的廚師，工作區域常自成一個小單位。
	2. 點心師傅可分為：
	  (1) 頭手：製作中式麵食、鹹點（含叉燒做成的點心）甜點，並維持製備過程的安全衛生。
	  (2) 二手：協助頭手工作進行，負責甜湯、甜水及炸的點心之製作，並維持工作區域及使用器具設備的整潔。

冷盤師傅	1. 負責餐食的切件擺盤。 2. 冷盤師傅可分為：頭手、二手。
燒烤師傅	北方菜館有烤鴨師傅，粵菜館則有燒臘師傅、專責烤乳豬、叉燒、燒鴨、燒雞、滷水雞、臘味等，是表現菜餚特色的廚師。
蒸籠師傅（水鍋、上什）	**負責蒸煮菜餚，煲高湯的廚師。**因工作技巧性稍低，有的餐廚不設蒸籠頭手。

打雜部	1. 與觀光旅館之餐務部門工作內容類似，協助廚師工作進行、處理各項雜務、提供清潔衛生的餐飲工作場所、數量足夠運用的餐具器皿、降低餐具破損比率。
	2. 打雜部中包含：
	  (1) 打雜領班：督導洗滌、消毒、烘乾、歸位等工作，確保餐具用品及廚房機具的清潔衛生。
	  (2) 洗滌工：清洗碗盤杯皿等，實行誘導系統(Decoy System)，降低破損比率，確保工作安排並保證其清潔衛生，清點數量、蒐集空瓶、銀器和銅器打光。
	  (3) 清潔雜工：清洗地板、牆壁並協助各級廚師整理機具設備及食材，廢棄物之處理、分類、搬運。

（此表左側跨列欄位標示為「執行階層（續）」）

（四）西式餐廳內場從業人員的職掌

職稱		工作職掌
管理階層	行政主廚 (Chef / Executive Chef / Chef de Cuisine)	1. 餐廳內場實際負責人，負責廚房一切行政事務。 2. 統籌烹調、請購、申領、定價、成控、品管等標準作業流程(S.O.P.)的制定。 3. 掌握人事調配與任用，甄選、訓練、考評新進廚務工作人員，並予以任務分配。 4. **制定菜單、研商定價、研發創新食譜。** 5. **與外場經理人溝通、協調、合作。** 6. 召開廚務會議，檢討顧客建議事項。 7. **不執行廚房烹調工作。**
	行政副主廚 (Executive Sous Chef)	1. Sous有「之下」之意。 2. 為行政主廚的代理人。
執行階層	各部門主廚 (Chef de Partie / Station Chef)	1. 負責各部門的廚師工作，包含烹調、煎煮及各種宴會的佈置與準備工作。 2. **法文Partie=英文Station。**
	廚房副主廚 (Sous Chef)	協助各部門的主廚完成工作。
	燒烤廚師 (Roast & Grill Cook / Rôtisseur)	1. **負責廚房內主要食品、肉類的燒烤、油炸工作。專責製備燒烤菜、炙烤菜、爐烤菜及油炸菜。** 2. 對於相關機具設備，例如：碳烤爐、烤箱等均能按照操作手冊執行並維護。
	魚類廚師 (Poissonier / Fish Cook)	**負責各種魚類及海鮮的處理與烹調工作。**
	肉房廚師 （切割師） (Butcher)	1. **辨識各種肉類、禽類、魚類可食用、可運用的部位，並予以正確的切割方式。** 2. 配合各級廚師的需求做適當的切割。 3. 對於相關機具設備，例如：鋸骨機、切割機等，均能按照操作手冊執行並維護。

職稱	工作職掌
執行階層（續） 冷菜廚師 (Grade Manger / Pantry Cook)	1. 在人員精簡時，是蔬菜廚師、沙拉廚師及冷廚廚師的組合，準備工作量大，可由副主廚兼任。 2. **專責製備蔬菜類、沙拉及沙拉醬，冷、熱湯類，冷前菜、麵飯類、蛋類及肉醬等，各類食材之調配工作。** 3. 對於相關機具設備，例如：冰箱、冰櫃、攪拌機等，均能按照操作手冊執行並維護。
醬汁廚師 (Saucier / Saucemaker)	1. 專責製備醬汁(Sauce)、燜煮(Braise)菜、燴燉(Stew)菜、熱前菜(Hot Appetizer)、煎炒(Saute)菜等。 2. 負責高湯熬煮，製作成為冷湯、熱湯。
麵包、糕點師傅 (Baker / Pastry Cook)	1. **負責烘焙產品及甜點的製作。** 2. 熟悉相關機具設備，例如：烤箱、醱酵箱、攪拌器等，操作手冊的執行與維護。 3. 依據標準配方、百分比調製。 ＊ 可視為一獨立單位，在獨立的工作場所作業。 ＊ 現今許多規模較小的餐廚，並未設備此一職位，轉而向坊間麵包糕點店或代工工廠訂製，以降低人事及材料支出。
幫廚 （助手） (Assistants)	負責收拾與整理廚房內的工作，搬運清理與準備。
學徒 (Apprentice)	負責打雜與完成廚師們交辦的工作。

三、餐廳外場從業人員的職掌

（一）餐廳外場從業人員之職掌

職稱	工作與職掌
管理階層 餐廳經理 (Manager)	1. 負責餐廳營運推廣、營運目標的制訂，督導、考核工作品質與進度。 2. 制訂工作目標及標準程序。 3. 統整營運需求及定位。 4. 規劃季節性促銷專案及定價。 5. 對部屬進行甄選、考核、獎懲等工作。 6. 制訂餐廚各單位所需的崗位設置、人員編制和工作說明，使人力能夠適量、適質、適時的補充。

	職稱	工作與職掌
管理階層（續）	服務經理 (Service Manager)	1. **餐廳外場服務的實際負責人及第一線管理者，督導並調整標準作業流程(S.O.P.)，消弭衝突及顧客抱怨事件。** 2. 巡查餐廳外場之清潔、衛生、安全。 3. 制訂標準作業流程、緊急事件處理流程及外場服務流程等。 4. 督導、訓練並考核員工服務及推銷技巧。 5. 分配責任區域及工作內容。 6. 貴賓之接待服務。 7. 編列預算，控制餐飲及人力成本，制訂營業目標。 8. 從事市場調查、同業溝通，以掌握市場動向與趨勢。

※傳統編制中設置：
1. **經理(Directeur de Restaurant)**：是餐廳的所有負責人，Directeur的英文為Director，為指揮者、管理者之意，de=of。
2. **主任(Premier Maître d'hôtel)**：Maître d'hôtel為負責外場的服務工作，英文翻譯為Master of Hotel，意即旅館主人，Premier則為首席之意。

	職稱	工作與職掌
執行階層	領班 (Captain, Head Waiter / Maître d' hôtel de Carré)	1. 服務區域的督導、檢查、協調、服務等工作，協助教育訓練、人力安排，為餐廳現場調度的基層管理人員。為副理（或經理）休假時的職務代理人。 2. 可分為資淺(Junior)與資深(Senior)領班。 3. **負責服務區域內人力安排、工作分配、指導與說明。** 4. **檢視服務人員的服裝儀容、服務態度、專業技能、安全衛生等。** 5. 協助主管**餐前會報(Briefing)**進行，並分配工作區域、工作內容及注意事項。 6. 查察**營業前準備工作(Mise En Place)**是否完成，如環境清潔、餐桌佈設、備品補齊等。 7. 依照訓練計畫，予以新進員工與在職員工教育訓練。 8. 依顧客喜好，適時適量推薦菜餚、酒水，並協助完成服務工作。 9. 處理顧客遺留物品。 10. 填寫領料單、報修單、報廢單，了解物品耗用損壞情形。

職稱	工作與職掌
領班 (Captain, Head Waiter / Maître d' hôtel de Carré)（續）	11. 營業中，巡視餐中服務狀況，主動處理意外事件及顧客抱怨。 12. 督促並管理服務人員的工作，並將評估作好記錄。 ※領班(Maître d'hôtel de Carré)：Carré為督導區域之意。
領檯員或接待員 （男：Greeter、 女：Hostess / Receptionist）	1. **餐廳與顧客面對面直接接觸的第一線工作人員。**執行餐廳、接待、安排席次等工作，協助服務工作順利完成。 2. **接聽電話、接受訂席。** 3. 了解餐廳的基本客流量與最大客流量，**掌握預約訂席狀況。** 4. 餐廳門口接待區域、接待檯、海報架等之清潔維護工作，並適時更新宣傳資料及紀錄。 5. 以親切態度**迎賓待客、帶位入座**，並知會該服務區域領班或服務員。 6. 指示餐桌位置，協助拉椅入座、攤口布。 7. 通知該服務區域服務人員提供後續的服務。 8. 了解顧客已到及未到人數，處理換位、換桌之客人，並記錄成訂席記錄簿(Reservation Log Book)內。 9. 隨時注意餐廳內顧客動態，協助領班督察服務人員工作。 10. 顧客遺留物品(Lost & Found, L & F)之登記及後續追蹤服務。
服務員 （Server / 男： Waiter、女： Waitress）	1. **執行餐廳各項服務工作，是餐廳內與顧客接觸最密切、最頻繁的從業人員，**可稱為餐飲服務的靈魂人物。 2. 可分為資淺(Junior)與資深(Senior)服務員。 3. 營業前了解訂位狀況、餐桌佈設、負責工作區域的清潔、服務檯餐具備品的補充。 4. 負責工作區域內之服務顧客，熟悉服務流程，正確使用服務專業技巧及器皿餐具。 5. 了解菜單內容、餐食順序、烹調製備方式協助顧客點叫餐食。

執行
階層
（續）

職稱		工作與職掌
執行階層（續）	服務員 （Server／男： Waiter、女： Waitress）（續）	6. 注意顧客動態，隨時提供必要服務，如於餐中加水、更換盤碟、分菜等。 7. 顧客用餐後，迅速清理桌面，重新佈設，增加**翻檯率**(Turnover Rate)。 8. 若有顧客抱怨事件，立即通知上級主管處理。 ※**服務員(Chef de Rang)：英文為Senior Server**。
	服務生或練習生 （Commis de Rang／ 男：Bus Boy、女：Bus Girl）	1. 新進員工由此職務開始做起，逐步晉升，**協助服務員執行各項服務工作，是餐廳外場最基本的工作人員。**（Bus有搬運之意，Bus Boy又稱跑堂員、見習生） 2. **收拾桌面、搬運殘盤、整理服務檯。** 3. 補齊餐具、備品及桌邊烹調所需食材、器皿。 4. 擦拭餐具、備品，清洗桌邊烹調車。 5. 協助餐飲服務流程的進行。 6. 確保服務工作之清潔、衛生、迅速、確實。

※ 傳統編制中，服務員下設半服務員、助理服務員、傳菜員、收拾員等內容如下：
(1) **半服務員(Demi Chef de Rang)**：Demi即1/2之意，Demi Chef de Rang英譯即為Junior Server（資淺服務員）。
(2) **助理服務員(Commis de Rang)**：Commis即英文Assistant，助理、代理人之意，負責協助倒酒水，收拾殘盤與聽從服務員的交代。
(3) **傳菜員(Commis de Suite)**：Suite即侍從、聯絡之意，負責把菜單送入廚房，把菜餚端送到服務桌。
(4) **收拾員(Commis de Débarrasseur)**：Débarrasseur即收拾者之意，負責收拾殘盤，並補足服務桌所需的物品。

（二）餐廳中特殊服務一覽表

職務	主要工作
葡萄酒服務員	1. **法文：Sommelier、Chef de Vin、Sine Butler**（Vin=Wine，為葡萄酒之意）。**英文：Wine Waiter、Wine Steward、Wine Butler**。 2. 負責客人的飲料介紹及全部葡萄酒的服務工作。
調酒員	1. **英文：Bartender、Bar Man**。 2. 多設置於美式的酒吧，負責飲料的調製。

職務	主要工作
客房餐飲服務員	1. **法文：Chef d'Etage**（Etage有樓層之意）。 2. 負責送客房餐飲至客房內。 3. 隸屬於餐飲部。
大廳服務員	1. **法文：Chef de Hall**。 2. 負責旅館內大廳中酒吧或茶廊的服務。
現場切割員	1. **法文：Trancheur**。 2. 負責切割大塊爐烤肉(Roast)、開胃品及點心車的服務工作。

（三）其他部門從業人員的職掌與功能

1. 餐務部

功能：

(1) 又稱為餐務組，負責餐飲運轉過程工作提供一個清潔衛生的餐飲工作場所，使員工能在舒暢的環境中工作，進而提高工作效率。

(2) **提供足夠數量的餐具物資**，保證經營運轉的正常進行。

(3) **幫助餐飲部門控制經營成本，將損耗減少到最低程度。**

職稱	工作職掌
餐務部經理 (Chief Steward)	1. 餐務部的總負責人，負責監督、分派餐務部的日常工作，了解內部設備及機器的用途。 2. 負責維持管轄範圍內的清潔衛生以及員工個人的衛生。 3. 制訂屬下員工培訓計畫，確保員工正確操作洗碗機，正確保管和使用各種清潔劑。 4. 統計、記錄各餐廳及廚房之餐具，控制庫存量、安排補充及申購。
餐務部副理 (Asst. Chief Steward)	協助餐務部經理負責處理餐務的所有一切事務，為餐務部經理的職務代理人。
餐務領班 (Shift Steward)	1. 負責一切餐務工作的現場監督與執行工作。 2. 協助餐務部經理落實有關人員的培訓課程，及進行各種設備、餐具的盤點工作。 3. **負責洗滌過程中的餐具破損控制。** 4. 負責提供廚房、餐廳和酒吧所需的用品和設備，及籌劃和配備宴會等活動的餐具、物品。 5. 監督下屬員工按規定的程序和要求工作，保證清潔衛生的質量，並遵守所有飯店的規章制度、條例和紀律。

職稱	工作職掌
清潔員 (Kitchen Cleaner)	1. **負責清潔衛生，處理垃圾及其他的搬運衛生工作。** 2. 幫助蒐集和儲存各種經營設備，並搬運至指定的庫房。 3. 為大型宴會活動準備場地、搬運物品。 4. 負責餐飲部食品驗收處的清潔工作，及時清洗、沖洗。
打磨員 (Silverware Polisher)	1. 根據餐飲部所制定的銀器擦洗計畫表，進行所有銀器、銅器等設備的擦洗與拋光工作。 2. 保證飯店所使用的金、銀餐具和銅器的清潔光亮。
洗盤員 (Dish Washer)	1. 負責正確使用洗碗設備，及時洗滌各種餐具，維持洗碗間的清潔衛生。 2. 檢查洗碗機是否正常，並清洗、擦乾各種機器設備。 3. 正確使用和控制各種清潔和化學用品。

2. 宴會部

功能：

(1) 負責宴會、宴席的預訂及安排座位和各種對外聯絡工作。

(2) 做好筵席、宴會、酒會、會議、外燴等場所佈置，並與人力資源部隨時聯繫，調派大型宴會所需臨時工作人員，做好服務工作。

職稱	工作職掌
宴會廳經理 (Banquet Manager)	1. 負責管理宴會部所有業務與服務工作。 2. 督導宴會廳的服務流程及服務細節。 3. 制定訓練制度、督導指揮員工，激發員工的工作潛能。
宴會廳服務經理 (Banquet Service Manager)	協助經理完成宴會部的所有工作。是宴會廳經理之職務代理人。
宴會廳餐服領班 (Banquet Service A Captain)	1. **亦稱為「A領班」。屬於宴會部的中階管理者，負責宴會廳人力安排。** 2. 檢查、督導及協調宴會廳各項工作。 3. 檢查宴會廳及服務人員之條件。
組長 (Banquet Service B Captain)	1. 亦稱為「B領班」，屬於宴會部的中階管理者。 2. 與「A領班」分工負責區域中的各項檢查、監督及協調工作。
服務員 (Waiter, Waitress)	負責服務區域內的所有餐飲服務項目工作，及做好各項服務前的準備工作。
部分工時人員 **(Part Timers)**	因宴會廳臨時所需之人力而聘用的「部分工時人員」，其每天工作時間不超過八小時。

職稱	工作職掌
臨時工 (Casuals)	經過訓練後，若飯店臨時需要，經通知立即會到飯店工作的臨時人員，其上班工作時間並不固定。

3. 餐廳出納(Accountant)

p.s.如在飯店屬財務部。

功能	工作職掌
1. 隸屬於餐廳經理或公司會計組。 2. 監督餐飲出貨手續正確與否，防止漏單、漏帳或損失及餐廳財務之情事發生。	1. 核收顧客消費帳單、結算各式帳單。 2. 現金的管制、開立統一發票，製作各項會計報表，並向上級呈報營收情形。

考題推演

(C) 1. 關於傳統法式餐廳人員編制組織，下列何者的職稱最高？　(A)Chef de Rang　(B)Commis de Suite　(C)Premier Maître d'Hôtel　(D)Maître d' Hôtel de Carré。 【106統測】

解答 C

(C) 2. 關於餐飲從業人員主要工作內容與職掌名稱，下列何者錯誤？　(A)職掌冷盤、開胃點心的廚師稱為Garde Manger　(B)能展現熟練切割技巧，負責在顧客前現場切割肉類者稱為Trancheur　(C)調製雞尾酒飲料與各類非酒精性飲料者稱為Sommelier　(D)迎賓帶客、安排與帶領客人入座者稱為Réception Maître d' Hôtel。 【106統測】

解答 C

(C) 3. 小明對餐廳工作很有興趣，喜歡接待客人，擅長熟記他人的名字與喜好，且與同儕協調溝通良好。依據小明的個人特質，下列哪一項工作職務較適合推薦小明應徵？　(A)採購人員　(B)餐務人員　(C)領檯人員　(D)廚房助手。 【110統測】

解答 C

(C) 4. 西式餐廳中負責製備沙拉、菜凍、肉凍及開胃點心等的人員是下列何者？
(A)butcher cook　(B)pastry cook　(C)pantry cook　(D)vegetable cook。 【112統測】

解答 C

《解析》(A)肉類廚師、(B) 點心廚師、(C)冷盤廚師、(D)蔬菜廚師。

3-5 餐飲業的經營理念

一、餐飲業經營的基本概念

（一）餐飲經營的理念

理念	說明
1. 建立餐飲業者的使命感	1. 以「創造顧客、奉獻顧客」為使命。 2. 建立「以客為尊、服務顧客為榮」的服務觀。 3. 確立餐飲營運目標與企業文化。
2. 堅持「Q.S.C.V.」的經營理念	1. **品質**(Quality)。 2. **服務**(Service)。 3. **清潔**(Cleanliness)。 4. **價值**(Value)。
3. 連鎖餐廳經營的三S	1. 簡單化(Simplification)。 2. 標準化(Standardization)。 3. 專業化(Specialization)。

（二）餐飲管理的基本概念

1. 餐飲管理的定義：以現代企業管理的精神與方法，將餐廳所有人力、物力、財力透過**「規劃」**(Planning)、**「組織」**(Organizing)、**「領導」**(Leading)、與**「控制」**(Controlling)等管理程序，使其增加生產，達成公司的營運目標。

項目	內容說明
規劃(Planning)	設定目標、制定策略及擬定行動計畫等。
組織(Organizing)	將組織內的工作人員進行適當的安排。
領導(Leading)	為達到組織的觀念與目標，所進行的督導與協調工作。
控制(Controlling)	是組織達到目標的過程中，所有的監控工作，例如：評估餐廳的營業績效是否達到組織目標，若無則進行修正。

2. 餐飲管理的目的

項目	內容說明
經濟目的	1. 增加營收、減少支出。 2. 控制成本、創造利潤。

項目	內容說明
非經濟目的	1. **提升企業的社會形象、回饋社區鄰里與社會責任的實踐、縮小公害問題。** 2. 提供就業機會。 3. 員工的工作成就、自我實踐。

3. 餐飲管理的範圍

項目	說明
餐廳管理	餐廳是顧客的用餐場所，如何給予顧客舒適親切完美的服務，為餐廳管理的精神所在。
廚房管理	廚房是食品菜餚製備場所，不但直接影響餐飲成本與餐食品質，也間接影響餐飲行銷與餐廳形象。建立標準作業規範使廚房作業能有效管理。
物料管理	為確保餐飲營運所需的各種物件，能適時、適量、適質且經濟合理的供應餐廳營運所需。
餐務管理	負責餐飲業內外場所需的餐具、物資、設備，以及相關生產器皿，使餐飲製備與服務的過程能順暢運作。
設備管理	指設備自採購、進貨、驗收，使用保養維護、修理、報廢等一系列的過程。
財務管理	指開辦餐廳所需的各項資金的籌措運用，預算編列管列、成本的計算與控制，以及利潤分配或資金再運用等管理。
人事管理	包含人員的甄選、任用、考核、獎懲、教育與訓練。
行銷管理	將分析、策劃、執行與控制等方法，運用到行銷活動，以達到企業營運目標。

二、餐飲人力資源管理

（一）定 義

　　人力資源管理(Human Resources Management, HRM)是以科學的方法，透過計畫、執行與評鑑的過程，將組織內之所有「人」的資源，作最適當的保護開發、維持與活用，以達組織的目標。

（二）範 圍

　　包含餐飲的人力資源規劃、人才招募、員工訓練、遴選、績效考核及福利制度等。

（三）內 容

項目	說明
選才	招募新進員工，是人力資源管理的首要工作。
用才	依「適才適所」的原則，給予員工適合的職位安排。
育才	培養訓練員工，以提高員工的服務品質與工作效率。
留才	為員工設計良好的生涯規劃，藉以留住優秀人才。

三、人員的甄選與訓練

（一）人員的甄選

1. 員工的來源

    (1) 從在職員工中調遷。

    (2) 在職員工的推薦。

    (3) 職業介紹所的介紹。

    (4) 學校及訓練機構的推薦。

    (5) 公開徵求。

    (6) 自己培養。

2. 甄選的方式

方式	說明
考試(Examination)	1. 以公開考試的方式選用新人。 2. 缺點：難以從考試中獲知應考人的人品、操守、個性和興趣。
推薦(Recommendation)	1. 由可靠的人士推薦合適的人員。 2. 優點：可了解被薦人的人品、個性，避免舉辦考試的困擾。 3. 缺點：推薦人徇私偏袒，或對被推薦人認識不清，則可能造成用人不當的後果。
測驗(Testing)	要求應徵者參加甄選測驗，包括智力測驗、性向測驗、興趣測驗、技巧測驗等，再根據測驗結果決定求職者是否適合擔任某項工作。
面試(Interviewing)	先審核應徵者的學經歷資料，舉行面試，以定取捨。
保薦(Recommendation with Guarantor)	由社會具聲望及地位之可靠人士，負責推薦。

3. 升遷

    (1) 定義：指工作人員任用滿一定年限，考核成績及品行屬優異者，予以提高其職位及待遇或較高之地位與聲譽。

    (2) 升遷的依據：①個人才能；②個人品格；③服務年限；④工作效率。

(3) 升遷的方法：

①循序升遷：由負責長官對於部屬員工予以考核與判斷，以儲備方式循序升遷部屬員工。

②考試升遷：以考試方法決定升遷，客觀公平，藉以促進工作人員努力進修。

③考核升遷：以個人工作效率及成績考核的結果為升遷之依據，較為公平合理。

（二）員工的訓練

1. 訓練的重要性

(1) 訓練是學習工作經驗與技巧，使受訓者對自己擔任這項工作的任務、責任、及處理方法等，能完全了解，以免造成錯誤與浪費。

(2) 餐飲業從業人員在工作中學習的機會與範圍異常狹小，必須予以訓練，以擴大其知識技能領域。

(3) 減少新進人員初期工作的各種浪費。

(4) 消除新進人員因技術生疏，所可能引起的同僚反感與隔閡。

(5) 減少災害，促進安全。

(6) 降低人事流動率。

2. 訓練的種類

方式	說明
職前訓練 (Pre-Service Training/Pre-Job Training)	1. 又稱為養成教育，始業訓練(Orientation)，是企業協助新進員工盡快了解公司的組織營運等，並著重工作有關知識及技術的研習，使新進人員不致對工作茫無頭緒。 2. 訓練項目如下： (1) 餐飲業組織狀況：使新進人員了解其在整個組織中的地位，及與他人的關係。 (2) 餐飲業業務性質：使新進人員了解執行工作時應持的態度，以免違反餐飲業的宗旨與政策。 (3) 處理工作的程序：目的在使新進人員處理工作時了解其來龍去脈，以免發生延誤與脫節現象。

方式	說明	
職前訓練 (Pre-Service Training/Pre- Job Training) （續）	(4) 處理工作的方法：目的在使新進人員了解正確有效的工作方法，以減少浪費及損失，並提高效率。	
	訓練方式	**說明**
	現場實習	教育訓練的指導人員陪同新進員工，進行現場的實地演練。
	學生實習	學生於就學期間至餐飲業實習觀摩，包括下列兩種： ① 建教合作：在校學生至業界實習。 ② 三明治教學：學生輪流在學校就讀或業界實習，實習成績列入校內成績考核。
	委託代訓	企業組織請學校開設專班或專門課程。
在職訓練 (On-job Training, OJT; In-Service Training)	1. 又稱員工訓練，對餐飲業內已在職的服務員工施予訓練，包括主管人員以及所有員工。 2. 目的在提高員工的工作技能，以及消除員工與各級主管人員的界線。 3. 訓練方式：	
	訓練方式	**說明**
	工作輪調 (Job Rotation / Cross Training)	企業為增進員工的知識及經驗，讓員工依序從事不同的工作內容。
	學徒制	主要用於技術性的訓練上，由受訓者接受資深訓練員一對一的現場教學訓練。
	短期講習	為訓練員工適應新環境或新工作而準備有系統短期課程訓練。
	深造教育	資深員工到學術機構就讀深造，以提升員工專業知識或管理技巧。
	考核進修	派遣員工到各地或研究機構從事考察，以提升員工職務上經驗及見識。

四、激勵與溝通

（一）激勵

1. 定義

　　激勵(Motivating)由拉丁字「movere」衍生而來，本意為引發、推動或使做某事之意(to move)，即引起動機。

2. 功能

　　(1) 激勵及提升成員的士氣。

　　(2) 增進成員的工作。

　　(3) 預防及減輕工作的倦怠。

　　(4) 提高成員及組織的績效。

3. 需求層次理論

　　(1) 美國心理學者馬斯洛(Maslow, 1954~)的**需求層次理論(Need Hierarchy Theory)**。

　　(2) 要滿足較高層次需求之前，須先滿足較低層次之需求。

需求層級	內容說明
生理需求 (Physiological Needs)	維持生存的基本需求，食、衣、住、行、性、休息、運動、免於風吹雨打等需求均屬之。
安全需求 (Safety Needs)	1. 身體安全需求，如避免物理危險的侵害、防止威脅及被剝奪等。 2. 經濟安全需求，如渴望福利及保險制度的建立，以防不時之需。 3. 為心理安全需求，如希望能預知未來的環境變化，以便消除不確定感所帶來的焦慮。
社會需求 (Social Needs)	能友愛人，並能被人友愛，能隸屬於團體，並被團體所接受。包括友誼關係、組織歸屬感、同事認同感、親近、關愛等。
尊重需求 (Esteem Needs)	包括自信、自重與自主，他人對自己的尊重、認可與讚賞等。
自我實現需求 (Self-Fulfillment)	此需求越滿足，個人越覺得受到肯定，並更加努力精益求精。層級之間並無截然的界線，而是有相互疊合的地方，並非要等某一需求得到百分之百的滿足之後，次一層級的需求才會顯現。

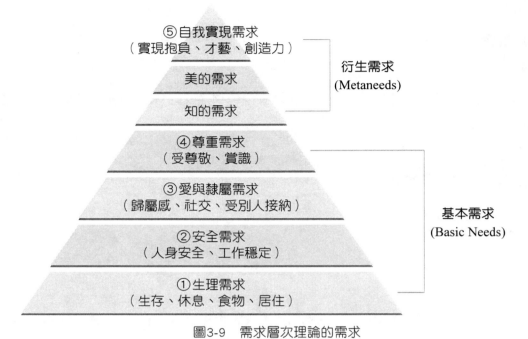

圖3-9　需求層次理論的需求

資料來源：Griffith, F.(1979). Administrative theory in education: Trxt and reading (p.71). Midland, MI: Pendell.

4. 激勵保健理論

　　(1) 激勵保健理論(Motivation-Hygiene Theory)又名**雙因子理論**，由賀滋柏(Herzberg, 1966~)所創。

　　(2) 激勵因素與保健因素。

種類		說明
激勵因素	成就感 (Achievement)	影響工作滿意(Job Satisfaction)的因素，包括有成就感、受賞識感、工作本身、責任感及升遷發展，稱為激勵因素(Motivators)或滿意因素(Satisfaction)。因素與工作有直接關係，或隱含於工作中，故又稱為內在因素(Intrinsic Factors)。這些因素若存在或屬積極性(Positive)的話，便會引起滿意。反之，若這些因素不存在的話，並不一定會引起不滿意。
	受賞識感 (Recognition)	
	工作本身 (Work itself)	
	責任感 (Responsibility)	
	升遷 (Advancement)	

	種類	說明
保健因素	**組織的政策與管理** (Company Policy and Administration)	影響工作不滿意度(Job Dissatisfaction)的因素，包括有組織的政策與管理、薪資、視導技巧、工作環境及人際關係等，稱為保健因素(Hygiene or Hygienic Factors)或不滿意因素(Dissatisfiers)。這些因素與工作只有間接關係，是外在於工作本身的，故又稱為外在因素(Extrinsic Factors)。因素若不存在或屬消極性(Negative)的話，便會引起人的不滿意。
	薪資 (Salary)	
	視導技巧 (Supervision-Technical)	
	工作環境 (Working Conditions)	
	人際關係 (Interpersonal Relations)	

（二）溝通

1. 定義：根據辭海，溝通為「疏通意見使之融洽」之意。英文溝通(Communication)的字源由拉丁字"Communis"而來，含有分享(To share)或建立共識(To Make Common)之意。

   　所以，溝通是個人或團體相互間交換訊息的歷程，藉以建立共識、協調行動，集思廣益或滿足需求，進而達成目標。

2. 溝通的類型

   (1) 依溝通網絡分：

分類	說明
人際溝通 (Interpersonal Communication)	指個人對個人的溝通，例如：長官與部屬或同僚與同僚之間的溝通。
組織溝通 (Organizational Communication)	指團體對團體的溝通，例如：教育部與教育局之間的溝通。
大眾溝通 (Mass Communication)	指對大眾所進行的溝通，例如：透過報紙、雜誌、書籍、廣播、電話、電視等管道向大眾溝通。

(2) 依溝通流向來分類：

分類		說明
垂直溝通	下行溝通 (Doenward Communication)	上層發送訊息給下層的線路，進行下行溝通，使上情下達。其主要作用包括闡述組織目標、指示工作或任務、促進成員對工作之了解、解釋組織的規章及政策、轉知成員的評量結果。
	上行溝通 (Upward Communication)	供下層發送訊息給上層的線路，主要作用在讓上級了解成員業務執行情形、成員對組織的意見或成員對工作的感受和態度。
平行溝通 (Horizontal Communication)		供平行單位或人員彼此發送訊息的線路，讓彼此意見交流。主要作用在溝通彼此之間的共同策劃、執行配合、衝突協調與其他會辦和協辦事項。

(3) 依形式來分類：

分類	說明
正式溝通 (Formal Communication)	依法有據的溝通管道，通常是循組織的權威體系（即層級節制體系）配置而成，例如：公文簽呈等。
非正式溝通 (Informal Communication)	是正式管道以外的其他管道，屬於依法無據的管道，通常係透過非正式組織或以私人身分進行，例如：聚餐、宴會、郊遊、閒談、聯誼會等。

(4) 依有無回應來分類：

分類	說明
單向溝通 (One-way Communication)	是單方向的溝通，由發訊者單向對收訊者傳達訊息，收訊者沒有回應的機會或有機會但不回應。
雙向溝通 (Two-way Communication)	是雙方向的溝通，發訊者向收訊者傳達訊息之後，收訊者有回應的機會，彼此你來我往進行溝通。

(5) 依影響方式來分類：

分類	說明
力服型溝通	指運用強迫或獨裁方式讓收訊者服從的溝通。
理服型溝通	靠說理來讓對方服從的溝通。
德服型溝通	藉發訊者之品德威望來影響對方的溝通。

3. 表示尊重的溝通方式

(1) 平時主動徵詢對方意見，適時運用走動管理。

(2) 坐著或站著談話時，語氣的表達方式宜顯示雙方平等。

(3) 運用雙向溝通，表示尊重。

(4) 傾聽與接納對方意見，不宜隨便打斷對方話語。

(5) 在批評或提出異議時，應注意技巧以免傷到對方自尊。

五、服務品質

1. 服務品質(Service Quality)是顧客對服務的期望與顧客實際感受到的服務兩者的比較差異。

2. 服務期望的來源包含：

口碑、個人需求、過去的經驗、外部溝通，如圖3-10所示：

(1) 當顧客認知到的服務超過期望時，顧客感受到的服務是滿意的。

(2) 當顧客認知到的服務低於期望時，則顧客感受到的服務是令人不滿意的。

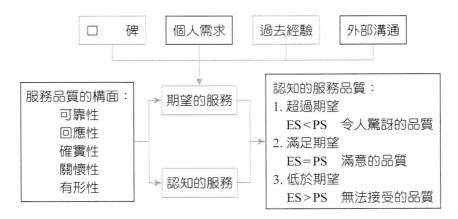

圖3-10　服務品質與顧客滿意關係圖

資料來源：A. Parasuraman, V.A. Zeitthaml, and L Berry, "A conceptual model of service quality and its implications for future research" Journal of marketing, vol. 49, Fall 1985, p.48.

3. 服務品質的構面

(1) 服務品質PZB模式是Parasuram（巴洛斯瑞緬）、Zeithaml（戴斯摩兒）與Berry（貝里）三位學者共同發展出來的一套模式。

(2) 依重要性排列為：可靠性、回應性、確實性、關懷性與有形性，如下表：

構面	說明
可靠性(Reliability)	1. 能可靠的、正確的執行已承諾的服務能力。 2. 服務人員每一次均能準時地、一致地無失誤地完成服務工作。
回應性 (Responsiveness)	1. 指服務人員協助顧客與提供立即服務的意願。 2. 讓顧客等待往往會造成不必要的負面認知，但是當服務失敗發生時秉持專業的精神，迅速地恢復服務則可能造成非常正面的品質認知。 3. 例如：在誤點的班機上提供補償的飲料，可以使一些顧客潛在的不滿經驗轉成難忘的回憶。
確實性(Assurance)	1. 表示服務人員的知識、禮貌以及傳達信任與信心的能力。 2. 包含：(1)執行服務的能力、(2)對顧客應有的禮貌與尊重、(3)與顧客有效地溝通、(4)時時考量顧客的最佳利益的態度。
關懷性(Empathy)	1. 指提供顧客個人化關心的能力。 2. 包含：(1)平易近人、(2)敏銳度高、(3)盡力地了解顧客的需求。
有形性(Tangible)	指服務過程中，顧客所看到、聽到的，例如：設施、設備、員工等。

六、餐廳與廚房的格局設計

（一）餐廳主題的選擇

1. 確定餐廳的營業性質，例如風味餐廳、主題餐廳。

2. 確認餐廳的銷售內容與方式。

3. 決定餐廳的技能能力和專長。

4. 確定餐廳的服務規格和水準。

（二）格局設計

1. 基本概念

(1) 餐廳格局設計是指餐廳內、外場的各種設施，設備的規劃與設計。

(2) 格局設計須考慮餐廳的基本作業流程，包含計畫、採購、驗收、儲存、發貨、前處理、配份備餐、烹調、銷售、服務、結帳、洗滌、廢棄物的處理等過程。

2. 格局設計的基本原則及注意事項

項目	說明
1. 空間與面積 的規劃	1. 餐飲衛生手冊對餐廳廚房面積之建議：

餐廳類型	廚房占餐廳面積的比例
觀光飯店	1/3
一般餐廳	1/3~1/5
商業午餐型	大於1/10
學校午餐	1/2~1/5

2. 依據「觀光旅館建築及設備標準」，觀光旅館之供餐場所與廚房淨面積標準，如表3-4所示。

表3-4　觀光旅館餐飲場所與廚房淨面積比例

餐飲場所 （單位：平方公尺）	廚房	
	國際觀光旅館（至少）	一般觀光旅館（至少）
1,500以下	33％	30％
1,501~2,000	28％加75平方公尺	25％加75平方公尺
2,001~2,500	23％加175平方公尺	2,001平方公尺以上
2,501以上	21％加225平方公尺	20％加175平方公尺

3. 將工作有關的部門或相關設備，集中於同一樓層或相鄰區塊，以利工作的進行。
4. 將生產工作及作業區預留相當的活動空間，以方便員工作業。
5. 內外場的距離越短越好，以節省服務員的時間與體力，增加餐廳翻檯率及避免危險。

項目	說明
2. 動線的規劃	1. 保持動線的流暢、不衝突，動線的通道空間需足夠。

表3-5　各式餐廳的通道建議尺寸

項目	顧客通道	服務通道	主通道
宴會廳	18吋（約45cm）	24~35吋 （約60~75cm）	48吋（約120cm）
一般餐廳	18吋（約45cm）	30吋（約75cm）	48吋（約120cm）
高級西餐廳	18吋（約45cm）	36吋（約90cm）	54吋（約135cm）

◆資料來源：整理自經濟部商業司，餐飲業經營管理實務，2003，P.78。

項目	說明
2. 動線的規劃（續）	2. 所謂動線是指在餐廳裡，顧客、從業人員及進出食材物料的流動方向和行動路線，大致包括： (1) 外、內場工作人員之通道。 (2) 顧客與從業人員分流之通道。 (3) 進、出食材物料之通道分別設置。 (4) 上菜與撤席之通道分設二門（或二門扇）。 (5) 出菜口與顧客出入通道分別設置。 (6) 外場有上、下樓空間設計時，應加裝送菜梯(Dumb Elevator)。 3. 一個完善有效率的「動線」規劃原則如下： (1) 客人動線：客人動線應從大門到座位之間的通道，暢通無阻。 (2) 服務人員動線：餐廳中服務人的動線長度，對工作效益有直接的影響，原則上越短越好。 (3) 客人、管理部門與服務員的動線要分開。 (4) 物品、食材進出要分別設置、保持流暢進出自由。 (5) 餐廳之上菜與撤席的通道要分開。 (6) 餐廳上菜通道盡量與顧客進出通道遠離。 (7) 若為自助餐通道盡量與供餐櫃檯靠近，且須留相當的空間。
3. 正門設計與整體氣氛的營造	1. 正門的設計應明顯易於辨識，便於進出，門口宜有足夠的空間及暫時停車的空間。 2. 整體餐廳要營造出符合餐廳經營理念的特色與氣氛，以凸顯本身和競爭者之差異，吸引顧客。
4. 環境應符合安全，衛生與舒適的要求	1. 保持溫度、濕度、氣壓的穩定狀況。 (1) 廚房冷暖氣出口溫度為16~18℃，供膳場所為21~24℃，並有換氣或空調設備。 (2) 廚房CO_2濃度不得超過0.15%；濃度在0.5%以上，將對人體產生危害。 (3) 濕度：相對濕度50~60%是人體感覺最舒適的濕度。 (4) 廚房的氣流壓力應保持（負壓），外場的氣流壓力應保持（正壓），如此，氣流才不致由廚房流向外場，使顧客聞到廚房的氣味。

項目	說明
4. 環境應符合安全，衛生與舒適的要求（續）	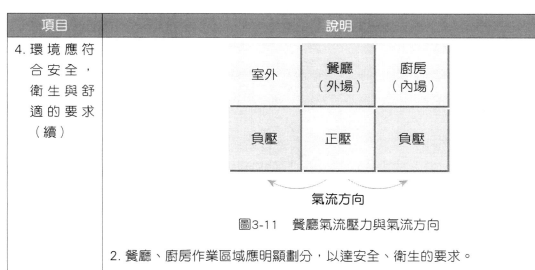 圖3-11　餐廳氣流壓力與氣流方向 2. 餐廳、廚房作業區域應明顯劃分，以達安全、衛生的要求。 圖3-12　餐廳廚房作業區劃分圖 （圖片來源：整理自高秋英、林玥秀(2004)，餐飲管理。） 3. 要有良好的通風及採光： (1) 廚房要有足夠通風設備，通風排氣口要有防止蟲媒、鼠媒或其他汙染物質進入的措施。 (2) 要有足夠的照顧設備以提供足夠的亮度，一般調理檯面與**工作檯面的照明光度為200燭光以上**；工作檯面用具清潔處、洗手區及盥洗室光度應在100燭光以上。 4. 廚房工作三角形，以節省時間與人力：所謂**工作三角形是指：水槽、冰箱、爐檯**。三邊長的總和越短，越能節省工作時間和精力。 5. 牆壁、天花板、地板的材料應具安全與衛生： (1) 所有食品調理處、器具清潔處、洗手間的牆壁、天花板、門、窗均應為淺色、平滑及易清潔的材料。 (2) 天花板應選擇能減少油脂、能吸附濕氣、通風的材料。 (3) 地板則應以平滑、耐用、無吸附性、容易洗滌的材料來鋪設。

項目	說明
4. 環境應符合安全，衛生與舒適的要求（續）	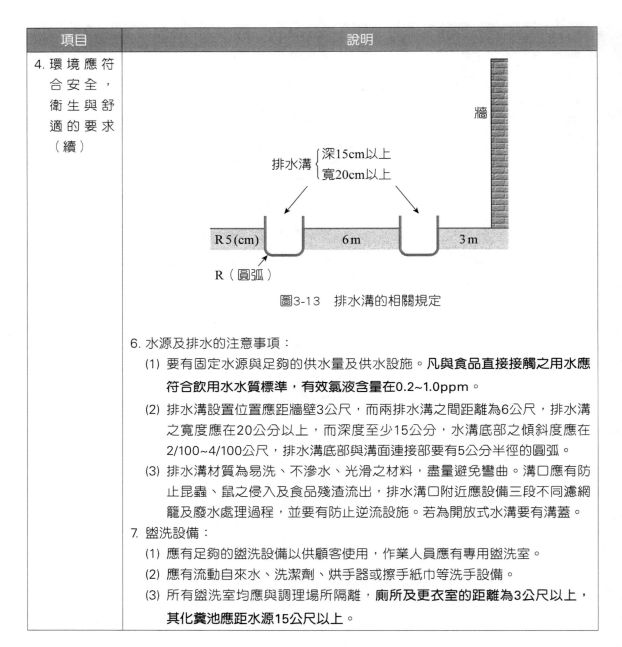 牆 排水溝 { 深15cm以上 寬20cm以上 R 5(cm)　　　6 m　　　3 m R（圓弧） 圖3-13　排水溝的相關規定

6. 水源及排水的注意事項：
   (1) 要有固定水源與足夠的供水量及供水設施。**凡與食品直接接觸之用水應符合飲用水水質標準，有效氯液含量在0.2~1.0ppm。**
   (2) 排水溝設置位置應距牆壁3公尺，而兩排水溝之間距離為6公尺，排水溝之寬度應在20公分以上，而深度至少15公分，水溝底部之傾斜度應在2/100~4/100公尺，排水溝底部與溝面連接部要有5公分半徑的圓弧。
   (3) 排水溝材質為易洗、不滲水、光滑之材料，盡量避免彎曲。溝口應有防止昆蟲、鼠之侵入及食品殘渣流出，排水溝口附近應設備三段不同濾網籠及廢水處理過程，並要有防止逆流設施。若為開放式水溝要有溝蓋。
7. 盥洗設備：
   (1) 應有足夠的盥洗設備以供顧客使用，作業人員應有專用盥洗室。
   (2) 應有流動自來水、洗潔劑、烘手器或擦手紙巾等洗手設備。
   (3) 所有盥洗室均應與調理場所隔離，**廁所及更衣室的距離為3公尺以上，其化糞池應距水源15公尺以上。**

3. 餐廳座位空間配置的類型

類型	圖示	說明
1. 直向型		適合大眾化餐廳或顧客出入頻繁的餐廳。
2. 橫向型		(1) 適合注重氣氛與品味的餐廳。 (2) 缺點：在通道旁的座位，容易受到干擾。
3. 直橫交用型		此形式可將空間利發揮到最大效果。
4. 散佈型		適合較正式的宴會場所，例如：大型餐廳、宴會廳、夜總會等。

類型	圖示	說明
5. 櫃檯型	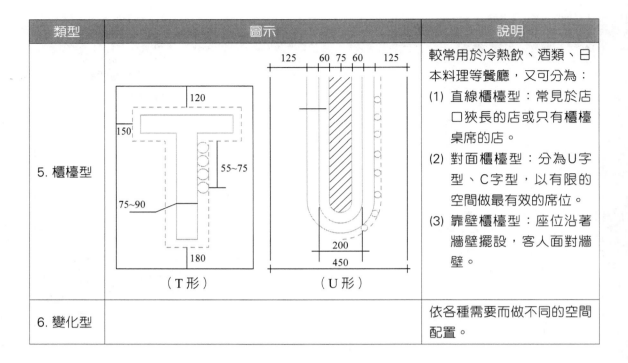 （T形）　　　　（U形）	較常用於冷熱飲、酒類、日本料理等餐廳，又可分為： (1) 直線櫃檯型：常見於店口狹長的店或只有櫃檯桌席的店。 (2) 對面櫃檯型：分為U字型、C字型，以有限的空間做最有效的席位。 (3) 靠壁櫃檯型：座位沿著牆壁擺設，客人面對牆壁。
6. 變化型		依各種需要而做不同的空間配置。

4. 廚房格局設計的類型

類型	圖示	說明
1. 直線型排列	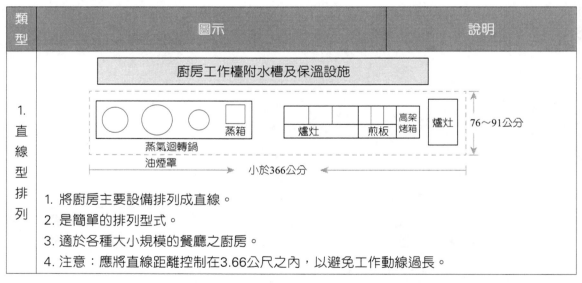 1. 將廚房主要設備排列成直線。 2. 是簡單的排列型式。 3. 適於各種大小規模的餐廳之廚房。 4. 注意：應將直線距離控制在3.66公尺之內，以避免工作動線過長。	

類型	圖示	說明
2. 面對面平行排列	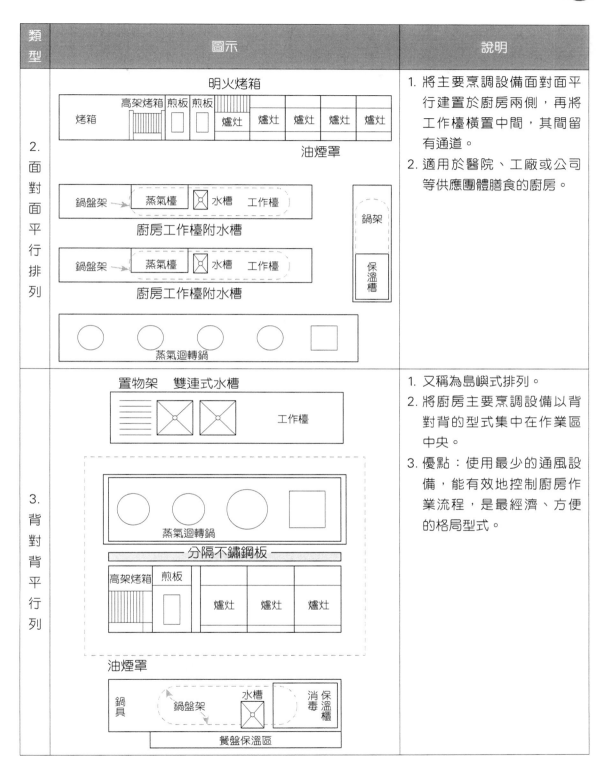	1. 將主要烹調設備面對面平行建置於廚房兩側,再將工作檯橫置中間,其間留有通道。 2. 適用於醫院、工廠或公司等供應團體膳食的廚房。
3. 背對背平行列		1. 又稱為島嶼式排列。 2. 將廚房主要烹調設備以背對背的型式集中在作業區中央。 3. 優點:使用最少的通風設備,能有效地控制廚房作業流程,是最經濟、方便的格局型式。

類型	圖示	說明
4. L型排列	明火烤箱 / 高架烤箱 烤箱 煎 板 爐灶 爐灶 爐灶 爐灶 爐灶 / 蒸氣迴轉鍋 / 油煙罩 / 鍋盤架 蒸氣檯 水槽 工作檯 鍋架 / 廚房工作檯附水槽 / 保溫槽	1. 由直線型排列變化而來。 2. 適用於空間不夠大，縱深不夠長的廚房。（將使用的機器設備分開或集中，可容納更多的機具設備，縮短工作動線） 3. 適用於餐桌服務餐廳。
5. U型排列	明火烤箱 / 高架烤箱 烤箱 煎 板 爐灶 爐灶 爐灶 爐灶 爐灶 / 蒸氣迴轉鍋 / 油煙罩 / 水槽 保溫槽 鍋架	適用於廚房空間較小，工作人員人較少的廚房。

5. 倉庫格局設計

(1) 倉庫的空間應有效利用，且分類整齊。

(2) 物料的使用採**先進先出(First in First Out, FIFO)**為原則。

(3) 倉庫依儲藏物的性質不同，分為乾貨、日用補給品、冷藏庫、冷凍庫。其**乾貨與日用補給品約占總儲量70%，冷藏庫與冷凍庫占總儲存量的30%**。

	注意事項
乾貨儲存庫	1. 倉庫一般標準高度為4~7呎之間。 2. 所有物品不可直接放在地上，各種存物架底層需距地面至少8吋，物架不可靠牆，應維持5cm以上。 3. 乾貨的儲存量應以4~7天為安全庫存量。
日用補給品儲藏庫	可食用的與清潔用品應明確區隔，以免造成汙染。

	注意事項
冷藏庫、冷凍庫	1. **冷藏溫度應保持7℃以下，冷凍溫度應保持-18℃以下。** 2. 冷凍、冷藏庫應定期除霜。 3. 冷凍與冷藏食品應分開存放。

七、廚房管理

（一）餐飲從業人員的衛生管理

1. 衛生條件規範

   (1) 新進人員應先完成衛生醫療機構健康檢查，合格後，才能僱用。已雇用者，每年應主動健康檢查乙次。

   (2) **員工患有外傷、膿瘡、手部皮膚病、出疹、傷寒、結核病及A型肝炎等，傳染或帶原期間，不得從事與食品接觸工作。**

   (3) A型肝炎為經口傳染，**患有A型肝炎的從業人員易因接觸食材、器具、提供服務**等，而傳染給客人。

2. 手部衛生

   (1) 洗手的目的在除去皮膚上的汙物和微生物。

   (2) 洗手五步驟：**「濕、搓、沖、捧、擦」。**

（二）餐具管理

1. 收拾碗盤3S原則

英文	中文	說明
Scrape	刮除	刮下盤中的剩菜
Stack	堆疊	堆碗盤成疊
Separate	分門別類	分離大小盤與刀叉匙

2. 洗滌設備

餐具清潔程式:清洗→沖洗→消毒。

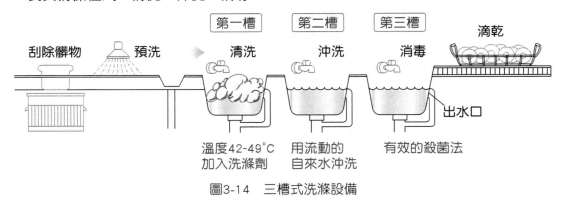

圖3-14　三槽式洗滌設備

項目	第一槽清洗(Wash)	第二槽沖洗(Rinse)	第三槽消毒(Sanitize)
內容	1. 以42~49℃的溫水。 2. 加入洗滌劑。	用流動充足的自來水沖洗。	1. 以80~85℃熱水加熱2分鐘以上。 2. 以200ppm的氯液浸泡2分鐘。

3. 消毒法

(1) 依「食品良好衛生規範」規定:

殺菌法	消毒條件	消毒餐具	消毒毛巾、抹布
煮沸殺菌法	使用100℃的沸水	煮沸1分鐘以上	煮沸5分鐘以上
蒸氣殺菌法	使用100℃的蒸氣	加熱2分鐘以上	加熱10分鐘以上
熱水殺菌法	使用80℃的熱水	加熱2分鐘以上	-
氯液殺菌法	使用不低於200ppm的氯液	浸泡2分鐘以上	-
乾熱殺菌法	使用110℃以上的乾熱	加熱30分鐘以上	-

＊ 另有以「超酸性水」之殺菌法:是以酸度為2.7,氧化還原電位在1100mA以上之水殺菌,此法迅速、有效。

(2) 清潔餐具的標準:

① 餐具洗滌後宜自然風乾或烘乾,不可用布巾擦拭。

② 基於衛生與安全考量,不可使用破損的餐具。

③ 依「食品衛生標準之餐具衛生標準」規定,餐具洗淨並消毒後,大腸桿菌、脂肪、澱粉、蛋白質、清潔劑的檢查為陰性。

檢查方法	試劑種類	有殘留的顏色反應
大腸桿菌殘留物檢查法	大腸桿菌群檢查試紙	紅點
脂肪殘留物檢查法	蘇丹三號（棕紅色）或蘇丹四號（紅色）	紅色斑點
澱粉殘留物檢查法	碘液	藍紫色
蛋白質殘留物檢查法	寧海	紫色
ABS殘留物檢查法（清潔劑）	甲醇、丙酮、1％花紺試液、10％鹽酸溶液、氯仿	藍色

(3) 砧板清潔：

① 在廚房中，為避免生熟食交互汙染，至少準備2塊砧板，均須將用途標示清楚。

② 未使用過的木質砧板，可先用鹽水浸泡，以增加其耐用度。

③ 砧板使用後應立即清洗、消毒，再側立存放。

④ 砧板的消毒方式有4種：

A. 以日照方式進行日光消毒。

B. 透過紫外線殺菌消毒。

C. 浸泡在200PPM的氯液中。

D. 以80~85℃的熱水浸泡2分鐘以上。

（三）廚房的衛生

1. 食物中毒

(1) 食物中毒的定義：

　　兩人或兩人以上，攝取相同的食物，發生相同的症狀，並且可自可疑食餘檢體或其他有關環境檢體（例如：空氣、水、土壤）中分離出相同類型（例如：血清型、噬菌體型）的致病原因，則稱為一件「食物中毒」，但若因攝食肉毒桿菌或急性化學性中毒時，只要1人，即可視為一件「食物中毒」事件。

(2) 食物中毒的種類：

類型	種類	內容說明
細菌性食物中毒	感染型	沙門氏菌、腸炎弧菌。
	毒素型	金黃色葡萄球菌、肉毒桿菌。
	未定型	產氣夾膜桿菌、病原大腸桿菌。

類型	種類	內容說明
天然毒素食物中毒	動物性	河豚毒、有毒魚貝類。
	植物型	發芽的馬鈴薯、毒菇。
	黴菌毒素	生長或儲存不當的花生、玉米、穀類。
	引起過敏物質	組織胺（例如：味精）。
化學性食物中毒	化學物質	農藥、有毒非法食品添加物。
	有害物質	砷、鉛、銅、汞、鎘。

(3) 食物中毒的說明：

中毒種類	感染途徑	說明
細菌性		
沙門氏菌（感染型）	1. 食用含菌的蛋或肉。 2. 老鼠、蒼蠅、蟑螂。	1. 多存在於動物表面及其排泄物。 2. 加熱至60℃，20分鐘即可被殺滅。
腸炎弧菌（感染型）	1. 海鮮類。 2. 間接汙染（例如：經抹布、菜刀、砧板、器具等）。	1. 屬於好鹽性細菌。 2. 可利用自來水充分清洗去除，並加熱100℃充分煮熟後食用。 3. 生鮮海產食材應放在冰箱下層或密封包裝，以避免食物交互汙染。
金黃色葡萄球菌（毒素型）	1. 有傷口、膿瘡者。 2. 帶菌者的排泄物。	1. 常存在化膿的傷口。 2. 對熱極為穩定。
仙人掌桿菌	穀類製品、濃湯、果醬、馬鈴薯。	1. 煮熟的食品不當放置於室溫，受到仙人掌桿菌孢子汙染或保溫未達60℃。 2. 料理過食品應避免長時間放置室溫下。
肉毒桿菌（毒素型）	多發生於香腸火腿和罐頭食品。	1. 屬於神經毒素。 2. 毒性最強烈、致命性最高。
天然動、植物性		
河豚	一般卵巢、肝臟屬劇毒、腸皮膚最強。	1. 不食用來路不明的河豚類。 2. 不吃河豚內臟。
茄靈毒素	發芽的馬鈴薯、茄科植物。	1. 屬於中樞神經毒。 2. 馬鈴薯應妥善貯存避免發芽。 3. 調味料與食品添加物應分開存放。
黴菌毒素		
黃麴毒素	小麥、芝麻、花生、豆類發黴。	肝癌、肝硬化。
化學性		
亞硝酸鹽中毒	使用過量的硝酸鹽或亞硝酸鹽作為醃肉材料。	1. 購買具有合格品質認證的醃肉。 2. 調味料與食品添加物應分開存放。
中國餐館症候群	味精(MSG)。	烹調食盡量少放味精。

2. 食物中毒的預防與處理

(1) 溫度與細菌生長繁殖的關係：

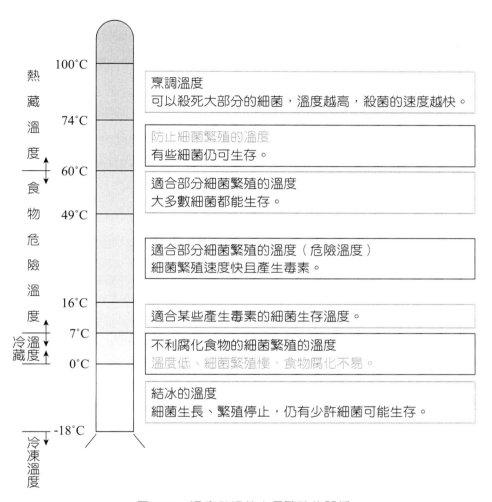

熱藏溫度

100°C

烹調溫度
可以殺死大部分的細菌，溫度越高，殺菌的速度越快。

74°C

防止細菌繁殖的溫度
有些細菌仍可生存。

60°C

適合部分細菌繁殖的溫度
大多數細菌都能生存。

食物危險溫度

49°C

適合部分細菌繁殖的溫度（危險溫度）
細菌繁殖速度快且產生毒素。

16°C

適合某些產生毒素的細菌生存溫度。

冷藏溫度

7°C

不利腐化食物的細菌繁殖的溫度

0°C

溫度低、細菌繁殖慢，食物腐化不易。

結冰的溫度
細菌生長、繁殖停止，仍有少許細菌可能生存。

-18°C

冷凍溫度

圖3-15　溫度與細菌生長繁殖的關係

資料來源：臺灣省衛生處－餐飲業衛生管理講義

(2) 食物中毒的預防：

預防方法	說明
新鮮	所有食品原料及調味料添加物，均需保持其新鮮度並妥善貯存。
清潔	選購食品原料應注意安全、衛生、清潔，購入後應即分類處理清洗，並妥善保存，以免受到老鼠、蟑螂、蒼蠅等病媒接觸而被汙染。
迅速	食品採購回來後，應盡快處理，烹調好的食品要盡快食用。
避免交互汙染	生、熟時要分開處理。

預防方法	說明
加熱與冷藏	一般引起食品中毒的細菌其適當生存溫度為4~65℃之間，故食品如未能盡速食用，應放入冰箱冷藏或冷凍，食用前應盡量予以加熱煮沸。
養成個人衛生習慣	養成良好個人衛生習慣，調理食物前徹底洗淨雙手。
避免疏忽	餐飲調理工作須遵守衛生原則，建置一套標準作業流程以供依循，避免發生任何疏失。

(3) 食物中毒的處理：

在人體發生不適症狀時，需立即送醫治療，保留剩餘食品及患者之嘔吐或排泄物。醫療單位獲知發生食品中毒案件後，應在24小時內通知衛生單位處理。

（四）廚房的安全

1. 火災的應變及處理

(1) 火災的種類：

火災依燃燒物質之不同可區分為四大類：

類別	名稱	說明	備註
A類火災	普通火災	普通可燃物，例如：木製品、紙纖維、棉、布、合成樹脂、橡膠、塑膠等發生之火災。通常建築物之火災即屬此類。	1. 藉水或含水溶液的冷卻作用使燃燒物溫度降低，達成滅火效果。 2. **適用之滅火器：水、乾粉滅火器。**
B類火災	油類火災	可燃物液體，例如：石油；或可燃性氣體，例如：如乙烷氣；乙炔氣、或可燃性油脂，例如：塗料等發生之火災。	1. 以掩蓋法隔離氧氣，使之窒熄。移開可燃物或降低溫度亦可達到滅火效果。 2. **適用之滅火器：泡沫滅火器、二氧化碳滅火器、乾粉滅火器。**
C類火災	電氣火災	涉及通電中之電氣設備，例如：電器、變壓器、電線、配電盤等引起之火災。	1. 有時可用不導電的滅火器控制火勢，但如能截斷電源再視情況依A或B類火災處理，較為妥當。 2. **適用之滅火器：二氧化碳滅火器、四氯化碳滅火器、尚未切斷電源可用乾粉滅火器。**

類別	名稱	說明	備註
D類火災	金屬火災	活性金屬，例如：鎂、鉀、鋰、鋯、鈦等或其他禁水性物質燃燒引起之火災。	這些物質燃燒溫度甚高，只有分別控制這些可燃金屬的特定滅火劑能有效滅火。（通常均會標明專用於何種金屬）

資料來源：內政部消防署防災知識網。http://www.nfa.gov.tw

(2) 火災的應變：

① 滅火的原理：

　　火災燃燒的條件包括「可燃物、溫度、氧氣」且三者須同時存在，因此，滅火時只需要排除任一條件即可達到滅火的目的。

② **發生火警時的三項措施：**

項目	說明
滅火	1. 火源初萌時，立即予以撲滅。 2. 利用就近之滅火器、消防栓箱之水瞄，從事滅火。 3. 如無法迅速取得滅火器具，則可利用棉被、窗簾等沾濕來滅火。 4. 如火有擴大蔓延之傾向，則應迅速撤退至安全場所。
報警	1. 發現火災時，應立即報警。 2. 電話打「119」報警同時亦可大聲呼喊、敲門、喚醒他人知道火災之發生，而逃離現場。 3. 打「119」報警時，一定要詳細說明火警發生之地址、處所、建築物狀況等，以便適切派遣消防車輛前往救災。
逃生	1. 正確的逃生，保全性命。 2. 逃生時，切勿驚慌，並勿為了攜帶貴重財物，而延誤了逃生的時機。

③ 廚房的火災防治：

　A. 訓練每位員工能正確使用烹調設備。

　B. 每日兩次針對廚房設備定期維護。

　C. 隨時注意瓦斯是否漏氣。

　D. 若因瓦斯漏氣而引起火災，應關閉瓦斯迅速滅火、打開窗戶降低瓦斯濃度，不要用抽油煙機。

2. 廚房內常見的意外事故

項目	說明
跌倒	1. 跌倒是餐廳服務最常發生的意外事故。多因光線不足、地板濕滑所造成。 2. 預防：地板濕滑時，應盡速處理，較具危險的地方應設置清楚標示。
割傷	1. 廚師在切割食材時，因操作時疏忽造成割傷情形。 2. 預防：避免分心、粗心大意。
燙傷	1. 烹調、熱炒、熱鍋多是造成燙傷的來源。 2. 預防：盛裝熱湯、菜餚時不宜太滿，端送時要小心不要走太快，以免溢出而燙傷。 3. 燙傷的處理原則： <table><tr><th>步驟</th><th>處理方式</th></tr><tr><td>沖</td><td>使用流動的冷水沖洗傷口15~30分鐘。</td></tr><tr><td>脫</td><td>在水中小心除去覆蓋在患部上的衣物。</td></tr><tr><td>泡</td><td>持續浸泡冷水15~30分鐘。</td></tr><tr><td>蓋</td><td>患部傷口覆蓋乾淨布巾。</td></tr><tr><td>送</td><td>趕快送醫院急救。</td></tr></table>
挫傷	1. 搬運重物，不當使力所造成。 2. 預防：搬抬重物時應蹲下，不可直接彎腰搬起重物。
電擊及爆炸	1. 進行各項工作時要做好完善的防護措施。 2. 清洗廚房地板時，應穿著膠鞋，以隔絕水源，避免有漏電而發生觸電。 3. 員工接觸電器時，手部要保持乾燥，或用工作手套隔絕電源。

八、物料管理

餐廳的物料管理包含：採購、驗收、倉儲及發貨。

（一）採購(Purchase)

1. 定義：指最低的總成本，在需要的時間與地點，用最高的效率，獲得最適當數量與品質的物資，並順利及時交由需要的單位使用的一種技巧。

2. 採購作業是餐廳營運的開始，也是成本控制的基礎。

3. **採購的基本原則：**

   (1) **適當的品質。**　　　　(3) **合理的價格。**

   (2) **適當的數量。**　　　　(4) **正確的交貨。**

4. 採購的方法：

方法	說明
報　價　採　購 (Quoted Purchase)	1. 指餐飲業者擬購置貨品時，先尋找理想供應商或貨源，再向其詢價寄出徵購函，請其寄上報價單或正式報價。**是最簡單的採購方式。** 2. 種類： 　(1) 確定報價：指在某特定期限內才有效的報價(Firm Offer)。 　(2) 條件式報價：指廠商在報價時附有其他條件。 　(3) 還報價(Counter Offer)：是一種討價還價的方式。 　(4) 更新報價：指報價有效期間已過，以同樣交易條件重新另外再報價。 　(5) 再複報價：指買方要求賣方依照上次貨品成交條件報價。 　(6) 聯合報價：是一種帶有附加條件的報價方式。例如：「非全購，則不賣」。
招標採購	1. 又稱「公開競標」，是現行採購方式常見的一種。 2. 由賣方投報價格，並擇期公開當眾開標，公開比價，以符合規定的最低價者得標。是一種買賣契約行為。 3. **程序**：分為**發標(Invitation Issuing)**、**開標(Open of Bids)**、**決標(Award)**、**簽訂合約(Contract)**等4階段。
議價採購	1. 只針對某項採購的品牌物品，以不公開方式與廠商個別進行洽購，並議定價格的一種採購方式。 2. 因價格的擬訂是雙方磋商後訂定，故又稱為「雙方議價法」。 3. 優點： 　(1) **適於緊急採購。** 　(2) 易於獲取適宜的價格。 　(3) 對於特殊性或規格之採購品，能確保採購品質。 　(4) 可選擇理想供應商，提高服務品質與交貨安全。 　(5) 有利於政策性或互惠條件的運用。 4. 缺點： 　(1) 因為是以不公開方式進行磋商議價，容易使採購人員造成舞弊。 　(2) 祕密議價違反企業公平、自由競爭原則，容易造成壟斷價格。

方法	說明
現場估價採購	1. 買賣雙方當面估價的採購方式。 2. 由數家供應商取得估價單，然後雙方面洽其中的內容，一直到雙方認為滿意時才簽訂買賣合約。 3. 優點： 　(1) 收集各供應商的估價單再一起比價，是僅次於投標方式、可獲得單價較便宜的方法。 　(2) 可省略供應商的估價手續及為了估價所需種種資料的準備。 4. 缺點： 　(1) 單價有時常有偏高的傾向。 　(2) 採購人員較容易投機取巧。

（二）驗收(Receive)

1. 定義：指檢查或試驗後，認為合格而收受，檢查之合格與否，則須以驗收標準之確立，以及驗收方法的訂定為依據，以決定是否驗收。

2. 驗收的基本原則

　(1) 訂定標準化規格。

　(2) 招標單及合約條款應確切明訂。

　(3) 設置健全的驗收組織，以專責成。

　(4) 採購與驗收工作必須明確劃分。

　(5) 講求效率。

3. 驗收的種類

項目	說明
以權責來區分	1. 自行檢驗：由買方自行負責檢驗工作，大部分國內採購物資均以此方式為之。 2. 委託檢驗：因距離太遠或本身欠缺該項專業知識，而委託公證行或某專門檢驗機構代行之，如國外採購或特殊規格採購適用之。 3. 工廠檢驗合格證明：係由製造工廠出具檢驗合格證明書。
以時間來區分	1. 報價時之樣品檢驗。 2. 製造過程之抽樣檢驗。 3. 正式交貨之進貨檢驗。
以地區來區分	1. 產地檢驗：物料製造或生產場地就地檢驗。 2. 交貨地檢驗：交貨地點包含：買方使用地點與賣方交貨地點兩種，依雙方規定的方式檢驗。

項目	說明
以數量來區分	1. 全部檢驗：一般較特殊的精密產品均採此法，又稱百分之百的檢驗法。 2. 抽樣檢驗：就每批產品中挑選具有代表性之少數產品為樣品來加以檢驗。

4. 驗收的方法

項目	說明
一般驗收	又稱為目視驗收，凡物品可以一般用的度量衡器具依照合約規定之數量予以秤量或點數。
技術的驗收	物質非一般目視所能鑑定，須由各專門技術人員特備的儀器，作技術上的鑑定。
試驗	指通常物資除了一般驗收外，若有特殊規格的物料需作技術上之試驗，或需專家複驗方能決定。
抽樣	凡物資數量龐大，無法逐一檢驗，或某些物品一經拆封試用即不能復原，均應採取抽樣檢驗法。

（三）倉儲(Storage)

1. 定義

　　是將各項物料依其本身性質不同，分別予以妥善儲存於倉庫中，以保存足夠物料，適時購入儲存，藉以降低生產成本。

2. 倉儲的方式

　(1) 物料分類法：

　　①又稱「重點分類管理法」，將物料依其價值分類，並於採購時考量採購成本、倉儲費用等各種費用成本的支出，藉以判斷餐廳應採購物料的數量，以降低整體物料成本。

　　②ABC類物料：

分類	定義	內容說明
A類物料	1. 物料價值高但數量少，例如：鮑魚、魚翅。 2. 物料價值約占總物料成本的70%。	1. 此類物料應嚴格掌控其存貨量，並定期實地盤點，提高庫存精確度，以免積壓成本及過期報廢。 2. 運用存貨卡(Bin card)可協助管理者清楚採購物料項目，亦為存貨控管的標籤。 3. 採購物料時，可依據過往銷售紀錄決定採購數量。

分類	定義	內容說明
B類物料	1. 物料價值與數量皆中等，例如：牛排、豬排。 2. 物料價值約占總物料成本的20%。	1. 物料價值屬於中價位物料。 2. 運用經濟採購量(Economic Order Quantity, EOQ)採購所需物品，以便在「購貨成本、訂購成本、持有成本、缺貨成本」之間取得平衡，以決定採購最佳數量。
C類物料	1. 物料價值低但數量多，例如：免洗餐盒。 2. 物料價值約占總物料成本的10%。	1. 此類物料價格低廉，但在營運時卻不可或缺。 2. **適合採用定期盤點法**，以維持適當數量，同時簡化請領程序，以提升工作效率。

(2) 最高最低存量法：

　①又稱戴維斯法、定量訂購法。

　②目的在採購物料時，考慮其安全庫存量、採購點，以及一個生產週期所需的材料需求量，以節省餐廳在各項成本的支出。

(3) 盤點：

　　目的在掌控庫存量與物料使用率，並盡可能降低耗損與呆料，故能準確無誤的清點物料項目與數量。

3. 存量控制的方法

方法	內容說明
週期檢查制	1. **又稱定期制。** 2. 定期檢查存貨紀錄後，再決定進貨數量，其定期週期的時間有一週、兩週或一個月。
觀察制	1. 先設定庫存量標準，於每週或每兩週清點一次剩餘物料，僅補充不足部分。 2. 缺點：無法檢討訂貨目標的優缺點，故極少被採用。
定貨點制	餐廳設定存貨標準量，只要庫存量低於標準，即可進貨。
物料計畫制	餐廳擬定生產計畫，訂貨時的數量則依生產計畫決定。
雙份制	又稱備份制，將物料的數量準備兩份，一份物料用畢後，改用另一份物料時，補足原先的那份物料，是最少被採用的存量控制方法。

4. 食品保存方法

(1) 冷凍冷藏設備：

①冷凍庫、冷藏庫貯存食物的量，**不得超過冰箱內總儲存量的50~60%**。

②走入式(Walk-In)大型冰箱內的儲存物品架應距離地面最少8吋。

③冰箱除臭方法包含：時時換氣、放置活性碳、殺菌燈照射殺菌、冰箱內加入葉綠素藥劑可散發乾淨空氣。

(2) 各種食物適合儲存溫度：

狀態	適合溫度	食品種類
冷藏	0~2℃	魚類、肉類、鹽醃製的水產品（例如：鹹魚）、鹽漬蔬菜等。
	2~5℃	奶類、鮮奶油、奶油、蛋類。
	5~7℃	葉菜類蔬菜。
冷凍	-18℃以下	冰淇淋、冷凍蔬菜、吐司、麵包、饅頭、甜年糕。
室溫		罐頭、煉乳、保久乳、地瓜、洋蔥、香蕉、釋迦。

（四）發貨(Issue)

1. 發貨的意義

(1) 使庫藏品能依產銷運作需求適時、適量地迅速供應，以提高餐飲生產力。

(2) 管制庫存量，防止庫藏品之浮濫提領或盜領，使物料進出得以有效管制，進而建立良好成本概念。

2. 重要性

(1) 防範庫藏品之流失與浪費。

(2) 防範庫藏品之損壞與敗壞。

(3) 有效控制庫存量，減少生產成本。

(4) 有利於了解餐廳各部門的生產效率與工作概況。

3. 作業流程

(1) 申請單的填寫。

(2) 單位主管簽章。

(3) 倉儲主管簽章。

(4) 物料發放。

(5) 庫存表之填寫。

4. 注意事項

(1) 由使用單位如：廚房、餐廳、酒吧等，提出出庫領料單。

(2) 各負責主管未簽名或蓋章之出庫傳票不能發出。

(3) 發出程序應迅速簡化，以達餐飲業快速生產銷售之特性。

(4) 只發每日的需要量。

(5) 乾貨存庫量，以5~10天為標準。

(6) 每日應分別依各單位提領的物料分類統計。

(7) 月終應依據當月之領料申請實施倉庫盤存清點，亦可不定期實施盤存清點，以杜絕浪費等流弊。

九、餐飲成本與控制

（一）餐飲成本控制的定義與要素

1. 所謂成本(Cost)：指從事各種生產或經營時，企業所需耗費的各種費用和支出的總和，例如材料、人事、水、電設備等。（林玥秀、吳淑華，2004）

2. 餐飲成本控制的要素

要素	內容說明
餐飲成本 （物料成本或材料成本）	1. **製作菜餚所需的所有物料成本**，約占銷售總額30~40%。 2. 例如：餐廳的成本，飲料的成本。
人事成本 （勞務成本或薪資成本）	1. 包含所有人事費用。 2. 例如：薪資、加班表、退休金津貼、福利金、教育訓練等。
經常費用／其他 （費用成本或雜項支出）	1. 指餐飲成本與人事成本以外的所有費用成本。 2. 例如：租金、利息、水電、瓦斯、公關費等。

（二）餐飲成本的類型

1. 依成本的屬性

項目	內容說明
直接成本 (Direct Costs)	1. 指餐飲成品中具體的材料費，包括食物成本和飲料成本，也是餐飲業務中最主要的支出。 2. 例如：採購食材的成本及飲料成本。

項目	內容說明
間接成本 (Indirect Costs)	1. 指操作過程中所引發的其他費用，如人事費用和一些固定的開銷（又稱為經常費）。 2. 人事費用包括了員工薪資、獎金、伙食、訓練和福利。 3. 經常費包括了租金、水電費、設備裝潢的折舊、利息、稅金、保險和其他雜支。

2. 依成本的彈性分類

項目	內容說明
固定成本 (Fixed Costs)	1. 在產品銷售量或產量發生變動時，並**不會隨之增減與變動的成本**。 2. 例如：員工的薪水、租金、設備、設備的折舊費等，沒有任何銷售量的情況下，也必須支付的費用。
變動成本 (Variable Costs)	1. 會隨著產品銷售量或產量的變動而相對變動的成本。 2. 例如：食材成本、飲料成本。
半變動成本 (Semi-Fixed Costs)	1. 會隨著產品銷售量或產量的變動而產生部分變動的成本。但它與銷售量的變化並不是以一定的比例的方式發生變化。 2. 例如：業務為了因應淡旺季的人力問題，而聘請臨時員工所以此時的人工總成本就是一種半變動成本。
例：人工總成本＝固定人工的薪水＋臨時人工的工資 　　　　　　　　　↓　　　　　　↓ 　　　　　　　　固定成本　　　變動成本	

（三）餐飲成本的計算

1. 餐飲業之成本比率

　　　原物料成本： 約占3~4成

　　　工資：約占3成

　　　費用成本：約占1成

2. 專有名詞

　　生材：指生料，即未經任何處理的原始物料。

　　淨料：指經由處理過後，可使用的物料。

　　生材重：指生料的重量。

　　淨料重：指淨料的重量。

3. 成本公式總表

(1) **週轉率（翻檯率）**＝$\dfrac{一日顧客總數}{總座位數}$×**100%**

(2) 淨利＝銷售毛利－間接費用－稅金

(3) 產品銷售毛利＝產品銷售總額－餐飲成本

(4) 淨料率＝$\dfrac{淨料總重量}{生材總重量}$×100%

(5) 單位淨料成本＝$\dfrac{生材總重量}{淨料總重量}$

(6) 加工處理之耗損率＝$\dfrac{耗損總重量}{生材總重量}$×100%

(7) 耗損重量＋淨料重量＝生材重量

(8) 耗損率＋淨料率＝100%

(9) **耗損率**＝$\dfrac{耗損總重量}{生材總重量}$×**100%**

(10) 成本率＝$\dfrac{銷售成本}{產品銷售總數}$×100% 即 食物售價＝$\dfrac{食物直接成本}{直接成本成本率}$

　　毛利率＋成本率＝1

　　毛利率－費用率－稅率＝利潤率

(11) 成本毛利率＝$\dfrac{銷售毛利}{銷售總成本}$×100%

(12) 銷售利率＝$\dfrac{銷售毛利}{產品銷售總額}$×100%

(13) 漲縮率（產出率）＝$\dfrac{成本重}{原料用量}$

範例 1

　　文京餐廳在市場以每兩45元的單價，購買了一條重達10斤的鮮魚。經由清洗、去鱗及切除程序後，可用來做為生魚片的淨重量為6.5斤，那麼這條魚的淨料率為多少呢？以及生魚片的單位淨料成本（每兩）為多少呢？

Ans: 因為：此條鮮魚的淨重量＝6.5斤，其生材重量＝10斤

所以：魚的淨料率＝鮮魚的淨重量／生材總重是×100%

$$＝6.5（斤）／10（斤）×100%＝65%$$

因為：單位淨料成本＝生材總成本／淨料總重量

所以：生魚片的單位淨料成本＝鮮魚的生材總成本／鮮魚總重量

$$＝[45（元）×10（斤）×16（兩）]／$$
$$[6.5（斤）×16（兩）]$$
$$＝69.2元／兩$$

📝 範例 2

臺北「文京」餐廳在市場以每兩50元的單價，購買了一條重達10斤的鮮魚後，經由清洗、去鱗及切除程序後，可用來做為生魚片之淨重量為6.5斤，那麼試問這條魚的加工處理之耗損率為多少呢？

Ans: 因為： 此條鮮魚之生材總重量＝10斤，鮮魚之淨重量為＝6.5斤，

加工之耗損重量＝10（斤）－6.5（斤）＝3.5（斤）

所以： 此條魚之加工處理耗損率為

$$\frac{耗損總重量}{生材總重量}×100%＝\frac{3.5（斤）}{10（斤）}×100%＝35%$$

（四）廚房的標準作業流程

廚房的標準化作業流程應考慮的因素如下：

標準化事項	說明
標準食譜 (Standard Recipe)	1. 標準食譜是將餐飲製作過程的格式記錄下來，其中包括食品的成本、數量，以及詳細的製備過程、製成後的平均份量和適當的盛裝器皿、盤飾等。 2. **標準食譜在歐美國家廣受歡迎，認定是食物成本控制的首要步驟**，它忠實記載了整道菜製備的方法與流程，使得營養的成分和食物成本能輕易算出。 3. 標準食譜最大的意義是不管由何人在何時、何地製備，其成品將會保持外觀、味道及價格一致。

標準化事項	說明
標準食譜 (Standard Recipe) （續）	表3-6　標準食譜樣本 菜名： 份數：　　　　　　　　　　份量： 溫度：　　　　　　　　　　時間： <table><tr><td>成分</td><td>數量</td><td>作法</td></tr><tr><td>主要材料</td><td></td><td></td></tr><tr><td>次要材料</td><td></td><td></td></tr><tr><td>調味料及其他</td><td></td><td></td></tr></table>
標準份量 (Standard Portion)	1. 是由每一道菜呈現給客人時，都能維持等量大小。 2. 通常此份量表會張貼在食物製作的場所，讓廚師及其他工作人員遵循。
標準採購基準 (Purchase Specification)	將採購的食材原物料統一品質、大小、重量、等級、品牌、用途、運送條件、儲放條件等，以了解其成本多寡，予以價格上的精算，達到餐飲成本控制的目的。
標準得利 (Standard Yield)	1. 直接使用沒有損耗，例如：調味料。 2. 購入後須經過切割經理、烹調處理、修剪處理，會有一定的廢棄率及折損率，才形成可用率，其價值比原料未分割前增加不少。故將這種要預先處理的部分稱之為成本因數。

（五）餐飲成本的控制

項目	說明
直接成本的控制	1. 從食材原物料的採購開始，包括建立採購標準、嚴格管控採購數量及尋求合理的採購價格。 2. 驗收的控制檢驗質量是否符合所需。 3. 倉儲人員專業的驗收及貯存，建立良好的領用程序。 4. 烹調製成的控制，訂定標準作業流程。
間接成本的控制	1. 須先從雜項費用如接待公關費用、促銷活動費用、廣告宣傳費用上著手，做好相關紀錄，加強管理。 2. 訓練員工節約能源的好習慣，積少成多。 3. 加強審核和分析制度，落實責任制，杜絕不經意中浪費的壞習慣。
員工的控制	1. 改善員工薪資結構。 2. 加強員工教育訓練。 3. 善用計時員工。 4. 降低員工流動率。 5. 預防員工偷竊。 6. 建立員工成本觀念。

考題推演

(　) 1. 關於使用機器洗滌餐具的流程，下列何者正確？　(A)wash→rinse→pre-wash→sanitize→air-dry　(B)pre-wash→rinse→wash→sanitize→air-dry　(C)pre-wash→wash→rinse→sanitize→air-dry　(D)rinse→wash→pre-wash→sanitize→air-dry。　【106統測】

解答 C

(　) 2. 關於廚房面積的規劃，下列敘述何者錯誤？(A)理想的廚房面積，約占餐廳總面積的1/3　(B)餐廳倉儲區面積，約占餐廳營業場所1/10　(C)菜單製備的品項類別越複雜，所需廚房面積越大　(D)乾貨日用品倉庫與冷凍冷藏倉庫空間比約3:7較適合。　【110統測】

解答 D

(　) 3. 一個漢堡定價 120 元，食物成本 30 元，目前推出促銷方案為漢堡買一個送一個，此種促銷方案中的食物成本率為下列何者？　(A)25 %　(B)30%　(C)50%　(D)60%。　【110統測】

解答 C

(　) 4. 小可為餐廳廚房助廚，其工作職務需進行餐具消毒殺菌作業，依據食品良好衛生規範準則之內容，下列消毒方式何者正確？　(A)使用60℃的熱水殺菌法，加熱2分鐘　(B)使用110℃的乾熱殺菌法，加熱3分鐘　(C)使用100℃ 的煮沸殺菌法，加熱3分鐘　(D)使用100ppm的氯液殺菌法，浸泡2分鐘。

【111統測】

解答 C

《解析》熱水殺菌法為80℃；乾熱殺菌法餐具須加熱30分鐘；氯液殺菌法為200ppm。

(　) 5. 全年無休的Whole Market自助餐廳，僅營業晚餐時段，配置有50張餐桌，200個座位，每客自助餐的價位是$800。9月份的營收目標是$ 6,000,000，截至9月20日的營業額已有$3,600,000，接下來的平均翻檯率(turnover rate)最少應為多少，才能在9月30日達到營收目標？　(A)1　(B)1.5　(C)2　(D)2.5。　【112統測】

解答 B

《解析》$6,000,000-$3,600,000=$2,400,000，

$2,400,000÷10 天=$240,000，

240,000÷800=300，300÷200=1.5。

說明：9月20日至9月30日尚有10天，營業額尚有$2,400,000元才能達月底的營收目標，故至月底前每日營業額須達$240,000元，每日來客數300人＝每日營業額$240,000元÷平均客單價$800元，200個座位，翻檯率＝來客數÷座位數＝300÷200＝1.5。

( ) 6. 小吳依照部落客的美食攻略快閃臺南一日大啖當地特色小吃，包括牛肉湯、蝦仁飯、藥膳香腸、古早味紅茶，但稍後因上吐下瀉就醫，醫院進行採檢送驗後驗出腸炎弧菌。根據以上敘述採驗結果得知最有可能是哪一樣小吃出了問題？
(A) 牛肉湯　(B)蝦仁飯　(C)藥膳香腸　(D)古早味紅茶。　　　【112統測】

解答 B

《**解析**》腸炎弧菌常見出現在海產類。

( ) 7. 文文預計開一家新餐廳，關於廚房設計的格局及動線，下列敘述何者正確？
(A)清潔作業區包括：驗收區、食材清洗區、切割區以及洗滌區　(B)島嶼式為面對面平行排列方式，是使用最少通風設備的設計　(C)廚房的照明光線工作檯面或調理檯面應保持100米燭光為佳　(D)廚房設備中爐檯、水槽及冰箱距離總和不超過600cm為原則。　　　　　　　　　　　　　　　　　　　　【112統測】

解答 D

《**解析**》(A)清潔作業區有驗收區、前處理區、物料倉儲區；(B)島嶼式為背對背平行排列方式；(C)200米燭光。

( ) 8. Peter在Good Day西餐廳擔任廚房學徒負責廚房的清潔工作，每天打烊後需進行砧板消毒，下列方法何者錯誤？　(A)以80~85℃的熱水浸泡2分鐘以上　(B)以日照方式進行日光消毒　(C)浸泡餘氯量200 ppm以上的氯液中　(D)小蘇打粉刷洗後進行風乾。　　　　　　　　　　　　　　　　　　　　　　　　　【112統測】

解答 D

《**解析**》(D)使用小蘇打粉刷洗後需先用清水沖淨後再風乾。

餐飲業的定義與特性

( ) 1. 法國「米其林指南」(Le Guide Michelin)採用神祕客方式,到各個餐廳進行餐飲服務評鑑,此係為了控制下列何種餐飲業特性而產生的評鑑方法? (A)不可分割性(Inseparbility) (B)無形性(Intangibility) (C)易逝性(Perishability) (D)異質性(Heterogeneity)。 【101統測】

《解析》(D)異質性:服務品質因個人差異,而有不同的需求與認知,所以業界常設計標準作業流程(SOP.)因應差異性。

( ) 2. 餐飲業的特性,下列敘述何者<u>錯誤</u>? (A)產品容易變質不易儲存 (B)生產過程時間甚短 (C)銷售量可透過預訂來預估 (D)成本結構以餐飲食材所占比率最高。 【101統測】

( ) 3. 某餐廳鎖定的目標市場,可以根據消費者不同的特性,採取不同的行銷策略,這是屬於下列哪一種市場區隔的條件? (A)異質性 (B)足量性 (C)可行動性 (D)可衡量性。 【104統測】

( ) 4. 某餐廳外場座位數有60個,若中午用餐人數為90人,每人平均消費120元,該用餐時段的翻桌率為多少? (A)2 (B)1.5 (C)1.3 (D)0.8。 【104統測】

餐飲業的發展過程

( ) 1. 下列何者建立了廚房人員的具體工作內容,並被尊奉為西餐之父? (A)奧古斯特‧愛斯可菲(Georges Auguste Escoffier) (B)安東尼‧卡雷姆(Antoine Careme) (C)費南德‧波依特(Fernand Point) (D)蒙布‧布朗傑(Monsieur Boulanger)。 【102統測】

( ) 2. 美國亨利哈維(Frederic Henry Harver)在下列哪一個年份開設多家命名為Harvey House的餐廳,成為餐飲連鎖的始祖? (A)西元1576年 (B)西元1676年 (C)西元1776年 (D)西元1876年。 【102統測】

🔔 解答
....
| 3-1 | 1.D | 2.C | 3.A | 4.B | 3-2 | 1.A | 2.D |

( ) 3. 依照歐美餐飲業發展史，餐飲業發展變革的先後順序依序為　(A)Restaurant成為餐廳的代號→咖啡屋的興起→小客棧的出現→連鎖餐飲的盛行　(B)連鎖餐飲的盛行→小客棧的出現→Restaurant成為餐廳的代號→咖啡屋的興起　(C)小客棧的出現→咖啡屋的興起→Restaurant成為餐廳的代號→連鎖餐飲的盛行　(D)咖啡屋的興起→小客棧的出現→連鎖餐飲的盛行→Restaurant成為餐廳的代號。
【103統測】

《解析》 小客棧的出現：上古時期→咖啡屋的興起：1530年，敘利亞的大馬士革出現咖啡屋→Restaurant成為餐廳代號（1765年，法國巴黎的布朗傑，以湯名作餐廳名字，Restaurant變成餐廳代名詞）→連鎖餐飲盛行（1876年，美國人亨利哈維開設「Harvey House」餐廳，為連鎖餐廳之始）。

( ) 4. 餐飲業常以QSCV的經營概念來檢視生產及服務的流程，對於QSCV所代表的涵意，下列何者錯誤？　(A)Q：Quantity　(B)S：Service　(C)C：Cleanliness　(D)V：Value。
【103統測】
《解析》 Q：Quality品質。

( ) 5. 餐飲發展過程中，歐洲開始出現咖啡屋的時期為下列何者？　(A)中古時期　(B)文藝復興時期　(C)工業革命時期　(D)一次大戰時期。
【104統測】

( ) 6. 下列有關各國特色菜的敘述，何者錯誤？　(A)羅宋湯是義式著名菜餚　(B)起司火鍋是瑞士著名菜餚　(C)約克夏布丁是英式著名菜餚　(D)馬賽海鮮湯是法式著名菜餚。
【104統測】
《解析》 羅宋湯是俄羅斯代表性的湯品。約克夏布丁(Yorkshir Pudding)，並非布丁，是一種烤得香軟、味道類似可頌的麵包，多搭配烤牛排，是英國名菜。

( ) 7. 關於西方餐飲業發展重要代表人物之出現順序，由先至後的排列，下列何者正確？甲、奧古斯特・愛斯可排(Auguste Escoffier)；乙、凱薩琳・梅蒂奇(Catherine de Medicis)；丙、安東尼・卡雷姆(Marie Antoine Caréme)；丁、費南德・波伊特(Fernand Point)　(A)甲→乙→丁→丙　(B)乙→甲→丙→丁　(C)乙→丙→甲→丁　(D)丙→乙→丁→甲。
【105統測】
《解析》 凱薩琳・梅蒂奇(Catherine de Medicis)1533年。安東尼・卡雷姆(Marie Antoine Caréme)1784~1833年。奧古斯特・愛斯可菲(Auguste Escoffier)1846~1935年。費南德・波伊特(Fernand Point)1897~1955年。

解答

3.C　　4.A　　5.B　　6.A　　7.C

( ) 8. 關於餐飲歷史的發展，下列何者<u>錯誤</u>？ (A)Buffet的供餐型態源自美國 (B)歐洲最早的冰淇淋源自於葡萄牙 (C)歐洲第一家咖啡屋源自於義大利威尼斯 (D)二十一世紀速食業持續發展，Subway潛艇堡於2011年分店數量超越麥當勞。 【113統測】

《解析》現代冰淇淋的原型源自義大利。

( ) 9. 關於西方餐飲業的發展，下列敘述何者正確？甲：1876年亨利・哈維(Henry Harvey)首創Harvey House連鎖餐廳，為連鎖餐飲業經營的始祖；乙：1900年約翰・克魯格(John Kruger)首創自助式的自助餐廳(Buffet)，提供消費者更多菜餚的選擇；丙：1902年Horn and Hardar在紐約開設投幣式販賣機餐廳(vending machine restaurant)；丁：1926年費南德・波伊特(Fernand Point)建立吃完一道再上一道的服務方式 (A)甲、乙、丙 (B)甲、丙、丁 (C)乙、丙、丁 (D)甲、乙、丁。 【108統測】

( )10. 關於以下西方餐飲業重要的發展歷史，從古代排到近代的順序，下列何者正確？甲：十字軍東征的影響，造成東西方飲食文化與香料之交流；乙：法國蒙布朗傑(Monsieur Boulanger)因在餐廳中供應湯品，Restaurant始成為餐廳代名詞；丙：回教徒朝聖路線經由中東地區，因而將咖啡傳入歐洲；丁：古羅馬時期歐洲人為招待投宿客棧(inn)的旅客，因而出現公共餐飲場所 (A)丁→甲→丙→乙 (B)丁→乙→丙→甲 (C)丁→甲→乙→丙 (D)丁→乙→甲→丙。 【108統測】

( )11. 餐飲業的發展，下列敘述何者<u>錯誤</u>？ (A)素有「西餐之母」稱號的是法國 (B)Restaurant源於法文，是指恢復元氣的肉湯，現已成為餐廳的代名詞 (C)鼎泰豐是以小籠包名聞中外 (D)民國73年麥當勞進駐臺灣，成為第一家外來的餐飲業。 【101統測】

《解析》(A)西餐之母是義大利菜。

( )12. 我國餐飲業發展史上，在清末民初時，具現代化設備經營之西餐廳，最早出現在下列何處？ (A)上海 (B)西安 (C)天津 (D)重慶。 【103統測】

( )13. 有關中國菜特色之描述，下列何者正確？ (A)八大菜系包含新疆菜 (B)東鹹西甜、北辣南酸 (C)叫化雞為江浙菜 (D)佛跳牆為廣東菜。 【103統測】

 解答

8.B 　　9.A 　　10.A 　　11.A 　　12.A 　　13.C

《解析》八大菜系為：指魯菜、川菜、粵菜、蘇菜、湘菜、閩菜、皖菜、浙菜。
東酸西辣、南淡北鹹。佛跳牆為福建菜。

( )14. 關於中國菜系之敘述，下列何者正確？ (A)北平菜擅長拔絲烹調，偏好甜麵
醬。著名的菜色包含：叉燒肉、蜜汁火腿等 (B)湖南菜擅長煨、醃、燒臘、
燉、蒸等烹調法。著名的菜色包含：左宗棠雞、東安子雞等 (C)江浙菜口味
偏好酸、鹹、辣、油。著名的菜色包含：京醬肉絲、紅燒下巴、富貴火腿等
(D)廣東菜多為油重、味濃、糖重、色鮮。著名的菜色包含：荷葉粉蒸肉、龍
井蝦仁、樟茶鴨等。 【103統測】

《解析》北平菜擅長拔絲烹調，偏好甜麵醬，著名的菜色包含：北平烤鴨、京醬
肉絲；叉燒肉屬於廣東菜。廣東菜又可分為：廣州菜、潮州菜、東江菜
（又稱為客家菜）。東江菜的口味偏好酸、鹹、辣、油，著名的菜色包
含：東江鹽焗雞、梅干扣肉、東江鑲豆腐、客家鹹雞。江浙菜口味：油
重、味濃、糖重、色鮮，著名菜色包含：西湖醋魚、紅燒划水、紅燒下
巴、龍井蝦仁、東坡肉、蜜汁火腿。

( )15. 怪味雞與回鍋肉此兩道菜屬於下列哪一個地方菜系？ (A)廣東 (B)四川 (C)
浙江 (D)湖南。 【104統測】

( )16. 在眾多中式餐廳所提供的菜色中，「佛跳牆」起源於下列哪一種菜系？ (A)
四川菜 (B)福建菜 (C)山東菜 (D)江浙菜。 【105統測】

( )17. 鄭成功率軍渡海駐守臺灣時，將哪一類菜系引進臺灣，對臺灣菜影響甚鉅？
(A)江浙菜 (B)福建菜 (C)湖南菜 (D)四川菜。 【103統測】

( )18. 關於臺灣餐旅業的發展，下列何者發生的年代最早？ (A)開始引進麥當勞餐
廳 (B)希爾頓飯店進駐臺北 (C)圓山飯店設立空中廚房 (D)本土連鎖餐飲頂
呱呱炸雞開始發展。 【104統測】

《解析》圓山飯店設立空中廚房：54年。希爾頓飯店進駐臺北：62年。本土連鎖
餐飲頂呱呱炸雞開始發展：63年。引進麥當勞餐廳：73年。

( )19. 臺灣餐飲業發展過程，關於餐廳與餐飲店成立時間之順序，由先至後的排
列，下列何者正確？ 甲、圓山大飯店成立空廚餐點供應站；乙、麥當勞
(McDonald)引進臺灣；丙、上島咖啡館開業；丁、波麗露(Bolero)西餐廳開

🔔 解答

| 14.B | 15.B | 17.B | 16.B | 17.B | 18.C | 19.C |

幕；戊、85度C成立　(A)甲→乙→丙→戊→丁　(B)甲→丙→丁→戊→乙　(C)丁→甲→丙→乙→戊　(D)丁→丙→乙→甲→戊。　【105統測】

《解析》波麗露(Boléro)西餐廳開幕23年→圓山大飯店成立空廚餐點供應站54年；上島咖啡館開業68年→麥當勞(McDonald)引進臺灣73年→85度C成立92年。

( )20.針對臺灣餐飲業發展的敘述，下列何者錯誤？　(A)小吃是臺灣餐飲業的特色之一，初期以各地市集廟宇的小吃為主　(B)臺灣菜的雛形，源於北投的酒家菜，當時為豪奢官菜的象徵　(C)民國60至70年代臺灣經濟起飛，國際連鎖餐飲業陸續進駐，本土速食餐廳亦盛行　(D)臺灣菜起源最早來自於北平菜系，以講究清、淡、鮮、醇等口味為主要特色。　【108統測】

▼ 閱讀下文，回答第21~22題

小千為一家五星級旅館內特色料理餐廳的外場服務生，向顧客推薦該餐廳的招牌料理為紅酒燉牛肉、烤田螺、馬賽海鮮湯及舒芙蕾等，同時也向客人介紹上述經典料理的起源國家及其飲食文化。

( ) 21.關於此餐廳料理所屬國家的餐飲發展敘述，下列何者錯誤？　(A)西元 16 世紀，全世界第一家咖啡屋在此國家出現　(B)西元 18 世紀末以後，此國家料理逐漸平民化，非貴族或皇室專屬　(C)此國家有一道能使人恢復元氣的湯品，後來湯品名稱演變為 Restaurant　(D)安東尼·卡雷姆(Marie Antoine Carême) 為此國家名廚，為古典烹飪創始者。　【111統測】

《解析》紅酒燉牛肉、烤田螺、馬賽海鮮湯及舒芙蕾為法式經典料理，而選項(A)世界第一家咖啡屋出現於敘利亞首都大馬士革。

( ) 22.關於以此餐廳料理所屬國家為名的服務方式，下列何者正確？　(A)由服務人員持銀盤向客人呈現菜餚，再為顧客進行分菜　(B)由服務人員持銀盤向客人呈現菜餚，再由顧客自行挾取　(C)服務人員將顧客所點菜餚端上餐桌，再由顧客自行挾取　(D)菜餚先行在廚房進行盛盤後，再由服務人員端盤上餐桌。　【111統測】

《解析》法式服務方式是食物裝在銀盤上由服務生送到客人面前，客人依需求夾取，又稱獻菜服務。

 解答
....
20.D　　21.A　　22.B

★ 3-3 餐飲業的類別與餐廳種類

( ) 1. 根據經部商業司所訂立的公司行號營業項目代碼表中，分類編號F5為餐飲業，下列何者是該類正確的營業細類？　(A)餐盒業、飲酒店業、餐館業、小吃餐飲業　(B)飲料店業、酒精飲料店業、餐館業、速食餐飲業　(C)飲料店業、飲酒店業、餐館業、其他餐飲業　(D)速食餐飲業、飲酒店業、餐館業、餐盒業。　　【102統測】

( ) 2. 臺灣的辦桌或流水席，在經濟部商業司所頒訂的「中華民國行業營業項目標準」分類中，是屬於餐飲業的哪一類？　(A)餐館業　(B)其他餐飲業　(C)飲料店業　(D)速食餐飲業。　　【101統測】

( ) 3. 部分旅館或餐廳將供餐時段訂在早餐之後、午餐之前，以滿足顧客的不同需求，這是屬於下列哪一種供餐時段的通稱？　(A)brunch　(B)light breakfast　(C)snack　(D)supper。　　【100統測】

( ) 4. 關於臺灣各地著名的代表性小吃，下列組合何者正確？甲、白河：櫻花蝦；乙、萬巒：豬腳；丙、臺南：棺材板；丁、宜蘭：鴨賞；戊、彰化：阿給　(A)甲、乙、丙　(B)甲、乙、戊　(C)乙、丙、丁　(D)丙、丁、戊。　　【100統測】

( ) 5. 關於連鎖經營模式的餐飲業，下列敘述何者正確？甲、藉由集中採購，可取得較低的食材成本；乙、必須有5家以上的餐廳具有相同的企業辨識系統；丙、星巴克咖啡店屬於自願加盟；丁、此種方式較容易擴展經營規模　(A)甲、乙　(B)甲、丁　(C)乙、丙　(D)丙、丁。　　【100統測】

( ) 6. 「連鎖經營」(Chain Operation)是一種因應時代趨勢及消費習性變遷而發展出來的熱門通路結構型態，下列何者不是經營連鎖餐廳的優點？　(A)採購集中而且量大，議價空間較大　(B)即使有一間分公司面臨危機，對整個企業形象也無傷大雅　(C)連鎖餐廳可集中資源，共同推動行銷活動　(D)母公司的名氣愈大，資金愈容易爭取。

( ) 7. 依餐飲業餐點價格從高到低的排列，下列何者正確？　(A)family restaurant→filling station→fine dining restaurant　(B)family restaurant→fine

🔔 **解答**

3-3	1.C	2.B	3.A	4.C	5.B	6.B	7.D

dining restaurant→filling station　(C)fine dining restaurant→filling station→family restaurant　(D)fine dining restaurant→family restaurant→filling station。

【102統測】

(　　) 8. 由專業外燴餐飲團隊將食物製備與服務的過程，移到顧客所指定場所進行餐宴，這是屬於下列哪一種餐飲服務？　(A)mobile canteen service　(B)catering service　(C)in-flight service　(D)room service。　　【102統測】

(　　) 9. 餐飲依餐點供應方式分類，將不同餐點組合成個人套餐菜單，並以固定套餐價格銷售的菜單形式稱為　(A)A la Carte menu　(B)Round Table Dinner Menu　(C)Self-service Menu　(D)Table d'hote Menu。　　【103統測】

(　　)10. 臺灣常見的「辦桌」文化是屬於下列哪一種服務方式？　(A)Catering Service　(B)In-flight Service　(C)Room Service　(D)Self-service。　　【105統測】

(　　)11. 大明到餐廳用餐，服務生送上菜單，請他點選一種主菜，並說明副菜、沙拉、飲料等為無限自由取用，這種餐廳是屬於哪一種服務類型？　(A)Buffet Service　(B)Cafeteria Service　(C)Full Service　(D)Semi-buffet Service。　　【104統測】

(　　)12. 下列何種餐廳較容易進行標準化與連鎖化之經營管理？　(A)Limited-service Restaurant　(B)Independent Restaurant　(C)Gourmet Restaurant　(D)Speciality Restaurant。　　【103統測】

　《解析》Limited-service Restaurant：有限服務型餐廳。Independent Restaurant：獨立型餐廳。Gourmet Restaurant：美食餐廳。Speciality Restaurant：特殊型餐廳。

(　　)13. 截至民國104年3月底止，臺灣的下列哪一個連鎖業是屬於完全直營連鎖？(A)85度C咖啡　(B)麥當勞速食　(C)星巴克咖啡　(D)統一超商(7-ELEVEN)。
　《解析》星巴克的分店大多數是總公司直營。　　【104統測】

(　　)14. 下列有關加盟連鎖餐廳的敘述，何者錯誤？　(A)委託加盟連鎖餐廳總部擁有店面所有權與決策管理權　(B)特許加盟連鎖餐廳之加盟者擁有店面所有權及決策管理權　(C)委託加盟連鎖為直營連鎖的延伸，總部經營直營店一段時間後，再依契約委託加盟者來經營　(D)自願加盟連鎖餐廳之加盟者擁有店面所有權與決策管理權，但各加盟者之營運方式可以不完全相同。　　【104統測】

解答

8.B　　9.D　　10.A　　11.D　　12.A　　13.C　　14.B

( )15. 關於連鎖餐廳經營管理之敘述，下列何者正確？ (A)分店經營理念依營運狀況而有不同 (B)採購分散且數量較小，成本比較高 (C)分店管理制度常因人員變動而改變 (D)較易建立明確一致的企業識別系統。 【105統測】

《解析》連鎖經營的各分店經營理念一致。採購可集中、採購數量較多，成本比較低。分店管理制度不會因人員變動而改變。

( )16. 關於各國著名餐點與食材的內容，下列何者組合正確？ (A)俄國菜：Parma Ham、Tiramisu (B)義大利菜：Quiche Lorraine、Milano Risotto (C)英國菜：Yorkshire Pudding、Salami & melon (D)法國菜：Coq au Vin、Seafood Bouillabaisse。 【107統測】

( )17. 西餐菜單中，下列何者中英文菜餚名稱與烹調法組合為正確？ (A)炒牛肉：sauted beef (B)焗海鮮：grilled seafood (C)清蒸鱸魚：simmered seabass (D)燒烤豬肉：braised pork。 【107統測】

( )18. 依照客人需求開列菜單，將食材與烹調機具設備載到指定地點，進行烹調與供餐服務，此種餐飲服務的方式為下列何者？ (A)delivery service (B)counter service (C)drive-in service (D)catering service。 【107統測】

( )19. 某餐飲服務人員為客人介紹各國特色食材與著名菜色，下列敘述何者錯誤？ (A)法國著名菜色包含Coq au Vin、French Onion Soup (B)英國著名菜色包含Fish & Chips、Yorkshire Pudding (C)義大利著名菜色包含Borscht、Parma ham & melon(Prosciutto & melon) (D)西班牙著名菜色包含Gazpacho、Tapas。 【108統測】

《解析》(A)法國著名菜色：Coq au Vin紅酒燉雞、French Onion Soup法式洋蔥湯；(B)英國著名菜色：Fish & Chips炸魚&薯條、Yorkshire Pudding約克郡布丁；(C)義大利著名菜色：Parma ham & melon(Prosciutto & melon)帕馬火腿哈密瓜，Borscht 為羅宋湯，俄羅斯的著名菜色；(D)西班牙著名菜色：Gazpacho西班牙冷湯、Tapas西班牙開胃小菜。

( )20. 關於各菜系著名菜色，下列何者錯誤？ (A)北平菜著名菜色包含京醬肉絲、叫化雞 (B)廣東菜著名菜色包含東江鹽焗雞、京都排骨 (C)湖南菜著名菜色包含蒜苗臘肉、東安子雞 (D)江浙菜著名菜色包含東坡肉、龍井蝦仁。 【108統測】

解答

| 15.D | 16.D | 17.B | 18.D | 19.C | 20.A |

( )21.針對餐飲業以顧客為導向的QSCV經營理念，分別是指下列哪四個要項？ (A)Quantity、Surprise、Cleanliness、Value (B)Quality、Service、Cleanliness、Value (C)Quick、Service、Clever、Victory (D)Quantity、Service、Cleanliness、Victory。 【108統測】

《解析》QSCV經營理念就是重視品質(Quality)、服務(Service)、衛生(Cleanliness)和價值(Value)。

( )22.某餐廳由服務人員提供帶位、點餐、餐食服務等項目，較屬於下列哪一種餐飲服務方式？ (A)counter service (B)self service (C)table service (D)takeout service。 【108統測】

《解析》(A)counter service：櫃檯式服務，通常價格平價、服務快速，例如麥當勞；(B)self service：自助式服務，顧客抵達餐廳後即可立即取用餐點；(C)table service：餐桌服務，由服務人員將餐點端至餐桌上；(D)takeout service：外帶服務，客人購買後，將餐食直接帶走，離開餐廳後再享用。

( )23.小美從事餐廳服務工作，某日客人蒞臨，請小美推薦4道江蘇與浙江菜餚，請問小美應該選擇下列何種組合，以符合客人需求？ (A)咕咾肉、左宗棠雞、京都排骨、夫妻肺片 (B)鹽焗雞、樟茶鴨、蜜汁火腿、紅油抄手 (C)醬爆雞丁、當歸鴨、佛跳牆、紅燒下巴 (D)東坡肉、叫化雞、宋嫂魚羹、無錫排骨。 【113統測】

《解析》(A)咕咾肉（廣東）、左宗棠雞（湖南）、京都排骨（廣東）、夫妻肺片（四川）；(B)鹽焗雞（廣東）、樟茶鴨（四川）、蜜汁火腿（江浙）、紅油抄手（四川）；(C)醬爆雞丁（北平）、當歸鴨（臺灣）、佛跳牆（福建）、紅燒下巴（江浙）；(D)東坡肉（江浙）、叫化雞（江浙、江蘇）、宋嫂魚羹（江浙）、無錫排骨（江蘇）。

( )24.關於餐廳服務，服務人員服務比重及複雜性最高者為何？ (A)gourmet restaurants (B)drive-through service restaurants (C)cafeteria restaurants (D)vending machine service。 【106統測】

( )25.關於臺灣達美樂披薩，下列敘述何者正確？ (A)獨立經營餐廳 (B)國人自創品牌 (C)外送服務餐廳 (D)餐桌服務餐廳。 【110統測】

解答

21.B 22.C 23.D 24.A 25.B

( )26. 關於外燴服務方式，下列敘述何者正確？ (A)顧客訂餐後，由餐廳人員送餐到顧客指定地點 (B)顧客訂餐後，由顧客取餐到餐廳以外地點用餐 (C)顧客訂餐後，到顧客指定場所製備餐食與服務 (D)顧客訂餐後，由顧客開車至取餐車道窗口取餐。 【110統測】

( )27. 餐廳透過外送平台訂餐服務拓展客源，顧客可以更便利取得餐點，為下列餐旅行銷組合 4 P 的哪一項？ (A)product (B)place (C)price (D)promotion。 【110統測】

( )28. 下列何者<u>不是</u>連鎖速食餐飲企業？ (A)鼎泰豐 (B)摩斯漢堡 (C)三商巧福 (D)頂呱呱炸雞。 【110統測】

( )29. 關於連鎖經營餐廳之說明，下列敘述何者<u>錯誤</u>？ (A)連鎖經營餐廳主要包括加盟與直營兩種類型 (B)連鎖經營餐廳必須至少有3家或3家以上之分店 (C)直營連鎖餐廳總部可管控分店的經營權與人事權 (D)連鎖經營餐廳主要以標準作業流程進行品質管理。 【110統測】

( )30. 小庭與家人用餐的餐廳採單一價格吃到飽方式，並由顧客自行取用餐食，此餐廳的服務方式為下列何者？ (A)buffet service (B)catering service (C)counter service (D)drive–through。 【113統測】
《解析》(A)自助餐服務；(B)外燴服務；(C)櫃檯式服務；(D)汽車餐飲服務。

★3-4 餐飲業的組織與部門

( ) 1. 下列哪一種餐飲組織，其結構的優點為便於管理、溝通，營運功能為佳，唯其缺點為編制員額增加，人事成本較高？ (A)功能型組織 (B)產品型組織 (C)簡單型組織 (D)矩陣型組織。 【102統測】

( ) 2. 下列何者<u>不是</u>建立餐旅組織系統的主要目的？ (A)組織圖顯示指揮幅度 (B)顯示可能的升遷管道 (C)減少合作，可強化各部門間彼此競爭關係 (D)了解個人工作權責與其他員工的相互關係。 【103統測】

( ) 3. 述明餐廳工作職務名稱、直屬主管、主要職掌任務與其他部門的關係等內容，使員工了解其職責與工作內涵，這種資料是指下列何者？ (A)Job Specification (B)Job Sheet (C)Job List (D)Job Description。 【104統測】

🔔 解答

26.C	27.B	28.A	29.B	30.A	3-4	1.B	2.C	3.D

《解析》Job specification工作規範。Job Sheet工作單：工作單係教學單的一種，旨在列出並教導學生完成一整件工作所需的一系列操作，學生或工作者可依據單上的各項指示，順利完成該項工作。若說明之內容為一項作業時，亦可稱為作業單。Job Desription工作說明書。

( ) 4. 依工作內容與性質之不同，將大型餐廳分為餐廳部、廚房部、飲務部、餐務部與採購部之組織架構，此為下列哪一種組織類型？ (A)簡單型 (B)產品型 (C)功能型 (D)地區型。 【104統測】

( ) 5. 關於餐飲組織設計之原則，下列何者是「Job Assignments」的涵義？ (A)按照員工內外在條件，分別指派適當工作 (B)員工只接受一位上級主管指揮，以免混淆 (C)一位餐廳主管所能夠有效督導員工的人數 (D)上級主管給予權力，加速處理餐廳的問題。 【105統測】

《解析》Job Assignments工作分配：按照員工內外在條件，分別指派適當工作。統一指揮：員工只接受一位上級主管指揮，以免混淆。指揮幅度：一位餐廳主管所能夠有效督導員工的人數。賦予權責：上級主管給予權利，加速處理餐廳的問題。

( ) 6. 負責各種酒類管理、儲存、銷售與服務的部門，下列何者正確？ (A)beverage department (B)linen department (C)purchasing department (D)storage department。 【107統測】

( ) 7. 餐飲部門中，主要負責各種訂席、會議、酒會、聚會、展覽等業務，及會場佈置與服務的部門為下列何者？ (A)administration department (B)steward department (C)banquet department (D)purchasing department。 【108統測】

《解析》(A)administration department：管理部；(B)steward department：餐務部；(C)banquet department：宴會部；(D)purchasing department：採購部。

( ) 8. 關於餐旅組織工作設計的敘述，下列何者錯誤？ (A)job description包含工作的內容、特質、職掌及作業方法 (B)delegation是指單位組織中統一指揮的幅度 (C)span of control是單位中主管有效管轄的部屬人數 (D)job assignment是指將每一位員工依工作條件分配適當工作。 【108統測】

解答

4.C 5.A 6.A 7.C 8.B

( ) 9. 小明在一間中式餐飲事業任職，他的工作除了負責烤鴨、燒臘之外，還要負責出菜時所有菜餚盤飾與修飾的傳菜管控。有關小明的職稱，下列何者正確？
(A)燒烤與打伙師傅　(B)點心與蒸燉師傅　(C)燒烤與冷盤師傅　(D)點心與紅案師傅。　【113統測】

《解析》燒烤師傅負責烤鴨、燒臘；打火師傅負責菜餚盤飾與修飾的傳菜管控。

( )10. 下列何者是在西餐廚房中負責準備各種調味料或湯頭？　(A)Saucier　(B)Rotisseur　(C)Poissonier　(D)Sous Chef。　【101統測】

《解析》(A)醬汁廚師；(B)燒烤廚師；(C)海鮮廚師；(D)副主廚。

( )11. 下列何者為餐廳內場工作人員Executive Chef主要負責之工作內容？　(A)負責所有標準化生產流程、食譜研發及成本控制之工作　(B)負責所有點心房餅乾、蛋糕與甜點製備之工作　(C)負責所有燒烤與油炸類菜餚製作之工作　(D)負責所有桌邊烹調與供應各式飲料之工作。　【103統測】

《解析》Executive Chef行政主廚。

( )12. 西式廚房中，Garde Manger廚師主要負責的工作為　(A)挑選、切割與烹煮蔬菜　(B)負責所有糕點烘焙產品製作　(C)廚房人事、訓練、菜單開發與設計、成本控制等工作　(D)負責冷盤、開胃點心、自動餐檯展示、蔬果與冰雕裝飾。　【103統測】

《解析》Garde Manger冷盤廚師。

( )13. 西餐廳房中，專職各種蔬菜之製備的廚師為下列何者？　(A)Entremetier　(B)Butcher Cook　(C)Garde Manger　(D)Patissier。　【104統測】

《解析》Entremetier蔬菜廚師。Butcher Cook切割廚師。Garde Manger冷盤廚師。Patissier西點廚師。

( )14. 中式廚房內，主要的工作內容為出菜控管、菜餚盤飾與修飾的職務名稱是下列何者？　(A)砧板師傅　(B)爐灶師傅　(C)白案師傅　(D)排菜師傅。　【104統測】

( )15. 關於中式廚師職務之名稱，下列何者是負責蒸籠相關工作？　(A)水鍋　(B)紅案　(C)白案　(D)打荷。　【105統測】

解答

| 9.A | 10.A | 11.A | 12.D | 13.A | 14.D | 15.A |

(   )16. 關於西式廚房人員職掌與名稱，下列何者正確？　(A)sous chef：主廚　(B)pantry chef：爐烤師　(C)pastry chef：點心師　(D)butcher chef：冷盤師。

【107統測】

(   )17. 關於廚房器具的敘述，下列何者錯誤？　(A)用來切割橄欖型馬鈴薯的刀子稱為cleaver knife　(B)切割麵包與糕點類的刀子稱為serrated knife　(C)用來切割披薩及餅皮的刀子稱為wheel knife　(D)製作檸檬皮絲的刀子稱為zester。

【107統測】

(   )18. 關於餐飲從業人員的職掌，下列敘述何者錯誤？　(A)負責製作高湯與醬汁者稱為saucier　(B)負責為客人調製雞尾酒者稱為bartender　(C)協助主廚督導廚房工作的副主廚稱為chef de rang　(D)餐廳經理稱為directeur de restaurant。

【107統測】

(   )19. 關於西餐廚房工作人員編制的敘述，下列何者錯誤？　(A)負責製作蔬菜類餐點的廚師為Entremetier　(B)負責製作點心的廚師為Patissier　(C)負責切割各種肉類的廚師為Garde Manger　(D)負責燒烤的廚師為Rotisseur。　【108統測】

《解析》(A)Entremetier：蔬菜廚師；(B)Patissier：點心師傅；(C)Boucher：切肉師傅、Garde Manger：冷菜師傅；(D)Rotisseur燒烤師傅。

(   )20. 關於中餐廚房工作人員的職掌，下列何者正確？　(A)負責肉類處理、切菜及配菜工作的職掌稱為白案師傅　(B)負責魚貝、家禽類處理工作的職掌稱為水檯師傅　(C)負責依不同菜餚做適當擺盤與裝飾工作的職掌稱為墩子師傅　(D)負責中式麵食、點心及甜點工作的職掌稱為紅案師傅。　【108統測】

(   )21. 某西餐廳辦理美食饗宴活動，邀請國外主廚進駐廚房製作餐點，欲製作的菜餚包含法式奶油煎魚菲力、奶油橄欖型馬鈴薯、煎去骨雞腿，請問廚房中應為該主廚準備的適當刀具有哪些？　(A)serrated knife、fillet knife、butcher knife　(B)boning knife、fillet knife、tournee knife　(C)slicing knife、tournee knife、zester　(D)wheel knife、boning knife、serrated knife。　【108統測】

《解析》(A)serrated knife麵包刀、fillet knife片魚刀、butcher knife剁刀；(B)boning knife去骨刀、fillet knife片魚刀、tournee knife小彎刀；(C)slicing knife片肉刀、tournee knife小彎刀、zester刨絲器；(D)wheel knife輪刀、boning knife去骨刀、serrated knife麵包刀。

 解答

16.C　17.A　18.C　19.C　20.B　21.B

( ) 22. 餐廳編制中，職位由高到低的排列，下列何者正確？ (A)Captain→Manager →Hostess →Waiter →Bus Person (B)Manager →Captain→Hostess →Bus Person →Waiter (C)Hostess →Manager →Captain→Bus Person →Waiter (D)Manager →Captain →Hostess →Waiter →Bus Person。 【101統測】

《解析》(D)Manager（經理）→Captain（領班）→Hostess（領檯員）→Waiter（服務員）→Bus Person（助理服務生）。

( ) 23. 下列餐飲從業人員的工作<u>不屬於</u>外場的是 (A)Receptionist (B)Apprentice (C)Waitress (D)Bus Person。 【101統測】

《解析》(A)接待員；(B)學徒；(C)女服務員；(D)助理服務生。

( ) 24. 下列哪一種職位在餐廳中屬於獨立職位，負責開立酒單、管理酒窖、選購葡萄酒等相關事項，且在顧客用餐介紹葡萄酒與協助顧客點酒、開酒、過酒等服務？ (A)bartender (B)sommelier (C)commis de vin (D)bar captain。
【102統測】

( ) 25. 小威在法國應徵廚房工作，擅長及喜歡製作冷前菜、冷盤及冰雕等工作，他應該應徵下列何種工作職務？ (A)Butcher (B)Garde Manger (C)Rôtisseur (D)Saucier。 【113統測】

《解析》(A)切肉廚師；(B)冷菜廚師；(C)燒烤廚師；(D)熱炒廚師。

( ) 26. 下列何者是在餐廳客人面前提供現場切割餐食服務的人員？ (A)Bus Person (B)Hostess (C)Trancheur (D)Wine Steward。 【105統測】

( ) 27. 餐飲部門運作中，主要負責餐飲部各項物料與備品之倉儲工作，是下列哪一個部門？ (A)storage department (B)purchase department (C)steward department (D)catering department。 【106統測】

( ) 28. 餐旅業組織中，負責將餐食送到客房中的服務人員，主要是指下列何者？ (A)Chef d'Etage (B)Bartender (C)Receptionist (D)Chef de Vin。 【106統測】

《解析》(A)Chef d'Etagen客房餐服務；(B)Bartender調酒員；(C)Receptionist領檯員；(D)Chef de Vin葡萄酒服務員。

( ) 29. 關於Sous chef的主要工作職責，下列敘述何者正確？ (A)負責廚房內清理搬運的工作 (B)協助主廚督導廚房的工作 (C)負責一切餐具的管理與清潔 (D)接洽餐廳所有訂席及會議。 【100統測】

解答

| 22.D | 23.B | 24.B | 25.B | 26.C | 27.A | 28.A | 29.B |

《解析》(A)Sous chef（副主廚）；(B)幫師／助手(Assistants)：負責廚房內清理搬運的工作；(C)餐務部(Steward)：負責一切餐具的管理與清潔；(D)宴會部(Banquet)：接洽餐廳所有訂席及會議。

( )30. 關於組織結構中之產品型組織，下列敘述何者正確？ (A)組織架構扁平化 (B)產品部門權責分明 (C)比較節省人力成本 (D)依工作性質專業分工。

【110統測】

( )31. 中式廚房的工作職掌中，「七分刀工、三分火工」說明下列何者與爐灶師傅並列為最重要的兩個職務？ (A)蒸籠師傅 (B)砧板師傅 (C)打荷師傅 (D)冷盤師傅。

【110統測】

( )32. 下列何種廚房格局設計不僅可以將廚房主要設備作業區集中，亦能有效控制整個廚房作業程序，並可使廚房有關單位相互支援密切配合？ (A)「L」arrangement (B)straight line arrangement (C)face to face arrangement (D)back to back paraller arrangement。

【102統測】

( )33. 關於餐廳規劃總體考量之基本原則，下列敘述何者錯誤？ (A)餐廳物料之進出絕不可與顧客進出同一位置，盡量另闢專用通道，以節省人力與物力，爭取處理時間 (B)顧客用餐區應與廚房保持遠距離，避免廚房的油煙及烹調氣味飄進用餐區，造成顧客不悅 (C)餐廳正門的設計應以明顯、易於辨識為原則，同時方便顧客進出，領檯位置也最好靠近餐廳入口處，以方便迎賓送客 (D)餐廳的理想溫度範圍應保持21~24℃之間，可依季節氣候不同予以調整，而讓人感覺舒適的相對溼度則是在55~65%之間。

【102統測】

( )34. 有關餐廳格局設計的原則，下列何者正確？ (A)為提高生產力，確保員工作業敏捷，餐廳的生產作業區不需保留太大的空間 (B)為了區隔作業流程，餐廳內的相關設備，宜放置在不同樓層或較遠的區域 (C)餐廳員工服務的動線應該和客人的動線一致，以利員工提供有效率的服務 (D)餐廳內外場員工的通道必須保持通暢，以提供舒適安全之工作環境。

【103統測】

《解析》(A)為提高生產力，確保員工作業敏捷，餐廳的生產作業區需有足夠的操作空間。

(B)餐廳內的相關設備和部門，宜規劃在同一樓層，以提高工作效率。

(C)餐廳員工服務的動線和客人的動線要區隔開，各自保持暢通。

 解答

30.B	31.B	32.D	33.B	34.D

( )35. 下列何者**不屬於**一般餐廳之「front of the house」？ (A)餐務區 (B)用餐區 (C)櫃檯區 (D)接待區。 【105統測】

《解析》Front of the House是指前場。

( )36. 關於餐廳格局之敘述，下列何者正確？甲、餐飲服勤區宜與進貨區相鄰；乙、桌椅採對角配置有利於節省空間；丙、用餐區保持負壓狀態可避免廚房油煙流入；丁、廚房設備採背對背平行排列可將烹調設備集中 (A)甲、乙 (B)甲、丙 (C)乙、丁 (D)丙、丁。 【105統測】

( )37. 有關廚房工作區域「面對面平行排列(Face-to-face Parallel Arrangement)」設計的敘述，下列何者正確？ (A)多用於醫院或工廠等供應團體膳食的廚房 (B)適用於廚房空間不大的餐廳 (C)是最簡單的排列方式 (D)又稱為島嶼式排列。 【103統測】

( )38. 有關一般餐廳廚房格局的敘述，下列何者**錯誤**？ (A)乾貨儲藏庫之最底層存物架至少需距地面20公分高 (B)洗手間與廚房應距離3公尺以上 (C)準清潔作業區包含燒烤區，汙染作業區包含驗收區 (D)餐廳的氣壓必須小於廚房的氣壓。 【104統測】

( )39. 廚房中的水槽、冰箱與爐檯三者距離的總和稱為「工作三角形」，下列規劃的工作三角形距離總和中，何種最能達到省時省力的工作效率？ (A)六公尺 (B)七公尺 (C)八公尺 (D)九公尺。 【107統測】

( )40. 關於倉庫格局的設計，下列何者正確？甲、冷藏倉庫之溫度應保持在7°C以下，凍結點以上；冷凍倉庫之溫度則應保持在–18°C以下；乙、乾貨儲藏庫的存物架之底層，應距地面至少18公分，架設時應直接靠牆，避免傾倒；丙、倉庫總面積以不超過餐飲場所總面積1/10最佳；所有物品的儲存及領放，皆採後進先出原則；丁、冷凍冷藏倉庫儲存容積以低於60%以下為佳；乾貨倉庫一般以存放4~7天的儲存量為佳 (A)甲、乙 (B)丙、丁 (C)乙、丙 (D)甲、丁。 【107統測】

( )41. 關於廚房工作環境的規劃，下列何者正確？ (A)排水溝的寬度應為10~15公分 (B)廚房最適當相對溼度為70~80% (C)工作檯面的照明度為200米燭光以上 (D)地下水源至少應與化糞池或廢棄物堆積場所距離5公尺。 【107統測】

🔔 解答

| 35.A | 36.C | 37.A | 38.D | 39.A | 40.D | 41.C |

(　)42. 某一小規模餐廳的廚房進行規劃，下列何種安排最為適當？　(A)將調理區及裝盤區規劃在準清潔區　(B)將原料清洗區及驗收區規劃在汙染區　(C)將出菜區及調理區規劃在清潔區　(D)將切割區及配膳區規劃在準清潔區。

【107統測】

(　)43. 關於廚房區域的規劃，下列何者敘述錯誤？　(A)準清潔區包含調理區、包裝區　(B)一般作業區包含行政區、休息室　(C)汙染區包含洗滌區、驗收區　(D)清潔區包含出菜區、配膳區。

【108統測】

(　)44. 關於廚房的設計，下列何者錯誤？　(A)廚房的「工作三角形」通常是指水槽、冰箱與工作檯，三者的距離總和越短越好，以節省工作時間與精力　(B)廚房的光線設計，以安全為重要考量，工作檯面應以200米燭光以上之光度為佳　(C)廚房的排水溝，宜明溝加蓋，寬度20公分以上，以避免發生危險及方便清潔　(D)為了不讓客人聞到烹調氣味，同時防止病媒蚊或蟲害入侵，廚房應保持負壓（低壓）。

【108統測】

(　)45. 不管是人工或機械洗滌餐具，下列何者是正確的餐具洗滌先後順序？（甲）消毒；（乙）洗滌；（丙）預洗；（丁）烘乾；（戊）沖洗　(A)丙→乙→戊→甲→丁　(B)丙→乙→甲→戊→丁　(C)丙→甲→乙→戊→丁　(D)丙→戊→甲→乙→丁。

【102統測】

(　)46. 臺灣地處高溫潮濕的亞熱帶區，每年5~10月是食物中毒發生的高峰期，殺菌不完全的低酸性罐頭食品（鐵罐、玻璃罐、殺菌軟袋等密封的食品）及貯藏不當的香腸、臘肉等醃製食品，都可以造成中毒，此中毒種類稱為？　(A)肉毒桿菌　(B)沙門氏菌　(C)腸炎弧菌　(D)仙人掌桿菌

【102統測】

(　)47. 依據衛生福利部食品藥物管理署所定義食物中毒，下列敘述何者正確？甲、二人或二人以上攝取相同的食品而發生相似的症狀，稱為一件食品中毒案件；乙、如因攝食化學物質造成急性中毒，即使只有一人，也視為一件食品中毒案件；丙、如因攝食天然毒素造成急性中毒，則有三人或三人以上，稱為一件食品中毒案件；丁、如因肉毒桿菌毒素而引起中毒症狀，且自人體檢體檢驗出肉毒桿菌毒素，則有三人或三人以上，才可視為一件食品中毒案件　(A)甲、乙　(B)甲、丙　(C)乙、丁　(D)丙、丁。

【104統測】

 解答

42.B　　43.A　　44.A　　45.A　　46.A　　47.A

( )48.下列何者屬於西餐烹調中混合焦化與軟化的烹調方法？ (A)Braising (B)Poaching (C)Grilling (D)Simmering。 【104統測】

《解析》Braising燜煮：混合焦化與軟化烹調法。Poaching低溫煮和Simmering慢煮：軟化烹調法。Grilling碳烤：焦化烹調法。

( )49.關於食物中毒的說明，下列何者正確？甲、食物中毒可概分為「細菌性」、「天然毒素」、「化學性」等三大類。其中以「天然毒素」為餐廳最常見的食物中毒類型；乙、腸炎弧菌屬於細菌性類型的食物中毒，常見於海鮮類，其感染途徑經常來自於不潔的砧板或刀具的交叉汙染；丙、肉毒桿菌在無氧環境中會產生神經毒素，且毒性最強，致命性最高，多發生在香腸、真空食品或罐頭食品；丁、仙人掌桿菌的汙染通常發生於料理過的食品放置於室溫太久，未適當冷藏或加熱，例如馬鈴薯、穀類或濃湯 (A)甲、乙、丙 (B)甲、乙、丁 (C)甲、丙、丁 (D)乙、丙、丁。 【107統測】

( )50.關於食物中毒的類型及說明，下列何者正確？甲、金黃色葡萄球菌耐高溫，屬於毒素型的細菌性食物中毒，手部有傷口化膿者，不可進行食物調理工作；乙、腸炎弧菌屬厭鹽性及極耐熱的細菌，避免生食或加熱至100°C，充分煮熟可避免感染；丙、沙門氏菌因不耐熱，多存於動物排泄物，透過加熱至60°C以上持續20分鐘即可滅菌；丁、天然動植物性食物中毒中，貝類中毒屬於中樞神經毒；發芽馬鈴薯屬於麻痺性中毒 (A)甲、乙 (B)甲、丙 (C)乙、丁 (D)丙、丁。 【108統測】

( )51.餐飲倉儲管理中，運用ABC物料分類法，進行不同管理與盤點方式，達到管理效果，下列哪一種倉儲物料屬於A類？ (A)鹽、胡椒 (B)麵粉、玉米粉 (C)鮑魚、燕窩 (D)蔬菜、水果。 【104統測】

( )52.關於餐廳中的倉儲管理須注意的事項，下列何者正確？甲、乾貨倉庫的相對濕度，以50%~60%之間為佳；乙、冷凍櫃或冷藏櫃內的物品，至少須保留40%的空間，以利冷氣循環；丙、倉庫存放物架高度不可超過100公分，且材質最好以輕便鋁製的材質為佳；丁、冷凍、冷藏倉庫存放原則，上層應放置氣味較重的食材，越下層則放置氣味較清淡的食材 (A)甲、乙 (B)甲、丁 (C)乙、丙 (D)丙、丁。 【108統測】

解答

48.A　　49.D　　50.B　　51.C　　52.A

(　　) 53.星空餐廳預計新聘工作人員，貼出以下人才招募海報如圖（一）所示，下列何種職務名稱符合公告內容？ (A)cashier (B)chef (C)greeter (D)runner。
【111統測】

徵 人才招募

工作內容：
1. 現場帶位、接待&指引客人
2. 接聽電話及線上訂位
3. 餐廳營業準備
4. 協助外場服務

管理責任：不須負擔管理責任
上班時段：日班/晚班，需輪班
休假制度：依公司規定
可上班日：一個月內

歡迎加入我們這個大家庭!
期待您的加入~

圖（一）

《解析》(A)出納員；(B)主廚；(C)領檯員、接待員；(D)跑菜員、傳菜員。

(　　) 54.Sangria Grille 餐廳承接元宇宙科技公司的感恩餐會並預訂 100 份的沙朗牛排，每份牛排成品重為 300 克，烹調耗損率為 25 %，牛肉每公斤成本為 \$ 500，採購此肉類食材的成本為多少元？ (A)\$15,000 (B)\$20,000 (C)\$25,000 (D)\$27,500。
【111統測】

《解析》300克×100份=30,000公克=30公斤；所需食材總重量=30公斤÷(1-25 %)=40公斤；食材的成本=40公斤×\$500=\$20,000。

★ 3-5 餐飲業的經營理念

(　　) 1. 下列哪一種訓練方式，<u>不適用</u>「餐旅服務業提升員工對職業道德的認知度，以利達成共識，增進員工工作自覺性及凝聚力」？ (A)語文訓練(Language Training) (B)在職訓練(On-job Training) (C)進階訓練(Upgrading Training) (D)職前訓練(Orientation, Pre-job Training)。
【105統測】

解答

53.C 52.A 53.C 54.B 3-5 1.A

( ) 2. 今年石斑魚產量大豐收，阿滿餐廳一口氣購買50尾（每尾重1.5公斤），並以每公斤60元的價格購進，但經處理後，剩45公斤可食用；又每一份石斑魚排在烹調前是400公克，經烹調後，服務上桌的份量為388公克。試問總量的切割耗損率與每一份魚排的產出率各為多少？　(A)60%、97%　(B)50%、86%　(C)40%、97%　(D)30%、86%。　　　　　　　　　　　　　　　　【102統測】

( ) 3. 下列有關餐飲業的經營措施，何者與成本控制無關？　(A)行銷企畫(Promotion Planning)　(B)採購標準(Purchase Specification)　(C)標準食譜(Standard Recipe)　(D)標準份量(Standard Portion)。　　　　　　　　　　　　　　【101統測】

( ) 4. 餐飲成本中，採購新鮮食材、乾貨等所需的費用是屬於哪一種成本？　(A)半固定成本　(B)固定成本　(C)變動成本　(D)間接成本。　　　　　【103統測】

《解析》採購新鮮食材、乾貨等所需的費用，依「成本結構」區分是屬於材料成本。依「成本屬性」區分是屬於直接成本。依「成本的變動性」區分是屬於變動成本。依「成本的可控性」區分是屬於可控成本。

( ) 5. 餐廳設備POS系統，不僅可迅速為顧客點餐結帳，也是餐廳蒐集銷售情報的工具，可供餐廳營運決策之參考，下列哪一個是POS系統的正確名稱？　(A)Point of Service　(B)Point of Survey　(C)Point of Standard　(D)Point of Sales。

【104統測】

《解析》POS, Point of Sales，電子銷售系統。

餐廳的電子銷售系統，是藉由銷售點終端機與公司內的庫存資料庫系統相連接，可快速得到品相關資訊，簡化銷售的工作。可以迅速為顧客點餐結帳，也是餐廳蒐集銷售情報的工具，可供餐廳營運決策之參考。

( ) 6. 餐飲產品在製備過程中，依循標準容量所需的用料數量與作法，所控制每份的「產品份量」稱為　(A)Standard Menu　(B)Standard Portion　(C)Standard Purchase　(D)Standard Recipe。　　　　　　　　　　　　　　　　【105統測】

( ) 7. 餐廳依據採購物料之出貨單進行驗收的方法稱為？　(A)技術驗收　(B)發票驗收　(C)抽樣驗收　(D)空白驗收。　　　　　　　　　　　　　　　　【105統測】

( ) 8. 某餐廳營業在不考慮加值營業稅的情況下，餐飲銷售總額為甲、毛利率為乙、餐飲食材成本為丙、人事成本為丁、餐飲成本率為戊。依據上述資

🔔 解 答

| 2.C | 3.A | 4.C | 5.D | 6.B | 7.B | 8.D |

料，下列何者正確？　(A)該餐廳的毛利為甲－丙－丁　(B)丙為該餐廳的固定成本　(C)乙＝（丙＋丁）÷甲　(D)戊＝丙÷甲。　【105統測】

《解析》該餐廳的毛利＝甲（銷售總額）－丙（餐飲食材成本）

丙（餐飲食材成本）為該餐廳的變動成本。

戊（餐飲成本率）＝丙（餐飲食材成本）÷甲（餐飲銷售總額）。

(　) 9. 某餐廳年營業額為1,500,000元，每月平均食材成本為60,000元，員工薪資為60,000元，該餐廳其年度銷售毛利為多少元？　(A)60,000元　(B)780,000元　(C)1,380,000元　(D)1,440,000元　【105統測】

《解析》銷售毛利＝銷售總額－餐飲成本

＝1,500,000－（60,000×12個月）

＝780,000

(　)10. 關於餐廳食材計算，甲（耗損率）與乙（產出率，或稱淨料率）之關聯，下列何者正確？　(A)甲×乙=100%　(B)甲÷乙=100%　(C)甲－乙=100%　(D)甲＋乙=100%。　【105統測】

(　)11. 設計自助餐檯菜色時，設定一盤「炒高麗菜」成品重500公克，高麗菜淨料率為90%，若供應十盤「炒高麗菜」，高麗菜採購量應約為多少台斤？　(A)4.5　(B)5.6　(C)7.5　(D)9.3。　【104統測】

《解析》產出率＝（成品重量÷食材總重量）×100%

90%＝（500÷食材總重量）×100%

食材總重量＝555

555×10＝5,550

5,550÷600＝9.25

≒9.3

(　)12. 某餐廳採購一批共10公斤之花椰菜，經過清洗與切割等前置處理後，剩下9公斤，烹煮後剩下8公斤，求此批花椰菜之廢棄率為多少？　(A)10%　(B)11.1%　(C)12.5%　(D)20%。　【107統測】

(　)13. A餐廳的平均客單價午餐為150元、晚餐為350元，座位數量午餐為60個座位、晚餐為80個座位。某天午餐的座位周轉率為2轉、晚餐為1.5轉，則該天的營業額為多少元？　(A)56,000元　(B)60,000元　(C)66,000元　(D)84,000元。　【107統測】

 解答

9.B　　10.D　　11.D　　12.A　　13.B

( )14. 關於Standard Recipe的內容，下列何者可不需列出？ (A)產品類別及名稱 (B)廢料處理方式 (C)製備步驟 (D)每份份量。 【108統測】

( )15. 針對在職員工給予新知識或技術的訓練為下列何者？ (A)pre-job training (B)basic training (C)on-job training (D)orientation。 【106統測】

( )16. 公司為了激勵員工達到績效目標，請旅行社規劃的特殊遊程，是屬於下列何者？ (A)ready-made tour (B)familiarization tour (C)inclusive tour (D)incentive tour。 【106統測】

( )17. 根據心理學家馬斯洛(Abraham H. Maslow)的需求層級理論(Hierarchy of Needs)，下列何者正確？ 甲、尊重需求，或稱為自尊需求；乙、安全需求，是最基本的需求；丙、自我實現，是最高層的需求；丁、社會需求，是身分或社會地位的需求 (A)甲、乙 (B)甲、丙 (C)乙、丙 (D)丙、丁。 【106統測】

( )18. 某餐廳採購蔬菜共8公斤，經過前處理與切割後，剩下7公斤。製作蒜泥白肉，肉類每一份烹調前是100公克，烹調後是80公克，請問蔬菜廢棄率（耗損率）及肉類烹調產出率分別為多少？ (A)12.5%、80% (B)12.5%、20% (C)87.5%、80% (D)87.5%、20%。 【106統測】

( )19. 關於餐飲業人事成本，原則上在正常情況下，下列敘述何者錯誤？ (A)人事成本不包括退休金 (B)正職人員的薪資為固定成本 (C)計時人員的薪資不是固定成本 (D)國內餐飲業人事成本約占營業收入之二～三成。 【110統測】

( )20. 關於餐廳照明設計，下列敘述何者錯誤？ (A)廚房工作場所照明應達100米燭光 (B)廚房工作檯面照明應達200米燭光 (C)餐廳照明原則上盡量採自然光設計 (D)餐廳用餐區的照明不影響氣氛營造。 【110統測】

( )21. 關於餐廳格局規劃，下列敘述何者正確？ (A)規劃餐廳廚房之前，應先完善設計與安排廚房的作業流程 (B)為考量內外場區隔，餐廳與廚房間的動線設計應越長越好 (C)在空間狹小的廚房，烹調設備的設置較適合面對面平行排列 (D)廚房工作區域規劃，應以食物採購時間先後劃分不同作業區。 【110統測】

🔔 解答

14.B	15.C	16.D	17.B	18.A	19.A	20.D	21.A

( )22. 當餐廳經營採用標準食譜時，其供應之餐飲產品具有下列哪一項優點？ (A)每道菜餚之品質較為一致 (B)餐飲製備流程較具有彈性 (C)廚師可以自由創作烹調菜餚 (D)廚師可依個人喜好調整食材份量。 【110統測】

( )23. 過年期間，小李食用自製臘腸後，即出現顏面神經麻痺及吞嚥困難的症狀，應是受到下列何者感染？ (A)冠狀病毒 (B)黴菌毒素 (C)肉毒桿菌 (D)仙人掌桿菌。 【110統測】

( )24. 關於廚房格局的類型，下列敘述何者正確？甲、直線型排列，不適合窄長形或設備較少的廚房；乙、背對背平行排列，將廚房主要設備集中，最經濟方便，又稱為島嶼式排列；丙、面對面平行排列，適用於供應團膳的廚房，例如工廠與醫院；丁、L形排列，適合各種大小廚房，操作便利經濟 (A)甲、乙 (B)乙、丁 (C)乙、丙 (D)丙、丁。 【106統測】

( )25. 關於餐廳動線的安排，下列何者正確？甲、顧客入座與服務人員上菜的動線最好要分開；乙、為維護服勤順暢與安全，上菜與餐具撤回的通道不宜分開；丙、餐廳動線要越短越好，洗手間越靠近餐廳越好；丁、自助餐取餐距離過長，可能影響餐食溫度與美味程度 (A)甲、丁 (B)甲、乙 (C)乙、丁 (D)丙、丁。 【106統測】

( )26. 關於廚房工作區域之規劃，下列何者較適當？ (A)地下水源應與廁所化糞池、廢棄物堆積場所保持至少15公尺 (B)廚房工作環境最適宜溫度為攝氏20~25度，相對濕度為75~85% (C)食材處理動線與程序，應由高清潔度區域移向低清潔度區域 (D)廢水水流方向應由低清潔度作業區流向高清潔度作業區。 【106統測】

( )27. 關 於 使 用 機 器 洗 滌 餐 具 的 流 程 ，下 列 何 者 正 確 ？ (A)wash→rinse→prewash→sanitize→air-dry (B)pre-wash→rinse→wash→sanitize→air-dry (C)pre-wash→wash→rinse→sanitize→air-dry (D)rinse→wash→prewash→sanitize→air-dry。 【106統測】

( )28. KK在R飯店的大廳酒吧擔任bartender的工作，主管以圖（一）的客用訂單為例，讓他學習主要食物原料的成本分析；Americano使用到咖啡豆20公克，Screwdriver則使用到伏特加50ml以及100%還原柳橙汁 100 ml，這些主原料的進

🔔 解答

22.A　　23.C　　24.C　　25.A　　26.A　　27.C　　28.A

貨成本如表（一）；關於這些主原料的成本及成本率的計算，下列何者正確？ (A)Screwdriver主原料成本為50元，成本率為20% (B)Screwdriver主原料成本為72.5元，成本率為29% (C)Americano主原料成本為20元，成本率為12% (D)Americano主原料成本為22.5元，成本率為15%。 【113統測】

Hotel R
2024-03-08　21：23

吧檯員：KK
訂單編號：C12
人數：2

	數量	價格
Americano	1	NT$150
Screwdriver	1	NT$250
小計		NT$400
已付		NT$500
找零		NT$100

圖（一）

表（一）

原料	進貨單位	進貨價格
咖啡豆	半公斤	450元
伏特加	750ml/瓶	600元
100%還原柳橙汁	1公斤	100元

《解析》成本率＝食材成本÷產品售價×100%，咖啡豆450÷500=0.95元（1克），0.95×20=19元（食材成本），19÷150×100%=12.6%（成本率），伏特加600÷750=0.8元（1ml），0.8×50=40元（食材成本），100%還原柳橙汁100÷1000=0.1（1ml），0.1×100=10元（食材成本），(40+10)÷250×100%=20%（成本率）。

(　)29. 考量食物在烹調過程中產生的漲縮效應，假設牛肉的漲縮率為80%，為精準控制採購量、產出量與食物成本，製作出一公斤的牛肉成品，需使用多少公克的生牛肉？ (A)1180 (B)1250 (C)1380 (D)1450。 【113統測】

《解析》烹調漲縮率＝烹調耗損重量÷毛料重量×100%，1000÷0.8=1250。

(　)30. 川上餐廳客用營業區域中，共有6人桌2張、4人桌5張、2人桌9張，某日晚餐時段來客數為180人，總收入為36,000元，該餐廳晚餐時段的平均翻檯率(table turnover rate)為多少？ (A)2.8 (B)3 (C)3.6 (D)4。 【113統測】

《解析》翻檯率＝來客數／總座位數，(6×2)+(4×5)+(2×9)=50座位，180人÷50個座位=3.6。

 解答

29.B　　30.C

▼ **閱讀下文，回答第31~32題**

　　美西牛排館在5月20日承接一場人數100位的謝師宴，自助餐菜單內容包含：現煎牛排、沙拉百匯、碳烤海鮮、義大利麵、甜點區及冰淇淋等餐點，每位客人優惠售價為$800，食材成本每位預估為$320。牛排館同時招募臨時兼職人員，以因應本場謝師宴的人力需求。

(　　) 31. 開放式的自助餐檯須注意餐點的溫度，以避免細菌快速滋生，關於餐點存放溫度的說明，下列何者正確？　(A)碳烤海鮮維持40℃以保持鮮嫩　(B)義大利麵維持50℃以保持口感　(C)冰淇淋櫃應該保持在–18℃以下　(D)沙拉百匯溫度維持在10℃最佳。　　　　　　　　　　　　　　　　　　　　　　　【112統測】

　　《解析》 須避開食物危險溫度7~60℃。

(　　) 32. 關於本場謝師宴的餐飲成本說明，下列何者正確？　(A)食材成本率為45%　(B)銷售淨利為$48,000　(C)食材$320應屬於變動成本　(D)兼職人員薪資屬於固定成本。　　　　　　　　　　　　　　　　　　　　　　　　　　　【112統測】

　　《解析》 (A)100×800＝80,000，100×320＝32,000，32,000÷80,000×100%＝40%（食材成本率）；(B)$48,000為銷售毛利(80,000－32,000)；(D)半固定成本。

🔔 解答
··

31.C　　　32.C

memo

04
CHAPTER

旅宿業

☑ 4-1　旅宿業的定義與特性

☑ 4-2　旅宿業的發展過程

☑ 4-3　旅宿業的類別與客房種類

☑ 4-4　旅宿業的組織與部門

☑ 4-5　旅宿業的經營理念

趨勢導讀　　本章之學習重點（本章為每年必考的重點）

1. 本章的學習重點為旅館業的特性、旅館評鑑制度、各式旅館中英文名稱及特色、客房的種類以及床型、從業人員的工作職掌等。

2. 旅宿業的經營概念，重點在房租的核定、房價表的意義、訂房作業、房客遷出遷入手續，以及旅館的經營方式。

3. 旅館房租計價方式為每年常考的題型，考生須徹底了解。

4-1 旅宿業的定義與特性

一、旅館的定義

（一）旅館的起源

1. 英文為「Hotel」。Hotel出自於法文Hôtel及拉丁語系之「Hospitale」。

2. Hospitality源自法文Hospice，指提供朝聖者，旅行者照顧和庇護。Hospitality有對客人親切款待之意。

3. 法國大革命前，發展Hostel招待賓客，演變成「Hotel」之一詞。

4. 中國古代旅館的稱謂有：驛、館、舍、店。

5. 現代歐美及臺灣以飯店、旅店、酒店、賓館、商旅、客棧。

6. 中國及港澳使用酒店、賓館較多，但近年也流行用飯店。

7. 目前臺灣自由行風氣興盛，使得旅店、民宿及日租套房崛起。

（二）旅館業是觀光事業之母

旅館業又被稱為：

1. A home away from home：家外之家。

2. City within the City：城市中的城市。

3. World within the World：世界中的世界。

（三）旅館的定義

1. 依《發展觀光條例》第一章，觀光旅館業：經營國際觀光旅館或一般觀光旅館，對旅客提供住宿及相關服務的營利事業。

2. 依據《發展觀光條例》第2條：住宿業分為觀光旅館業、旅館業、民宿。

3. 依《旅館業管理規則》第2條，旅館業：指觀光旅館業以外，對旅客提供住宿、休息及其他經中央主管機關核定相關業務的營利事業。

4. 牛津辭典解釋在自己家中對客人的殷勤款待為Hospitality Industry。

5. 英國韋伯特(Webster)認為「一座為公眾提供住宿、餐食及服務的建築物或設備」。

6. 美國旅館大王史大特拉(E.M.Statler)，連鎖旅館的創始人；率先將私人衛浴設備引進旅館，目前美國康乃爾大學管理學院實習旅館及以其名命名，為現今所公認之旅館業先驅，他認為「旅館是出售服務的企業」。

7. 美國希爾頓(Conrad N. Hilton)以「人生就是服務」的服務哲學流傳於世。

8. 綜合定義：

(1) 提供住宿、餐飲及其他相關之服務。

(2) 以營利為目的之行業。

(3) 對顧客負有法律上的權利、義務。

(4) 一天24小時，全年無休之行業。

（四）觀光旅館業

1. 分為國際觀光旅館及一般觀光旅館。

2. 主管機關為交通部觀光局。

3. 附設夜總會跳舞者，不得代客介紹舞伴陪伴。

4. 如發現旅客罹患疾病時，應於24小時內協助就醫。

5. 依《發展觀光條例》規定，經營旅館業者，依法須向交通部觀光局申請籌設→向經濟部辦理公司設立登記→向交通部觀光局註冊後，核發旅館業執照→向當地縣市政府申請營利事業登記。

6. 依《發展觀光條例》第41條規定，觀光旅館業、旅館業、觀光遊樂業或民宿經營者經受停止營業或廢止營業執照或登記證之處分者，應繳回觀光用標識。

7. 依〈觀光旅館業管理規則〉規定，觀光旅館業應對其之觀光旅館業務投保責任保險。

二、旅館業的特性

（一）旅館出售的商品

旅館出售商品可分為四大類：環境、設備、餐宿、服務。

（二）構成要素

旅館商品構成要素可分為有形商品(Tangible Products)和無形商品(Intangible Products)，都以服務為主，如下：

		說明	舉例
有形商品	支援設施 Supporting Facilities		1. 周遭環境：停車場、門口、花園。 2. 設備：**宴會設備**、三溫暖、健身中心、游泳池…等。 3. 本身設計：建築、外觀、裝潢。 4. 地理位置。
	促成商品 Facilitating Goods		1. **客房**和**餐飲**，此二項收入是旅館兩大營業收入。 2. 旅館備品耗材。
無形商品	外顯服務 Explicit Services		1. 由人的感覺來認知的感官效益。 2. 例如：清潔的客房、溫馨的氣氛、專業服務、服務員的衣著。
	內隱服務 Implicit Services		1. 消費者透過服務，而得到的內心的感受。 2. 例如：**身分地位**、**舒適**、感受、安全和服務理念。

（三）旅館產品層次

分類	說明		例如
核心產品 Core Product	主要的服務。 是消費者真正購買的服務和產品。		1. 住宿服務：**乾淨**、**安全**、**舒適的客房**。 2. 衛生、安全感覺的餐飲。
實質產品 Formal Product	指的是在市場上可以辨認的產品。		客房、餐廳。
附屬產品、附加產品Augmented Product	促進性服務 Facilitating	使服務的過程更順暢。	訂房服務、客房餐飲服務、晨喚服務、Room Service、Morning Call。
	增強性服務 Enhancing	可為房客提高附加價值的服務。	1. **管家服務**。 2. 免費的接駁服務。
延伸產品 Extend Product	推出、提供某些附加的利益給顧客。		迎賓水果、蛋糕、卡片。
潛在產品 Potential Product	增進消費者利益的產品。		幫客人將行李運送到下一個住宿地點。

（四）旅館商品特性

特性	說明
易逝性、易壞性、易腐性、不可儲存性、具時效性	1. 旅館商品與服務具有**時效性**，**無法儲存**，客房只能當天出租，**當天未能出租的客房，不可能留到隔天再出租**，因此提高住房率(Occupancy Rate)是最重要的目標。 2. 應變措施如： 　(1) 超額訂房：為避免訂房旅客因故取消(Cancel)或**無故未到(No Show)**造成空房，旅館業者會利用**超額訂房(Over-booking)**來提高住房率，超額訂房的百分比通常訂在**5~15%**。 　(2) 加強促銷：渡假區的旅館經常在淡季加強促銷活動，以提升住房率。例如：降價求售，以提升住房率。
短期供給無彈性（生產受限制、僵固性）	1. 旅館可容納的客房數是固定的，短時間內無法增加客房數，無法供應超量的需求。例如：每逢觀光節慶，往往一房難求。 2. 若業者預估往後幾年觀光客人數會增加，需提早購地、興建旅館，所以彈性低。
受地理位置影響大（地理位置固定，無變動性／立地性）	1. 建築物無法移動，旅客投宿就要前往旅館所在地。 2. **史塔特拉**表示：旅館的**地點(Location)**是最重要的關鍵因素，決定經營成敗。 3. 規劃旅館前，需**市場調查和評估**。
固定成本高	1. 旅館的主要支出可分為**固定成本**和**變動成本**。 2. **固定成本**包含：**人事費**、賦稅、**折舊**、**維修**，占旅館支出的60~90%。 3. 變動成本包含：餐飲食材、客房消耗品等。 4. 旅館投資的回收期長達10~20年。
資本密集（龐大投資金額）	1. 興建旅館的成本主要是土地成本和**建築成本**，兩者所占比例最高。 2. **建築成本**包括：**土地、營建工程、家具設備、裝潢**。 3. 房價依建築成本訂定、平均房價約是房間建築成本的1/1000。
勞力密集性高	1. 旅館是勞力密集的服務業，即使目前許多作業已電腦化，還是需要大量人力勞務。 2. **基層人員流動率偏高。** 3. 勞務成本應控制在總營收之25~35%。
易變性、多變性、需求的不穩定性（旅客波動性、敏感性、關聯性）	1. 渡假旅館最容易受到季節影響，例如：墾丁、花蓮、臺東，夏季住房率可達100%、冬季明顯下降。 2. 受外在環境影響：經濟景氣、政治安定與否、天然災害、國際情勢、疫情影響等都會影響。

特性	說明
替換性高	1. 旅館非日常必需品，加上同業競爭，消費者有多樣的選擇，替換性高。 2. 宜加強建立品牌忠誠度。
客房部毛利高	1. 營業毛利－營業費用＝營業淨利，達35％，即高利潤率。 2. 客房收入的三要素：客房數、住房率、房租單價。
綜合性	1. 旅館提供旅客食、衣、住、行、育、樂各方面之需求。 2. 旅館又稱為旅客的「**家外之家**」(A Home Away From Home)、「**都市中的都市**」(City Within The City)或「**世界中的世界**」(World Within The World)。
無歇性、全天候性	1. 旅館是全天候性，24小時營業，全年無休。 2. 旅館業都採**輪班制度**(Shift Work)，大夜班稱為Graveyard Shift。
季節性	旅客有季節性，**淡季**(Off / Low Season)、**旺季**(On / High / Peak Season)之需求有明顯差異。如北海道賞雪、墾丁的戲水。
公用性（公共性）	旅館屬公共設施，**負有公共法律的責任**。
安全性	1. 旅館對公眾負有法律上的權利與義務，法令明文規定旅館必須為旅客投保**責任保險**。 2. 設有**安全部**，確保旅客安全。
獨特性	因應激烈的同行競爭，以獨特的風格吸引消費者，例如汽車旅館的風格。

考題推演

(　　) 1. 小花在旅館擔任正職員工，其職務需輪班，因此上、下班時間都不固定，她的工時制度是下列哪一種？　(A)overbooking　(B)part-time work　(C)shift work (D)time sharing。　　　　　　　　　　　　　　　　　【113統測】

解答 C

《解析》(A)超額訂房；(B)兼職工作；(C)輪班制；(D)分時共享。

(　　) 2. 今年初「BLACKPINK」、「五月天」與「張惠妹」等高人氣巨星相繼至高雄開唱，傳出在地旅館為迎接高住房率，開始哄抬售價，因此主管機關到旅館稽查。依規定，當地旅館的客房價格應向地方主管機關備查，不得收取高於備查價格的房價，不能惡意漲價。關於此情境的敘述，下列何者錯誤？　(A)旅館

可依據市場需求進行動態定價　(B)演唱會期間的定價不可高於rack rate　(C)題目中的地方主管機關為觀光傳播局　(D)歌迷組團到高雄屬於special interest tour。　【112統測】

解答 C

《解析》(C)地方主管機關為高雄市觀光局，若在臺北則為臺北市觀光傳播局；(B)rack rate 為牌價；(D)special interest tour為特殊興趣旅遊。

(　　) 3. 關於旅館業商品的特性，下列敘述何者錯誤？　(A)因為冬季到來，澎湖地區的旅客住房需求大幅降低為異質性　(B)在櫻花盛開期間，武陵農場的客房需求會大幅增加為季節性　(C)受到疫情影響，觀光旅館業的客房需求量大幅縮減為易變性　(D)連續假期，旅客的住房需求大增，但客房供應有限為僵固性。　【112統測】

解答 A

《解析》季節性。

4-2 旅宿業的發展過程

壹、外國旅宿業的發展過程

一、西方旅宿業之發展史

年代	重要紀事
中世紀前後	1. 羅馬帝國時期，客棧(Inns)、招待所提供商旅休息。 2. 羅馬帝國滅亡，修道院也為商旅提供服務之性質。
18~20世紀初	1. 1829年，美國波士頓雀蒙旅館(Boston's Tremont House)建立。最早提供房間鑰匙、浴廁設備（熱水、肥皂）、行李員服務，該旅館有「現代旅館業的亞當、夏娃」之稱，堪稱當代旅館產業之始祖。 2. 1850年，法國巴黎之歌聯飯店(Grand Hotel)開幕，為歐美地區第一間具備現代化設備旅館。 3. 1875年舊金山皇宮旅館(The Palace)提供大型會議場所。 4. 1894年紐約荷蘭旅館(Netherland)首先在房間提供電話。 5. 1908年，美國旅館大王史大特拉(Ellsworth M. Statler)開設史大特拉飯店。

年代	重要紀事
現代旅館（包含第一、二次世界大戰迄今）	1. **旅館的黃金時期是第一次世界大戰後。** 2. 1930年全球經濟恐慌後，汽車旅館Motel在美國崛起。 3. **1954年，希爾頓(Hilton)創造第一個美國現代連鎖旅館。為最早採連鎖經營並奠定今日連鎖旅館之先河。** 4. 二次大戰後，隨著航空運輸的興盛及飯店管理顧問公司的增加，連鎖旅館更加興盛。 5. 1970年代，美國成立了假日旅館Holiday Inns，以連鎖經營方式，發展出豪華連鎖旅館(Chain Hotel)和連鎖汽車旅館(Chain Motel)。 6. 康拉德希爾頓Hilton接手史大特拉旅館，成為史大特拉希爾頓飯店，成為全世界等一家現代連鎖旅館，被稱為美國旅館經營之父。 7. 韓德森Henderson創立喜來登連鎖旅館。名言為在飯店經營方面，客人比經理更高明。 8. 馬里歐特Marriott創立豪華國際集團，為總裁兼執行長。 9. 國際渡假村（例如：Club Med/Pacific Island Club, PIC）、環保旅館日益盛行。

二、麗池Ritz與史大特拉Statler

人名 特色	麗池Ritz (1850~1918)	史大特拉Statler (1863~1928)
創設飯店	1889年在倫敦開設麗池飯店。	1907年在紐約史大特拉飯店開幕。
代表性	**旅館業之鼻祖。Ritz現今已代表「高級豪華旅館」之品牌。**	**美國旅館大王及始祖。**
名言	1. 客人永遠是對的。 2. 英國愛德華七世稱讚：你不僅是國王們的旅館主，也是旅館主的國王。	1. **旅館是出售服務的企業。** 2. 地點是旅館成功最重的關鍵因素。
成就	歐洲貴族飯店經營管理的成功者。Ritz認為旅館經營者最重要的特質是良好人際關係。	首創一間客房、一浴室及房間安裝電話。提出連鎖旅館的概念，地點是成功的要素，把服務視為商品。

三、美國旅宿業組織

組織名稱	說明
美國飯店業協會 AH&LA. Americn Hotel & Lodging Association	1. 美國飯店業協會對大型旅館的房間數規定最少要600間以上。 2. 原名為AH&LA, The Americn Hotel and Motel Association，後更名為AH&LA。 3. AH&LA在臺灣有各項認證及培訓。
美國汽車協會 AAA. American Automobile Association	1. AAA是美國最大的汽車協會，服務項目有汽車旅行所有相關服務、各種旅行社服務業務、飛機與郵輪。業務、汽車保險等。 2. 以鑽石為標誌，最高級為五顆鑽石。
美國綠色旅館協會 Green Hotels Associtaion	1. 綠色環保旅館致力於導入節能、節水、降低固體廢棄物與污染等措施，並同時節省營運費用之環境友善設施，注重水資源管理、能源管理、廢棄物管理。 2. 符合以上定義之環保旅館，必須鼓勵旅客重複使用毛巾與浴巾、全面安裝節能與節水設施、提供當地有機與公平交易食物，以及使用綠建材等措施等。

貳、中國旅宿業的發展過程

一、我國旅宿業之發展史

年代	重要紀事
春秋戰國	1. 西周設館舍制度。 2. 驛亭、傳舍、逆旅、客舍。為接待官方及私人之旅店。
秦漢	**驛站**、郵亭、邸舍、**亭**。驛站，供官兵、商旅休息之用。
隋唐	驛館、**禮賓院**、**波斯邸**、四方館。禮賓院類同國家招待所。波斯邸相當於今日的國際觀光旅館。
宋元	官屋、館舍、客店。**會同館**是官方接待外賓、外使的住所。
明清	商館、酒樓（酒樓指提供餐飲為主，住宿為輔的場所）。**客棧**（客棧指提供住宿為主、餐飲為輔的旅館。）
清末民初	飯店、酒店。

二、臺灣旅宿業之發展史

年代	重要紀事
光復前	1. **臺灣最早出現類似客棧，以販仔間為代表**，是專攻小販或跑單幫者休息，設備簡陋、收費低廉，為家庭副業經營。 2. 1908年臺灣出現第一家現代意義之專業旅館為臺北鐵道飯店，地點在今日之新光摩天大樓。
傳統旅舍時代 34~44年	1. 可供接待外賓，僅圓山飯店、臺灣鐵路飯店、日月潭涵碧樓等。 2. 臺北鐵道飯店炸毀後遷址，於45年成立鐵路飯店。 3. 民國38年，臺灣旅行社改建源於日治時代的臺灣神宮為「臺灣大飯店」，民國41年改名為圓山大飯店。於57年獲美國《財星》雜誌評定為世界十大旅館之一，62年臺北圓山大飯店十四層宮殿式大廈落成開幕。為臺灣最早接待外賓為主的代表性旅館。
觀光旅館發軔 時代 45~52年	1. **45年「臺灣觀光協會成立」為臺灣觀光事業之開端。** 2. 45年紐約飯店開幕，是我國第一家房內有衛生設備的旅館。 3. 46年公告新建國際觀光旅館建築及設備要點。高雄圓山飯店開幕。 4. 52年第一次頒佈臺灣地區觀光旅館管理規則。 5. 戰後美援關係，美國人來臺。東西橫貫公路完成太魯閣聞名中外。
國際觀光旅館 時代 53~65年 （觀光事業之 黃金時代）	1. 53年，日本開放出國觀光，大批日人湧入。 2. 54~61年越南美軍來臺渡假達21萬人次。 3. **54.11故宮博物院正式開幕。** 4. **58.7公佈《發展觀光條例》。** 5. **53年國賓大飯店開幕，為國內國際觀光旅館之先河**，為我國大型旅館之始。 6. 62年蔣經國先生宣佈「十大建設」，期限5年，國家資源完全投入，建築物高度限六層樓。 7. **62年希爾頓飯店開幕，為我國第一家國際連鎖旅館，引進「制式管理系統」的觀念。**92年退出臺灣，已更名為臺北凱撒大飯店。 8. **65年來臺觀光客突破100萬人次。**
大型國際觀光 旅館時代 66~78年 （旅館之黃金 時代）	1. **67年定元宵節為觀光節**，政府相繼公佈利多，鼓勵興建旅館。 2. 68年**亞都飯店**開幕，72年成為「**世界傑出旅館**」(Leading Hotels of the World)訂房系統一員，現全名為臺北亞都麗緻大飯店。 3. 70年，來來飯店開幕，91年更名為臺北喜來登大飯店。 4. 72年實施旅館評鑑制度，選定「**梅花**」為代表，僅73、76年各一次即暫停實施。94年觀光局改以「**星級**」來評鑑旅館等級。

年代	重要紀事
大型國際觀光旅館時代 66~78年（旅館之黃金時代）（續）	5. **73年交通部民航局興建中正國際機場旅館,由民航局管理,為我國第一家機場旅館**（98.11更名為臺北諾富特華航桃園機場飯店）。 6. **73年福華大飯店開幕,為本土連鎖規模最大飯店。** 7. **75年墾丁凱撒大飯店開幕,為國內第一家五星級渡假旅館。**（臺灣第一家由日本人投資的五星級休閒渡假旅館）

國際旅館時代 79年~85年 國內連鎖旅館時代 87年~97年	1. 79年相繼開幕三家飯店,臺北凱悅、麗晶、西華。
	2. **凱悅飯店為國內第一家國際會議旅館**,92年更名為臺北君悅酒店,為國際連鎖Hyatt之一員。
	3. 麗晶酒店加入國際連鎖Regent集團,83年改為晶華酒店。並以晶華自創國內連鎖品牌。
	4. **西華飯店在81年成為世界最佳旅館**(Preferred Hotels & Resorts Worldwide)訂房系統之一員,83年成為世界傑出旅館之一員。
	5. 加入連鎖合作之飯店
	  (1) **威斯汀Westin**:六福皇宮、寰鼎大溪（已退出）。
	  (2) **香格里拉Shangrila:臺北遠東、臺南遠東。**
	  (3) **喜來登Sheraton**:臺北喜來登、臺北福朋。
	  (4) **假日Holiday Inn**:深坑假日,已退出的有環亞、力霸、日月潭涵碧樓。
	  (5) 日航Nikko:臺北老爺、臺中全國。
	  (6) 王子Prince:臺北華泰王子、劍湖山王子、耐斯王子大飯店。
	6. **90.11新增民宿,使得部分觀光區民宿林立。**
	7. **91年日月潭涵碧樓開放,曾為蔣公招待所和日本皇太子駐所。**
	8. 週休二日,使得渡假旅館興建大增。
	9. 經驗的累積,使得開發本土連鎖品牌及成立旅館管理顧問公司日增。
	10. 94年實施「星級」的旅館業評鑑標準制度。
	11. **95.5臺北美麗信花園酒店開幕,是我國旅館業首座BOT案。**
	12. 97年後,許多五星級飯店崛起,如臺北君品飯店、日月潭雲品飯店、中信旅館集團等。98年花蓮理想大地、臺北花園大酒店、天祥晶華酒店更名為太魯閣晶英酒店,臺灣飯店競爭激烈。
	13. 97年因應世界趨勢,發佈「星級旅館評鑑計畫」。
	14. 98年臺北花園大酒店為國內第2個BOT觀光旅館。臺北諾富特(Novotel)華航桃園機場飯店開幕。
	15. 99年首度辦理星級旅館評鑑。
	16. 100年臺北W飯店開幕,同時精品旅館也競相開幕。
	17. 102年臺北寒舍艾麗酒店開幕,觀光局推薦好客民宿及臺灣旅宿網。
	18. 105年1111人力銀行加入1111旅遊網站,開啟市場營運。

年代	重要紀事
100年	Home Hotel精品旅館開幕，是一家把「家」和「Made in Taiwan」概念結合的旅館。
101年	1. 臺北大倉久和飯店開幕(The Okura Prestige Taipei)。 2. 發表「好客民宿」遴選結果，第一波頒發「好客民宿標章」。
102年	1. 臺北寒舍艾麗酒店(Humble House Taipei)開幕。 2. 臺北三峽大板根渡假酒店開幕。 3. 屏東東方渡假酒店開幕。 4. 交通部觀光局為推薦「星級旅館」與「好客民宿」兩大住宿品牌，推出「臺灣旅宿網」，方便旅客查詢各級合法旅宿資料。
103年	1. 臺北「文華東方酒店」，是第一家六星頂級奢華酒店，每個房間都設有禮賓服務櫃(Butler Service)。 2. 臺南晶英酒店開幕。
104年	宜華國際觀光旅館(Marriot)開幕。

五、民宿(Homestead Pension)

1. 90年通過《民宿管理辦法》，法源依據為《發展觀光條例》，需位於非都市土地。

2. 經營方式：家庭副業。

3. 依《發展觀光條例》25條：民宿經營者，應向地方主管機關申請登記、領取登記證及專用標識後，始得經營，因此不須辦理營利事業登記證。

4. 客房數：

   (1) 一般地區、國家公園：5間以下，總樓地板面積150平方公尺以下。

   (2) 原住民保留地、休閒農區、觀光區、偏遠離島區：15間以下，總樓地板面積200平方公尺以下。

5. 民宿不得設於地下樓層。須備置旅客資料登記簿，每日傳送至當地派出所。

6. 特色：利用自用住宅空間、房間，結合當地文化特色、人文、自然、生態，提供旅客住宿。

考題推演

( ) 1. 關於臺灣特色民宿（例如經農業主管機關劃定之休閒農業區、觀光地區、離島地區等）的客房數與客房總樓地板面積的規定，下列組合何者正確？ (A)客房數：10間以下；客房總樓地板面積：100平方公尺以下 (B)客房數：10間以下； 客房總樓地板面積：150平方公尺以下 (C)客房數：15間以下；客房總樓地板面積：200 平方公尺以下 (D)客房數：15間以下；客房總樓地板面積：250平方公尺以下。 【100統測】

解答 C

《解析》 民宿客房數規定：

　　1.一般地區、國家公園：5間以下，總樓地板面積150平方公尺以下。

　　2.原住民保留地、休閒農業區、觀光區、偏遠離島區：15間以下，總樓地板面積200平方公尺以下。

( ) 2. 美國第一家有私人客房及提供行李員服務的Tremont House旅館，被譽為當代旅館的始祖，座落於下列何處？ (A)紐約 (B)華盛頓 (C)波士頓 (D)舊金山。 【106統測】

解答 C

( ) 3. 關於美國波士頓崔蒙飯店(Boston's Tremont House)的敘述，下列何者錯誤？ (A)被稱為The Adam and Eve of the Modern Hotel Industry (B)首創行李員服務 (C)提供浴廁設備 (D)房間加裝電子門鎖。 【108統測】

解答 D

( ) 4. 截至 2022 年 2 月止，進駐臺灣的國際連鎖旅館集團之中，哪二個集團目前在臺灣已擁有四間以上的旅館？ (A)Hilton Hotels & Resorts、InterContinental Hotels Group (B)InterContinental Hotels Group、Marriott International (C) Marriott International、Shangri - La Group (D)Shangri - La Group、Hilton Hotels & Resorts。 【111統測】

解答 B

《解析》 洲際酒店集團(InterContinental Hotels Group)、萬豪國際酒店集團(Marriott International)在臺灣均超過四間以上的據點。

4-3 旅宿業的類別與客房種類

一、臺灣地區旅宿業之分類

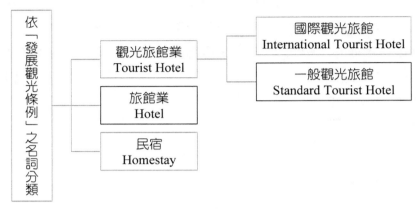

依「發展觀光條例」之名詞分類

- 觀光旅館業 Tourist Hotel
  - 國際觀光旅館 International Tourist Hotel
  - 一般觀光旅館 Standard Tourist Hotel
- 旅館業 Hotel
- 民宿 Homestay

圖4-1

1. **觀光旅館業(Tourist Hotel)**：分國際、一般觀光旅館業。

2. **旅館業(Hotel)**。

3. **民宿(Pension)**。

項目	觀光旅館業	旅館業	民宿
主管機關	1. **國際觀光旅館：交通部觀光局。** 2. 臺灣省觀光旅館：交通部觀光局。 3. 直轄市觀光旅館： (1) 臺北市：觀光傳播局。 (2) 高雄市：觀光局。	1. 中央：交通部觀光局。 2. 縣（市）：縣市政府觀光單位。 3. 直轄市：臺北市觀光傳播局，高雄市觀光局。	
設立	**許可制**（公司登記→營利事業）	**登記制**（公司登記→營利事業）	**登記制**（組織無規定→家庭副業）
適用法規（法源為發展觀光條例）	觀光旅館業管理規則、觀光旅館建築及設備標準	旅館業管理規則	**民宿管理辦法**
標識	**星級**（四、五星為國際，二、三星為一般）	**旅館業專用標幟**（圓形、藍、綠二色）	**民宿專用標識**

項目	觀光旅館業	旅館業	民宿
法規比較	建築、設備訂有法定標準	無	無
投保責任保險範圍（最低保險金額）	1. 總保險額2,400萬。 2. 每一事故身體傷亡1,000萬。 3. 每一事故財產損失200萬。 4. 每一個人身體傷亡200萬。		

p.s. 民宿應向直轄市、縣市政府申請登記證及專用標識後，始得經營。

　　※觀光旅館業、旅館業應將旅客住宿資料保存半年。

　　※觀光旅館業必須將三點提示，置於客房明顯易見之處：

　　　(1)旅客住宿須知，(2)房租價格，(3)避難位置圖。

二、旅館的分類

（一）依住宿旅客時間分類

種類	長期住宿旅館	半長期住宿旅館	短期住宿旅館
英文	Residential Hotel	Semi-residential Hotel	Transient Hotel
時間	一個月以上	一週～一個月	一週以內
特色	1. 租金較便宜，有簽訂契約。 2. 又稱為Apartment Hotel或Condominium。 3. 例如：福華天母傑仕堡、福華長春名苑。	具有長期、短期住宿旅館特點。介於兩者之間。	1. 多數旅館屬此類型。 2. 一般人住宿均選擇此類型。

（二）依旅館所在地區分

名稱	地點	對象	特色
都市旅館 (City Hotel)	都會區	觀光客、商務客	1. 無淡、旺季之分。 2. 餐飲收入成主力。 3. 大量Part Time人員。
渡假旅館 (Resort Hotel)	風景區	國內外觀光客	1. 顯著淡旺季之分。 2. 平日、假日房價。 3. 客房收入大於餐飲收入。
汽車旅館 (Motel)	公路沿線	利用汽車旅行的旅客	1. 房租便宜，無小費困擾。 2. 建築費較低廉。

名稱	地點	對象	特色
機場旅館 (Airport Hotel) （過境旅館）	機場附近、機場內	過境旅客、航空公司人員	1. 無淡、旺季之分。 2. 大批C/I、C/O之客人。 3. 注意私帳之收取。
車站旅館 (Terminal Hotel)	交通轉運中心附近	觀光客、商務客	停留時間短暫，提供轉車服務之客人。
溫泉旅館 (Spa Hotel)	有溫泉之風景區	以療養或休閒為目的之旅客	重視養生，結合休閒。

（三）依旅客使用目的區分

名稱	地點	對象	特色
商務旅館 (Business Hotel) (Commercial Hotel)	城市	商務客國外觀光客	1. 假日住房率偏低。 2. 設商務中心或以軟、硬體設備滿足商務客需求。 3. 與各大公司簽約。
會議旅館 (Conference Hotel) (Convention Hotel)	以會議場所為主體之所在	參加會議、參展人士	1. 提供會議專業設備。 2. 通常設有大型宴會廳。
青年旅舍 (Youth Hostel) （青年活動中心）	城市風景區	海內外青年學子	1. 收費低廉，服務採自助式。 2. 自助旅行者居多。 3. 以團體旅客(GIT)為主。
賭場旅館 (Casino Hotel)	賭場中或附近	賭客、觀光客	1. 主要營收為賭場收入。 2. 邀請知名藝人作秀，具渡假功能。 3. 遠離都會區，避免造成負面影響。

（四）依客房數區分

種類	小型	中型	大型
依我國大致分類	150間以下	151~499間	500間以上
依美國飯店業協會分類	200間以下	201~599間	600間以上

（五）其他

1. 公寓旅館(**Apartment Hotel**)：一般住宿一個月以上，雙方簽有契約。

2. 美式公寓旅館(Condominium)：位渡假區，適合長期旅遊居住。

3. 全套房旅館(All Suite Hotel)：所有客房皆為套房，為等級最高、設備最完善之旅館，通常價位較高。例如：日月潭涵碧樓、花蓮理想大地。

4. B & B(**Bed and Breakfast**)：起源於英國，提供簡單早餐及房間，收費低廉。

5. 巴拉多(**Parador**)：由地方或州政府將古老之修道院、教堂、城堡改建成之旅館。

6. 民宿(**Pension**)：自有住宅經營住宿。供膳食的公寓。

7. 精品旅館Boutique Hotel(Design Hotel)：強調創意、隱私、溫馨、小而美的設計為其特色。

8. 環保旅館(Green Hotel)：以省水、省電、減少廢棄物為目的，致力環保之旅館。

9. 膠囊旅館(Capsule Hotel)：臥房像太空艙，舒適、清潔、價格低廉。

10. 私人住宅Private House(Home Stay)：以海外遊學提供住宿為主。

11. 營地住宿(Campground)：提供架設營帳及露營設備。

12. 渡假旅舍(Lodge)：兩層以上建築。

13. 渡假型旅館(**Villa**)：有獨棟的住宿設施，盛行於東南亞國家。

14. 獨立木屋(**Cabana**)：靠近游泳池旁的獨立房。

15. 渡假小屋(**Cottage**)：指平房或雙併小屋，附獨立之停車場。

16. 簡易旅館(Hotel Garni)：以歐洲之德國較常見，不附餐飲。

17. 客房附陽臺之旅舍(**Lanai**)：有房內庭園的房間，為夏威夷術語。

18. 位於頂樓之房間(Loft)。

19. 涼廊、面花園(**Loggia**)。

20. 設有廚房設備的房間(**Efficiency** Unit)。

21. **雙樓套房(Duplex)。**

22. 療養旅館(Hospital Hotel)：專供人休養、避暑、避寒之場所。

23. 客棧(Inn)：房間不多，富人情味。

24. 農場民宿(Ranch)。

25. 餐廳附設住宿(Relais、Gasthof、Pub Hotel、Auberge)。

26. 舉辦酒會或宴會用的房間(Hospitality)。

27. 海灘旅館(Beach Hotel)。

28. 精品旅館(Boutique Hotel)。

29. 設計旅館(Design Hotel)。

30. 渡假公寓（輪住式旅館）(Time Share Apartment)：大多位於渡假區。

三、我國的旅館等級評鑑

中華民國113年5月16日觀宿字第11306003331號令修正發佈，並自113年7月1日生效。

標識	梅花	星星
實施年	**72年**（73、76年各辦一次，78年開始停辦）	92年訂定，**94年施行**，98年公佈作業要點（99年已正式進入評分）
方式	**強制**	**自願制**
評鑑期程	3年	**3年**
評鑑項目	分為四大類	第一階段**建築設備**600分 第二階段**服務品質**400分：採不預警方式評鑑。
評鑑等級	二朵梅花：300~499分 三朵梅花：500~699分 四朵梅花：700~899分 五朵梅花：900分以上	一星：151~250分 二星：251~350分 三星：351~650分 四星：651~750分 五星：751~850分 卓越五星：851分以上

＊ 建築設備包含：1.建築外觀及空間設計；2.整體環境及景觀；3.公共區域；4.停車設備；5.餐廳及宴會設施；6.運動休憩設施；7.客房設備；8.衛浴設備；9.安全及機電設施；10.綠建築環保設施（日常節能設施10%、綠化設施10%、廢棄物減量（CO_2、垃圾、汙水）5%、水資源5%）。

四、星級旅館之評鑑等級意涵如下

一星級（基本級）	提供簡單的住宿空間，支援型的服務，與清潔、安全、衛生的環境。
二星級（經濟級）	提供必要的住宿設施及服務，與清潔、安全、衛生的環境。
三星級（舒適級）	提供舒適的住宿、餐飲設施及服務，與標準的清潔、安全、衛生環境。

四星級（全備級）	提供舒適的住宿、餐宴及會議與休閒設施，熱誠的服務，與良好的清潔、安全、衛生環境。
五星級（豪華級）	提供頂級的住宿、餐宴及會議與休閒設施，精緻貼心的服務，與優良的清潔、安全、衛生環境。
卓越五星級（標竿級）	提供旅客的整體設施、服務、清潔、安全、衛生已超越五星級旅館，可達卓越之水準。

五、世界各國等級評鑑

國家	標識	最高等級	內容
法國	星星	**豪華四星**	1. 為節稅考量，**無五星級旅館**。 2. 非官方**米其林輪胎**(Michelin)：住宿以「**洋房**」為標識；**餐飲以「湯匙、叉子」為標識**。
英國	星星	五星	1. **英國汽車協會(AAGB)**以其出版之協會手冊的會員加入評鑑。 2. 飯店之**餐飲以薔薇**為標識。
美國	鑽石	五鑽	1. 由**美國汽車協會Triple A，AAA**負責，採自願參與性質。 2. 為北美洲最為通用之住宿評鑑。
	星星	五星	1. 由汽車石油公司出版之**汽車旅遊指南**負責。 2. 五星為Among the best in the Country全國最好的旅館之一。
義大利	星星	豪華	旅館分五級：豪華、1、2、3、4級。
西班牙	星星	五星	1. 政府主導，實施**強迫性評鑑**。 2. 為逃避稅率，許多飯店降級以減少稅金。
中國大陸	星星	五星	1. 由**國家旅館局**負責3~5星評鑑。 2. 2星以下由省、自治區負責。 3. 將服務品質及旅客滿意度列為評鑑項目。

p.s.日本、香港、馬來西亞無旅館分級制度。

p.s.世界觀光組織(WTO)對旅館等級之劃分標準，在設備設施方面分為：豪華、一、二、三、四級。

p.s.米其林輪胎公司出版之The Green Guide將旅館劃分為一、二、三、四顆星，而米其林餐廳評鑑為一、二、三顆星。

（一）國內住宿業分類比較I

類別	觀光旅館 (Tourist Hotel)	一般旅館 (Hotel)	民宿 (Home Stay)
主管機關	交通部觀光局（一般觀光旅館如設置於直轄市，得委由直轄市政府代為管轄）	中央：交通部觀光局 直轄市：直轄市政府 縣（市）：縣（市）政府	中央：交通部觀光局 直轄市：直轄市政府 縣市：縣（市）政府
管理法源	《發展觀光條例》		
適用法規	觀光旅館業管理規則 觀光旅館建築及設備標準	旅館業管理規則	民宿管理辦法
通用法規	《建築管理法》、《衛生管理法》、《消防管理法》		
設立程序	**許可制**	登記制	登記制
經營方式	公司	公司	**家庭副業**
經營對象	國內、外旅客 國內、外團體旅客	國內旅客 國內團體旅客	本國旅客
責任保險	1. 每一個人身體傷亡：新臺幣200萬元。 2. 每一事故身體傷亡：新臺幣1,000萬元。 3. 每一事故財產損失：新臺幣200萬元。 4. 保險期間總保險金額：新臺幣2,400萬元。		

（二）國內住宿業分類比較II

類別		說明
國際觀光旅館 International Tourist Hotel （70家）	四、五星等級 （4~5朵梅花）	1. 觀光旅館評鑑制度係依據《觀光旅館業管理規則》第14條及《旅館業管理規則》第31條規定辦理。 2. **94年推動「旅館等級評鑑制度」，以星級標識取代「梅花」標識。**
一般觀光旅館 Tourist Hotel （37家）	一、二、三星等級 （2~3朵梅花）	3. 首次星級旅館評鑑結果已於99.7.5公佈。 4. 現行國內觀光旅館依「建築設備標準」之不同，分為國際觀光旅館、一般觀光旅館兩種等級。
民宿 Home Stay （3,450家）		1. 一般民宿：客房數5間以下，客房總樓地板面積150平方公尺以下。 2. **特色民宿：客房數15間以下，客房總樓地板面積200平方公尺以下（設置於原住民保留地、休閒農業區、觀光地區、偏遠地區及離島地區）。**

六、旅館客房的分類

（一）客房的一般分類

名稱	英文	內容
單人房(S)	Single Room	1. 房間僅擺設一張床。提供1~2人住宿。 2. **臺灣地區通常擺設雙人床。** 3. Single Room With Bath(SW/B)單人房附浴室。 4. Single Room Without Bath (SW/OB)單人房不附浴室。 5. Single Room With Shower(SW/Shower)單人房附淋浴。
雙人房(D)	Double Room	1. 房間放**一張大床**，提供2人住宿。 2. Double Room With Bath(DW/B)**雙人房附浴室。** 3. Double Room Without Bath(DW/OB)**雙人房不附浴室。** 4. Double Room With Shower(DW/Shower)**雙人房附淋浴。**
雙床房(T)	Twin Room	1. 房間放**兩張單人床**，提供2人住宿。 2. 一般旅行社團體均使用此類型。 3. 如兩張床併放，兩側放床頭櫃，即變為Hollywood Style。
套房(Su)	Suite Room	1. 房間**除臥室外**，至少**加一間會客廳**。 2. 至少12坪以上。 3. 最高等級為**總統套房(Presidential Suite)**。 4. 總統套房屬於連接房。
三人房	Triple Room	1. 一張雙人床+單人床。 2. 適合一家三口居住。
四人房	Quad Room = Double Double Room = Twin Double Room	1. 兩張雙人床＝一張雙人床＋兩張單人床＝四張單人床＝一張雙人床＋和室。 2. 適合一家四口居住。

（二）依房間方向分類

名稱	英文	內容
外向房	Outside Room	客房靠外側，有窗戶可欣賞景觀。
內向房	Inside Room	客房居內側，面向天井或中庭，無景觀可言或是未設窗戶。 （通常房價最低）

p.s.「觀光旅館建築及設備標準」第13、17條規定：國際觀光旅館應有向外開設之窗戶，故應無Inside Room。（民國97年7月1日修正公佈：但基地緊鄰機場或符合建築法令所稱之高層建築物，得酌設向戶外採光之窗戶，不受每間客房應有向戶外開設窗戶之限制）

p.s. 邊間房Corner Room：位於角落，採光佳，兩種景觀，故定價稍高。

（三）依房間相鄰位置分類

名稱	英文	內容
鄰接房	Adjoining Room (Adjacent Room)	兩間房中間**無門**相鄰，適用團體學生。
連接房	Connecting Room	1. 兩間房中間**有門**可互通。 2. 適合親子房(Family Room)或闔家大小6人、8人居住。 3. **總統套房設隨從房**，屬此類型。

（四）依衛浴設施的不同分類

代號簡稱	說明	代號簡稱	說明
SW/B	單人房附浴室	DW/B	雙人房附浴室
SW/OB	單人房不附浴室	DW/OB	雙人房不附浴室
SW/Shower	單人房附淋浴間	DW/Shower	雙人房附淋浴間

考題推演

( ) 1. 美國拉斯維加斯的旅館結合賭場的營運，提供完善的膳宿與娛樂功能，是屬於下列哪一種類型的旅館？ (A)budget hotel (B)long-stay hotel (C)casino hotel (D)all-suite hotel。 【107統測】

解答 C

( ) 2. 多位於機場附近，主要提供過境旅客、搭早班或晚班飛機旅客及航空公司員工住宿之過境旅館，通常為下列哪一種類型的旅館？ (A)residential hotel (B)transit hotel (C)parador hotel (D)resort hotel。 【107統測】

解答 B

( ) 3. 民宿(Bed & Breakfast)最早起源於下列哪一個國家？ (A)英國 (B)臺灣 (C)法國 (D)美國。 【108統測】

解答 A

( ) 4. 下列哪一類型的旅館客房中，通常有廚房的設置？ (A)casino hotel (B)residential hotel (C)boutique hotel (D)airport hotel。 【108統測】

解答 B

( ) 5. 常見於地狹人稠的都會區，房間設計類似太空艙，並以提供價格親民的住宿空間為特色的膠囊旅館，最早起源於下列哪一個國家？ (A)韓國 (B)日本 (C)英國 (D)臺灣。 【108統測】

解答 B

( ) 6. 美國國會議員來臺進行訪問，隨行人員包含保鑣及幕僚數人，為了禮遇貴賓，除安排豪華氣派之 100 坪的住宿空間外，也會特別注意貴賓的安全與隱私性，亦提供專屬管家服務。為滿足上述需求，旅館應安排下列哪一種房型較為合適？ (A)executive suite (B)inside room (C)presidential suite (D)standard room。 【111統測】

解答 C

《解析》選項(C)總統套房為全館空間最大、專門服務頂級貴賓，部分飯店也規劃隨行人員專用可連通客房，方便就近照應；(A)商務套房；(B)向內房；(D)標準房。

( ) 7. 小美想與年邁的雙親至花蓮度假，希望能選擇有獨立宅院的空間及一泊五食的住宿方案，該住宿設施除會提供私人廚師為房客烹調料理外，也擁有私人露天湯池讓雙親就近享受泡湯，綜合以上需求，下列哪一種旅館類型最適合小美與雙親？ (A)commercial (B)condominium (C)residential (D)villa。

【111統測】

解答 D

《解析》(A)商務旅館；(B)共權旅館；(C)公寓式旅館；(D)別墅型旅館。

( ) 8. 小如是旅館櫃檯接待人員，當旅客前來辦理入住時，從客房狀態如表（一）的記載中，小如只能為客人安排哪一個房間？

表（一）

房號	801	802	803	804	805	806	807
客房狀態	VD	OCC	VR	OOO	OC	OD	DO

(A)801 (B)803 (C)805 (D)807。 【112統測】

解答 B

《解析》VR為空房可供銷售，其他房間狀態：VD空房（遷出待整理，未供銷售）、OCC已清潔的續住房、OOO故障房、OC已有旅客住用、OD尚未清潔的續住房、DO預定遷出。

( ) 9. 關於現行臺灣旅館星級評鑑的說明，下列何者錯誤？ (A)評鑑制度於民國98年開始實施，每五年辦理一次 (B)星級評鑑制度採取自願制，由旅館支付評鑑

費用 (C)通過三星評鑑的旅館，才能參加第二階段的評鑑 (D)「綠建築與環保設施」屬於第一階段的評鑑項目。 【112統測】

解答 A、C、D

《解析》(A)每三年辦理一次。

( ) 10.下列哪一種旅館的淡旺季最為明顯，且旅館規劃大多融入當地文化與自然資源，並提供多元的娛樂設備？ (A)boutique hotel (B)convention hotel (C)resort hotel (D)transit hotel。 【112統測】

解答 C

《解析》(A)精品旅館；(B)會議旅館；(C)度假旅館；(D)過境旅館。

( ) 11.「老英格蘭莊園」外觀有著古老的鐘樓和都鐸式建築，讓人感覺彷如置身歐洲古堡旅館。該民宿為世界小型豪華酒店組織成員，是全球頂級豪華酒店之一，籌備期共歷時九年，投入新臺幣八億鉅額，此為旅宿業的何種特性？ (A)capital intensive (B)labor intensive (C)perishability (D)rigidity。

【112統測】

解答 A

《解析》(A)資本密集性；(B)勞力密集性；(C)易逝性；(D)僵固性。

4-4 旅宿業的組織與部門

一、旅館的組織

（一）組織之基本原則

1. 統一指揮：僅受一位主管指揮。

2. 管理幅度：一般以1~12人為準。

3. 工作分配。

4. 賦予權責。

（二）組織之基本型態

1. 直線式(Line Control)：系統由上而下，直線式之交付命令。

2. 幕僚式**(Staff)**（職能式Functional）：組織人員屬顧問性質，提供專業或建議，不能直接發佈命令。

3. 混合式**(Line and Staff)**：將直線式與幕僚式交叉應用。為**目前旅館最普遍使用之方式**。

（三）一般旅館最常採用之組織結構

1. **簡單型**結構：系統由上而下，權責劃分清楚。例如：**小型**或傳統旅館採用。

2. **產品型**結構：以產品內容為分權依據，例如：**餐飲部之內場、外場**。

3. **功能型**結構：將專業人員集中同一部門，快速達成目標，適合**大型**旅館。

4. 地區型結構：依據市場、區域來區分。例如：劃分北、中、南區塊。

5. **矩陣型**結構：由各單位派專業人員支援之臨時小組，任務完成即回原單位，**例如：美食展比賽**。

（四）工作設計 (Design of Jobs)

1. 工作頭銜：如經理、領班。

2. 工作分析：確定工作本質之資訊說明，以利員工符合工作要求。

3. 工作分配：依員工特性及專業，分配到各單位。

4. 工作分類：將工作分類別及等級，使能順利推展。

5. 工作說明：即明確說明工作類型、責任、特點等。

（五）組織之分工

1. 垂直分工：由上而下，直線之授權。

2. 水平分工：劃分各部門，使工作更具效率。

（六）旅館之組織，可分兩大單位

1. **前場單位＝營業單位＝外務部門＝前臺(Front of the House)**

   (1) **客房部**：客務部及房務部。

   (2) **餐飲部**。

   (3) 其他營業部門。

2. **後場單位＝管理單位＝內務部門＝後臺(Back of the House)**

   除營業單位，其他均為後場支援單位，例如：財務部、工務部、公關部等。

（七）客房部之組織(Room Division Dept.)

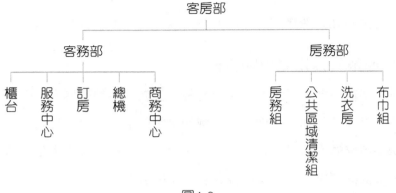

圖4-2

（八）客務部之組織(Front Office Dept.)

1. **櫃檯Front Office(FO) = Front Desk (FD)**。

2. **服務中心Bell Service = Uniform Service = Concierge**。

3. **訂房Reservation**。

4. **總機Operator** = Switchboard。

5. **商務中心Business Center** (BC)。

（九）房務部之組織(Housekeeping Dept.)

1. **房務組(Housekeeping)**。

2. 公共區域清潔組(Public Area Cleaning, PA)。

3. 洗衣房(Laundry Room)。

4. **布巾組(Linen Room)**。

二、旅館各部門之工作內容

（一）前場單位(Front of the House)之工作內容

1. **客房部(Rooms Division Department)**：

   (1) **客務部(F/O Dept.)**：負責訂房、**接待(Reception)**旅客、C/I、C/O、分配客房、郵電、匯兌、詢問等業務。

   (2) **房務部(Housekeeping Dept.)**：負責客房及公共地區之清潔打掃、洗衣等。

2. **餐飲部(Food & Beverage (F/B) Dept.)**：

負責各餐廳、宴會廳、酒吧、客房餐飲服務等。

另有**餐務部(Steward Dept.)**，專責餐具之管理，為餐飲部之後勤支援單位。

3. 其他營業單位：

觀光旅館可視情況將部分餐廳出租他人營業，例如：百貨公司、休閒健身中心。

p.s.客房部、餐飲部為旅館之兩大營業單位。

（二）後場單位(Back of the House)之工作內容

1. **財務部(Accounting Dept.)**：處理一切財務資產之工作，例如：營運數據分析、營運成本建立與控制及費用支出。電腦中心、資訊室亦屬財務部。

2. **人力資源部(Human Resource Dept.)**：有時稱**人事部(Personnel Dept.)**，大飯店另設**訓練中心(Training Center)**，負責人力招募、訓練、考核、福利等。**員工餐廳(Staff Canteen)**屬之。

p.s.在職訓練On the job Training，新進人員訓練Orientation。

3. **工務部(Engineering Dept.)**（工程部）：負責水、電、空調、修繕、設備之保養維修工作，**PM制**，P（Preventive預防）、M（Maintenance保養維修），與房務部之清潔打掃互為表裡，被喻稱有如**人體的血液或神經系統**。

4. 行銷業務部(Sales & Marketing Dept.)：負責市場調查、銷售產品之部門。

5. **公關部(Public Relations Dept.(PR))**：

(1) 負責飯店之**海報佈置**等美工。

(2) **如安排明星宣傳**及住飯店時之節目。

(3) 對外形象、廣告、**發新聞稿**。

(4) **是旅館之化妝師**。

6. **採購部(Purchasing Dept.)**：採購館內所需材料及用品，由財務部驗收。配合房務部控制客房用品。採購申請單(Purchase Requisition, PR)。採購品牌規格，由房務部決定。（採購時依品質、價格、服務來選定供應商）

7. 勞工安全與衛生部(Labor Safety & Hygiene Dept.)：旅館自**80年起適用勞工法**。負責員工健康管理及安檢工作。

8. 安全室(Security Dept.)：負責館內人事物安全，監控室、警衛、交通、停車場管理。例如：飯店安全人員(House Detective)。

9. 資訊部(Information Dept.)：各部門電腦系統之規劃、建置與維護。

p.s.櫃檯出納Front Office Cashier（FOC或FDC）及餐廳出納均屬財務部。

三、旅館從業人員的職掌和功能

（一）客務部之職掌（旅館之神經中樞）

1. **櫃檯(Front Office(F/O) = Front Desk(F/D) = Reception)**

   ※櫃檯接待員(Receptionist)

   (1) 辦理C/I、C/O手續。

   (2) **與房務部保持最新之房間狀況(Room Status)。**

   (3) **分配房間(Room Assigning)。**

   (4) 提供諮詢(Information)。

   (5) 留言服務(Message)及郵件處理(Mail)。

   (6) 櫃檯出納(Front Office Cashier,FOC)負責處理客帳、貴重物品及保險箱管理，**外幣兌換(Money Exchange)**等工作，屬財務部。

2. **服務中心(Bell Service = Uniform Service = Concierge)**

   ※**服務中心領班(Bell Captain)**

   (1) **機場接待（Airport Representative或Flight Greeter）**：負責接機工作(Pick-up Service)第一位接待客人之從業人員。

   (2) **門衛(Door Man)**：負責引導，**指揮大門口之交通秩序**，協助客人上下車、叫車及搬卸行李。**為館內第一位接待顧客之從業人員。**

   (3) **行李員(Bell Man = Bell Boy = Porter)**：**搬運行李**，引導客人C/I、C/O至客房。**保管寄存行李**，負責維持大廳之清潔及秩序，代客訂票、郵寄等。

   (4) 傳達員(Page Boy)：負責旅館內響導、傳達、找人及其他零瑣差使。

   (5) 電梯服務員(Elevator Operator)。

   (6) **國際金鑰匙協會(Les Clefs d'or)**，表揚優秀之服務人員，為**Concierge之至高榮譽，屬於Golden Keys單位。**

   (7) 服務中心「ABCD服務團隊」分別指：

   A-Airport Representative Service機場接待服務，B-Bell Service行李服務，C-Concierge Service禮賓服務，D-Doorman門衛服務。

3. **訂房中心(Reservation Center)**

(1) 接受訂房，保持訂房之正確資料。

(2) 提供當日**旅客到達名單(Arriving List)**，由訂房員**前一天完成**。

(3) 追蹤，並完成確認(Confirm)工作。

4. **總機（話務中心）Operator(Switchboard)**

(1) 負責館內、外之轉接電話。

(2) 訪客**留言服務(Message Service)**。

(3) **叫醒服務(Morning Call = Wake up Call)**。

(4) **緊急呼叫**及音樂器材之工作（**客房電視及音響系統**）。

(5) **為看不見的接待員。**

(6) 若外線告知房號，須再確認姓名。

(7) 多屬櫃檯系統指揮。

(8) **叫號電話(Station Call)**。

(9) **叫人電話(Person Call)**（收費最貴）。

(10)打者付費電話(Pay Call)。

(11)**對方付費電話(Collect Call)**。

(12)館內電話(House Phone)。

(13)**國際長途直撥(IDD(ISD))**。

5. **商務中心(Business Center(B/C))**

(1) 提供電腦、影印、傳真、祕書等服務。

(2) 商業資訊查詢。

(3) **規模較大旅館或商務旅館設置此中心。**

6. **大廳(Lobby)**

(1) 為旅館之接待中心，不一定設置在1樓。

(2) **大廳值班經理(Lobby Duty Manager) =抱怨經理(Complain Manager)與大廳副理(Assistant Manager)職責相同。**

(3) **處理顧客抱怨及緊急事件**，接待貴賓，協助辦理C/I，對旅館之問題能全盤了解。

(4) 投宿旅客若有不熟悉之訪客，大廳為最適合之會客處。

7. **夜間經理(Night Manager)**

(1) 上班時間為PM11:00～第二天AM7:00（**大夜班**）。

(2) 為夜間之最高負責人。

(3) 配合夜間稽核(Night Auditor)，核對收入日報表。

8. **客務專員**(Guest Relation Officer, **GRO**)

(1) 屬大廳值班經理負責，職責類似大廳副理。

(2) 在大廳接待貴賓，協助C/I、C/O。

(3) 處理抱怨。

9. **管家服務(Butler Service)**：針對貴賓提供管家服務。

10. **簽約公司服務臺**(Executive Businessmen Serivice, **EBS**)。

（二）房務部之職責(Housekeeping Dept.)

1. **房務組(Housekeeping)**

(1) 負責各樓層客房的清潔打掃。

(2) 一位客房服務員一天負責**12~16間**。

(3) **客房服務員(House Man = Room Boy = Room Attendant)**。

(4) **客房女服務員(Room Maid = Chamber Maid)**。

(5) **樓層服務臺(Floor Station = Service Station)**。

(6) 一位領班管理30間客房。**樓層主鑰匙(Master Key)**。

2. **公共區域清潔組(Public Area Cleaning, PA)**

(1) 負責公共區域及辦公室之清潔。

(2) **公共區域清潔員(Public Area Cleaner)**，或稱公清人員。

(3) **病蟲害防治(Pest Control)**。

3. **洗衣房(Laundry Room)**

(1) 負責管衣室、布巾、制服之洗滌管理。

(2) **布巾室(Linen Room)**，由洗衣房、管衣間組合，**房務部的心臟地帶**。

(3) **洗衣分水洗(Laundry)、乾洗(Dry-cleaning)、整燙(Pressing)、縫補(Sawing)**。

(4) 洗衣依時間分**普通洗(Ordinary)**（1天）、**快洗(Express)**（4小時）。

(5) 洗衣前，需先確認數量、檢查洗滌品質。

4. **布巾組(Linen Room)**

(1) 負責備品布巾之管理。

(2) 在發放方面，採**先進先出法**。

(3) 遵守「**舊衣換新衣**」，**以一換一的方式換領制服。**

(4) **縫補工(Seamstress)**。

(5) **布巾管理員(Linen Staff)**：負責管理住客洗衣、員工制服、客用備品、餐廳用布巾等工作。

5. **房務管理中心(Housekeeping Office)**（**房管中心**）

(1) 處理抱怨，申領房務部用品。

(2) 冰箱飲料之登錄**(Mini Bar)**，由**辦事員(Office Clerk)**負責。

(3) 客房**遺失物品之處理Lost & Found**，由**Office Clerk**處理。

6. 相關英文專有名詞補充

(1) **加床服務(Extra Bed)**。

(2) **保姆**服務**(Baby Sitter)**。

(3) **請勿打擾(Do Not Disturb, DND)**。

(4) **清理房間(Make up Room)**。

(5) **開夜床服務(Turn Down Service = Open Bed Service = Night Service)**，**下午4~6時，被襟摺成45度角**，放拖鞋、早餐卡。

(6) 擦皮鞋服務(Shoeshine Service)。

(7) 管家服務(Butler Service)：24小時貴賓住宿之管家服務。

（三）**餐飲部之職掌**(F & B Dept.)

1. 分為**餐廳之外場服務**及**內場烹調之廚房**。

2. 餐廳經理(Director de Restaurant)為負全責之人，制定**公司招待帳(ENT)**、**主管優惠折扣(PE)**、**公司自用(HU)**之額度。

3. **餐廳內場**即廚房(Kitchen)，以**行政主廚(Executive Chef)**為總負責人。

4. **餐廳外場**也是營業場所（**堂口**），是顧客用餐的場所。

5. **飲務部(Beverage Dept.)**：成本低，獲利率高。調酒師(Bartender)，葡萄酒侍酒師(Sommelier)。

6. **宴會廳Banquet Room(Function)：宴會收入約占餐飲收入25%。**

7. **客房餐飲服務(Room Service)**：以早餐為主，**20%服務費**，屬餐飲部。

8. **餐務部(Steward Dept.)**

(1) **器皿之洗滌、保養、管理。**

(2) 為餐飲部之後場支援系統。

(3) **破損控制在2%以下**，「無碰撞就是無破損」。

(4) **病媒防治(Pest Control)**為**餐務**與**房務**兩部門主要合作。

考題推演

( ) 1. 關於國際旅館人員組織編制與分配工作範圍，以下列何種配置最常見？ (A)housekeeping包含maid service、public area cleaning及steward (B)back of the house包含security、fitness center及engineering (C)food and beverage department包含kitchen、banquet及linen room (D)front office包含business center、reservation及reception。 【107統測】

解答 D

( ) 2. 下列哪一選項不屬於國際觀光旅館房務部的服務？ (A)babysitter service (B)florist (C)room service (D)turn-down service。 【108統測】

解答 C

( ) 3. 在旅館組織中，負責為顧客訂房、提行李、辦理各項住宿、外幣兌換、解說各項設施與提供相關訊息的單位，通常為下列何者？ (A)安全室 (B)房務部 (C)行銷業務部 (D)客務部。 【108統測】

解答 D

( ) 4. 關於旅館各部門的工作職掌，下列敘述何者錯誤？ (A)客務部是旅客入住旅館後，接待服務客人的第一線單位 (B)服務中心協助旅客行李運送，以及代客叫車服務 (C)公關部須負責員工招募、訓練及對外形象的包裝 (D)工務部負責飯店內，各項硬體設施的維修及保養工作。 【108統測】

解答 C

( ) 5. 某飯店在聖誕節當日，舉辦免費體驗手做薑餅屋，並邀請育幼院的小朋友來參與，此活動較符合下列哪一種推廣策略？ (A)sales promotion (B)personal selling (C)direct marketing (D)public relations。 【108統測】

解答 D

( ) 6. 下列哪一項旅館工作職務屬於 housekeeping department？ (A)door man (B)floor supervisor (C)night manager (D)operator。 【111統測】

解答 B

《解析》選項(B)樓層領班為房務部(housekeeping department)之人員；(A)門衛；(C)夜間經理；(D)總機。

( ) 7. 旅宿業是為公眾提供住宿、餐飲以及休閒活動的場所，經營者有責任為旅客提供安全的環境與服務，下列何者較不屬於維護旅客住宿安全的事項？ (A)房務人員整理清潔客房 (B)旅館提供客衣送洗服務 (C)旅館游泳池設有救生員 (D)客用電梯設有樓層管制。 【111統測】

解答 B

《解析》旅館提供客衣送洗為附屬商品的服務，與維護旅客住宿安全較無關係。

( ) 8. 下列哪兩種服務皆不屬於國際觀光旅館房務部所提供？ (A)butler service、room service (B)butler service、valet service (C)room service、uniformed service (D)uniformed service、valet service。 【111統測】

解答 A、C

《解析》room service客房餐飲服務為餐飲部所提供；uniformed service則為服務中心所提供的服務。

( ) 9. 每到連假，Cindy會規劃全家人到外縣市旅遊，也會提前預約好舒適的飯店，但沒想到今天抵達某四星級飯店辦理入住後一打開房間，卻看到滿滿的灰塵，還有嚴重的霉味，Cindy第一時間應尋求下列哪位人員處理此狀況較為合適？ (A) concierge (B) receptionist (C) reservation clerk (D) sales manager。 【112統測】

解答 B

《解析》(A)諮詢服務員／禮賓員；(B)櫃檯接待員；(C)訂房員；(D)行銷部經理。

4-5 旅宿業的經營理念

一、旅館的特性和功能

（一）旅館的特性

1. 一般特性

   (1) 服務性。

   (2) 綜合性。

   (3) 無歇性。

   (4) 豪華性。

   (5) 公共性（公用性）。

2. 經濟特性

   (1) 產品不可儲存與高廢棄性。

   (2) 短期供給無彈性（旅館施工期長）。

   (3) 受地理位置影響（旅館無法移動）。

   (4) 需求的波動性（政治動盪、景氣）。

   (5) 需求的多重性（客源複雜、要求多元）。

   (6) 資本密集且固定成本高（**占8~9成**）。

（二）旅館出售的商品

1. 客房餐飲。

2. 環境。

3. 設備。

4. 服務。

（三）旅館的功能

1. 住宿、餐飲功能。

2. 社交、會議功能。

3. 休閒、娛樂功能。

（四）旅館商品與一般商品之比較

旅館商品	一般商品
1. 生產受限制，定時定量。 2. 不能儲存、搬運，隨時光而消失。 3. 不能選擇價格，也無法保持固定價格（當天未出售，即無價值）。 4. 商品提供顧客的要求，實質的服務與感受。 5. 商品銷售成績好壞，人為因素很大，促銷成本大。	1. 不受限制，可以加班生產。 2. 可以儲存、搬運，可堆積如山。 3. 賤價時可以不賣，留待價格好時再出售。 4. 不要服務也有顧客來買，只求實用，不求感受。 5. 只要商品實用，價格合理，銷售容易。

二、旅館連鎖經營的方式

（一）旅館連鎖(Hotel Chain)之意義

1. **美國**是首創國，也是最大，最多的連鎖旅館國家。
2. 在亞洲，以日本發展最快速。
3. 主要以委託經營最多。
4. 一個母公司，它可以擁有許多旅館，也可以加盟方式加入連鎖。

（二）旅館連鎖經營的目的

1. 共同採購用品，統一訓練員工。
2. 共同辦理市場調查及開發。
3. 建立電腦訂房網路及制度。
4. 以相同商標，建立知名度及良好形象。

（三）旅館連鎖之優缺點

優點	缺點
1. 共同採購，降低經營成本。 2. 統一訓練標準，提高服務水準。 3. 聯合推廣，確保共同利益。 4. 訂房系統完善，穩定部分客源。 5. 固定商標，提高旅館知名度。 6. 共同行銷，降低風險。	1. **繳交管理費或加盟費，負擔大。**（尤以委託經營） 2. 內部受連鎖公司干涉，尤以財務、人事，造成困擾。 3. 為維持固定水準，對旅館之軟硬體設備之更新維護，花費很大。

（四）旅館連鎖的方式

名稱	內容
管理契約 (Management Contract)	1. 旅館投資者(Owner)將經營權（含人事、財務）依合約交連鎖公司負責，再依契約內容繳交管理費給連鎖公司。 2. 臺北君悅酒店：新加坡豐隆集團向臺北市政府承租土地50年，79年成立凱悅飯店，82年更名，委託國際凱悅(Hyatt)集團經營。 3. 臺北晶華酒店：東帝士集團，79年成立麗晶酒店，83年更名，委託國際麗晶(Regent)集團經營（1992年四季酒店集團併購）。 4. 臺北遠東國際大飯店：遠東集團83年成立，委託國際香格里拉(Shangri-La)飯店集團經營。 5. 臺北老爺大酒店：互助營造公司，73年成立，委託日航(Nikko)國際連鎖飯店經營。
特許加盟 (Franchise)	1. 旅館只懸掛商標，內部經營不受母公司干涉，但母公司要求軟硬體設備需達標準，不定期抽檢。 2. 臺北喜來登大飯店：70年成立來來飯店，91年與喜來登(Sheraton)飯店集團簽訂合作契約。
直營連鎖 (Company Own)	1. 以相同品牌，直接經營管理。 2. 例如：本土的連鎖品牌福華、國賓、中信、長榮等。 3. 總公司擁有最高之經營控制權。 4. 經營本質為理念一致、具相同之企業識別系統(CIS)，商品服務一致。
租賃經營 (Lease)	1. 由連鎖企業租借旅館，以相同品牌直接經營管理。 2. 臺北喜來登大飯店，由寒舍餐旅管理顧問公司（91年）向國泰集團承租經營。 3. 臺北威斯汀六福皇宮，由六福集團向國泰集團承租。 4. 臺北福容大飯店，由麗寶建設向臺糖大樓改建經營。 5. 墾丁福華、墾丁凱撒大飯店，向墾丁國家公園承租土地，租期50年，到期如無續約，地上建築歸墾丁國家公園所有。
收購 (Purchase)	1. 以收購方式取得，再以連鎖方式經營。 2. 臺北富都飯店，即收購前中央酒店，列入香港富都連鎖。 3. 高雄中信飯店，即收購前金世界飯店，列入中信飯店連鎖。
會員組織 (Referral)	1. 未參加連鎖之獨立飯店，共同訂房及聯合推廣之連鎖方式。 2. 臺北亞都麗緻大飯店(Landis)加入世界傑出旅館組織(The Leading Hotel of the World)。 3. 臺北西華飯店(Sharewood)加入世界傑出旅館組織及世界最佳旅館組織(Preferred Hotels & Resorts)。

名稱	內容
業務聯合連鎖 (Voluntary Chain)	1. 未參加連鎖之幾家獨立飯店，以合作方式分攤廣告或發行聯合住宿券。 2. 如臺灣菁鑽酒店聯盟、亞洲酒店聯盟。

p.s.目前亞洲規模最大的飯店為澳門威尼斯商人旅館，屬賭場旅館。

（五）其他加入連鎖之旅館

1. **威斯汀(Westin)**：墾丁凱撒大飯店、臺北六福皇宮飯店（已歇業）。

2. 洲際(Inter-Continental)：臺北華國（已退出）。

3. 香格里拉(Shangri-la)：臺北遠東大飯店。

4. 麗晶(Regent)：臺北晶華酒店。

5. 凱悅(Hyatt)：臺北君悅酒店。

6. 喜來登(Sheraton)：臺北喜來登大飯店、福朋大飯店。

7. 假日(Holiday Inn)：力霸（已歇業）、臺北環亞（已退出）更名為王朝飯店，深坑假日飯店。

8. 麗緻管理顧問公司：飯店委託其經營，例如：亞都麗緻、墾丁悠活、臺南大億、羅東久屋…等。

三、旅館房租之計算

（一）旅館房租計價方式

名稱	英文	內容
歐式計價(EP)	European Plan	1. 房租**不含三餐**。 2. **目前世界上大多旅館採此計價**。
美式計價(AP)	American Plan (Full Pension)	房租含三餐。
修正美式計價(MAP)	Modified American Plan (Half Pension)	1. 房租內**含兩餐**。 2. 通常含早餐，午、晚餐任選一餐。
大陸式計價(CP)	Continental Plan	1. 房租內包括早餐。（歐陸式早餐）
百慕達式計價(BP)	Bermuda Plan	1. 房租內包括美式早餐。 2. **我國出國最常使用之計價方式**。

（二）房租價目表代表之意義(Room Tariff)

1. 代表**旅館**的等級。

2. 代表**房間**的等級。

3. 房租**是否含餐食**（我國採歐式計價**EP**）。

4. **包含服務費**（需**外加一成**服務費）。

5. 房價含**5%之營業稅**。

6. 以**一個住宿日**為單位。

7. 以每**一間房間**為計價單位（非以房客人數）。

8. 為標準房價(Standard Rate)。

9. 不分季節。

10. 以**中午為遷出時間**。

（三）房價的種類

名稱（中英文）	內容
標準房價(Rack Rate) = **定價**(Standard Rate) = **公告價**(Published Rate)	為房租價目表公佈之房價，沒有任何折扣的房價，為**一日房租**，即**全天租**Full Day Rate。
半天租(Half Day Rate)（延遲退房(Late C/O)之收費）	1. **3個鐘頭以內**(12:00~15:00)：收一日租金**1/3**。 2. **6個鐘頭以內**(15:00~18:00)：收一日租金**1/2**。 3. **6個鐘頭以上**（18:00以後）：收一日租金。
特別房價(Special Rate)	1. **促銷價**(Promotion Rate)：如試賣(Soft Opening)，多用在剛開幕或短時間提高住房率用。 2. 套裝價(Package Rate)：房租包含住宿費、餐飲服務和其設施行程。 3. 折扣價(Discount Date)：如季節性折扣、信用卡折扣。 4. **房間升等**(Up Grade)：如遇**超過訂房**(Overbooking)。

名稱（中英文）	內容
契約房租(Contract Rate)（通常打折後**不再加收一成**服務費稱為**Net**）	1. **公司簽約價**(Corporate Rate) = Commercial Rate = Company Rate。 2. **長期住客價**(Long Stay Quest Rate)。 3. **統一房價**(Run of the House Rate)：團體住房，不分房型，以相同價格收費。通常取旅館出租之最高與最低之平均房價收費。 4. **絕對價格**(Flat Rate)：事先與旅行社、公司行號約定之房價，契約期間內，房價不會因住房次數或訂房人數多寡而另作優惠。

p.s. 旅館依建築成本觀點訂定房價，平均房價是房間建築成本之千分之一，其中，勞務成本平均占年收入之25~35%。

（四）相關英文

1. **遷入時間(Check In Time)**：一般為**下午3時以後**。

2. **遷出時間(Check Out Time)**：一般為**中午12時**。

3. **旺季房租In Season(High Season) Rate**。

4. **淡季房租Off season(Low Season) Rate**。

5. **房租免費招待Complimentary(Comply.) Rate = Free**。例如：領隊、導遊住宿、一般稱為「司領房」。

6. **熟悉旅遊**Familiar Tour **(FAM tour)**。

7. **休息(Day Use)**。

8. **館內人員任用House Use(HU)**。

9. **保證訂房Guaranteed Reservation（GTD訂房）**，預收一日房租，房客**預付房租(Deposit)**。

10. 服務費(Service Charge)。

11. 小費(Tip)。

12. 佣金(Commission)。

13. **訂房無故未到(No Show)**。

14. **指定房(Block Room)**。

15. 取消(Cancel)。

16. 客滿(Full House)。

17. 住客簽帳(Guest Ledger)。

18. 轉公司帳(City Ledger)。

19. 延遲帳(Late Charge)。

20. 團體客(GIT)，散客(FIT)。

四、旅館的訂房作業

（一）訂房來源

1. 旅客個人。

2. **旅行社**：通常享有折扣，**不再收取服務費10%**，即**Net價**。

3. 公司團體：此類訂房付款方式為**轉公司帳(City Ledger)**。

4. 網路訂房：目前趨勢，即線上訂房(On Line)。

5. 訂房中心：由旅館訂房，可直接獲取差價利潤。

（二）訂房方式

1. 電話：以國內機關、團體、個人使用最多。

2. 傳真(FAX)：以國外訂房較多。

3. E-mail。

4. 網路Internet。

（三）訂房種類

1. **保證訂房（GTD訂房）Guaranteed Reservation**：客人預付訂金(Deposit)一天作為保證金。如No Show即沒收訂金。

2. **無保證訂房**：客人未預付訂金，通常客房**保留至下午6點**。

3. 留佣訂房：指旅行社或訂房中心預訂的房間，通常保留**10%之佣金(Commission)**。

（四）訂房程序

1. 叫出電腦或查閱**訂房登記表(Reservation Control Sheet)**，有無空房。

2. 如有空房，填寫**訂房卡(Reservation Card)**。

3. 如無空房，是否願意**後補(On Waiting)**。

4. 將訂房資料摘要key-in至電腦。

5. 將訂房卡編號，歸檔（依日期）存檔，供日後隨時查閱。

（五）訂房相關名詞

1. **電腦訂房號碼(Passenger's Name Recorder, PNR)**：飯店採電腦作業者，均會**給對方PNR（不會給房間號碼）**。

2. **訂房卡(Reservation Card)**：**訂房組**需每日製作，是與**櫃檯接待、櫃檯出納**聯繫之第一道憑證。

3. 訂房**確認(Confirmation)**：預防客人無故未到。

4. 訂房無故未到**(No Show)**。

5. 訂房取消**(Cancel)**。

6. **超額訂房(Overbooking)**：為預防客人臨時**Cancel及No Show**的情形發生，在旺季會額外超收訂房，**通常在5~15%**。

7. 重複訂房(Double Booking)。

8. **保留截止時間(Cut off Time)：通常為下午6點**。

9. **續住，C/I時已告知(Stay Over)**。

10. **續住，臨時未告知(Over Stay)**。

11. 客滿(Full House)。

12. **旅客預定到達名單(Arriving List)**：由**訂房組前一天完成**，連同訂房卡送至**櫃檯**。

13. 折扣(Discount)。

14. **可供租用之空房數**＝客房總數－昨日住房數－今日C/I房數＋今日C/O房數－不可租用之房數。

15. **未經訂房遷入(Walk In)**。

16. **旅客資料卡(Guest History Card)**：記錄住宿客人之紀錄或特殊喜好，作為日後推廣之依據。

17. **免費住宿(Complementary, Compl.)**。

18. **訂房員每日與櫃檯聯繫資料為**(1)預定到達名單(Arriving List)；(2)訂房無故未到名單**(No Show List)**；(3)候補名單**(On Waiting List)**。

19. **客房升等(Up-Grade)**：以更好的房型取代原訂的房間，但仍以原訂的房間價格收費。

五、旅館遷入手續(C/I)

（一）旅客遷入之接待流程

機場接待Airport Representative（接機、提供服務）

↓

司機Driver（VIP專車或Limousine Bus）

↓

門衛Door Man（迎接、開車門、開大廳門）

↓

行李員Bell Man(Porter)（搬運行李、引導至櫃檯C/I）

↓

櫃檯接待Receptionist（辦理住宿登記手續）

↓

行李員Bell Man(Porter)（引導並將行李送至客房，並說明房間相關設施之使用）

（二）服務中心之作業Concierge = Bell Service = Uniform Service

1. 主要工作：機場接待、代客叫車及調度、搬運行李及寄存、留言傳送。
2. **國際金鑰匙協會(Golden Keys)是服務中心的至高榮譽。**
3. 旅客**如帶寵物住飯店**，由服務中心解決其困難。
4. 客務專員GRO(Guest Relation Officer)：貴賓服務之接待員。
5. 服務中心之職掌：

職稱	工作內容
機場接待（代表） (Airport Representative)	1. **第一位接待旅客之服務人員。** 2. 佩戴名牌，負責接機工作(Pick-up Service)。 3. 協助旅客在機場解決問題。
司機 (Driver)	1. 負責機場、車站至旅館之駕駛工作。
門衛 (Door Man)	1. **第一位接待到達旅館之服務人員。** 2. 佩戴名牌，**負責門口之交通指揮。** 3. **協助叫車及上下車。** 4. 開車門及大廳門。

職稱	工作內容
行李員 (Bell Man = Porter = Bell Boy = Bell Hop) （傳達員Page Boy）	1. **搬運行李，引導客人至房間。** 2. 引導客人辦理C/I、C/O手續。 3. 負責旅客之**寄存行李**。 4. **負責門廳之清潔、秩序。** 5. 如無傳達員，需負責傳達、尋人、送報紙等服務。

（三）櫃檯Front Office(F/O) = Front Desk(F/D) = Reception

1. 依服務方式分兩種：**櫃檯**服務方式**(Counter Service)**及**辦公桌**服務方式**(Table Service)**。

2. 是客務部服務的中心點，也是所有工作之呈現者。

3. 主要工作為辦理C/I、C/O手續、**排房(Room Assign)**，與房務部共同維持最新之房間狀況(Room Status)、提供旅客資訊保管鑰匙等。

4. 櫃檯接待員Receptionist = Room Clerk。

   櫃檯詢問員Information Clerk。

   櫃檯郵電員Mail Clerk。

5. **櫃檯出納Front Office Cashier (FOC) = Front Desk Cashier (FDC)屬財務部**

   (1) 辦理C/O、**結帳**工作。

   (2) **貴重物品**之保管（保險箱）。

   (3) **外幣**之兌換(Money Exchange)。

   (4) 設立**旅客帳卡**(Guest Folio)。

6. 旅客在旅館內消費，**均可憑Room key簽帳**，結帳時再付款。對無行李之旅客必須收當天房租，且各餐廳均不可簽帳。

（四）了解房間狀況常用之英文術語

縮寫	英文	內容
V	Vacancy Room	空房
VC	Vacant Clean	已清潔空房
VR	Vacant Ready	即OK Room，完成檢查之空房
VD	Vacant Dirty	尚未整理之空房

縮寫	英文	內容
OCP	Occupied Room	續住房
OC=OCC	Occupied Clean	續住房，已完成整理
OD	Occupied Dirty	續住房，未完成整理
OOO	Out of Order	故障房，短時間可修復
OOI	Out of Inventory	故障房，短時間無法修復
DND	Do Not Disturb	請勿打擾
DNS	Did Not Stay	已辦理C/I，但因故未住宿
DNA	Did Not Arrive	= No Show，訂房無故未來
S/O	Sleep Out	已完成C/I，但客人外宿
	Skipper	逃帳
	Sleeper	沉睡房（空房，但以為已出租）
LC	Late Charge	延遲帳（保留半年，才會以壞帳處理）
OC	On Change	清理中
	Due Out	預計遷出
	Due In	預計遷入
	Block Room	保留房
	Keep Room	暫時保留房（房客住用，在離店期間仍保留，租金依協議付款）
	Relet Room = Rush	未清潔房間遷入
DL	Double Lock	房門反鎖
	Under Stay	提前離開之旅客
	Rollaway = Extra Bed	加床服務
	Make up Room	清理房間
LSG	Long Staying Guest	長期住客
	Pick up Room	乾淨空房
HU	House Use	館內人員住用
	CREW	即短暫停留之機組人員
RNA	Registered but not Assigned	指旅客已訂房且提早到達

※旅館保留一個特別房間給貴賓，屬於一種禮遇房間Courtesy Room。

（五）分配客房之注意事項

1. **先排貴賓，再排團體，最後散客。**

2. **散客**排高樓處，**遠離電梯；團體**排低樓層，**近電梯。**

3. **團體**盡量排數個**樓層且相同位置房間**。（可分散C/O工作量，且房間型態也可一致性，避免抱怨）

4. 同團旅客，盡量安排靠近。

5. 團體房排定後即不應改變，並通知訂房者，以利作業。

6. **先排長期住客，再排短期住客。**

（六）櫃檯夜間接待員(Night Clerk)之作業

1. 工作時間為**大夜班**（11:00 PM至隔天7:00 AM）。

2. 最主要製作**客房每日收入報表(Daily Room Revenue Report)**。

3. **統計客房利用率(House Count)。**

4. **製作Cancellation及No Show之報表。**

5. 確定當日之空房數。

6. 整理交班記錄表，檢查鑰匙箱。

六、旅館遷出手續(C/O)及客帳作業

（一）旅客遷出之作業流程

行李員Bell Man=Porter

1. 提行李，並引導旅客至櫃檯辦理C/O

2. **下行李時間Baggage Down Time**（團體旅客），記錄件數GIT Check-Out

↓

櫃檯接待（出納）Receptionist(FOC)

3. 收回客房鑰匙；②查詢所有消費，完成結帳；③通知房務部已辦妥C/O手續

↓

房務部Housekeeping（整理房間，完成後通知櫃檯）

↓

櫃檯接待Receptionist（將旅客登記卡存檔，並將鑰匙放回Key Box）

↓

行李員Porter（為送客之代表。協助叫車，搬運行李）

p.s.快速遷出Express Check-out。

（二）夜間稽核＝夜間出納員(Night Auditor)之作業

1. 工作時間為**大夜班**。擔任夜間櫃檯接待員之職務。

2. **製作各種統計報表**。

3. **審核客帳**是否正確。

4. 登記晚班尚未登記之帳目。

（三）櫃檯出納人員(FOC)入帳之注意事項

1. **現金代支(Cash Paid-out)**：通常為**2,000元以下**，例如：司機小費、車資……等。

2. 雜項消費(Miscellaneous Charge)：未列入電腦之消費項目，例如：浴巾、毛巾、床單……等。

3. 如決定特殊房價(Special Rate)，一定要填寫折扣更正單(Allowance Sheet)。

4. 設立住客帳卡(Guest Folios)：**為一房號一帳卡**。

5. 簽帳City Ledger。

6. 旅館會計電腦化，最容易漏收支會計科目為Mini Bar，故團體客人在住宿時，旅館有時會上鎖或撤離商品。

（四）編製之客房統計報表

1. **客房住用率(Room Occupancy)** $= \dfrac{當天出售之客房數}{總客房數} \times 100\%$

2. 床鋪利用率(Bed Occupancy) $= \dfrac{住客總數}{床鋪總數} \times 100\%$

3. **客房平均房價(Average Room Rate)** $= \dfrac{客房總收入}{總客房數}$ （元）

4. 每人平均房價(Average Rate Per Guest) $= \dfrac{客房總收入}{房客總人數}$ （元）

5. 出售客房平均房價(Average Rate Per Occupied Room)$=\dfrac{客房總收入}{當天出售之客房數}$（元）

6. 團體住房率(GIT Occupancy)$=\dfrac{團體住房數}{當天出售之客房數}\times 100\%$

7. 散客住房率(FIT Occupancy)$=\dfrac{散客住房數}{當天出售之客房數}\times 100\%$

8. 雙人床利用率(Percent of Double Occupancy)

$=\dfrac{當天住客總人數-當天出售之客房數}{當天出售之客房數}\times 100\%$

9. 定員利用率$=\dfrac{房客總人數}{總客房定員}\times 100\%$

10. 收入百分比(Percent Income)$=\dfrac{客房總收入}{客滿時總收入}\times 100\%$

11. 每房平均收益：平均房價×住房率

※Multiple Occupancy指有兩位以上的房客住在同一間客房。

※平均房價(Average Daily Rate, ADR)最能反映旅館的市場定位。

（五）飯店個別旅客(FIT)付款方式

1. 現金(Cash)。

2. 外幣(Foreign Currency)。

3. 信用卡(Credit Card)。

4. 旅行支票(Traveler Check)：不收取個人支票。

（六）結帳付款方式、變現或流通性由低到高排列

　　簽帳(**City Ledger**)→信用卡(**Credit Card**)→外幣(**Foreign Currency**)→旅行支票(**Traveler Check**)→現金(**Cash**)。

（七）樓層領班通常管理約30間房間；Room Maid通常負責打掃12~16間房間

七、房務作業

（一）房務員整理客房之順序(Room Maid)

1. VIP房、套房及客人要求整理者。

2. Relet/Rush未清潔房，旅客已在Lobby等候。

3. 掛Make up Room牌。（清理房間牌）

4. Occupied Room(OCC)續住房。

5. Long Staying Guest (LSG)長期住客。

6. C/O Room遷出房。

7. Vancant(V)及Pick up Room（空房及乾淨空房）。

（二）旅館鑰匙之種類

英文	中文	內容
General Master key = Emergency key	總鑰匙、緊急鑰匙	可開啟整棟旅館之任何一間房間，包括反鎖門。
Grand Master key	主鑰匙	可開啟每樓層之每間客房，**主管使用**。
Floor Master key	樓層主鑰匙	可開啟該樓層之每間客房，負責之**房務人員使用**。
Room Individual key = Guest key	房客鑰匙	只能開啟該房間之鑰匙。
Double Lock key	反鎖鑰匙	**能開啟反鎖門之鑰匙，由房務主管持用**。
Inhibit key	抑制鎖	使用卡片鎖之旅館，當房客已C/O，使用此卡，先前房客即無法再進入，**有保安之作用**。

（三）清潔房間之流程（整理房間之服務Maid Service）

進入房間（先敲門，喊三次Housekeeping，備品車放門口）

↓

打掃房間（設備故障填報修單，聯絡工務部。並檢查是否有遺留物品及物品是否被帶走或損毀）

↓

檢查Mini Bar（由事務員Office Clerk登錄）

↓

做床Make Bed（更換布巾品，送洗衣房清洗。**每三個月定期翻床**）

擦拭（從入門處由左至右或由右至左，**由上而下**，尤其是角落）

清洗浴室（離開時無一滴水，由上往下清洗）

補充物品（更換**剩1/3之面紙及衛生紙，開口摺成三角形**）

↓

吸地毯（打掃最後一個步驟，由內往外吸）

（四）清潔房間之原則

1. **由上而下，由裡而外。**
2. **先臥室，後浴室。**
3. **先床鋪，後擦拭。**
4. **先打掃，後吸塵。**
5. **乾布、溼布使用要區分。**

（五）遺失物品之處理(Lost & Found)

1. 記錄在Lost & Found之登記簿上。
2. 交給領班送客房部保管。
3. 不可自做主張按地址寄去。
4. **依國際慣例保留一年。**

（六）開夜床服務(Turn Down Service = Open Bed Service = Night Service)（**房務女服務員Room Maid負責**）

1. 時間為下午4時~6時，或下午6~7時。
2. 關窗簾、收床罩、被襟摺成45°角，靠床頭櫃方向。
3. 放拖鞋、足布、早餐卡。

（七）洗衣服務(Laundry Service)

1. 洗衣分三種：**水洗(Laundry)**、**乾洗(Dry Cleaning)**、**燙衣(Pressing)**。

2. **普通洗(Regular Service)**：中午前送，約需1天（8小時）。

3. **快洗(Express Service)**：**4小時**內送回，收費較貴。

4. 送洗衣物需分類，**清點數量**、檢查材質、是否破損等。

5. 如有**賠償**，以洗衣費之**10倍**為限。

6. 洗衣送回，通常將客衣放置床上。

（八）布巾室(Linen Room)

1. 是**房務部的心臟地帶**。

2. **布巾標準定額(Standard Number)**，為每張床應準備**3~5套**。

3. **布巾儲存之標準**：(1)住房率、(2)布巾材質、(3)布巾修補時間、(4)旅館財務政策。

4. **布巾之耐洗次數**：(1)**床單250次**、(2)**棉質床單200次**、(3)口布（白色）150次、(4)口布（有色）：**200次**、(5)**臉巾、浴巾150次**。

5. **毛巾之長寬比例為2：1**。

6. 安全庫存量，原則上為**3倍**。

7. 管衣間在領用方面，遵守**舊衣換新衣**，就是**以一換一**方式，在發放方面，遵行**先進先出法**。

（九）床的種類（客房中最重要的就是床(Bed)）

中文	英文	內容
單人床	Single Bed	39×80英寸；110×200cm。
雙人床	Double Bed	54×80英寸；150×200cm。
加大床	Queen Size Bed皇后床	180×200cm。
	King Size Bed國王床	200×200cm。
好萊塢床	Hollywood Bed	床鋪沒有床尾板，床墊只是擺在床架上，將單人床合併即可成雙人床。
普通床	Conventional Bed	有床頭、床尾板，中間凹處放入床墊。
沙發床	Studio Bed = Statler Bed	**最適合小房間之需要**。白天是沙發，晚上展開成床鋪。
隱藏式床	Hide-A-Bed	雙人床兼沙發用。

中文	英文	內容
併用床	Duo Bed	白天分兩部分，一為沙發，另一為單人床，晚上可當雙人床之用。
門邊床（莫非床）	Wall Bed = Door Bed = Murphy Bed	床頭與牆壁相連，白天將床尾往上扣疊，晚上放下當床用。
雙層床	Bunk Bed	為單人床尺寸設計之雙層床鋪。
移動床	Cot = Folding Bed	沒有床頭板、床尾板、床架、床腳附輪子，以便移動。用於加床(Extra Bed)之用。
嬰兒床	Baby Bed = Baby Crib = Baby Cot	床邊用柵欄圍起來之嬰兒床。

（十）觀光旅館及國際觀光旅館建築設備及設備標準比較（由中央主管機關交通部會同內政部訂定的）

	直轄市（省轄市）	其他地區	風景特定區	專用浴廁淨面積	客房正面寬度
觀光旅館	50間	30間		3平方公尺	3公尺以上
國際觀光旅館	80間	40間	30間	3.5平方公尺	3.5公尺以上

	客房通道淨寬度		客房淨面積		
	單面	雙面	S單人房	T雙人房	Su套房
觀光旅館	1.2公尺	1.6公尺	10平方公尺	15平方公尺	25平方公尺
國際觀光旅館	1.3公尺	1.8公尺	13平方公尺	19平方公尺	32平方公尺

	餐飲淨面積			
	1500m^{2}以下	1501~2000m^2	2001~2500m^2	2501m^{2}以上
觀光旅館	廚房淨面積			
	30%	25%+75m^2	20%+175m^2	
國際觀光旅館	廚房淨面積			
	33%	28%+75m^2	23%+175m^2	21%+225m^2

客房數（客用電梯）								
80間以下	81~150間	151~250間	251~375間	376~500間	501~625間	626~750間	751~900間	
2座（8人）	2座（10人）	3座（10人）	4座（10人）	5座（10人）	6座（10人）			每**200間**增設1座不足200間以200間計（626間以上）
2座（8人）	2座（12人）	3座（12人）	4座（12人）	5座（12人）	6座（12人）	7座（12人）	8座（12人）	每200間增設1座不足200 以200間計（901間以上）

（前兩列標題列左側為「觀光旅館」「國際觀光旅館」）

工作專用升降梯	80間以上	200間以下	201間以上
觀光旅館	設工作專用電梯（每座不得少於**450公斤**）		
國際觀光旅館		1座	每200間加一座，不足以200間計

※國際觀光旅館應附設餐廳、會議廳、酒吧，其餐聽之合計面積不得小於客房數乘1.5平方公尺。

八、旅宿業相對法規

（一）觀光旅館業管理規則

1. 發佈日期：民國66年7月2日。

2. 最新修正日期：民國105年1月28日。

3. 條文內容重點：

項目	說　明
法源依據	《發展觀光條例》第66條。
主管機關	1. **直轄市一般觀光旅館業**，得由交通部委辦直轄市政府執行，其餘由交通部委任交通部觀光局執行之。 2. 營業執照核發均由**交通部觀光局（業務組）**執行。
籌設、發照及變更	1. 先申請**取得籌設許可**，再依公司法規定**向經濟部或直轄市政府**辦理公司**登記**。 2. 不得使用其他觀光旅館已登記相同或類似名稱，加入國內、外旅館聯營組織者，不在此限。

項目	說　明
籌設、發照 及變更 （續）	3. 房間數在300間以上，且領有觀光旅館建築物使用執照、竣工圖，**裝設完成已達60%，且不少於240間**，營業樓層已全部裝設完成，餐廳營業合計面積，不少於營業客房數乘1.5m²。申請查驗，符合規定者，發給觀光旅館業營業執照及觀光旅館專用標幟，得先行營業。 4. 門廳、客房、餐廳、會議場所、休閒場所、商店等營業場所用途變更者，應於變更前，報請交通部核准。

（二）交通部觀光局輔導星級旅館加入國際或國內連鎖旅館品牌補助要點

中華民國101年7月30日觀業字第09830027201號令發佈

1. 觀光旅館業或旅館業經觀光局評定為星級旅館並加入國際或國內連鎖旅館品牌者，得就加入連鎖旅館品牌所支出之當年度入會費、管理費、加盟金、權利金、品牌授權使用費、教育訓練費或技術指導費等，向觀光局申請補助。

2. **補助金額以觀光旅館業或旅館業每年所支出費用之50%為上限，並不得超過新臺幣500萬元。**

3. 本要點所稱之國際或國內連鎖旅館品牌，係指下表所列或經觀光局審查認可符合前點獎勵目的者。

4. 觀光旅館業或旅館業於領取補助後，退出連鎖旅館品牌者，應於退出後一個月內，依非屬補助期間之比例繳回補助款。

5. 本要點實施期間自中華民國99年1月1日至103年12月31日。觀光旅館業或旅館業最遲應於中華民國103年9月30日前向觀光局提出申請。

（三）民宿管理辦法

1. 發佈日期：民國108年10月9日

2. 條文內容重點：

項目	說　明
法源依據	《發展觀光條例》第25條。
主管機關	中央為交通部 直轄市為直轄市政府 縣（市）為縣（市）政府

項目	說　明
籌設區域限制	一、非都市地 二、都市計範圍內，且住於下列地區者： 1. 風景特定區。 2. 觀光地區。 3. 原住民地區。 4. 偏遠地區。 5. 離島地區。 6. 經農業主管核發經營許可登記證之休閒農場或經農業主管機關劃定之休閒農業區。 7. 依文化資產保存法指定或登錄之古蹟，歷史建築、紀念建築、聚落建築群、史蹟及文化景觀，已擬具相關管理維護或保存計畫之區域。 8. 具人文或歷史風貌之相關區域。
籌設規模	1. **客房數8間以下，且客房總樓地板面積240平方公尺以下為原則。** 2. 位於原住民保留地、經農業主管機關核發經營許可登記證之休閒農場、經農業主管機關劃定之休閒農業區、觀光地區、偏遠地區及離島地區之**特色民宿，得以客房數15間以下，且客房總樓地板面積400平方公尺以下之規模經營之。**
從業人員管理	不得有糾纏旅客、向旅客額外需索、強行向旅客推銷物品、為旅客媒介色等行為。

（四）觀光旅館及旅館旅宿安寧維護辦法

1. 發佈日期：民國91年05月17日。

2. 條文內容重點：

第1條　本辦法依發展觀光條例第22條第2項及第24條第2項規定訂定之。

第2條　觀光旅館及旅館旅宿安寧之維護，依本辦法之規定；本辦法未規定者，依其他法令之規定。

第3條　觀光旅館業、旅館業進行設備設施保養維護，或客務、房務、餐飲、廚房服務作業，應注意安全維護及避免產生噪音。

第4條　觀光旅館業、旅館業應於公共區域裝置安全監視系統或派員監視，並應不定時巡視營業場所，如發現旅客行為已構成或即將發生危害旅宿安寧情事，應速為必要之處理並向警察或其他有關機關（構）通報。

第5條　觀光旅館業應設置單位或指定專人執行有關旅宿安寧維護事項，並由當地警察機關輔導協助之。

第6條　觀光旅館業、旅館業及其從業人員不得有下列行為：

　　一、不當廣播、擴音。

　　二、電話騷擾。

　　三、任意敲擊房門。

　　四、無正當理由進入旅客住宿之客房。

　　五、其他有妨礙旅宿安寧之行為。

第7條　**警察人員對於住宿旅客之臨檢，以有相當理由，足認為其行為已構成或即將發生危害者為限。**

第8條　警察人員於執行觀光旅館或旅館之臨檢前，對值班人員、受臨檢人等在場者，應出示證件表明其身分，並告以實施臨檢之事由。

（五）旅館業管理規則

1. 發佈日期：民國91年10月28日。

2. 最新修正日期：民國105年10月5日。

3. 條文內容重點：

項目	說　明
法源依據	《發展觀光條例》第66條。
主管機關	中央為交通部 直轄市為直轄市政府 縣（市）為縣（市）政府
籌設、發照 及變更	1. 依法辦妥公司或商業登記外，並應向地方主管機關申請登記，領取登記證後，始得營業。 2. 營業場所至少應有門廳、旅客接待處、客房、浴室、物品儲藏室等空間設置。 3. 客房應有良好通風或適當之空調設備，並配置寢具及衣櫥（架）。 4. 客房浴室應配置衛浴設備，並供應盥洗用品及冷熱水。 5. 得配置餐廳、視聽室、會議室、健身房、游泳池、球場、育樂室、交誼廳或其他有關之服務設施。

項目	說　明
經營與管理	1. 應投保**責任保險**： 　(1) **每一個人身體傷亡：新臺幣300萬元。** 　(2) **每一事故身體傷亡：新臺幣1,500萬元。** 　(3) **每一事故財產損失：新臺幣200萬元。** 　(4) **保險期間總保險金額每年新臺幣3,400萬元。** 2. 應將登記證，掛置於門廳明顯易見處。 3. 應將客房價格報請地方主管機關備查。 4. **向旅客收取之客房費用，不得高於報查之價格。** 5. 應將**客房價格、旅客住宿須知及避難逃生路線圖**，掛置於客房明顯光亮處所。 6. 收取自備酒水服務費用者，應將其收費方式、計算基準等事項，標示於菜單及營業現場明顯處；其設有網站者，並應於網站內載明。
	7. 旅客住宿前，已預收訂金或確認訂房者，應依約定之內容保留房間。 8. 將**每日住宿旅客資料依式登記**，送該管警察所或分駐（派出）所備查。**保存期限為半年。** 9. 應於每年1月及7月底前，將前半年7~12月及當年1~6月之每月總出租客房數、客房住用數、客房住用率、住宿人數、營業收入、裝修及設備支出之統計資料，陳報地方主管機關。

（六）觀光旅館建築及設備標準

1. 發佈日期：民國92年04月28日。

2. 最新修正日期：民國99年10月8日。

3. 條文內容重點：

項目	說　明
法源依據	《發展觀光條例》第23條。
基地位置	位住宅區者，限整幢建築物供觀光旅館使用，且其客房樓地板面積合計不得低於計算容積率之總樓地板面積60％。
廢棄物處理	設計處理乾式垃圾之密閉式垃圾箱（強調分類功能，以減少垃圾處理）及處理濕式垃圾之冷藏密閉式垃圾儲藏設備。
客房設備	1. 寢具、彩色電視機、冰箱及自動電話。 2. 浴室應設置淋浴設備、沖水馬桶及洗臉盆等，並應供應冷熱水。
公共空間設備	裝設對外之公共電話及對內之服務電話。
備品室	每層樓客房數在20間以上者，應設置**備品室一處。**

項目	說　明	
應有設備	餐廳、咖啡廳、會議場所、貴重物品保管專櫃、衛星節目收視設備。	
得酌設之設備	1. 三溫暖 2. 各式球場 3. 夜總會 4. 室內遊樂設施 5. 洗衣間 6. 美容室	7. 射箭場 8. 旅行服務設施 9. 高爾夫球練習場 10. 理髮室 11. 游泳池 12. 郵電服務設施
餐飲場所淨面積	**不得小於客房數乘1.5平方公尺**	
差異比較	一般觀光旅館	國際觀光旅館
應有設備	－	酒吧（飲酒間）、宴會廳、健身房、商店
經營與管理	1. 備置**旅館資料活頁登記表**，將每日住宿旅客依式登記，並送該管警察所或分駐（派出）所，**保存期間為半年**。 2. 應將旅客寄存之金錢、有價證券、珠寶或其他貴重物品妥為保管，如有毀損、喪失，依法負賠償責任。 3. 發現旅客遺留行李物品，應登記其特徵及發現時間、地點，並妥為保管，已知其所有人及住址者，通知其前來認領或送還，不知其所有人者，應報請該管警察機關處理 4. 投保責任保險： (1) **每一個人身體傷亡：新臺幣200萬元。** (2) **每一事故身體傷亡：新臺幣1,000萬元。** (3) **每一事故財產損失：新臺幣200萬元。** (4) **保險期間總保險金額：新臺幣2,400萬元。** 5. 不得代客媒介色情或其他妨害善良風俗或詐騙旅客之行為。 6. 附設表演場所者，不得僱用未經核准之外國藝人演出。 7. 附設夜總會供跳舞者，不得僱用或客介紹職業或非職業舞伴或陪侍。 8. 觀光旅館業發現**旅客罹患疾病時，應於24小時內協助就醫**。 9. **客房定價由業者自訂**，報請原受理機關備查，並副知當地觀光旅館商業同業公會；變更時亦同。 10. **客房定價、旅客住宿須知及避難位置圖置於客房明顯易見之處。** 11. 應將觀光旅館業專用標識，置於門廳明顯易見之處。 12. 收取自備酒水服務費用者，應將其收費方式、計算基準等事項，標示於網站、菜單及營業現場明顯處。	

項目	說　明
經營與管理	13. 開業後，應將下列資料依限填表分報交通部觀光局及該管直轄市政府。 (1) 每月營業收入、客房住用率、住客人數統計及外匯收入實績，於次月15日前。 (2) 資產負債表、損益表，於次年6月30日前。 14. 建築物除全部轉讓外，不得分割轉讓。 15. 不得將其客房之全部或一部出租他人經營。
從業人員管理	1. 僱用人員應給予合理之薪金，不得以小帳分成抵充其薪金。 2. 僱用人員應製發制服及易於識別之胸章。 3. 僱用人員不得有代客媒介色情、代客僱用舞伴、竊取或侵占旅客財物、詐騙旅客、向旅客額外需索、私自兌換外幣等行為。

考題推演

(C) 1. 早期美國旅館大王Ellsworth M. Statler，首將私人衛浴設備引進旅館，並提出連鎖旅館的經營概念，創建了Statler hotel，享有「連鎖商務旅館鼻祖」之名，此旅館創設於哪個城市？　(A)Chicago　(B)Boston　(C)Buffalo　(D)Seattle。
【107統測】
解答 C

(D) 2. 截至民國108年3月止，諾富特(Novotel)旅館品牌，隸屬於下列哪一個國際連鎖旅館系統？　(A)凱悅集團(Hyatt)　(B)香格里拉集團(Shangri-La)　(C)喜達屋集團(Starwood)　(D)雅高集團(Accor)。　【108統測】
解答 D

(D) 3. 小楊決定帶老婆到馬爾地夫的小島渡假村，以慶祝結婚週年紀念。為了好好享受渡假村中的設施，他們選擇房租包含早、午、晚餐三餐的方案，是屬於下列何者？　(A)歐式計價(European Plan)　(B)歐陸式計價(Continental Plan)　(C)百慕達式計價(Bermuda Plan)　(D)美式計價(American Plan)。　【108統測】
解答 D

(C) 4. 世界觀光組織發展觀光衛星帳(Tourism Satellite Account)系統，以分析觀光餐旅產業對整體經濟的影響，此系統始於何年？　(A)1997　(B)1998　(C)1999　(D)2000。　【107統測】
解答 C

( ) 5. 某旅館有220間客房，於民國108年1月1日住房率60%、平均房價3150元，該日未售出房間數，以及客房總營收各為多少？ (A)88間空房未售出、該日客房總營收為415800元 (B)132間空房未售出、該日客房總營收為415800元 (C)88間空房未售出、該日客房總營收為693000元 (D)132間空房未售出、該日客房總營收為693000元。 【108統測】

解答 A

( ) 6. 科技公司每年至少需安排 200 間住房數量以招待來訪客戶住宿，因此業務部門應與旅館商討下列哪一種房價計價方式較為合適？ (A)commercial rate (B)high season room rate (C)standard rate (D)time limited rate。

【111統測】

解答 A

《解析》 選項(A)商務租為旅館與各公司行號事先簽定契約，視一年期間內所使用的房間數量多寡而定；(B)旺季房租；(C)標準租；(D)限時價格。

( ) 7. 老高是一名旅遊規劃師，日前接受國外客戶委託安排訪臺相關行程。客戶的行程包含臺北、臺中、臺南、高雄四個地點且都有住宿的需求，客戶希望能入住同一連鎖集團以快速累積點數享有優惠，如：客房升等。老高應該為客戶安排下列哪一個連鎖旅館集團？ (A) Hilton Hilton Worldwide (B) HYATT Hyatt Hotels Corporation (C) IHG HOTELS & RESORTS InterContinental Hotels Group (D) SHANGRI-LA HOTEL and RESORTS Shangri - La Hotels and Resorts。 【112統測】

解答 C

《解析》 (A)希爾頓全球酒店集團營運據點僅於臺北市；(B)凱悅國際飯店集團營運據點有臺北市、新北市；(C)洲際酒店集團營運據點有臺北市、桃園市、臺中市、臺南市、高雄市；(D)香格里拉酒店集團營運據點有臺北市、臺南市。

( ) 8. 臺灣近年來有一些以特許加盟方式經營的飯店，如臺北寒舍艾美酒店。下列何者較<u>不屬於</u>特許加盟飯店的特色？ (A)共享市場資訊以及使用連鎖訂房系統 (B)業主經營管理且財務及人事獨立運作 (C)支付加盟權利金並由總公司抽查督導 (D)連鎖總部可依其營業收入抽取獎勵金。 【112統測】

解答 D

《解析》 依其營業收入抽取利潤獎勵金屬於管理契約方式經營的飯店特色。

實力測驗

★ 4-1 旅宿業的定義與特性

( ) 1. 下列何者<u>不是</u>我國自古以來對旅館的別稱？ (A)波斯邸 (B)販仔間 (C)馳道 (D)館舍。 【103統測】

( ) 2. 旅館業者特別為女性顧客提供專屬的仕女樓層(lady's floor)，較符合下列哪一種行銷觀念？ (A)銷售導向(sales orientation) (B)社會行銷導向(social marketing orientation) (C)生產導向(production orientation) (D)行銷導向(marketing orientation)。 【106統測】

( ) 3. 圓山大飯店設立之初，以接待外賓住宿為主要經營項目之一，該飯店曾在1952年改名，下列何者為其前身？ (A)中國大飯店 (B)美殿大飯店 (C)臺北大飯店 (D)臺灣大飯店。 【104統測】

《解析》41年，將臺灣旅行社負責經營的臺灣大飯店改組為圓山大飯店。

( ) 4. 下列何者為臺灣首座成立之國際連鎖飯店？ (A)希爾頓飯店(Hilton) (B)凱悅飯店(Hyatt) (C)香格里拉飯店(Shangri-La) (D)W飯店(W hotel)。

《解析》希爾頓飯店(Hilton)於62年進駐臺灣，開啟臺灣旅館國際連鎖。以下國際連鎖旅館進駐臺灣的時間：香格里拉飯店(Shangri-La)70年、凱悅飯店(Hyatt)79年、W飯店(W hotel)100年。 【104統測】

( ) 5. 關於旅館銷售商品之內隱服務(Implicit Service)的敘述，下列何者正確？ (A)是一種有形的商品，例如以裝潢突顯旅館風格 (B)是一種支援設施，例如電視、空調設備、音響設備及健身房 (C)透過服務過程使顧客有舒適感和倍受尊重的感覺 (D)是指旅館內所銷售的實體商品。 【102統測】

( ) 6. 「餐旅業全天候為顧客服務，即使在過年期間，仍照常營業。」此敘述是指餐旅業的何種特性？ (A)立地性 (B)有限性 (C)易變性 (D)無歇性。 【100統測】

( ) 7. 餐廳及旅館在設立前，必須依據周遭人潮及交通便利性進行市調，並利用附近旅遊景點優勢行銷，主要是因為餐旅業具備下列哪一種屬性？ (A)不可分割性 (B)立地性 (C)公共性 (D)變化性。 【104統測】

解答

| 4-1 | 1.C | 2.D | 3.D | 4.A | 5.C | 6.D | 7.B |

( ) 8. Smith先生未訂房要入住旅館，但因客滿被櫃檯人員婉拒。此種因旅館客滿，而無法提供房間的情境，是屬於旅館商品的何種特性？ (A)獨特性 (B)競爭性 (C)僵固無彈性 (D)不可儲存性。 【104統測】

( ) 9. 旅館大多24小時營業且全年無休，此為旅館經營的何種屬性？ (A)rigidity (B)variability (C)heterogeneity (D)restless。 【107統測】

( )10. 旅館客人因天雨淋濕了一身，某服務人員隨即遞上毛巾給客人擦拭；又見餐廳客人用餐時，似乎咳嗽不停，該服務人員馬上將溫開水遞給客人。以上兩種情境，說明該餐旅從業人員具備了哪些內在條件？甲、抗壓力；乙、同理心；丙、團隊合作；丁、主動熱忱 (A)甲、乙 (B)甲、丙 (C)丙、丁 (D)乙、丁。 【108統測】

( )11. 關於現今旅館業的發展與經營管理趨勢，下列敘述何者錯誤？ (A)旅館的連鎖加盟和管理契約逐漸減少 (B)旅館分類因素包含地點及服務類型、價格 (C)交通便利改變旅遊業與旅館事業的發展 (D)更加重視各項軟硬體設施與服務的品質。 【108統測】

( )12. 旅館業促銷當日未售出的客房，此做法是為了因應下列何種餐旅業屬性？ (A)competition (B)perishability (C)restless (D)seasonality。 【110統測】

( )13. 旅館開幕的傳統儀式中，會將鑰匙遠遠向外丟棄。此象徵性的動作說明，旅宿業的哪一個特性？ (A)restless (B)seasonality (C)competition (D)intangibility。 【113統測】
《解析》 (A)無歇性；(B)季節性；(C)競爭性；(D)無形性。

★ 4-2　旅宿業的發展過程

( ) 1. 下列哪一集團於2015至2016年期間進行收購規劃與收購喜達屋酒店集團(Starwood Hotels&Resorts)？ (A) Marriott MARRIOTT Marriott (B) HYATT Hyatt (C) IHG HOTELS & RESORTS IHG (D) SHANGRI-LA Shangri-la。 【113統測】
《解析》 萬豪國際集團於2016年併購喜達屋酒店集團(Starwood Hotel&Resorts)，納入其旗下品牌。(A)萬豪國際集團；(B)凱悅酒店集團；(C)洲際酒店集團；(D)香格里拉酒店集團。

🔔 解答
....
8.C　　9.D　　10.D　　11.A　　12.B　　13.A　　 4-2 　　1.A

( ) 2. 關於旅館業之經營概念及發展趨勢，下列敘述何者錯誤？　(A)網路訂房已逐漸成為未來訂房方式的主流　(B)逐漸朝向集團化及連鎖化之經營趨勢發展　(C)休閒旅館住房淡旺季比商務旅館較不明顯　(D)超額訂房為解決商品具時效性的方法之一。　　　　　　　　　　　　　　　　【105統測】

( ) 3. 關於臺灣旅館業的發展歷程，下列何者為成立時間最早者？　(A)臺北來來　(B)臺北亞都　(C)臺北老爺　(D)臺北福華。　　　　　　　　　【109統測】

( ) 4. 關於歐美旅館業的發展，下列敘述何者錯誤？　(A)Conrad Hilton創造了第一個美國現代連鎖旅館系統　(B)Ellsworth Statler提出連鎖旅館的概念，也曾在美國水牛城開設知名旅館　(C)西元1850年，在英國倫敦開幕的Grand Hotel，堪稱全球第一個現代化旅館　(D)Tremont House於西元1829年在美國波士頓開幕，首創為每個房間加裝門鎖。　　　　　　　　　　　　　　　　【109統測】

( ) 5. 關於古代旅館的敘述，下列何者錯誤？　(A)會同館功用為接待外賓　(B)客舍為公家經營的旅館　(C)禮賓院專供招待各國使節　(D)亭可供官家驛差休息使用。　　　　　　　　　　　　　　　　　　　　　　　【110統測】

( ) 6. 民國113年4月，有一對即將結婚的情侶，想在臺灣離島獲得星級旅館評鑑標誌的國際觀光旅館舉行婚禮，下列哪一個島嶼最符合他們的需求？　(A)綠島　(B)馬祖　(C)蘭嶼　(D)澎湖。　　　　　　　　　　　　　【113統測】
《解析》澎湖福朋喜來酒店為澎湖目前唯一的一家國際連鎖品牌五星酒店。

( ) 7. 關於臺灣旅館演進歷程，下列敘述何者正確？　(A)臺灣第一家西式旅館是鐵道旅館　(B)國內首座國際連鎖飯店是台北來來大飯店　(C)臺灣第一家休閒度假旅館是墾丁福華飯店　(D)國內旅館業有跡可循的最早紀錄是清朝時期的「逆旅」。　　　　　　　　　　　　　　　　　　　　　【113統測】
《解析》(B)國內首座國際連鎖飯店是臺北希爾頓酒店；(C)臺灣第一家休閒度假旅館是墾丁凱撒飯店；(D)「逆旅」為秦漢時期。

★4-3　旅宿業的類別與客房種類

( ) 1. 我國之民宿申請設立是採取下列哪一種制度？　(A)登記制　(B)許可制　(C)報備制　(D)認可制。　　　　　　　　　　　　　　　　　　【102統測】

🔔 解答

2.C	3.B	4.C	5.B	6.D	7.A	4-3	1.A

(　) 2. 我國將旅館業的型態分為觀光旅館、旅館（一般旅館）、民宿三種類別，此乃是依下列哪一種標準來分類？ 　(A)我國法令 　(B)所在地點 　(C)價格定位 (D)住宿期間長短型態。 【102統測】

(　) 3. 依據法令規定，民宿是利用自用住宅房間，結合當地人文、自然景觀、生態、環境資源及農林漁牧生產活動，以何種方式經營，提供旅客鄉野生活之住宿場所？ 　(A)旅遊專業 　(B)家庭副業 　(C)企業管理 　(D)旅館專業。

【100全國教甄】

(　) 4. 依照美國旅館協會(AH&LA)之分類，臺北六福皇宮(The Westin, Taipei)是屬於 (A)Full Service Upscale Hotel 　(B)Limited Service Hotel 　(C)Economy Hotel (D)All Suite Hotel。 【103統測】

《解析》依據104年3月，觀光局統計資料，臺北威斯汀六福皇宮(The Westin Taipei)房間數288、住用率(Occupancy Rate)87%、平均房價(Average Room Rate)7,766元。屬於全服務精緻型旅館。

(　) 5. 台灣的墾丁凱撒大飯店原則上屬於下列哪一種類型的旅館？ 　(A)Metropolitan Hotel 　(B)Casino Hotel 　(C)Resort Hotel 　(D)Boutique Hotel。 【104 統測】

《解析》Metropolitan Hotel都市旅館。Casino Hotel 賭場旅館。Resort Hotel 休閒渡假旅館。Boutique Hotel 精品旅館。

(　) 6. 外國旅館分類常用名稱中，<u>不設</u>餐飲設施的簡易住宿旅館是 　(A)Gasthof 　(B) Relais 　(C)Auberge 　(D)Garni。 【101全國教甄】

(　) 7. 有關我國目前實施「星級旅館評鑑制度」的敘述，下列何者正確？ 　(A)每隔四年辦理一次參加評鑑之旅館 　(B)依評定總分給予一至六星級之評等 　(C)評鑑方式分兩個階段，第一階段為服務品質，第二階段為建築設備 　(D)評鑑總分為1,000 分，經評定後總分為600~749 分者，授予四星級評等。 【103 統測】

《解析》每隔3年辦理一次參加評鑑之旅館。依評定總分給予一～五星級之評等。評鑑方式分兩個階段，第一階段為建築設備，第二階段為服務品質。

(　) 8. 我國目前星級旅館評鑑方式採兩階段辦理，下列何者為第二階段之評鑑項目？ (A)建築設備 　(B)服務品質 　(C)消防安全 　(D)機電設施。 【105統測】

(　) 9. 依住宿時間的長短，主要提供給長期住宿(Long Stay)旅客的旅館是 　(A)Parador (B)Residential Hotel 　(C)Boutique Hotel 　(D)Convention Hotel。 【103 統測】

🛎 解答

| 2.A | 3.B | 4.A | 5.C | 6.D | 7.D | 8.B | 9.B |

《解析》Parador帕拉多，以古堡、貴族豪宅、修道院改建而成的具有歷史性與藝
術價值的精緻型旅館。Residential Hotel長期住宿旅館，住宿時間在1個
月以上。Boutique Hotel精品旅館，強調高級精緻的設備、客製化的服務
的精緻型旅館。Convention Hotel會議旅館，主要提供參加會議或展覽的
旅客住宿的旅館，有視聽設備與商務服務。

( )10. 旅館可分為許多類型，有一種旅館是供顧客以預先付費購買的方式，購買每年
固定住宿天數的會員度假權利，此種旅館多為下列何者？　(A)Residential Hotel
(B)Parador　(C)Time Share Resort　(D)Transient Hotel。　　　　【104統測】

( )11. 旅館推動減少使用一次性盥洗用品、減少床單更換頻率、加強資源回收利用，
是屬於　(A)Capsule Hotel　(B)Boutique Hotel　(C)Eco Friendly Hotel　(D)
Casino Hotel。　　　　【106全國教甄】

( )12. 美國拉斯維加斯的旅館結合賭場的營運，提供完善的膳宿與娛樂功能，是屬
於下列哪一種類型的旅館？　(A)Budget Hotel　(B)Long-stay Hotel　(C)Casino
Hotel　(D)All-suite Hotel。　　　　【107統測】

( )13. 多位於機場附近，主要提供過境旅客、搭早班或晚班飛機旅客及航空公司員工
住宿之過境旅館，通常為下列哪一種類型的旅館？　(A)Residential Hotel　(B)
Transit Hotel　(C)Parador Hotel　(D)Resort Hotel。　　　　【107統測】

( )14. 歐美常將古老且具歷史意義的建築物改建成旅館，此類型旅館稱為　(A)
Pension　(B)Parador　(C)Villa　(D)Capsule Hotel。　　　　【101統測】

( )15. 關於我國旅館等級分類、申請設立與評鑑等敘述，下列何者錯誤？ (A)觀光旅
館業申請設立採許可制，旅館業申請設立採登記制　(B)星級旅館兩階段評鑑總
分達750 分以上為五星級　(C)國際觀光旅館之主管機關為交通部觀光局　(D)
通過旅館評鑑四星以上者均為國際觀光旅館。　　　　【105統測】

( )16. 旅館的等級評鑑中，下列何者為法國米其林輪胎公司觀光部門針對住宿等級的
識別標誌？　(A)皇冠　(B)洋房　(C)鑽石　(D)無窮花。　　　　【107 統測】
《解析》法國旅館評鑑的非官方組織為米其林輪胎公司(Michelin Tire Company)
的觀光部門，所做的旅館評鑑常成為旅客選擇旅館參考的依據。其住宿
等級是以「洋房」(Pavilion)的圖標數量以及「紅、黑」2色進行酒店
評級的區分，以五棟紅色洋房為最高榮譽。

 解答

10.C　　11.C　　12.C　　13.B　　14.B　　15.D　　16.B

酒店評級
(comfort and quality)

尚算舒適　　舒適　　微舒適　頂級的舒適享受 傳統風格的奢華

( )17. 下列床鋪型態何者非屬「Hide-A-Bed」？ (A)Murphy Bed　(B)Studio Bed　(C)Hollywood Bed　(D)Statler Bed。　　　　　　　　　　【102全國教甄】

( )18. 旅館房型中，具有樓中樓型態的套房，下列名稱何者正確？　(A)adjoining room　(B)double suite　(C)duplex suite　(D)studio room。　　【106統測】

( )19. 旅館客房內，為方便行動不便者使用輪椅進出、加裝衛浴設備安全扶手、降低洗臉盆高度之無障礙設施房，稱之為下列何者？　(A)Studio Room　(B)Handicapped Room　(C)Duplex Room　(D)Connecting Room。　　　【107統測】

( )20. 旅館客房種類中的Deluxe Suite Room 是指　(A)雙樓套房　(B)豪華套房　(C)標準套房　(D)大型雙人房。　　　　　　　　　　　　　【103 統測】

《解析》 雙樓套房Duplex Suite。豪華套房Deluxe Suite Room。標準套房Standard Suite。兩張大床房Double Double Room。

( )21. 旅館提供全部套房式客房型態，客房內至少有一間或一間以上獨立臥房，外加獨立客廳的配備，提供舒適住宿設施與服務，此為下列哪一種類型旅館？　(A)youth hostel　(B)capsule hotel　(C)all suites hotel　(D)convention hotel。

　　　　　　　　　　　　　　　　　　　　　　　　　　　　【106統測】

《解析》 youth hostel青年旅社。capsule hotel膠囊旅館。all suites hotel全套房旅館。convention hotel會議旅館。

( )22. 某電信公司聘請美國通訊公司顧問，至臺北開發5G電信服務，需安排長達半年的住宿，下列何種類型的旅館較為合適？　(A)conventional hotel　(B)residential hotel　(C)resort hotel　(D)transient hotel。　　　【109 統測】

 解 答

17.C　　18.C　　19.B　　20.B　　21.C　　22.B

( )23. 關於旅館業的敘述，下列何者正確？甲、parador 是指將具歷史價值的建築物改建的旅館；乙、B&B最早起源於美國，利用自有住宅經營家庭式旅館；丙、capsule hotel 是指專門提供各式大型會議與展覽場所的旅館；丁、boutique hotel是指建築外觀或內部陳設講究藝術設計與重視高品質住宿體驗的精品旅館 (A)甲、乙 (B)乙、丙 (C)丙、丁 (D)甲、丁。 【109統測】

( )24. 某國際觀光旅館具備以下房型，學校欲舉辦三天二夜的校外教學，為了節省個人住宿費用，欲規劃四人同房，原則上下列何種房型最適合？ (A)double room (B)family room (C)single room (D)triple room。 【110統測】

( )25. 旅館因房客的特殊需求，規劃無障礙客房內部設施時，下列考量何者錯誤？ (A)房門增加寬度 (B)浴室加裝門檻 (C)床鋪降低高度 (D)房內加裝扶手。 【110統測】

( )26. 關於我國旅館業的發展重要記事，下列敘述何者錯誤？ (A)圓山飯店開幕於民國 41 年，提供接待外賓之用 (B)政府於民國 60 年代頒佈旅館禁建令，造成旅館荒 (C)政府於民國 80 年全面實施週休二日，為旅館業帶來商機 (D)由政府規劃的 BOT 案「美麗信花園酒店」於民國 95 年開幕。 【110統測】

( )27. 小劉請旅行社代為安排美國客戶至臺灣進行技術支援的住宿，預計先在機場附近休息一晚調整時差，接著到市區拜訪廠商一週，考察結束後到海灘渡假三日，旅行社按其行程依序安排哪些類型的國內旅館最為合適？ (A)apartment→villa→commercial (B)convention→resort→condominium (C)transit→residential→casino (D)transit→commercial→resort。 【110統測】

( )28. John預計下個月至美國商務旅遊，在參考旅館等級時除了星星之外，John還可依何種識別標誌作為旅館等級的依據？ (A) 🏠 洋房 (B) 💎 鑽石 (C) 👑 皇冠 (D) 🗝 鑰匙。 【112統測】

《解析》 美國汽車協會評鑑標誌為鑽石，而富比士旅遊指南為星星；洋房為法國米其林輪胎公司觀光部門之評鑑標誌，皇冠則為英國汽車協會民宿之分級評鑑標誌。

 解答
....

23.D 24.B 25.B 26.C 27.D 28.B

★4-4 旅宿業的組織與部門

( ) 1. 莉莉入住旅館客房後，她發現房內的熱水壺損壞，當有下列單位可連繫時，她可優先致電哪個主責單位尋求協助最合適？ (A)security (B)food&beverage (C)housekeeping (D)room service。 【113統測】
《解析》房務部的房務辦公室，負責傳達客房狀況相關訊息。(A)安全部；(B)餐飲部；(C)房務部；(D)客房餐飲服務。

( ) 2. 某五星級旅館的房務人員工作時，發現其中一間客房地毯損壞需要更換，若依照正確的修繕流程，從提出需求、請購與付款的順序，依序應由下列哪些部門負責？ (A)engineering department→front office→purchasing department (B)housekeeping department→front office→security department (C)engineering department→security department→purchasing department (D)housekeeping department→purchasing department→financial department。 【113統測】
《解析》由房務部提出需求→向總務部請購→最後由財務部付款。

( ) 3. 旅館中，下列哪一個部門負責機械設備及整體建築物的維護、保養與修整工作？ (A)工程部 (B)客務部 (C)房務部 (D)安全部。 【104統測】

( ) 4. 如果房客致電櫃檯抱怨隔壁客房內嬉鬧噪音太大，櫃檯接待員在第一時間應請下列何者前去了解勸說？ (A)General Manager (B)Floor Captain (C)Receptionist (D)Room Service Waiter。 【101統測】
《解析》(A)總經理。(B)樓層領班。(C)櫃檯接待員。(D)客房餐飲服務人員。

( ) 5. 當訪客留置信息或物品給旅館房客時，櫃檯接待員與房客確認後，應請下列何者送至房間交付客人簽收？ (A)Bell Man (B)Operator (C)Chef (D)Door Man。 【101統測】
《解析》(A)行李員；(B)總機；(C)廚師；(D)門衛。

( ) 6. 當員工發現旅館公共區域有客人酒醉嘔吐在地板上時，應通知旅館內哪一個部門前來清理？ (A)Engineering Department (B)Front Office Department (C)Housekeeping Department (D)Food&Beverage Department。 【101統測】
《解析》(A)工程部；(B)客務部；(C)房務部；(D)餐飲部。

解答

| 4-4 | 1.C | 2.D | 3.A | 4.B | 5.A | 6.C |

( ) 7. 陳先生想要使用飯店Valet Parking的服務，可透過下列哪一個部門或單位服務？　(A)Accounting　(B)Concierge　(C)Room Service　(D)Uniform and Linen Room。　　　　　　　　　　　　　　　　　　　【100統測】

　　《解析》Valet Parking Service代客泊車服務，為Concierge（服務中心）之工作；Valet Service客衣送洗服務，為Uniform and Linen Room（布巾室）的職責。Accounting會計；Room Service客房餐飲服務。

( ) 8. 旅館客務部從業人員職掌中，依接機報表排妥車輛調度、訂定司機及行李員之服務程序，並且予以督導的人員稱為　(A)Concierge Supervisor　(B)Bell Man　(C)Chief Reservation Clerk　(D)Receptionist。　　　　　　【103統測】

　　《解析》Concierge Supervisor服務中心主任。Bell Man行李員。Chief Reservation Clerk訂房組組長。Receptionist櫃檯接待員。

( ) 9. 下列何者是旅館客務部最高階的管理者？　(A)Bell Captain　(B)Floor Manager　(C)Front Office Manager　(D)Night Clerk。　　　　　　【104統測】

　　《解析》Bell Captain行李領班。Floor Manager樓層經理。Front Office Manager客務部經理。Night Clerk夜間櫃檯接待員。

( )10. 下列何者不屬於旅館「服務中心」人員之工作職掌？　(A)搬運行李並帶領房客至指定客房　(B)清潔大廳及館內公共區域等場所　(C)暫時保管房客衣帽及行李等物件　(D)提供房客館內及旅遊等相關資訊。　　　　　【105統測】

　　《解析》清潔大廳及館內公共區域為房務部公共清潔組的工作範圍。

( )11. 下列哪一個部門負責協調處理房客在旅館內所遇到的問題，號稱為「旅館的神經中樞」？　(A)客務部　(B)公關部　(C)業務部　(D)安全部。　【105統測】

( )12. Baby-sitter之服務是屬於下列哪一個部門之工作內容？　(A)Purchasing Department　(B)Housekeeping Department　(C)Food and Beverage Department　(D)Public Relations Department。　　　　　　　　　　　【103統測】

　　《解析》Babysitter保母服務，屬於房務部工作職責。Purchasing Department採購部。Housekeeping Department房務部。Food and Beverage Department餐飲部。Public Relations Department公關部。

( )13. 下列何種人員負責旅館內服務用或客用布巾的管理工作？　(A)Florist　(B)Linen staff　(C)Operator　(D)Public Area Cleaner。　　　　【104統測】

解答

| 7.B | 8.A | 9.C | 10.B | 11.A | 12.B | 13.B |

《解析》 Florist花坊人員、Linen Staff布巾管理員、Operator總機人員、Public Area Cleaner公共區域清潔員。

( )14. 下列何者**不是**國際觀光旅館房務部所屬單位之工作職掌？ (A)客房整理維護 (B)旅客喚醒服務 (C)公共區域清潔 (D)開夜床服務。 【105統測】

《解析》 旅客喚醒服務為客務部總機人員的工作。

( )15. 旅館服務工作當中，行李服務組為下列何者？ (A)flight greeter (B)bell attendant (C)valet parking (D)operator service。 【106統測】

《解析》 flight greeter機場接待員。bell attendant行李員。valet parking代客泊車人員。operator service總機（話務中心）。

( )16. 關於國際觀光旅館所提供之服務與單位搭配的組合，下列何者正確？ (A)Baggage Service：Concierge (B)Pick-up Service：Reservation (C)Valet Parking Service：Housekeeping (D)Wake-up Call Service：Front Desk。 【107統測】

( )17. 旅館組織中，下列何者**不屬於**服務中心？ (A)Uniformed Service (B)Bell Service (C)Public relation Department (D)Concierge。 【107統測】

《解析》 Public relation Department公關部。

( )18. 關於國際旅館人員組織編制與分配工作範圍，以下列何種配置最常見？ (A)Housekeeping 包含Maid Service、Public area Cleaning及Steward (B)Back of the House包含Security、Fitness Center及Engineering (C)Food and Beverage Department包含Kitchen、Banquet及Linen Room (D)Front Office包含Business Center、Reservation及Reception。 【107統測】

《解析》 Steward 餐務部不屬於Housekeeping（房務部）。Fitness Center 健身房不屬於Back of the House（後場）。Linen Room 布巾室不屬於Food and Beverage Department（餐飲部）。Reservation 訂房組不屬於Front Office（前場）。

( )19. 下列職務中，何者屬於旅館房務部門？ (A)public area cleaner (B)bell captain (C)public relation officer (D)bus boy。 【106統測】

《解析》 public area cleaner公共清潔人員－房務部。bell captain行李員領班－客務部。public relation officer公共關係專員－客務部。bus boy練習生－餐飲部

 解答

14.B 15.B 16.A 17.C 18.D 19.A

( )20. 度假旅館中編制的保母人員(Baby Sitter)是屬於下列哪一個部門？ (A)Security (B)Front Office (C)Housekeeping (D)Concierge。 【107統測】

《解析》渡假旅館編制中有保母人員(Baby Sitter)，通常以鐘點計費。

( )21. 關於旅館夜間經理的主要工作內容，下列何者較<u>不適當</u>？ (A)督導櫃台人員製作客房夜賬與表單 (B)維護大廳作業確保服務品質 (C)維護旅館安全與處理緊急事件 (D)與當地廠商洽詢備品價格與採購。 【106統測】

( )22. 下列何者是屬於旅館後場單位(back of the house)的工作人員？ (A)chief concierge (B)human resource manager (C)housekeeper (D)lobby assistant manager。 【106統測】

《解析》human resource manager人力資源管理部。

( )23. 關於國際觀光旅館組織，與其從業人員職掌的敘述，下列何者正確？ (A) operator屬於housekeeping department (B)lost&found屬於security department (C) night manager屬於front office department (D)public area cleaner屬於 engineering department。 【109統測】

( )24. 國際觀光旅館組織中，一般而言負責員工考核、考勤與福利的部門，下列何者正確？ (A)purchasing department (B)security department (C)public relations department (D)human resources department。 【109統測】

( )25. 旅館業者推出振興券住宿及餐飲優惠方案以吸引消費者，下列哪一個部門最適合安排宣傳該方案的記者會活動？ (A)資訊部 (B)餐飲部 (C)客務部 (D)公關部。 【110統測】

( )26. 下列哪一項<u>不是</u>旅館房務部的主要職掌？ (A)客房留言服務 (B)客房布巾控管 (C)客衣送洗服務 (D)客房備品補充。 【110統測】

( )27. 下列哪一項<u>不是</u>國際觀光旅館中夜間櫃檯接待員的工作職掌？ (A)進行客房開夜床服務 (B)辦理夜間住客之登記 (C)製作客房住用之報表 (D)負責夜間客房之銷售。 【110統測】

解答

20.C　21.D　22.B　23.C　24.D　25.D　26.A　27.A

★ 4-5　旅宿業的經營理念

(　) 1. 有關旅館之經營與服務，下列敘述何者正確？　(A)旅館經營者應竭盡所能為特定人士提供高級服務，以索取高額利潤報酬　(B)旅館應在深夜時段緊閉大門及出入口，以確保旅客安全　(C)旅館所提供之服務，應等神秘客上門時再要求員工執行　(D)旅館之建築與設備需經政府核准，並對公眾負起法律上的權利與義務。　　　　　　　　　　　　　　　　　　　　　【101統測】

(　) 2. 關於旅館銷售商品之內隱服務(implicit service)的敘述，下列何者正確？　(A)是一種有形的商品，例如以裝潢突顯旅館風格　(B)是一種支援設施，例如電視、空調設備、音響設備及健身房　(C)透過服務過程使顧客有舒適感和倍受尊重的感覺　(D)是指旅館內所銷售的實體商品。　　　　　　　　　【102統測】

(　) 3. 下列關於連鎖旅館的敘述，何者<u>錯誤</u>？　(A)國賓飯店及福華飯店皆為國內著名的直營連鎖飯店(company owned and managed)集團　(B)管理契約(management contract)型的旅館經營方式，其優點是投資人對旅館經營有自主權　(C)特許加盟(franchise chain)的旅館可以懸掛該連鎖旅館集團的商標(logo)，但該連鎖旅館集團不干涉加盟者的財務、人事　(D)臺北六福皇宮是委由喜達屋(Starwood)飯店集團旗下的威斯汀(Westin)酒店負責經營管理。　【102統測】

(　) 4. 關於旅館經營概念之敘述，下列何者正確？　(A)歐式計價方式是指房租不包含任何餐食費用的計價方式　(B)客房通常因裝修及人事成本，較餐飲更不容易降價促銷　(C)休閒旅館連續假期常折扣促銷，以達最高住房率及營收　(D)休閒旅館營收比重一般以餐飲收入為主，客房收入為輔。　　　　　　【105統測】

　　《解析》客房較餐飲容易降價促銷。休閒旅館連續假期不需要採折扣促銷，就可以達到最高住房率及營收。休閒旅館營收比重一般以客房收入為住，餐飲收入為輔。

(　) 5. 近年來臺灣旅館業蓬勃發展，許多國際連鎖品牌紛紛進駐。但下列何種連鎖品牌目前<u>沒有</u>在臺灣駐點？　(A)Four Points　(B)Hilton　(C)Novotel　(D)Westin。　　　　　　　　　　　　　　　　　　　　　【103統測】

　　《解析》Four Points：臺北中和福朋酒店，由喜來登集團管理(Four Points by Sheraton Taipei, Zhonhe)。

　　　　　Hilton，62年國際希爾頓集團在臺北設立希爾頓飯店，92年中止合作。

 解答

....

| 4-5 | 1.B | 2.C | 3.B | 4.A | 5.B |

Novotel：臺北諾富特華航桃園機場飯店(Hotel Novotel Taipei Taoyuan International Airport)。

Westin：臺北威斯汀六福皇宮飯店(The Westin Taipei)。

( ) 6. 旅館加入特定聯合組織，經其評鑑後獲准加入並繳交會員費，會員旅館間並無總部與加盟之分，經營各自獨立，可由此聯合組織共同行銷與訂房，這類型的連鎖方式稱為 (A)BOT (B)Franchise (C)Management Contract (D)Referral Chain。 【105統測】

( ) 7. 旅館連鎖的方式有許多種，下列何者為會員結盟(Referral Chain)的定義？ (A)由旅館投資者授權給連鎖旅館管理公司，依合約方式代為經營管理 (B)透過與連鎖旅館公司簽訂加盟合約，販售被特許的商品與服務 (C)由一群不同的旅館合作，進行共同訂房與聯合推廣業務之工作 (D)各結盟旅館的所有權與經營權皆歸屬於總公司。 【103統測】

( ) 8. 某旅館共有30間客房，部分房間因震災故障需重新修繕，3月1日至7日的房間狀態如表（二），當週實際可售房間的平均住房率(room occupancy rate)，最接近下列何者？ (A)75 (B)77 (C)79 (D)81。 【113統測】

表（二）

日期	3/1	3/2	3/3	3/4	3/5	3/6	3/7
故障房間數	3	3	2	1	1	0	0
當天售出房間數	18	22	15	25	25	25	20

《解析》住房率＝出租客房總數÷（客房總數－故障房數）×100％，當週故障房總數＝3＋3＋2＋1＋1＝10，當週售出房間數合計＝18+22+15+25+25+25+20=150，住房率150÷(30×7－10)×100%=75%。

( ) 9. 下列哪一個旅館屬於晶華(Regent)酒店集團？ (A)Okura (B)Just Sleep (C)Novotel (D)Mandarin Oriental。 【104統測】

《解析》Okura日本大倉旅館。Just Sleep捷絲旅（晶華國際酒店集團）。Novotel諾富特（法國雅高集團）。Mandarin Oriental文華東方酒店（文華東方酒店集團）。

( )10. 喜達屋(Starwood)集團為世界知名的國際連鎖飯店集團，下列何者屬於此一集團？ (A)Okura (B)Silk Place (C)Hyatt (D)W hotel。 【104統測】

 解答

6.D 　 7.C 　 8.A 　 9.B 　 10.D

《解析》Okura日本大倉旅館。Silk Place晶英（晶華國際酒店集團）。Hyatt凱悅（凱悅國際飯店集團）。W Hotel W飯店（喜達屋酒店及渡假村集團）。

( )11. 海葵颱風侵臺，風雨比預期還要嚴重，因此讓員工留宿旅館，除了安全考量，最重要的是確保隔日仍有足夠的員工服務旅客。關於前述的特別租(special rate)類型，下列何者正確？ (A)employee's rate (B)house use (C)promotion rate (D)time-limited rate。 【113統測】

《解析》(A)員工價；(B)公務用房；(C)促銷價；(D)限時價格。

( )12. 旅館的收費通常以住宿日計費，其中美式計價方式(American plan)是指 (A)包括住宿和早餐費用 (B)只包括住宿費用，餐飲另計 (C)包括住宿和兩餐費用（含早餐，午餐和晚餐任選一餐） (D)包括住宿和三餐的費用。 【102統測】

( )13. 旅館在銷售同一種房型的情況下，關於房租價格之類別，下列何者最高？ (A)commercial rate (B)complimentary (C)off-season rate (d)rack rate。 【105統測】

《解析》commercial rate商務租。complimentary免費。off-season rate淡季價格。rack rate公告價。

( )14. 下列關於旅館及其相關業務的敘述，何者錯誤？ (A)雙人房(Double Room)是指房間設置一張雙人床 (B)連通房(Connecting Room)是指兩間客房相連，中間有一道門可以互通 (C)旅館業所慣稱的FIT是代表團客 (D)European Plan(EP)是指客房房價不包含任何餐食的計價方式。 【102統測】

( )15. 請問訂房交易中，以下何者不是最佳的銷售結果？ (A)最高收入之銷售 (B)個別天數之客滿 (C)高平均之住房率 (D)高平均之房價。 【103全國教甄】

( )16. 下列有關訂房追蹤(Reservation tracking)的敘述，何者錯誤？ (A)為了避免造成旅館的營收損失所採取的處理 (B)在旅客入住前幾天與顧客聯繫、確認及提醒 (C)為了降低客人未入住或臨時取消訂房的狀況 (D)係針對長期住宿客人所採取的處理行動。 【104統測】

( )17. 在房客遷出的過程，櫃檯人員應在「住宿登記表」標示房間狀態，以作為客房銷售的依據，下列專用術語之意義何者錯誤？ (A)on change表示該房為空房，但當未清理完成 (B)ok room表示該房為可銷售房 (C)due out表示該房的房客當日預計遷出 (D)sleeper表示該房仍有人使用。 【102統測】

🛎 解答

11.B　　12.D　　13.D　　14.C　　15.B　　16.D　　17.D

( )18. Room Occupancy Rate是旅館客房重要的營運績效指標，下列敘述何者正確？
(A)出售客房總數÷旅館房間總數×100%　(B)出售客房總收入÷旅館房間總數
×100%　(C)出售客房總數÷旅館住房旅客總人數×100%　(D)出售客房總收
入÷旅館出售客房總數×100%。　　　　　　　　　　　　　【101統測】

( )19. 下列關於旅館的敘述，何者<u>錯誤</u>？　(A)客房餐飲服務(room service)一般是屬
於餐飲部的職責　(B)住房率(occupancy rate)是旅館業常用來判斷客房營運好
壞的指標　(C)平均房價(average daily rate, ADR)可反映出該旅館的市場定位
(D)旅館服務中心(concierge)的職責，包含為住宿房客辦理入住(check-in)及退房
(check-out)作業。　　　　　　　　　　　　　　　　　　　　【102統測】

( )20. 一般而言，旅館標準的遷出時間是以中午十二點為原則。旅館人員亦可配合
房客要求將退房時間延至下午三點，稱為：　(A)GIT C/O　(B)Early C/O　(C)
Late C/O　(D)Day Use。　　　　　　　　　　　　　　　　【101統測】

( )21. 有關辦理Group Inclusive Tour之旅客入住，下列何者<u>不符合</u>一般通用原則？
(A)旅客抵達前完成住客名單、房號表與房間之安排　(B)事先將房間鑰匙及餐
券備妥，並交由導遊或領隊發送　(C)確認晨喚、用餐、遷出與下行李之正確時
間　(D)由禮賓接待員帶至個別房間，辦理遷入手續。　　　　　【103統測】
《解析》Group Inclusive Tour（團客）。
由禮賓接待員帶至個別房間，辦理遷入手續的通常是FIT（散客）個別
旅客裡的VIP旅客。

( )22. 下列何者是旅館中準備帳單、結帳收款及道別致謝的作業流程？　(A)
Reservation　(B)Foreign Exchange　(C)Check-out　(D)Blocking。 【104統測】
《解析》Reservation訂房組。Foreign Exchange外幣兌換。Check-out遷出作業。
Blocking Room保留房。

( )23 某飯店共有250間客房，其中有5間OOO房，當日售出150間，住宿的房客共
有200人，其住宿總收入為$450,000，則該日飯店的平均房價為多少元？
(A)$1,800　(B)$1,836　(C)$2,500　(D)$3,000。　　　　　　　【100統測】
《解析》（每房）平均房價Average Rate Per Occupied Room
＝客房總收入÷出售客房總數450,000÷150＝3,000元。

🔔 解答

18.A　　19.D　　20.C　　21.D　　22.C　　23.D

( )24.某飯店共有300間房間,當日空房率為四成,其客房總營收為810,000元,該飯店當日平均每房價格為何? (A)3,000元 (B)3,500元 (C)4,500元 (D)6,000元。 【104統測】

《解析》 住房率＝出租客房總數÷300

60%＝出租客房總數÷300

出租客房總數＝180

平均房價＝客房總收入÷出租客房總收

＝810,000÷180

＝4,500元。

( )25.關於旅館專業術語,下列何者正確? (A)house count:飯店總房間數統計 (B)house use:住宿旅客統計 (C)on change:整理中的房間 (D)pressing service:指壓服務。 【100統測】

《解析》 (A)house count:房客出售日報表;(B)house use公務用住房;(D)pressing service:燙衣服。

( )26.以百慕達式計價(Bermuda Plan, BP)之旅館,房租費用包含下列何者? (A)歐式早餐 (B)美式早餐 (C)美式早餐及晚餐 (D)歐式早餐及午餐。 【106統測】

( )27.旅館採行Overbooking Reservation 的措施,其原因很多,唯與下列何者無關? (A)Late Cancellation (B)No Show (C)Over Stay (D)Under Stay。

【100統測】

《解析》 超額訂房:是指旅館在房間數額以上,再增加適當訂房數量,以填補少數訂房的客人沒有進入旅館而出現客房應賣卻未賣的現象。即使客房全部預訂出去,也會有訂房者因故未能抵店,使旅館出現空房,造成旅館收入的損失。

Late Cancellation臨時取消訂房;No Show應到未到;Over Stay延長住宿,而旅館未事先被告知;Under Stay提早遷出、提前離店。

( )28.國內部分連鎖飯店經營者,向業者承租旅館、土地或建築物來經營,例如:台北福容飯店向台糖公司承租大樓經營,此方式稱為下列何者? (A)leasing (B)franchise (C)referral (D)merger。 【106統測】

《解析》 leasing租賃。franchise特許加盟。referral會員連鎖。merge合併。

 解答

24.C 25.C 26.B 27.C 28.A

( )29. 台北遠東國際大飯店(Far Eastern Plaza Hotel)委託國際香格里拉酒店集團 (Shangri-La Hotels & Resorts)管理，此類型是屬於下列何種經營型態？ (A) Management Contract (B)Company Own (C)Operate -transfer(OT) (D) Franchise。 【107 統測】

《解析》 Management Contract 委託經營。Company Own 直營連鎖。Operate - transfer(OT)營運－移轉，由政府投資新建完成後，委託民間機構營運；營運期間屆滿後，營運權歸還政府。Franchise 特許加盟。

( )30. 請問下列旅館經營模式何者正確？甲、高雄漢來飯店為Independent Hotel；乙、台北寒舍艾美酒店為Franchise Chain；丙、台北W飯店為Franchise Chain；丁、台北大倉久和大飯店為Management Contract；戊、台北萬豪飯店為 Management Contract；己、台北寒舍喜來登大飯店為Franchise Chain (A)甲乙戊己 (B)甲丙丁戊 (C)甲丁戊己 (D)甲乙丙戊。 【107統測】

( )31. 下列哪一個品牌<u>不是</u>國內飯店加入的國際連鎖旅館品牌？ (A)The Ritz Landis Hotel (B)Holiday Inn Express (C)Okura Hotel & Resorts (D)Mandarin Oriental Hotel Group。 【107統測】

( )32. 關於飯店與國際連鎖體系之配對，下列何者正確？ (A)六福皇宮—Sheraton (B)君品酒店—Hyatt (C)寒舍艾美—Le Meridien (D)W飯店—New York New York。 【105統測】

《解析》 六福皇宮—Westin。君品酒店—雲朗。寒舍艾美—Le Meridien。W飯店—W Hotel。

( )33. 下列何者為訂房專業用語「No Show」的解釋？ (A)沒有安排行程 (B)沒有先預付訂金 (C)今晚的表演取消 (D)訂房後無故不入住者。 【103統測】

( )34. 住房狀況紀錄表中的英文縮寫「DNS」、「HU」、「OC」、「D/O」分別代表什麼意思？ (A)客人因故未住離去、招待房、續住清潔房、預定退房 (B)訂房卻無故未到、公務住房、空房、已退房 (C)客人因故未住離去、公務住房、續住清潔房、預定退房 (D)訂房卻無故未到、招待房、空房、預定退房。 【102全國教甄】

 解 答

29.A 30.C 31.A 32.C 33.D 34.C

(　)35.關於旅館due out的敘述，下列何者正確？　(A)櫃檯誤記為有人住宿之空置房　(B)已整理完畢可供銷售之客房　(C)預計今日遷出之待退房　(D)辦理住宿登記後外出未歸。　【106統測】

《解析》櫃檯誤記為有人住宿之空置房：Sleeper。已整理完畢可供銷售之客房：Vacant Room/Vacant & Ready/OK Room。預計今日遷出之待退房：Due out。辦理住宿登記後外出未歸：Sleep Out。

(　)36.旅館的客房狀態常以電腦系統顯示英文專用術語或縮寫，以方便管理，下列常見的用語與狀態說明，何者正確？　(A)V/R指已達退房時間，延時退房　(B)V/D指已退房，待整理的客房　(C)On Change指招待房　(D)D/O指故障房。　【107統測】

《解析》V/R，Vacant & Ready 指已清潔的空房，且經過檢查，可以銷售。Late C/O 延時退房。V/D，Vacant & Dirty 指已退房，待整理的客房。On Change 清理中：客人已退房離開，但該房間還未被清理至可銷售狀態。Complimentary/Comp. 免費招待：該客房已入宿，但不需付客房費用，即招待房。D/O，Due Out，預定退房。OOO/OOI/OOS 都為故障房。

(　)37.某渡假旅館申請參與臺灣星級旅館評鑑，第一階段建築設備評鑑獲得 450 分，第二階段 服務品質評鑑獲得255分，最後該旅館可獲頒為幾星級旅館？　(A)二星級　(B)三星級　(C)四星級　(D)五星級。　【109統測】

(　)38.兩位美食達人正在計畫日本京阪神美食之旅，為了品嚐當地的特色小吃及美食，他們決定完全不在旅館內用餐。選擇下列何種計價方案最為合適？　(A)歐式計價(European Plan)　(B)美式計價(American Plan)　(C)歐陸式計價(Continental Plan)　(D)修正美式計價(Modified American Plan)。　【109統測】

(　)39.旅館為了讓客人感受到尊崇之意，提供房客比原先預定更佳等級的房型，但仍以原房價收費，此種收費方式，屬於下列何者？　(A)rack rate　(B)upselling　(C)upgrade　(D)house use。　【109統測】

(　)40.消費者可以從下列哪一選項中，看得到旅館各種房型的公告價格？　(A)room revenue　(B)room service　(C)room status report　(D)room tariff。　【109統測】

 解答

35.C　　36.B　　37.C　　38.A　　39.C　　40.D

( )41. 日本的溫泉飯店多數位於郊區，因為交通不便，入住的旅客通常會選擇一泊二食的住宿方案。這種計價方案是屬於下列何者？　(A)Bermuda Plan　(B)Continental Plan　(C)European Plan　(D)Modified American Plan。　【110統測】

( )42. 小高加入連鎖旅館的酬賓計畫，如果未來想透過住宿同一集團快速賺取積分以兌換免費住宿，下列何者不屬於同一連鎖旅館集團？　(A)Indigo　(B)Sheraton　(C)Westin　(D)W Hotel。　【110統測】

( )43. 某旅館共有 200 間客房，110 年 4 月份平均住房率為 80 ％，4月份的總銷售客房數為幾間？　(A)1600 間　(B)3200 間　(C)4800 間　(D)6000 間。　【110統測】

( )44. 下列何者不是旅館業者選擇加入連鎖經營的優點？　(A)共享訂房系統拓展業務　(B)有完全的廣告促銷自主權　(C)提升旅館的形象與知名度　(D)總部可提供人力培訓的作業流程。　【110 統測】

▼ 閱讀下文，回答第45~46題

　　受嚴重特殊傳染性肺炎 (COVID-19) 疫情之影響，某星級旅館之旅客住宿人數銳減，因此旅館總經理召開會議，討論如何調整與規劃未來旅館經營方式。

( )45. 關於該旅館2020年2月與2021年2月的房租總收入與住房銷售房間數如表（一），整體平均房價的變化，下列何者正確？　(A)減少$660　(B)減少$800　(C)減少$900　(D)減少$1,280。　【111統測】

表（一）

時間	該月房租總收入（元）	該月平均每日銷售房間數（間）
2020年2月	$ 31,320,000	300（間）
2021年2月	$ 15,680,000	200（間）

《解析》平均房價＝客房收入÷已銷售客房總數
　　　2020年已銷售客房總數＝29日×300間＝8,700
　　　2021年已銷售客房總數＝28日×200間＝5,600
　　　2020年平均房價＝$31,320,000÷8,700＝$3,600
　　　2021年平均房價＝$15,680,000÷5,600＝$2,800
　　　兩年平均房價變化為減少$800($3,600-$2,800=$800)。

 解 答

41.D　　42.A　　43.C　　44.B　　45.B

( )46.該旅館總經理欲商討疫情期間如何提高住房率，下列何者<u>不是</u>必要的參與人員？ (A)客務部主管 (B)訂房組主管 (C)行銷業務主管 (D)服務中心主管。 【111統測】

《解析》總經理會協同客務部主管、訂房組主管、行銷業務主管針對客房業務策劃推廣，預測住用率及平均房價，使「住房率」、「平均房價」達到最佳營收。服務中心主任為服務中心主管，負責訓練、指揮、督導服務中心工作。

( )47.位於臺北市的老爺酒店、文華東方酒店、遠東國際大飯店以及W飯店，是屬於連鎖旅館經營的哪一種方式？ (A)company owned (B)franchise (C)management contract (D)referral。 【112統測】

《解析》(A)直營連鎖；(B)特許加盟；(C)管理契約／委託經營；(D)會員結盟。

( )48.L飯店房間數500間，4月份平均住房率80 %，住房總收入 $ 24,000,000。該飯店4月份平均房價為多少？ (A)$2,800 (B)$2,400 (C)$2,000 (D)$1,600。 【112統測】

《解析》平均房價=住房總收入÷已銷售客房總數。4月已銷售客房總數：（500間×平均住房率80%）×30天=1,200間。平均房價=$24,000,000÷1,200間=$2,000。

( )49.近年來臺灣本土連鎖飯店集團發展快速，下列何者皆屬於臺灣本土連鎖飯店？ (A)臺北君品酒店、臺南晶英酒店 (B)臺北福華飯店、臺北雅樂軒酒店 (C)臺北六福萬怡酒店、臺中長榮酒店 (D)臺中兆品酒店、嘉義耐斯王子大飯店。 【112統測】

《解析》臺北君品酒店、臺南晶英酒店分別為臺灣的雲朗觀光集團與晶華國際酒店集團旗下之品牌；臺北雅樂軒酒店、臺北六福萬怡酒店為美國萬豪集團旗下之品牌連鎖旅館，而嘉義耐斯王子大飯店則為日本王子飯店旗下品牌。

解答

46.D　　47.C　　48.C　　49.A

▼ **閱讀下文，回答第50~51題**

　　某知名網紅在新年期間參加團費30萬元，為期半個月的歐洲旅行團遊程，該行程標榜高端且奢華路線。某晚住宿的旅館，是由中古世紀的塔型教堂所改建而成，相當具有歷史價值；然而這位網紅當天所住宿的客房淋浴間有漏水狀況，該網紅把整夜擦拭漏水的影片上傳網路，引發各方輿論。

(　　)50. 該網紅當天投宿的是下列哪一種旅館？　(A)apartment hotel　(B)parador　(C)villa　(D)youth hostel。　　　　　　　　　　　　　　　　　　【113統測】

　　《解析》巴拉多是由中古世紀的塔形教堂所改建而成，相當具有歷史價值。(A)公寓式旅館；(B)巴拉多；(C)別墅性旅館；(D)青年旅社。

(　　)51. 旅行社對此歐洲行程是採用下列哪一種訂價策略？　(A)畸零　(B)差別　(C)滲透　(D)便利。　　　　　　　　　　　　　　　　　　　　　　　　　　【113統測】

　　《解析》該行程標榜高端且奢華路線，是採用適用對象的差別訂價策略。

▼ **閱讀下文，回答第52~54題**

　　85飯店在黃色小鴨展示期間，推出的住房優惠文宣如圖（二）：

圖（二）

85 Hotel

小鴨回來了！

優惠好康雙重奏：
①憑當日台鐵、高鐵票享有住房8折優惠
②房客可半價享有賞鴨遊艇全票一張
※優惠房型數量有限，及早預約享優惠

期間限定
強勢回歸

(　　)52. 優惠①主要目的為鼓勵大眾響應節能減碳，此反映85飯店相當重視下列哪一個層面的職場道德及倫理？　(A)飯店投資者　(B)同業　(C)員工　(D)社會。

【113統測】

 解答

50.B　　51.B　　52.D

《解析》鼓勵大眾響應節能減碳為傳遞正確的價值觀，同為對社會及環境的責任。

( )53. 優惠②運用到下列何種銷售方式？　(A)bundle selling　(B)cross selling　(C)down selling　(D)up selling。　　　　　　　　　　　【113統測】

《解析》飯店發現消費者有更多其他類型需求（如賞鴨遊艇）時，進而採橫向角度銷售互補形產品，此為交叉銷售。

( )54. 文宣中除了①、②的優惠內容外，「優惠房型，數量有限，及早預約享優惠」此說明最能反映下列哪一種旅館業的特性？　(A)synthesis　(B)restless　(C)rigidity　(D)variability。　　　　　　　　　　　【113統測】

《解析》「優惠房型，數量有限，及早預約享優惠」為商品短期供給且無彈性，反映出僵固性。(A)綜合性／資源整合性；(B)無歇性；(C)僵固性；(D)商品需求具敏感性／需求波動性。

🛎 解答

53.B　　54.C

memo

05
CHAPTER

旅行業

- ☑ 5-1 旅行業的定義與特性
- ☑ 5-2 旅行業的發展過程
- ☑ 5-3 旅行業的類別與旅行社的種類
- ☑ 5-4 旅行業的組織與部門
- ☑ 5-5 旅行業的經營理念

趨勢導讀 *本章之學習重點（本章為每年必考的重點）*

1. 本章的學習重點為旅行業的特性、發展過程，尤其是國內旅行業之各年代重要紀事，為每年必考之題型，考生須熟記相關年代。

2. 旅行業的分類、法源、成立規範、業務內容、資本額、保證金等，都是非常重要的考題。

3. 出入境相關規定、簽證、護照、航空公司代碼、航空三大區域、九大航權等概念，都是考試重點。

5-1 旅行業的定義與特性

一、旅行業的定義(Travel Agent)

1. **世界觀光組織(United Nations World Tourism Organization, UNWTO)將服務業分為十二大類，第九大類為旅遊服務業。**

   [世界觀光組織屬於聯合國（United Nations, UN)的組織，為了與世界貿易組織(World Trade Organization, WTO)有所區別，所以英文縮寫為"UNWTO"]

2. 觀光事業在**經濟學上係屬第三級產業。**

3. **民國58年公佈之發展觀光條例，為觀光產業的母法。**

4. 《發展觀光條例》第2條第10款：「旅行業：指經中央主管機關核准（**交通部觀光局，2023年升格為觀光署**），為旅客設計安排旅程、食宿、領隊人員、導遊人員、代購代售交通客票、代辦出國簽證手續等有關服務而**收取報酬**之營利事業。」

5. 民法債編旅遊專節（514條之1）旅遊營業人者，謂以提供旅客旅遊服務為營業而收取旅遊費用之人。前項旅遊服務係指安排旅程及提供交通、膳宿、導遊或其他有關之服務。

6. 美洲旅行業協會(American Society of Travel Agents, ASTA)將旅行業定義為：「個人或公司，接受一個或更多的供應商授權，從事旅遊銷售業務及相關旅遊服務事項的事業。」定義中的「供應商」即指航空公司、航運公司、旅館等。

7. 《發展觀光條例》第26條：「經營旅行業者，應先向中央主管機關（交通部觀光局）申請核准，並依法辦妥**公司登記**後，領取**旅行業執照**，始得營業。」

8. 《旅行業管理規則》第6條：「旅行業經核准籌設後，應於**二個月內**依法辦妥**公司設立登記**，備具下列文件，並**繳納**旅行業**保證金、註冊費**向**交通部觀光局申請註冊**，逾期即廢止籌設之許可。但有正當理由者，得申請延長二個月，並以一次為限：(1)註冊申請書。(2)公司登記證明文件。(3)公司章程。(4)旅行業設立登記事項卡。前項申請，經核准並發給旅行業執照賦予註冊編號後，始得營業。」

二、旅行業之特性

1. 服務業的特性

服務業的特性	內容
無形性	旅遊商品是無形的，是勞務與專業之結合。
無法儲存性	隔日的房間無法再出售，起飛的班機無法再售票。
易變性	旅遊隨季節、環境、人為操作而有所變化。
不可分割性	在旅行途中感受到的服務，是消費也是生產，無法分割。
競爭性	旅行業產品同質性大，故相同行程易被模仿，削價競爭激烈。
永續性	旅行業為求永續經營，努力建立形象及口碑。

2. 居中服務的特性

居中服務的特性	內容
相關供應商的**僵硬性**	旅行社的上游廠商，如航空業、旅館業、餐飲業，**無法在短時間內擴充數量**。
需求不穩定性	旅行社營運易受到國際經濟、政治不安因素影響。如**美國911事件、SARS傳染病**。
需求的彈性	旅遊產品針對不同族群，設計多元化，旅客可依自己需求及能力，選擇適合自己的產品。
需求的季節性	南北半球的四季，可針對季節安排。如北海道賞冰雕、寒暑假的淡旺季，均受季節影響。
專業性	旅行社運作已趨向分工整合管理，人員之專業知識是保障消費者的重要因素。
整體性	旅行業是一個群策群力的行業，如旅館、餐飲、交通，均要與之分工合作，才能完成營運目標（價格營收系統Yield Management，是針對淡旺季之運載量與收入之關係的電腦管理系統）。

考題推演

( ) 1. 下列有關旅行業特質的敘述，何者正確？甲、出團量不受經濟環境的影響；乙、旅遊產品具有季節性；丙、供應商的資源供給彈性大；丁、旅遊產品的可複製性高　(A)甲、乙　(B)甲、丙　(C)乙、丁　(D)丙、丁。

解答 C

《解析》甲、需求不穩定性，易受經濟政治影響。丙、供應商的資源固定，無法臨時增加，如機位、客房。

(　　) 2. 小菲請旅行社代訂了歌劇院的票，提供代訂服務的業者，依行政院主計總處「中華民國行業標準分類」是屬於觀光餐旅相關產業的哪一大類？　(A)H大類　(B)I大類　(C)N大類　(D)R大類。　　　　　　　　　　　　　　【113統測】

解答 C

《解析》(A)運輸及倉儲夜；(B)住宿及餐飲業；(C)支援服務業（含旅行業）；(D)藝術、娛樂及休閒服務業。

5-2　旅行業的發展過程

一、歐美旅行業的發展

（一）國外旅行業的發展

1. 上古時期（西元前3,000年至西元476年）

年代	重要紀事
階級旅遊 (Class Travel)	1. 蘇美人製造工具、發明貨幣，從事商業行為，並留下文字紀錄。 2. 腓尼基人控制海上貿易，可算是世界上最早的旅行家。 3. 古埃及王國時代，興建金字塔與神廟，埃及成為最早的人造旅遊勝地，舉世聞名。 4. 古希臘時代，西元前776年起，舉辦奧林匹克運動會，吸收眾多旅遊人潮參與，為真正以觀光旅遊型態出現。由於愛好旅行、古希臘人稱霸地中海。 5. 西元前6世紀，古波期帝國興建「御道」，橫跨歐亞大陸公路，首開東西文化、貿易交流的風氣。
階級旅遊 (Class Travel) （續）	6. 古羅馬時代，建立羅馬帝國、修建道路、交通發達，讓旅遊者更有保障，特權階級僱用外語強且身強力壯之護衛Courier，開創專業領隊與導遊之先河（因當時貴族熱衷SPA）。 7. 歐洲餐廳之起源可追溯至古羅馬時代。

2. 中古時期（西元476~1453年）

年代	重要紀事
宗教旅遊 (Pilgrimages Travel)	1. 因羅馬帝國衰退，影響旅遊活動，僅朝聖活動為13世紀之一大觀光現象。 2. 西元1095~1291年，**基督教、回教、希臘教徒，發起十字軍東征(The Crusade)，以奪取聖城耶路撒冷為目的**。促使東、西文化交流。為歐洲人東遊奠定基礎。 3. 因修道院提供住宿給朝聖者，扮演客棧角色，因此造成歐洲餐旅業進入衰退時期。 4. **十字軍東征，將東西飲食文化融合，阿拉伯人間接將冰淇淋作法傳入歐洲。馬可波羅將中國麵點傳入義大利**。

3. 文藝復興時期（14~18世紀）

年代	重要紀事
學習旅遊 (Comprehensive Tour)	1. 14、15世紀，**學習旅遊興起於義大利，以人文主義為主**，再擴展到歐洲各國，**帶動文化、藝術、教育之路(Education Tour)**。 2. 1533年義法聯姻，飲食交流使法國菜成為世界主流。**義大利菜被稱為「西餐之母」**。 3. **18世紀，英國流行大旅遊教育旅遊(Grand Tour)**，為英國貴族培育其子女，以學習歷史、藝術、教育、文化為主，安排之**全備旅遊(All Inclusive Tour)**。 4. 大旅遊奠定歐洲團體全備旅遊(Group Inclusive Package Tour)的基礎。

4. 工業革命時期（18~19世紀）

年代	重要記事
汽車旅遊 (Bus Tour)	1. 1769年，英國出現以馬車作為城市間交通工具。 2. 1787年，**瓦特發明蒸氣機，海上交通成為主流**，觀光已成為媒介型事業（**火車發明**）。 3. 1825年**英國密德蘭鐵路完成，為世界第一條鐵路**。 4. **1845年，英人湯瑪斯·庫克(Thomas Cook)創立「通濟隆公司」，是世界最早的旅行社**。為包辦式旅行(Inclusive Tour)業務的開始，配合英國之禁酒運動，發起之活動。

年代	重要記事
汽車旅遊 (Bus Tour) （續）	5. **湯瑪斯‧庫克，被尊稱為「旅行業之鼻祖」、「近代觀光業之父」**。 6. 美國旅行業創設源於威廉哈噸（1839年）是歷史上最早出現旅運公司的國家，**1850年，美國運通公司成立，為世界最大的民營旅行社**。 7. 1885年汽車問世，**美國**為世界上最早興建「國有州際公路系統」、**發明汽車的國家**。 8. 1850~第一次世界大戰，巴士之旅最為盛行。公路旁出現**汽車旅館(Motel)**，收費低廉。**Motel創始於美國**。 9. 工業革命時期，馬車、蒸汽機、火車、旅行指南、汽車問世的帶動下，印證了**「交通運輸為觀光事業之母」**這句話。 10. 1891年，美國運通首創全球第一張旅行支票。 11. 1930年世界經濟大恐慌，餐旅業發展呈停滯狀態。 12. 1958年，噴射客機正式啟用。波音公司(Boeing)和空中巴士（Airbus是由英、法、西德合作）生產航空運輸器，大幅縮短旅遊的交通時間。

5. 現代大眾旅遊時期（西元1945年～迄今21世紀）

年代	重要紀事
大眾旅遊 (Mass Travel)	1. **二次大戰後，在1958年噴射客機正式啟用，成為近代觀光旅遊之主要交通工具**。 2. 1963年**美國啟用客機波音747，開啟航空進入噴射客機時代**。 3. 1974年**英國、西班牙、德國、法國研發了空中巴士300(Air Bus 300)**民航機。 4. 二次大戰後，歐美各國紛紛立法修正縮短工時，調整休假時段，餐旅業成為全世界最大的產業。 5. 美國完成「國有州際鐵路系統」之興建，是以鐵路為主要交通工具之代表國家。 6. 德國之高速鐵路系統稱為ICE(Inter-City Express)系統。 7. 1999年世界觀光組織UNWTO，**公佈觀光衛星帳TSA**(Tourism Satellite Account)之會計系統，確立觀光為單一產業，藉此衡量觀光產業對一個國家的經濟貢獻度。

（二）英國之旅行業發展

英國湯瑪斯・庫克Thomas Cook－通濟隆公司

1. **1841年湯瑪斯・庫克為提倡禁酒運動，完成了世界上第一個全備旅遊。**（利用火車運輸結合旅遊活動，開創了旅遊經營先河，）為旅行業鼻祖，也稱近代觀光之父。
2. **1845年創設了世界第一家旅行社「通濟隆公司」。**
3. 被尊稱為**旅行業之鼻祖**，又稱**近代觀光業之父**，為**近代旅遊之創始人**。
4. 發明之業務：（通濟隆旅行社的創立為各國旅行業之典範）
   (1) **週遊車票**(Circular Ticket)。
   (2) **庫克服務憑券**(Cook Coupon)。
   (3) **週遊券(Circular Note)為今日旅行支票之支付雛形。**
   (4) **旅遊手冊及交通時刻表。**
   (5) **建立領隊與導遊之提供制度。**
5. 希臘奧林匹克之慶典，為觀光活動之代表。
6. 羅馬時期，形成階級旅遊(Class Travel)，貴族有專人導遊(Courier)，即挑夫專業導覽。
7. 中古之十字軍東征，耶路撒冷之聖戰之爭，基督教、猶太教、伊斯蘭教（回教），間接使東西方文化交流。
8. 回教徒一輩子之朝聖之旅，也促進了旅遊之發展。
9. 文藝復興時代，源於義大利，被稱為大旅遊。貴族子女遊學各種文化，奠定了全備旅遊之基礎(Group Inclusive Package)。

（三）美國之旅行業發展

美國威廉哈頓William Harden－美國運通公司

1. 1839年威廉哈頓開設一家旅運公司，1840年艾爾敏・亞當斯設立第二家旅運公司。
2. **1850年**兩公司合併為**美國運通公司**，為世界上最大的民營旅行社。
3. 1891年設計**發行旅行支票及旅遊業務**。
4. 1915年發行**信用卡**(Credit Card)，開啟國際信用卡之先河。
5. 發展**旅館預約制度**(Space bank)，是今日旅館訂房之創始者。
6. 時代之變革，交通依序為：馬車→蒸汽船→火車→汽車→飛機。

二、國內旅行業的發展

（一）中國餐旅發展重要紀事

年代	重要紀事
夏、商、周	1. 夏朝設有專門烹飪之御廚、管廚師之官吏為「庖正」。 2. 夏禹在塗山召集諸候，舉辦了中國最早的國際性會議，具備了「**會議觀光**」的型態。 3. 西周文王「易經」觀卦之「**觀國之光**」為最早出現觀光一詞。 4. 周文王開放庭園供百姓參觀，可說是世界上最早之國家公園。 5. 周穆王登祁連山，是我國第一位登山旅行家。
春秋戰國	1. **孔子**周遊列國，首開旅學風氣，**為文化觀光之始**。 2. 吳季子札考察諸國，可說是政治、外交觀光之先鋒。 3. 春秋齊桓公之臣易牙，能一嚐而辨出水之味。
秦漢	1. **秦始皇**修建馳道，交通運輸暢通（有派人至**韓國濟州島**之記載）。 2. **漢武帝**是古代旅遊宗師，**派遣張騫出使西域**。 3. **漢成帝**在太液池興建御船，名為「**宵遊宮**」是中國最早之夜總會。 4. 秦漢設置「**驛站**」休息之用，**為中國餐飲業之雛型**。 5. 秦漢時期，各通商大邑設有亭、逆旅、客舍。
魏晉南北朝	1. **北魏孝文帝**，廣建佛寺，首開宗教觀光之先。 2. **東晉法顯是我國最早至西域求佛經，朝聖旅行家**。 3. 酈道元撰寫「水經注」，訪中國地理。
隋唐	1. 隋文帝興建大興城（長安），為各國都市之模範。 2. 唐詩人李白之漫旅生活。 3. 唐義淨和尚至印尼研究佛經。 4. 唐鑒真高僧至日本傳道弘法。 5. **唐孫思邈著「備急千金要方」，為藥膳之始**。 6. **唐玄奘大師**，赴天竺（印度）取經，對**佛教漢化**有很大貢獻。 7. **隋唐**帝國設**波斯邸**接待外賓，**禮賓院**為國家招待所。 8. **唐代長安**，觀光、休閒設施多，**為我國觀光事業最興盛之朝代**。
宋元明	1. 宋高宗建都杭州，西湖成為觀光勝地。 2. 大元帝國多征戰，設驛道，設立會同館。 3. **元朝**時義大利人馬可波羅著有「**馬可波羅遊記**」是中國最早之旅遊指南。 4. 明太祖朱元璋推展國際觀光，是中國第一位大力倡導觀光之人。 5. **明鄭和下西洋，是我國歷史上的大航海家**。 6. 明徐霞客有地理學宗師之美譽。

年代	重要紀事
清	1. 清朝中英鴉片戰爭後，門戶大開，開始大量興建西式旅館。 2. **清朝最著名之滿漢全席源於北平菜。** 3. **清朝稱導遊為「露天通事」。**
近代（民國元年～38年）	1. 民國12年「上海商業儲蓄銀行」成立旅行部。 2. **民國16年「中國旅行社」成立，為我國第一家民營旅行社。** 3. 《湖上春光》是中國第一部觀光導遊手冊。 4. 我國第一家西餐廳在上海出現，23年臺北波麗露西餐廳，為臺灣第一家西餐廳。 5. 民國34年臺灣光復後，日據「東亞交通公社臺灣支部」由政府接收，授予鐵路局經營，改組為「臺灣旅行社」。民國36年，臺灣旅行社改組為「**臺灣旅行社股份有限公司**」，直屬於臺灣省政府交通處，**為我國第一家國營旅行社**。 6. 民國38年大陸淪陷，撤退至臺灣。

（二）臺灣餐旅發展重要紀事

年代	重要紀事
39年	中國旅行社改為「臺灣中國旅行社」。
42年	1. 先總統蔣公以民生主義育樂兩篇補述，肯定觀光遊憩活動的功能。 2. 交通部頒佈《旅行業管理規則》（為我國管理旅行業法令之始。全文僅17條；旅行業無分類，可兼營住宿與餐飲事業）。其後，並規定兼營餐宿者應具備現代化之衛生設備。（77年、81年修訂）
34~42年	臺灣僅有4間旅行社：中國、臺灣、歐亞、遠東旅行社。
45年	1. 臺灣省政府臨時編制「臺灣省觀光事業委員會」，民間觀光單位成立「**臺灣觀光協會**」(Taiwan Visitors Association, TVA)，**屬於半官方組織**，為我國第一個成立的民間觀光團體。 2. **民國45年可謂我國觀光事業之創始年。** 3. 可接待外賓的旅館僅有圓山旅店、中國之友社、自由之家及臺灣鐵路飯店等4家。
46年	1. 頒佈〈新建國際觀光旅館建築及設備要點〉，以鼓勵民間興建觀光旅館。 2. 民國46年6月高雄華園飯店率先投資興建觀光旅館。

年代	重要紀事
47年	1. 我國加入於1952年夏威夷成立的亞太旅行業協會(Pacific Asia Travel Association, PATA)。 2. 我國加入國際官方組織聯合會(International Union of Official Organization, IUOTO)。西元1975年改組後被大陸取代我國入會。 　　（1925年世界多國從事觀光業者於海牙成立國際官方觀光傳播聯合會，1947年更名為國際官方組織聯合會，並於1970年正式納入聯合國附屬機構，成為政府類的國際性組織，訂名為世界觀光組織(The World Tourism Organization, WTO)）
49年	1. 試辦「外客在臺灣停留72小時免簽證手續」。 2. 交通部「觀光事業小組」正式成立。（最早成立的觀光行政機構） 3. **旅行社開放民營**，同年有8家旅行社成立（此時臺灣有臺灣、中國、遠東、歐亞、亞美、亞洲、歐美、臺新、東南9家旅行社）。 4. 政府公佈「獎勵投資條例」。
51年	於美國西雅圖舉行第一屆世界公園會議，為紀念世界第一個國家公園（黃石公園）設立100週年。
53年	1. **首度舉辦導遊人員甄試，錄取40名，成為我國觀光史上的首屆導遊。** 2. 頒佈「臺灣省觀光旅館輔導辦法」（將觀光旅館分為國際及一般觀光旅館）。 3. 大型觀光旅館之始，如統一大飯店、國賓大飯店（臺灣第一家五星級飯店）。 4. 日本開放國民海外旅遊，大量日本旅客來臺。 5. 駐越南美軍將臺灣列為渡假地點之一。
54年	旅館業者成立「中華民國旅館事業協進會」。
56年	**日本來華觀光人數首次超越美國**，成為我國最主要的觀光客輸入國。
57年	1. 將旅行社分為甲種與乙種。 2. 交通部頒佈《旅行業導遊人員管理辦法》。
58年	7月30日**公佈並實施《發展觀光條例》**，奠定了臺灣觀光產業的發展。（共26條→69年修訂為49條→90年修訂為71條）
59年	**成立「中華民國觀光導遊協會」(Tourist Guide Association, TGA)。**
60年	6月24日決定將原交通部觀光事業委員會與臺灣省觀光事業管理局裁併，改組為「中華民國交通部觀光事業局」。
61年	1. 觀光局於臺北松山機場成立「旅客服務中心」。 2. 頒佈《國家公園法》。 3. 公佈《交通部觀光局組織條例》。 4. 中日斷交。

年代	重要紀事
62年	1. 臺北「希爾頓飯店」（現為臺北凱撒）開幕，是臺灣首座五星級國際連鎖飯店，亦是第一家簽訂經營管理契約（所有權與管理權完全分開）的旅館。 2. 我國觀光旅館業開始進入國際連鎖時期。 3. 62年3月1日至63年3月1日，第一次停止受理新設旅行社。
65年	1. 來臺旅客突破100萬人次。 2. 65年12月9日至66年12月9日，第二次停止受理新設旅行社與轉讓。
66年	交通部會同內政部首次發佈〈觀光旅館業管理規則〉。
67年	1. 觀光局訂定「元宵節」（農曆正月十五日）為觀光節，並以觀光節前後三天為觀光週。 2. 暫停甲種旅行社申請設立辦法。（因旅行社擴張迅速，造成惡性競爭。）
68年	1. 開放國人出國觀光。 2. 68年4月27日至76年12月31日第三次暫停申請新設旅行社。（68~76年地下旅行社「靠行」(Broker)現象嚴重） 3. 中正國際機場落成啟用。 4. 觀光局首次辦理國際領隊甄試。
69年	首度修正《發展觀光條例》，由原先26條全文增修至49條。（58年為26條）
70年	交通部首頒《導遊人員管理規則》。
72年	觀光旅館實施梅花評鑑制度。（71.10~72.1接受申請）
73年	1. 「墾丁國家公園」成立管理處，成為我國第一座國家公園。（隸屬於「內政部營建署」） 2. 「麥當勞」進駐臺灣。 3. 73年7月14日「凱撒大飯店」及12月29日「歐克山莊」首創我國BOT案例。
74年	「肯德基」進駐臺灣。
75年	1. 成立「中華民國觀光領隊協會」(Association of Tour Managers, ATM)。（6月30日）
76年	1. 解除戒嚴令。 2. 受理赴大陸探親之申請（11月2日），國人增加大陸之旅遊活動，出國人數首度超過100萬人次。 3. 臺灣觀光協會首辦第一屆國際旅展(International Travel Fair, ITF) 活動至今。
77年	1月1日觀光局開放旅行業申請設立。訂定資本額、保證金及專任經理人並區分為綜合、甲種及乙種等三類旅行社。（42年頒佈，77年修訂分三類，81年修訂經營範圍）

年代	重要紀事
78年	1. 旅行業者成立「**中華民國旅行業品質保障協會**」(Travel Quality Assurance Association, **TQAA**)，為保障消費者權益之聯保團體。（每季發表旅遊市場之航空機票、食宿、交通，以供消費者參考） 2. 實施「新護照條例」，期限延長為6年，採一人一照制。 3. 來華旅客及出國旅客同時均突破200萬人次。 4. 國人出國人次首度超過外國人來臺人次。
79年	1. 第一屆「**臺北燈會**」（由交通部觀光局國際組負責）及第一屆臺北中華美食展（由臺灣觀光協會主辦）。 2. **實施「航空電腦訂位系統」**(Computer Reservation System, CRS)取代傳統之航空訂位作業。
80年	1. 出國人次超過300萬人次。 2. 實施《促進產業升級條例》。
81年	1. 旅行社與航空公司陸續實施「**銀行清帳計畫**」(Billing and Settlement Plan, Bank Settlement Plant, **BSP**)，為旅行業就航空票務作業、銷售結報、匯款轉帳及票務管理而制訂的統一作業模式。 2. 頒佈《臺灣地區與大陸地區人民關係條例》。 3. **為旅客投保200萬旅行平安險的規定。** 4. 「**中華民國旅行業經理人協會**」(Certified Travel Councilor Association, **CTCA**)成立。 5. 《旅行業管理規則》正式發佈，明訂綜合、甲種、乙種旅行業之經營範圍。 6. **首度舉辦大陸領隊甄試。** 7. 出國人次超過400萬人次。 8. 正式允許臺灣地區赴大陸旅行之團體業務。
82年	旅行社全面使用「代收轉付收據」。
83年	1. 對英、美、日等12國實施120小時免簽證措施。 2. 公佈《消費者保護法》。
84年	1. **外交部**領事事務局核發**機器可判讀護照**(Machine Readable Passport, MRP)。 2. **品保協會舉辦第一屆「中華民國旅遊產品金質旅遊獎」（金旅獎）。** 3. 《旅行業管理規則》加重旅行業經營責任，明訂旅行業責任保險及履約保證金，並提高綜合旅行業之資本額及保證金。（因千島湖事件） 4. 5月1日外交部公佈給予美、加、日、澳、紐、英、法、德、荷、比、盧、奧、西、葡、義、哥、瑞典及希臘等18國國籍旅客入境，可享14天免簽之優惠。
86年	香港回歸中國大陸。

年代	重要紀事
87年	1. 實施隔週休二日制，帶動觀光活動商機。 2. 依據《獎勵民間參與交通建設條例》規定，政府鼓勵民間採BOT或BOO方式參與重大觀光遊憩設施。 **3. 旅館從業人員納入《勞動基準法》。** 4. 電子機票之採用（華信航空於11月北高航線）。
88年	1. **921集集大地震。** 2. 澳門回歸中國大陸。 3. 訂為「**臺灣溫泉觀光年**」。
89年	1. 護照期限由六年延長至十年。 **2. 實施民法債編增訂旅遊專節，「國內外旅遊定型化契約」。** 3. 中正機場第二航廈啟用。
90年	1. **1月1日起全面實施週休二日**，並積極規劃「臺灣地區觀光旅憩系統」。 2. **實施小三通**，由金門、馬祖啟航。 3. 推動生態旅遊，並配合聯合國將2002年訂為「國際生態旅遊年」。 4. 觀光局訂定「觀光政策白皮書」。 5. **觀光局二度修正《發展觀光條例》**：（49條→71條）將旅遊契約內容改成公告式定型化契約，並擴大至自由行旅客。**增列民宿、自然、人文生態景觀區，專業導覽人員及將旅館業、領隊人員納入管理。** 6. 修正《導遊人員管理規則》、《旅行業管理規則》。（導遊、領隊應通過國家考試及訓練合格） **7. 發佈《民宿管理辦法》。** 8. 民間參與大鵬灣風景區BOT案，為我國歷年最大的觀光投資。 **9. 美國911事件。** 10. 觀光局訂定12項大型民俗節慶活動，擴大吸引外國觀光客。 11. 交通部擬定「21世紀臺灣發展觀光新戰略」之總目標。 　(1) 國民旅遊突破一億人次。 　(2) 來臺觀光客年平均成長10%。 　(3) 2003年迎接350萬人次來臺。
91年	1. 「挑戰2008：國家發展重點計畫(2002~2007)」，發展重點之一為「觀光客倍增計畫」，目標2008年打造臺灣成為觀光之島，來臺人數倍增為500萬人次 (Inbound)。其中有200萬人次是以觀光旅遊為目的。 2. 我國加入世界貿易組織(Word Trade Organization, WTO)。 3. 民國91年行政院訂定「**臺灣生態旅遊年**」。

年代	重要紀事

91年（續）	4. **開放第三類、第二類大陸地區人民來臺觀光。**
	
	   (1) **第一類**為觀光客（97.7.4開放）。
	
	   (2) **第二類**為在大陸有固定職業或是學生，旅遊轉經臺灣。
	
	   (3) **第三類**為旅外大陸人士。
	
	5. 開放港澳地區出生人民來臺免落地簽證。
	
	6. 有條件開放大陸人士來臺觀光。
	
	7. 宣佈「2002台灣生態遊年」。

92年	1. 臺北希爾頓飯店，於1.1更名為臺北凱撒大飯店。 2. 3月發生SARS疫情肆虐，全球觀光活動嚴重衝擊國內觀光產業。 3. 強制公務人員休假補助費改為「**國民旅遊卡**」（**屬社會觀光**，由政府規劃推動）。 4. **臺北燈會更名為「臺灣燈會」。** 5. 旅館等級評鑑由梅花制改為星級制，但未進行評鑑。 6. 實施國民旅遊卡、鼓勵公教人員於非假日從事國內旅遊活動。 7. SARS疫情衝擊觀光業。
93年	1. 訂定為「**臺灣觀光年**」(Visit Taiwan Year)（宣傳口號為「**Naruwa Welcome to Taiwan**」）。 2. **推動一縣市一旗艦觀光計畫。** 3. **張惠妹代言臺灣觀光。** 4. 領隊、導遊人員考試提升為國家考試，由考選部辦理。 5. 訂立「2004年台灣觀光年Vise Taiwan Year」。
94年	1. 輔導統一品牌「**臺灣觀光巴士**」，提供國際自助旅行旅客旅遊的便利。 2. **推動「旅館等級評鑑制度」以「星級」取代「梅花」標幟，並以「建築設備」與「服務品質」為評鑑標準。** 3. 赴日免簽證。 4. 開放第三類大陸人士來臺，不須團進團出。 5. 來臺旅客破300萬人次。 6. 出國人次Outbound旅客超過800萬。 7. 日籍旅客來臺突破100萬。
95年	1. 政府與民間業者合作的首座三星級飯店BOT案－「美麗信花園酒店」(Miramar Garden Taipei)開幕。 2. 中正國際機場改名為臺灣桃園國際機場。 3. **臺灣高鐵正式通車（BOT案）。** 4. 訂定為「**臺灣國際青年旅遊年**」。（觀光局規劃：臺灣各縣市觀光旗鑑計畫、以臺灣八大旗鑑景點、四大特色及五大活動為主軸，全力邁向國際行銷。

年代	重要紀事
96年	1. 為「**臺日文化觀光交流年**」。 2. 元月臺灣高速鐵路正式完工通車。 3. **邀請F4擔任臺灣日韓地區代言人**，並在「西華飯店」拍攝偶像劇，宣傳口號為「Wish to see you in Taiwan」。 4. **東南亞由蔡依林、導演吳念真擔任臺灣觀光代言人。** 5. 觀光局國際推廣計畫，將客源分為四大區塊： (1)韓日(2)歐美(3)香港星馬(3)紐澳市場。
97年	1. **觀光局訂定2008~2009年為「旅行臺灣年」**(Tour Taiwan)。並配合行政院「2015經濟發展願景第一階段三年(2008~2009)衝刺計畫」，以「美麗臺灣」、「特色臺灣」、「友善臺灣」、「品質臺灣」及「行銷臺灣」為主軸，全力打造優質的旅遊環境。 2. 3月於臺北舉行「第一屆臺日觀光高峰論壇」。 3. **7月4日開放大陸人士來臺觀光。** 4. **12月15日開放大三通：通郵、通商、通航→航運、航空。**
98年	1. 3月3日起至**英國免簽證**6個月。 2. 繼續推動「旅行臺灣年」。 3. 飛輪海代言臺灣觀光。 4. **高雄舉辦世界運動大會。** 5. **臺北舉辦聽障奧運。** 6. 聯合國在丹麥哥本哈根召開氣候變化會議，降低全球排碳量。 7. 國外旅遊警示分級制由原先三級制改為四級制（灰、黃、橙、紅）。
99年	1. 中國上海舉辦「世界博覽會」(99.5~99.11)。 2. **臺北舉辦「國際花卉博覽會」**，代言人為SHE、林志玲、伍佰、周杰倫、蔡依林…等，展期半年(99.11~100.4)。 3. 首次辦理星級評鑑，觀光局並頒發星級旅館標章。
100年	1. 推動「旅行臺灣－感動一百，行動計畫、以「**催生與推廣百大感動旅遊路線**」、「**體驗臺灣原味的感動**」及「**貼心加值服務**」為主軸，形塑臺灣觀光感動元素，爭取國際旅客來臺觀光。 2. 發表臺灣觀光新品牌：亞洲心。臺灣情·從心出發(Taiwan-The Heart of Asia)」，取代舊有之Taiwan Touch Your Heart。 3. 1月1日起，大陸來臺觀光團體由平均每日3,000人調整為4,000人次。
101年	1. 以永續、品質、友善、生活、多元為核心理念、持續推動「觀光拔尖領航方案」及「重要觀光景點建設中程計畫」。 2. 1月通過大陸地區人民來臺從事觀光活動許可辦法。

年代	重要紀事
102年	大陸觀光團優質行程審查5月全面上路。
105年	1. 臺灣大選，全臺綠營執政，蔡英文成為首位臺灣女總統。 2. 由於觀光由馬英九時代之西進大陸政策轉為小英的新南向時代，餐飲業也隨之轉型。 3. 小英政府推動穆斯林旅遊，如何使回教徒安心享用，是目前規劃合格穆斯林餐廳的重要議題，並擬頒證書。
112年	1. 交通部觀光局正式升格為交通部觀光署。 2. 正式公佈《交通部觀光署組織法》。

E 時代電子資訊化階段

年代	重要紀事
99年	1. 來臺旅客創500萬人次新高。其中中國大陸來臺為163萬人次，首度超越日本（108萬人次）。 2. 臺北松山機場(TSA)與東京羽田機場(HND)開始對飛。 3. 平價航空－捷星進入臺灣航空市場。
100年	1. 開放陸客自由行。 2. 觀光大使「飛輪海」宣傳臺灣觀光「Time For Taiwan」美食心體驗。 3. 實施「護照親辦」制度。
101年	1. 臺北松山－韓國金浦航線開航。 2. 舉辦「臺灣十大觀光小城」遴選。 3. 綠島、小琉球為生態旅遊觀光示範島。
102年	實施「旅行業接待大陸地區人民來臺觀光旅遊團優質行程」。
103年	1. 邀請日本藝人福山雅治來臺擔任觀光親善大使。 2. 以六大旅遊元素（美食、購物、文化、樂活、生態、浪漫）為主軸，製作6支廣告影片。
104年	1. 邀請木村拓哉擔任臺灣觀光代言人，由吳宇森導演拍攝宣傳影片。 2. 旅日棒球好手陽岱鋼接受國際光點計畫邀請，擔任2015年臺灣觀光親善大使。 3. 觀光局主辦「2015臺灣自行車節」，結合電影《破風》，宣傳臺灣自行車觀光旅遊，並邀請觀光局代言人「喔熊」組長同臺亮相。 4. 觀光局《Taste Taiwan》贏得「市場行銷－旅遊廣播媒體」金獎獎項，是觀光局第2次獲得PATA〈亞太旅行協會〉金獎肯定。 5. 來臺旅客突破1,000萬人次。 6. 國人出國突破1,200萬人次，以前往日本的成長率最高。

年代	重要紀事
105年	1. 觀光局為了帶動銀髮族旅遊風潮，規劃5條適合銀髮族踩踏的「老友愛旅行」旅遊路線。 2. 政府推動「新南向政策」，建立經貿、教育文化等交流政策，吸引東南亞朋友來台就學、就醫健檢、觀光、商務投資等，新南向18國包括了：印尼、菲律賓、泰國、馬來西亞、新加坡、汶萊、越南、緬甸、柬埔寨、寮國、巴基斯坦、孟加拉、尼泊爾、斯里蘭卡、不丹、澳大利亞、紐西蘭等國。
106年	觀光局宣佈將每年3月的第3週訂為「旅遊安全宣導週」。
107年	1. 訂定「2018海灣旅遊年」，推動「2018探索臺灣10+島優質遊程」。 2. 法國航空復飛臺灣。 3. 觀光局提升花東高屏地區旅遊，提升暖冬旅遊補助方案。
108年	1. 成立「駐倫敦辦事處」，擴大加強臺灣觀光於歐洲市場的宣傳推廣力道。 2. 星宇航空公司成立
109年～至今	新冠肺炎（COVID-19、武漢肺炎）疫情重創觀光相關產業，政府辦理觀光產業紓困復甦與振興方案。

（三）臺灣觀光形象識別標誌

1. 民國94年迎賓標識

圖5-1　臺灣觀光大使微笑標誌

p.s.觀光局用「阿茶」塑造臺灣觀光新形象，主要訴求為日本旅客市場。

2. 民國100年臺灣觀光新標誌－旅行臺灣，就是現在

圖5-2

美食之心　　　　　　　購物之心　　　　　　　樂活之心

浪漫之心　　　　　　　生態之心　　　　　　　文化之心

圖5-3　「Time for Taiwan旅行臺灣 就是現在」6顆心型主題概念

補充

　　配合101~102年「Time for Taiwan旅行臺灣，就是現在」國際觀光推廣策略，觀光局將臺灣旅遊元素歸納為：美食、文化、浪漫、購物、樂活、生態等六大主軸，依各市場特性選定其推廣主軸。

◎ 觀光政策─觀光拔尖領航方案（98~103年）

背景	依據「當前總體經濟情勢及因應對策會議」指示，將觀光醫療、醫療照護、生物科技、綠色能源、文化創意、精緻農業定位為六大新興產業。
未來環境預測─臺灣觀光發展新契機	1. 大三通是臺灣取代香港，成為東亞觀光交流轉運中心的契機。 2. 政府高度重視，發展觀光已有與國際接軌的基礎。 3. 國民旅遊帶動地方經濟發展，發展觀光已成地方共識。 4. 臺灣自然、人文資源多樣而豐富，社經發展引領華人社會，為發展觀光之優勢。

方案推動策略	1. 深化老市場老產品，開發新市場新產品：重新檢視資源面與市場面課題，以及各區域旅遊資源特色，為增加旅客人數，延長停留天數，提高每人每日消費，將積極檢討深化老市場老產品，以吸引重遊客，並開發新市場、新產品，以吸引新客源。 2. 立竿見影的旅遊產品包裝：發揮區域特色，包裝及集客旅遊產品。 3. 改善旅遊支撐系統：重新檢視市場面、資源面、產業面及人力面等旅遊支撐系統現有之發展課題，運用由上到下(Top-down)及下到上(Bottom-up)之雙軌執行機制，提出對應策略加以改善，以突顯觀光特色及吸引力、提升旅遊服務介面友善化，並促進觀光從業人員素質優質化。

方案內容 欄位如下：

包括：拔尖、築底、提升等三個方案，以及魅力旗艦、國際光點、產業再造、菁英養成、市場開拓、品質提升等六大主軸。

行動方案		方案推動重點
方案名稱	主軸	
拔尖（發揮優勢）	魅力旗艦	推出「區域觀光旗艦計畫」，打造五大區域觀光特色，推動10處「競爭型國際觀光魅力據點示範計畫」及「觀光景點無縫隙旅遊服務計畫」。
	國際光點	預計從臺灣北部、中部、南部、東部、不分區（含離島）當中各評選出1個具國際性、獨特性、長期定點定時、每日展演的產品，塑造為國際聚焦亮點。
築底（培養競爭力）	產業再造	規劃推動「振興景氣再創觀光產業商機計畫」、「觀光遊樂業經營升級計畫」、「輔導星級旅館加入國際或本土品牌連鎖旅館計畫」、獎勵觀光產業取得專業認證計畫」以及「海外旅行社創新產品包裝販售送客獎勵計畫」，促進觀光產業加速升級與國際接軌。
	菁英養成	推薦優秀觀光從業人員及國內大專院校觀光相關科系現任專任教師赴國外受訓。
提升（附加價值）	市場開拓	1. 國際市場開拓計畫：掌握大三通兩岸航線的增班和延遠權拓展的契機。 2. 發展臺灣成為東亞觀光交流轉運中心和國際觀光重要旅遊目的地。
	品質提升	1. 推動「旅行業交易安全查核制度」、「旅行購物保障制度」等措施，保障旅客消費權益。 2. 推動「星級旅館」及「好客民宿」兩大住宿品牌，提供旅客查詢有高品質且具保障的住宿資訊。

（四）政府委託經營管理模式

名稱	說明
BOT	1. 指Build興建、Operate營運權、Transfer轉移。 2. 民間投資興建並營運，期滿後，移轉所有權予政府，如大鵬灣國家風景區。
BOO	1. 指Build興建、Operate營運權、Own擁有。 2. 民間投資興建，擁有所有權並自營，或委託第三人營運，如臺東四季花園渡假村。
OT	1. Operate營運權、Transfer轉移。 2. 由政府投資興建，委託民間營運，期滿後營運權歸還政府，如遊客中心。

（五）臺灣地區十二項地方節慶活動（90年為觀光局國民旅遊組業務）

月份	活動	月份	活動
一月	墾丁風鈴季	七月	宜蘭國際童玩藝術節
二月	臺灣慶元宵	八月	中華美食展
三月	高雄內門宋江陣	九月	臺灣基隆中元祭
四月	臺灣茶藝博覽會	十月	花蓮國際石雕藝術季、鶯歌陶瓷嘉年華
五月	三義木雕藝術節	十一月	風帆海鱺觀光節、新港國際青少年嘉年華
六月	臺灣慶端陽龍舟賽	十二月	臺東南島文化節（原住民活動為主軸）

（六）民國95年訂為「臺灣國際青年旅遊年」

臺灣八大旗艦景點	北部（101大樓、故宮）、中部（日月潭、玉山）、南部（阿里山、愛河、墾丁）、東部（太魯閣）。
臺灣四大特色	美食小吃、夜市、熱忱好客的民情、24小時的旅遊環境。
臺灣五大活動	臺灣慶元宵、宗教主題、原住民主題、客家主題、特色產業。

（七）歷史大事及觀光主題整理

1. 重要組織成立年度

年度	組織名稱
45	TVA，臺灣觀光協會
59	TGA，中華民國觀光導遊協會
75	ATM，中華民國觀光領隊協會
78	TQAA，中華民國旅行業品質保障協會（品保協會）
81	CTCA，中華民國旅行業經理人協會

2. 年度觀光主題

年度	主題
88	臺灣溫泉觀光年
89	觀光規劃年，21世紀臺灣發展觀光新戰略
90	觀光推動年
91	2002臺灣生態旅遊年
91~96	觀光客倍增計畫
93	2004臺灣觀光年
95	2006臺灣國際青年旅遊年－縣市一旗艦觀光計畫
96	2007臺日文化觀光交流年
97~98	2008~2009旅行臺灣年
98~103	觀光拔尖領航方案
99~100	旅行臺灣、感動100
101~102	Time for Taiwan，旅行臺灣‧就是現在
104~107	觀光大國行動方案
106	2017生態旅遊年
106~109	Tourism2020－臺灣永續觀光發展方案
110	自行車旅遊年
111	鐵道觀光旅遊年
112	跳島旅遊年
113	博物館旅遊年

3. 兩岸交流年度大事

年度	兩岸交流大事
76	開放國人赴大陸探親
81	開放國人赴大陸觀光
91	有條件開放大陸人士來臺觀光
97	全面開放大陸人士來臺觀光
100	開放大陸觀光客自由行

4. 導遊、領隊人員首度舉辦甄試年度

年度	甄試種類
53	（外語）導遊
68	國際領隊
81	大陸領隊
90	華語導遊
102	國民旅遊領團人員認證(OTL)

5. 來臺旅客(Inbound)突破百萬人次年度

年度	突破人次（萬）
65	100
78	200
94	300
98	400
99	500
100	600
101	700
102	800
103	900
104	1,000
105	1,069
106	1000
107	1100

註：來臺旅客自98年起，每年大幅成長的主因，是97年全面開放大陸人士來臺觀光。99年，來臺大陸旅客人次（163萬），首度超越日本（108萬）。

考題推演

(A) 1. 觀光局為了提升觀光事業，曾於下列何年將觀光主題訂為「台灣溫泉觀光年」？　(A)民國88年　(B)民國91年　(C)民國95年　(D)民國98年。

【106統測】

解答 A

(A) 2. 關於我國旅行業的沿革與發展之敘述，下列何者正確？　(A)民國68年開放國人以「觀光旅遊名義」申請出國　(B)民國76年成立「中華民國旅行業品質保障協會」　(C)民國78年開放國人赴大陸探親旅遊　(D)民國87年政府實施週休二日。

【108統測】

解答 A

(A) 3. 近代英國開啟了「壯遊」（The Grand Tour，又稱為「大旅遊」）的風潮，此風潮最符合下列哪一種的旅遊型態？　(A)文化教育旅遊(cultural and educational travel)　(B)生態旅遊(eco-tourism)　(C)大眾旅遊(mass travel)　(D)宗教朝聖旅遊(pilgrimages)。

【105統測】

解答 A

(B) 4. 餐旅業的發展中受許多因素影響，下列何種重要的發展使得旅遊大眾化，因此被稱為是觀光事業之母？　(A)文藝復興　(B)交通運輸　(C)學習旅遊　(D)階級旅遊。

【107統測】

解答 B

(D) 5. 由湯瑪士庫克首創的全備旅遊，成功地將運輸工具與旅行活動結合一起，包辦所有團員餐飲、住宿、交通及旅遊行程，是為下列何者？　(A)brand tour　(B)familiarization tour　(C)backpacking tour　(D)group inclusive package tour。

【107統測】

解答 D

(A) 6. 關於旅行業的未來發展趨勢，下列敘述何者錯誤？　(A)旅行社的經營規模將只朝向小型化發展　(B)旅行社重視旅客需求而發展多元化產品　(C)網路旅行社興起，提供消費者多樣選擇　(D)旅行業者與不同的行業別建立合作關係。

【111統測】

解答 A

《解析》旅行社的經營規模將朝向兩極化發展，大型化的企業經營及或小型旅行社發展。

(　) 7. 旅行社專為鐵道攝影協會的會員設計出日本北海道 JR 七日行程，此種依顧客需求安排設計的旅遊行程，是屬於下列哪一種類型？　(A)charter tour　(B)incentive tour　(C)ready made tour　(D)tailor made tour。　　　【111統測】

解答 D

《解析》(A)以包機方式所做的全包式套裝行程；(B)獎勵旅遊；(C)現成遊程／制式遊程；(D)訂製遊程／剪裁式遊程。

(　) 8. 下列敘述中，何者**不屬於**旅行業旅遊產品的未來發展趨勢？　(A)參考網路旅遊平臺推出的體驗活動與價格來規劃行程　(B)參加尊貴旅行社所推出的歐洲七國 12 日精緻套裝行程　(C)參加法國五大酒莊的品酒體驗與米其林餐廳饗宴之旅　(D)參加義大利的保格利小鎮深度旅遊體驗當地人文風情。　　　【111統測】

解答 B

《解析》旅行業未來發展趨勢為行程朝向短天數及單一定點深度旅遊，多景點和多國的行程已逐漸式微。

5-3　旅行業的類別與旅行社的種類

一、旅行業的設立

（一）旅行業的籌設程序（設立屬於許可制）

登記流程	說明
申請籌設登記	1. 應具備相關文件，向**交通部觀光局申請籌設**。 2. 向經濟部商業司預查名稱，名稱之發音不得相同。 3. 旅行業受撤銷執照處分後，其公司名稱五年內不得為旅行業申請使用。
公司設立登記	1. 向**經濟部辦理公司設立登記**。 2. 籌設人應於交通部觀光局核准籌設後**二個月內**，辦妥公司設立登記。有正當理由者，得申請延長二個月並以一次為限。
申請註冊登記 99.9.2.修正	1. 繳納**註冊費**按資本總額**千分之一繳納**。分公司按增資額千分之一繳納。 2. 繳納保證金：**綜合1,000萬、甲種150萬、乙種60萬**。綜合、甲種分公司30萬，乙種分公司15萬。 3. 向**觀光局核准註冊登記**。 4. 經營同種旅行業，最近兩年未受停業處分，且保證金未被強制執行，經中央主管機關認可會員資格，得按保證金十分之一繳納。

登記流程	說明
核發執照	核准註冊後，**觀光局核發旅行業執照**，並於**一個月內開始營業**，始得懸掛招牌。
申請營利事業登記	向**當地縣市政府申請**，申領統一發票。
報備開業	1. 向**觀光局報備開業**。 2. 旅行業投保「履約保險」、「責任保險」。

p.s. 旅行業之收益來源以佣金、勞務報酬為主，經營最大成本是員工薪資。流動資產較固定資產比重高很多，毛利不多，淨利約1~3%。

p.s. 旅行社招攬業務，依規定刊登內容應載明：公司名稱、種類、註冊編號，但綜合旅行業得以註冊之服務標章替代公司名稱。

p.s. 申請換發或補發旅行業執照，應繳納執照費1,000元。

（二）交通部觀光局公告範圍

依前條第三項規定投保履約保證保險之旅行社，有下列情形之一者，應於接獲交通部觀光局通知之日起十五日內，依同條第二項第一款至第四款規定金額投保履約保證保險：

1. 受停業處分，停業期滿後未滿二年。
2. 喪失中央主管機關認可之觀光公益法人之會員資格。
3. 其所屬之觀光公益法人解散或經中央主管機關認定不足以保證旅客權益。

二、旅行社的分類

（一）我國旅行業的分類

旅行業分類	資本額	保證金	註冊費	履約保證保險 （非品保會員）	履約保證保險 （品保會員）
綜合旅行社	3,000	1,000	30,000	6,000	4,000
甲種旅行社	600	150	6,000	2,000	500
乙種旅行社	120	60	1,200	800	200
綜合旅行社分公司	150	30	1,500	400	100
甲種旅行社分公司	100	30	1,000	400	100
乙種旅行社分公司	60	15	600	200	50

註：1.除註冊費之外，其他：單位為新臺幣／萬元。

　　2.註冊費是按資本總額千分之一繳納。

第53條 旅行業舉辦團體旅遊、個別旅客旅遊及辦理接待國外、香港、澳門或大陸地區觀光團體旅客旅遊業務，應投保責任保險，其投保最低金額及範圍至少如下：

1. 每一旅客及隨團服務人員意外死亡新臺幣200萬元。

2. 每一旅客及隨團服務人員因意外事故所致體傷之醫療費用新臺幣10萬元。

3. 旅客及隨團服務人員家屬前往海外或來中華民國處理善後所必需支出之費用新臺幣10萬元；國內旅遊善後處理費用新臺幣5萬元。

4. 每一旅客及隨團服務人員證件遺失之損害賠償費用新臺幣2千元。

p.s.善後旅行業者費用，每一事故上限為10萬元。

p.s.華沙公約對托運行李遺失之賠償，以每公斤美金20元為上限。隨身行李賠償以每位旅客美金400元為限。

（二）我國旅行業的分類

依據《旅行業管理規則》第3條規定，可分為綜合旅行業、甲種旅行業以及乙種旅行業三種。

截至交通部觀光局2023年4月最新統計，我國旅行社（含分公司）共有3,952家，分別為綜合旅行社合計有522家，甲種旅行社合計有3,082家，以及乙種旅行社合計有348家。

（三）旅行社經營業務

◎ 綜合旅行社

1. 接受委託代售國內外海、陸、空運輸事業之客票或代旅客購買國內外客票、託運行李。

2. 接受旅客委託代辦出、入國境及簽證手續。

3. 招攬或接待國內外觀光旅客並安排旅遊、食宿及交通。

4. 以包辦旅遊方式或自行組團，安排旅客國內外觀光旅遊、食宿、交通及提供有關服務。

5. 委託甲種旅行業代為招攬前款業務。

6. 委託乙種旅行代為招攬第4款國內團體旅遊業務。

7. 代理外國旅行業辦理聯絡、推廣、報價等業務。

8. 設計國內外旅程、安排導遊人員或領隊人員。

9. 提供國內外旅遊諮詢服務。

10. 提供旅客於購買旅遊商品或服務時，附隨代收透過其所屬網路平臺或行動應用程式(APP)，與保險業合作推廣旅遊相關保險商品之保險費。

◎ 甲種旅行社

1. 接受委託代售國內外海、陸、空運輸事業之客票或代旅客購買國內外客票、託運行李。

2. 接受旅客委託代辦出、入國境及簽證手續。

3. 招攬或接待國內外觀光旅客並安排旅遊、食宿及交通。

4. 自行組團安排旅客出國觀光旅遊、食宿、交通及提供有關服務。

5. 代理綜合旅行業招攬前項第五款之業務。

6. 代理外國旅行業辦理聯絡、推廣、報價等業務。

7. 設計國內外旅程、安排導遊人員或領隊人員。

8. 提供國內外旅遊諮詢服務。

9. 提供旅客於購買旅遊商品或服務時，附隨代收透過其所屬網路平臺或行動應用程式(APP)，與保險業合作推廣旅遊相關保險商品之保險費。

◎ 乙種旅行社

1. 接受委託代售國內海、陸、空運輸事業之客票或代旅客購買國內客票、託運行李。

2. 招攬或接待本國觀光旅客國內旅遊、食宿、交通及提供有關服務。

3. 代理綜合旅行業招攬第2項第6款國內團體旅遊業務。

4. 設計國內旅程。

5. 提供國內旅遊諮詢服務。

6. 提供旅客於購買旅遊商品或服務時，附隨代收透過其所屬網路平臺或行動應用程式(APP)，與保險業合作推廣旅遊相關保險商品之保險費。

（四）旅行社之業務特性

綜合旅行社	甲種旅行社	乙種旅行社
代理外國旅行業辦理聯絡、推廣、報價等業務	同綜合旅社	經營國民旅遊，不得接待國外觀光客
自行組團，以包辦旅遊方式，安排旅客食宿	自行組團，安排旅客食宿	不得自行組團，代理外國業務
委託甲、乙種旅行業代為招攬業務	不得委託招攬業務。可代理綜合旅行業國內外相關業務	不得委託招攬業務，可代理綜合旅行業國內相關業務

綜合旅行社	甲種旅行社	乙種旅行社
客源為： 1. Inbound（外國人來臺旅遊） 2. Outbound（本國人出國旅遊） 3. Domestic（國民旅遊）	客源為： Inbound Outbound Domestic	客源為： Domestic

（五）觀光型態的分類

為了清楚區分旅行社的業務範圍，應先了解以下名詞的定義，世界觀光組織(UNWTO)對觀光產業區分為三種：

觀光型態分類	說明
國際觀光 (International Tourism)	1. International指的是國際間的、國際化的，具有交流互惠之意，為國意間的觀光產業。 2. 包括了外國旅客來臺＝入境觀光(Inbound)、國人海外旅遊＝出境觀光(Outbound)。
國人觀光(National Tourism)	1. 該國家本身國人的觀光活動。 2. 包括了國民旅遊(Domestic)、國人海外旅遊（出境觀光）。
國內觀光(Internal Tourism)	1. Internal指的是內部的、國內的，即在本國國內從事的觀光活動。 2. 包括了國民旅遊、外國旅客來臺（入境觀光）。

（六）旅行社依主要業務內容分類

依業務內容分類	說明
一、薑售旅行業 (Tour Wholesaler)	1. 指從事團體套裝旅遊(GIPT)產品的設計與包裝。 2. 以大量承訂、大量銷售為目標，採用以量制價的經營方式，自訂形成與團體名稱，委託同業推廣與銷售。 3. 薑售旅行業提供的旅遊產品多為適合大眾旅遊(Mass Tour)之制式形成(Ready-made Tour)或套裝行程(Package Tour)。 4. 薑售旅行社依其業務分為兩種： 　(1) 遊程薑售：分成長程線、短程線。 　(2) 機票薑售(Ticket Consolidator)：如旅行團包機。 5. 業務成長需靠下游旅行社的忠誠與支持。
二、零售旅行業 (Tour Retailer)	1. 通常不自行開發旅遊產品，主要代理薑售旅行社或上游產業（航空公司或旅館），將其產品銷售給消費者。 2. 組織規模小、人員少、操作成本低，但分佈最廣、家數最多，能直接提供精緻、貼心的旅遊服務給消費者。 3. 針對個別旅遊之旅客(FIT)提供服務，在經營特性上顧客化程度最高。

依業務內容分類	說明
三、遊程承攬旅行業／直售旅行社(Tour Operator/ Direct Sales)	1. 以特定市場的需求，提供精緻優質的旅遊服務，透過行銷管道直接銷售(Direct sales)給消費者，或依據旅客需求設計剪裁式行程/訂製行程(Tailor-made Tour)或客製化行程(Customization Tour)。 2. 將旅遊產品批發給零售旅行業代為銷售。 3. 兼具遊程躉售及零售的特性。 4. 旅行業如設計一個新遊程，通常會與同業採「聯營」方式(PAK, Package)或異業結盟(Strategic Alliance)的策略聯盟方式共同推廣。
四、特殊旅行業(Special Travel Agency/ Special Interest Travel Agency)	1. MICE產業，又稱會議展覽產業或會議展覽服務業。MICE 產業指的是企業會議(Corporate Meeting)、獎勵旅遊(Incentive Tour)、協會型會議(Conventions)以及展覽與活動(Exhibitions & Events)。是近年來推廣的產業活動。 2. 獎勵旅遊公司Incentive Tour Company，是指幫助旅客規劃、組織與推廣旅遊活動的專業公司，通常承辦由公司出錢或補助，藉以激勵員工的獎勵旅遊。 3. 會議規劃公司：為旅客安排規劃會議相關事宜的公司。
五、航空公司總代理(General Sales Agent, GSA)	1. 航空公司總代理本身是旅行社，代理航空公司一部分或全部的業務，在臺灣多代理離線航空(Off-line Carrier)航空公司的票務及定位業務。例如：金界旅行社代理阿根廷航空(AR)、芬蘭航空(AY)。 2. 航空公司總代理收取銷售酬勞，一般銷售酬勞為3~5%。
六、網路旅行社(Internet Travel Agent/ Online Travel Agent)	1. 網路旅行社是指旅行社透過網站來銷售旅遊產品。 2. 旅行業管理規則第32及33條，針對網路旅行業規範如下： (1) 旅行業以電腦網路經營旅行業務者，其網站首頁應載明下列事項，並報請交通部觀光局備查： A.網站名稱及網址。 B.公司名稱、種類、地址、註冊編號及代表人姓名。 C.電話、傳真、電子信箱號碼及聯絡人 D.經營的業務項目 E.會員資格之確認方式 (2) 以電腦網路接受旅客線上訂購交易者，應將旅遊契約登載於網站。 (3) 於收受全部或一部分價金前，應將其銷售商品或服務之限制及確認程序、契約終止或解除及退款事項，向旅客據實告知。 (4) 旅行業受領價金後，應將旅行業代收轉付收據憑證交付旅客。 3. 臺灣的網路旅行社，例如：易飛網(ezfly)、易遊網(ezTravel)、燦星旅遊(Startravel)。

依業務內容分類	說明
七、票務 中心(Ticket Consultation Center)	1. 代理航空公、鐵路、郵輪等交通票券，或觀光景點的門票。 2. 票務中心會和上游產業約定銷售量，以獲得較優惠的折扣，再將票券銷售給旅行社，從中賺取差額。
八、訂房中心 (Hotel Reservation Center)	1. 訂房中心會和旅館簽訂銷售代理合約，提供旅客訂房服務。 2. 例如：Hotels.com、Agoda，提供旅客在網路上訂房服務，再憑旅館住宿券或住宿序號等方式，辦理入住手續。
九、簽證中心(Visa Center)	專門提供代辦簽證服務，通常是承接多家旅行社的簽證業務，可以節省旅行社的作業人力。

考題推演

( ) 1. 某大旅行社目前除了台北總公司外，另於台中和高雄各有一分公司，它是甲種旅行業，並已取得經中央主管機關認可足以保障旅客權益之觀光公益法人會員資格，其履約保證保險最低投保金額應為多少？ (A)700萬 (B)800萬 (C)2,400萬 (D)2,800萬。 【107統測】

解答 A

《解析》旅行業已取得經中央主管機關認可足以保障旅客權益之觀光公益法人會員資格者，其履約保證保險應投保最低金額：
甲種旅行業新臺幣500萬元。
甲種旅行業每增設分公司一家，應增加新臺幣100萬元。
故500＋100＋100＝700萬元。

( ) 2. 國內外的線上旅遊業蓬勃發展，例如易遊網、燦星網等網路旅行社，下列何者不屬於此種型態的旅行社？ (A)internet travel agent (B)e-agents (C)incentive agent (D)online travel agent。 【107統測】

解答 C

《解析》Incentire Agent獎勵旅遊旅行社。

( ) 3. 依據民國112年7月26日所修正的「旅行業管理規則」第11條中規定，綜合旅行社資本額至少需3,000萬。大雄去年投資3,200萬元資本額在臺北設立熊大綜合旅行社，今年疫後產業大復甦，大雄想要擴大營業規模，預計在臺中和高雄各開設一家分公司。他至少須增資多少錢，才能符合規定？ (A)50萬元 (B)100萬元 (C)150萬元 (D)300萬元。 【113統測】

解答 B

《解析》

綜合旅行社	總公司	分公司
資本額	3,000萬	150萬

3,000+(150x2)=3,300萬，3,300萬－3,200萬=100萬。

( ) 4. 某公司舉辦員工旅遊，預計有三條路線遊程，A：花蓮臺東團；B：美國東部團；C：香港澳門團，該公司想請旅行業幫忙規劃遊程。依據「旅行業管理規則」規定，下列之敘述何者正確？ (A)A、B團可以找甲種旅行社，C團可以找乙種旅行社辦理 (B)A、C團可以找甲種旅行社，B團可以找乙種旅行社辦理 (C)A、C團可以找乙種旅行社，B團可以找綜合旅行社辦理 (D)B、C團可以找甲種旅行社，A團可以找乙種旅行社辦理。 【108統測】

解答 D

5-4 旅行業的組織與部門

一、旅行社的組織

（一）旅行業之組織及各部門職掌

部門（人員）名稱	工作內容
行銷企劃部	包括廣告、研發、旅遊資訊、美工…等，以及產品設計、行程規劃、產品包裝等。
電腦資訊室	網路、電腦運用相關製作，電子商務的運用。
業務部	銷售產品、應收帳款催收、服務直售與批售客人。
產品部 （作業部）	1. 產品的製作管理（企劃人員隸屬於此部門），負責產品開發設計與估價。 2. **線控(Route Control, RC)**：將各線旅遊地區與相關單位取得配合，落實旅遊產品之運作。 3. **團控(Tour Control, TC)**：負責各線各團與相關單位之聯繫及確認，並隨時追蹤。
管理部	1. 人事部：人員招聘、異動、人力資源、在職教育等。 2. 財務部：主管公司財務及會計。 3. 總務部：文件收發、資料管理、物品採購等。

部門（人員）名稱	工作內容
票務部	負責機票訂位、退票、開票等。
國內旅遊部 （國民旅遊部）	1. 國民旅遊：負責接待國內之國民旅遊作業。 2. 觀光部：負責接待來臺旅客之作業。

（二）旅行業從業人員之作業流程

工作名稱	英文	工作內容
遊程企劃	Tour Planner, TP	1. 蒐集旅遊市場資訊，掌握市場發展趨勢。 2. 研擬與策劃公司在市場定位之遊程。 3. 策畫、開發、設計遊程產品。
線控	Route Control, RC	1. 航空公司團體機位及票價的取得。 2. 當線產品的團體開團與維護。 3. 針對企劃之旅遊路線協調供應商，以利產品運作。 4. 掌握OP工作進度、團體報價內容規格。
團控	Tour Control, TC	1. 負責旅行團團體參團、組團，得以順利出團。 2. 執行各團體之人數增減，並適時與航空公司確認機位取得及隨時追蹤。
票務	Ticket Clerk, TC	負責機票票價、開票、送票等事宜。
業務人員	Sales	負責將旅遊產品銷售出去，並提供完整服務。 1. 批售(Whole Sale, W/S) 　(1) 對下游旅行社之業務推廣與處理。 　(2) 協助旅行社完成對旅客的承諾。 2. 直客(Direct Sale, D/S) 　(1) 電話接聽與人員接待、拜訪開發客戶。 　(2) 對個別參團旅客或自由行旅客之行程規畫與安排。

二、旅行業經理人

（一）經理人人數

　　旅行業及分公司應各置經理一人以上負責監督管理業務。前項旅行業經理人應為**專任**，不得兼任其他旅行業之經理人，並不得自營或為他人兼營旅行業。

（二）經理人資格：（採訓練制，取得專業認證資格）

依據《旅行業管理規則》第十五條：「旅行業經理人應具備下列資格之一，經交通部觀光局或其委託之有關機關、團體訓練（訓練節數60節）合格，發給結業證書後，始得充任。」（由交通部觀光局發給結業證書）

1. 大專以上學校畢業或高等考試及格，曾任**旅行業代表人二年**以上者。

2. 大專以上學校畢業或高等考試及格，曾任海、陸、空運**業務單位主管三年**以上者。

3. 大專以上學校畢業或高等考試及格，曾任旅行業**專任職員四年**或**特約領隊、導遊六年**以上者。

4. **高級中**等學校畢業或**普通考試**及格或二年制專科學校、三年制**專科**學校、**大學肄業**或五年制**專科**學校規定學分三分之二以上及格，曾任**旅行業代表人四年**或**專任職員六年**或**特約領隊、導遊八年**以上者。

5. **曾任旅行業專任職員十年以上者。**

6. 大專以上學校畢業或高等考試及格，曾在國內外大專院校**主講觀光專業課程二年**以上者。

7. 大專以上學校畢業或高等考試及格，曾任觀光行政機關業務部門專任職員三年以上，或高級中等學校畢業，曾任**觀光**行政機關或旅行商業同業公會**業務部門專任職員五年以上者。**

p.s. 大專以上學校或高級中等學校觀光科系畢業者，前項第2.~4.款之年資，得按其具備之年資減少一年。

p.s. 訓練合格人員，連續三年未在旅行業任職者，應重新參加訓練合格後，始得受僱為經理人。

（三）經理人資格簡表

學歷資歷	大專畢（高考及格）	高中畢、大專肄業（普考及格）	無限制
旅行業代表人	2年	4年（3年）	
旅行業專任職員	4年（3年）	6年（5年）	10年
特約領隊、導遊	6年（5年）	8年（7年）	
海陸空運業務單位主管	3年（2年）		
大專院校主講觀光課程	2年		
觀光行政機關專任職員（旅行業商業同業公會專任職員）	3年	5年	

p.s. 大專以上或高中職觀光科系畢業者，部分規定年資得減少「一年」。（　　　）欄中即為可減少一年之項目，故經理人資格規定，至少任職二年以上。

p.s. 上述訓練合格人員，連續三年未在旅行業任職者，應重新參加訓練合格後，始得受僱為經理人。

三、領隊、導遊人員任用資格及條件

依據「發展觀光條例」第32條最新修訂，以及導遊人員及領隊人員管理規則，自民國113年起，「導遊人員及領隊人員之評量、訓練、執業證核發、管理、獎勵及處罰等事項，由交通部委任交通部觀光署執行之。」且導遊領隊證照的相關考試改由交通部觀光署接手辦理。

從113年開始領隊導遊的新制「評量測驗」，並分為通用制及專用制雙軌並行。

113年開始實施的評量測驗方式分為「通用制」及「專用制」，「通用制」的評量方式比照以往考選部的標準辦理，適用於一般民眾；「專用制」則限制選考英語以外的其他外國語，也就意味華語和英語導遊不採專用制。

若要報考「專用制」的外語導遊和領隊，必須為綜合旅行業、甲種旅行業的現職人員，且於旅行業服務年資滿2年以上（以112年12月21日為結算日），並且要由任職的旅行業推薦報名才能參加測驗。

另外，經由旅行社推薦報名，獲得的專用制證照領隊導遊，只能接待該旅行社承接的團體，如果離開原推薦旅行社，執業證就會失效。

制度	報名資格	接待對象
通用制	高中職畢業以上，不限國籍	自由執業
專用制	高中職畢業以上，現職旅行社人員，由旅行社推薦報名	僅限推薦旅行社承接團體

根據《專門職業及技術人員普通考試領隊／導遊人員考試規則》第5條規定，中華民國國民具有下列資格之一者，得參加領隊及導遊人員考試。

1. 公立或立案之私立高級中學或高級職業學校以上學校畢業，領有畢業證書。
2. 高等或普通檢定考試及格。

四、領　隊

（一）領隊的定義（管理單位為交通部觀光局）

1. 英文：領隊（**Tour Leader**、**Tour Manager**、**Escort Leader**、**Tour Conductor**、**Tour Director**）。
2. **領隊人員**係指執行引導出國觀光旅客團體旅遊業務而收取報酬之服務人員，**服務對象為Outbound**。

（二）領隊的分類（依領隊人員管理規則）

依接待對象區分

外語領隊	領取外語領隊執業證（**英、日、法、德、西班牙語**），得執行引導國人出國及赴港澳、大陸旅遊業務。
華語領隊	領取華語領隊執業證，得執行引導國人赴**港、澳門、大陸**旅遊業務，不得執行其他出國旅遊業務。

（三）領隊須具備條件

1. 豐富的旅遊專業知識、良好的外語表達能力。

2. 服務時扮演各種不同的角色。

3. 強健的體魄、端莊的儀容與穿著。

4. 良好的操守、誠懇的態度。

5. 吸收新知、掌握局勢、隨機應變。

（四）領隊之工作流程

帶團通知→了解團體狀況→召開說明會→準備出團→旅程中隨團服務→回國後報帳。

（五）相關法規補充

1. 依「旅行業管理規則」，團體自由行的團體領隊，需要**全程隨行**。

2. 依「發展觀光條例」規定，未取得領隊執業證者，處新臺幣1萬2仟~5萬，並禁止執業。

3. 領隊人員違反條例發佈之命令，處3仟元~1萬5仟元。情節重大者，停止其執行業務或廢止執業證。

五、導　遊

（一）導遊的定義（管理之法源為發展觀光條例）

1. 英文**Tour Guide**。

2. **導遊人員**係指執行接待或引導來本國觀光旅客旅遊業務而收取報酬之服務人員，**服務對象為Inbound**。

（二）導遊的分類

依接待對象區分

外語導遊	依執業證登載語言別（**英、日、法、德、西班牙、韓、阿拉伯、泰、俄、義大利、越南、印尼、馬來語、土耳其語等14種**）執行旅遊業務，並得接待或引導大陸、港澳旅遊業務。
華語導遊	僅能執行接待或引導大陸、香港及澳門地區觀光旅客或使用華語之國外觀光旅客旅遊業務。

（三）導遊須具備之要件

1. 精通1種以上外國語文。
2. 熟悉臺灣各觀光據點內涵，能詳為導覽。
3. 了解我國簡史、地方民俗及交通狀況。
4. 明瞭旅行業觀光旅客接待要領。
5. 端莊的儀容及熟悉國際禮儀。

（四）導遊之工作流程

了解團體狀況→接機作業→接團後之相關介紹→辦理旅客住宿登記→解說作業→在餐廳作業→送機作業→結帳檢討作業。

（五）國外學者對導遊的分類

類型	說明
當地導遊 (Local Guide)	**大陸稱為「地陪」**：只擔任一個地方導覽工作。
全程導遊 (Through Guide)	**大陸稱為「全陪」**：指全程陪團體之導覽工作人員。
定點導遊 (On Site Guide)	在某一定點擔任解說之人員，如臺北故宮、巴黎羅浮宮。
市區導遊 (City Guide)	在市區觀光時做導覽的人員。而邊開車邊沿途講解的人員亦稱之。
專業導遊 (Specialized Guide)	具有某種特殊專業知識能力的導覽人員。如狩獵、遊河等。

（六）導遊領隊之資格取得（未取得導遊執業證而執業者，處1~5萬元罰鍰）

1. **93年**起列為專門職業及技術人員普通考試（**普考**）由**考試院**每年舉辦一次。

2. 資格為**高中職畢**以上。

3. 方式：**分二試舉行**，第一試筆試錄取者，始得應第二試口試。第一試錄取資格不予保留。（**民國96年起，除外語導遊外，均取消口試**）

4. 應試科目

   外語導遊與華語導遊第一試應試科目：

導遊實務（一）	包括：**導覽解說**、旅遊安全與緊急事件處理、**觀光心理與行為**、**航空票務**、急救常識、國際禮儀。
導遊實務（二）	包括：觀光行政與法規、臺灣地區與大陸地區人民關係條例、兩岸現況認識。（華語加考香港、澳門關係條例）
觀光資源概要	包括：**臺灣**歷史、**臺灣**地理、觀光資源維護。

p.s. 外語導遊加考外語筆試及口試（英語、日語、法語、德語、西班牙語、韓語、泰語、阿拉伯語、俄語、義大利語、越南語、印尼語、馬來語、土耳其語等14種，任選一種應試。）

   外語領隊與華語領隊應試科目：

領隊實務（一）	包括：**領隊技巧**、**航空票務**、急救常識、旅遊安全與緊急事件處理、國際禮儀。
領隊實務（二）	包括：觀光法規、**入出境相關規定**、**外匯常識**、**民法債篇與國外定型化旅遊契約**、臺灣地區與大陸地區人民關係條例、兩岸現況認識。（華語加考香港、澳門關係條例）
觀光資源概要	包括：**世界**歷史、**世界**地理、觀光資源維護。

p.s. 外語領隊加考外語筆試（英語、日語、法語、德語、西班牙語等五種，任選一種應試）無韓語、泰語、阿拉伯語。

5. 及格方式：第一試筆試應試科目有一科成績為零分，或外國語科目成績未滿50分，或第二試口試成績未滿60分者，均不予錄取。缺考之科目以零分計算以應試科目總成績滿60分及格。

6. 及格人員由**考試院**頒發及格證書。**外語部分**註明外語類別再經**交通部觀光局訓練合格**，始得申領執業證。

7. **執照有效期間**三年，期滿前應向交通部觀光局或其委託之有關團體申請換發（101.3.5修訂）。

8. 若**連續三年**未執行業務，則須重新參加講習，始得再取得執業證。

   ＊旅館、旅行業、導遊、領隊人員之管理及證照核發，由**觀光局業務組**負責。

9. 職前訓練：導遊人員考試及格者，應參加交通部觀光局或其委託之有關機關、團體舉辦的職前訓練（訓練節數98節）合格，領取結業證書後，始得請領執業證，執行導遊業務（領隊訓練節數56節）。

（七）導遊、領隊人員之比較

項目	導遊人員	領隊人員
服務對象	來華觀光客(Inbound)	出國觀光客(Outbound)
考試方式	筆試+口試（華語不需口試）	筆試
工作地區	國內各地區	依遊程至世界各地
管理法源	發展觀光條例旅行業管理規則導遊人員管理規則	發展觀光條例旅行業管理規則領隊人員管理規則
工作性質	本國地區之導覽解說及食宿接待	全程陪同至旅遊結束

考題推演

(C) 1. 旅行業的專業證照中，目前下列哪一種合格證書<u>不是</u>交通部觀光署所核發？
(A)經理人　(B)領隊人員　(C)領團人員　(D)導遊人員。　　　　【113統測】
解答 C
《**解析**》(C)臺北市旅行商業同業公會主辦。

(D) 2. 對於旅行業從業人員職掌的敘述，下列何者正確？　(A)線控人員簡稱LC，負責各線遊程旅客之簽證與辦理行前說明會　(B)票務人員簡稱TP，負責訂位、開票、旅行社參團組團作業與安排領隊導遊等工作　(C)控團人員簡稱CT，負責各種旅遊產品設計、開發、市場調查、行銷與成本管控等　(D)團控人員簡稱TC，負責掌控各線旅客順利出團的各項事務，包含機位、航班確認及證照辦理。　　　　【107統測】
解答 D
《**解析**》線控人員簡稱RC，負責掌控旅行社推出的旅程路線。
遊程企劃人員簡稱TP，負責各種旅遊產品設計、開發、市場調查、行銷與成本管控等。

(　) 3. 因應未來疫情趨緩，天宇旅行社召開業務會議，依據各國解封情形擬訂可出團旅遊的地區及搭配航空公司的年度計畫，上述會議內容是團體旅遊作業中的哪一個流程？ (A)前置 (B)參團 (C)團控 (D)出團。 【111統測】

解答 A

《解析》旅行社事先向航空公司以預定年度出團行程，進行系列訂位的方式為「前置作業」的流程。

(　) 4. Gary任職於Dragon旅行社，一早到公司後得知日本宣佈放寬防疫於5月8日將新冠肺炎降至與流感同等級，立刻召集同仁開會針對日本線行程產品內容，與航空公司、當地旅館、餐廳等進行詢價、議價、預約及調整。同時規劃踩線團，預計於4月份親自走訪相關行程以了解該地區食宿、交通路線及景點評估安排。關於Gary的工作內容可以得知，他在旅行社擔任的職務最可能為下列何者？ (A)route controller (B)tour conductor (C)tour controller (D)tour planner。 【112統測】

解答 A

《解析》(A)線控；(B)領隊；(C)團控；(D)企劃。

5-5 旅行業的經營理念

一、旅行業的產品

（一）旅行業之產品

團體旅遊GIT (Group Inclusive Tour)	自助旅行 (Backpack Travel)	半自助旅行（自由行） (By Pass Product)
1. 享團體價位，**以觀光為目的比例最大**。 2. 全程領隊陪同，行程固定。 3. 適合語言不佳，不喜歡安排行程者。 4. 對新產品常相互結合**PAK(Package Tour)聯合操作出團之聯營模式**。	1. 依個人興趣、預算，作深度旅行。 2. 無法享受團體優惠。 3. **適合年輕族群、外語能力佳**。	1. **機票+酒店**方式之旅行。 2. 行程自己決定，可享團體折扣。 3. 例如：CX（國泰）Discovery Tour、CI（華航）Dynasty Tour、TG（泰航）Royal Orchid Tour蘭花假期。 4. 機票限制欄註明「Non-endorsement」僅限搭乘指定航班。

（二）遊程以服務內容區分

1. 全備（包辦）遊程(Inclusive Package Tour)：依「**定型化契約**」內容。

2. **自由行（獨立遊程）(Independent Tour)**：依**專案規劃**方式。

3. **自費遊程(Optional Tour)**：遊程中之自由時間安排。

4. 商務旅行(Business Travel)：以商務為目的之旅行。

（三）遊程以是否有領隊區分

1. 專人照料遊程(Escorted Tour)：有領隊全程照料。

2. 個別無領隊遊程(Independent Tour, Unescorted Tour)：當地旅行社代為服務。

（四）旅行業團體作業流程

流程	內容
前置作業	1. 年度出團計畫之**擬定**（出團數）。 2. **建檔**作業。 3. 年度**機位之預定**、航空公司之選擇。 4. **訂價**作業。
參團作業 （組團作業）	1. 產品分析，建立銷售網。 2. **受理報名**。 3. **收取**旅客**證件**資料。 4. **收訂金**，建立旅客資料檔。
團控作業	1. 掌握**證照**作業。 2. **訂團**作業。 3. **開立機票**。 4. **整理**旅客**名單**、收款。 5. **選派**合適**領隊**。
出團作業	1. **召開行前說明會**。 2. **簽訂旅遊契約**。 3. 收團費餘款。 4. 出國文件準備。 5. 協調送機事宜。
結團作業	1. 出團之成果檢核。 2. 帳務結算。 3. 寫報告書及旅客意見彙整。 4. 與旅客保持聯繫及訴怨之處理。

二、旅行文件

（一）旅行必備文件PVT（前往疫區需備黃皮書Vaccination）

1. **護照(Passport)**：證明持有人身分、國籍的一種證明文件。

2. **簽證(Visa)**：一國政府發給持有外國護照人士，合法進出國境之證件。

3. **機票(Ticket)**。

（二）我國護照Passport之分類（外交部申請核發）

種類	效期	內容
外交護照(Diplomatic Passport)	5年	外交官或因公與外交有關人員。
公務護照(Official Passport)	5年	公務人員因公考察、開會。
普通護照(Ordinary Passport)	**10年**	一般人民申請出國。
普通護照（**未滿14歲**）	5年	
普通護照（**役男**身分）	10年	108年4月29日起放寬役男出國作業，惟役男出國前，仍應事先申請核准。

p.s. 南申護照(Nansen Passport)：無國籍人士所持護照，如流亡人士。

p.s. 現金結匯旅客出境規定：(1)新臺幣6萬元；(2)美金1萬元；(3)人民幣2萬元。

p.s. 護照費1,200元。出國前護照有效期不得低於6個月（99年1月起晶片護照費為1,600元）。

p.s. 前往美加地區經濟艙之行李每人2件，每件不超過23公斤。手提行李不得超過7公斤。

（三）晶片護照

1. 97年12月29日起實施，為全球60個發行國。

2. 舊版護照，可換領晶片護照。

3. 可委託代理人申請。

4. 一旦使用，不可修改護照上的個人資料。

5. 申辦費宣導期為1,200元，自99年1月起為1,600元。

6. **依國際民航組織ICAO規定，護照封面下端燙印「★」標誌**，方便辨識。

（四）專業英文術語補充

PNR：Passenger Name Record（旅客訂位紀錄）。

PIR：Property Irregularity Report（行李遺失報告）。

MRP：Machine Readable Passport（機器可判讀護照）。

BSP：Bank Settlement Plan（銀行清帳計畫）（需求加入IATA航空運輸協會）。

E/D Card：Embarkation/Disembarkation Card（**出入境登記卡**）。

（五）中華民國入境旅客通關

1. **紅線檯（應報稅檯）**Red Line/Goods to Declare：旅客有超過限量物品、貨幣者。

2. **綠線檯（免報稅檯）**Green Line/Nothing to Declare：旅客無超過限量物品、貨幣者。

（六）我國簽證Visa之分類

種類	效期	內容
外交簽證(Diplomatic Visa)	5年	適用於外國元首或因公務首長或外交事宜。
禮遇簽證(Courtesy Visa)	5年	適用於卸任元首、因公人員或政府邀請人員。每次停留不得超過6個月。
停留簽證(Stop-over Visa)	5年	適用欲在我國作短期停留人士，每次停留不得超過6個月。例如：觀光、探親、訪問、商務、研習等。
居留簽證(Resident Visa)	**6個月**	適用欲在我國作**長期居留人士**，一律為單次入境，簽證不得超過六個月，**非經核准不得在臺工作**。例如：依親、就業、應聘、受僱、投資、國際交流等。

（七）國際簽證分類

1. 移民簽證(Immigration Visa)：申請取得永久居留權。

2. 非移民簽證(Non-Immigration Visa)：為了過境、觀光、探親…等目的而申請之簽證。

（八）非移民簽證的種類

簽證種類	內容
個別簽證 (Individual Visa)	大部分簽證為個別簽證。
團體簽證 (Group Visa)	以觀光為目的，旅行團以列表團體一起簽送，但全團必須團進團出。
過境簽證 (Transit Visa)	為了方便過境的旅客轉機，通常是24或48小時。

簽證種類	內容
過境免簽證 (Transit Without Visa)	1. 又稱「轉機免簽證」。 2. 為方便過境旅客轉機，在一定時間內不需簽證即可入境該國。
單次入境簽證 (Single Entry Visa)	在有效時間內僅能單次進入，方便性低，較適用於觀光客。
多次入境簽證 (Multiple Entry Visa)	在簽證有效期間內，可多次進出國境。
落地簽證 (Visa Granted Upon Arrival)	**在到達目的國後，再獲得允許入境許可簽證**。這種方式通常在和我國無邦交國實施。
登機許可 (O. K. Board)	團體出發前，尚未收到核發簽證，但已確定核發。發給許可證，以利登機。
免簽證 (Visa Free)	對友好的國家給予在一定時間內停留免簽證的便利性，以吸引觀光客來訪。

（九）美國簽證：美國在臺協會AIT(American Institute in Taiwan)提出申請

簽證種類	內容
移民簽證 (Immigration Visa)	申請移民者需先取得「**永久居留權**」之在美登記證（**綠卡**），在美居留3~5年，**通過測試**即成為正式的「**美國公民**」。
非移民簽證 (Non-Immigration Visa)	1. **B-1商務簽證、B-2觀光簽證**。 2. 93.9實施「掃描指紋」，申請人需留下指紋紀錄。 3. 18~80歲需預約面談。未滿18歲需監護人陪同。 4. B-1、B-2屬多次入境簽證（註明3年、5年）。 5. I類－媒體駐美人員，M類－短期職業學習學生。

（十）機票

1. 航空機票是旅客與航空公司之間的運送合約，是有價證券與具效期的文件。

2. 手寫機票是以傳統手寫方式開機票，分為一張、兩張、四張搭乘聯三種方式。

   (1) **第一聯為審計聯(Auditor's Coupon)**：供**航空公司**留存。

   (2) **第二聯為公司聯(Agent's Coupon)**：供**旅行社**留存。

   (3) **第三聯為搭乘聯(Flight Coupon)**：分一張、二張及四張**搭乘**聯三種。

   (4) **第四聯為旅客存根聯(Passenger Coupon)**：供**旅客**留存。

3. 填機票必須使用**大寫的英文字體**，一本機票只**限本人使用**，不可轉讓他人使用。每一本機票都有**票號(Ticket Number)**，**總共十四位數**。姓名欄中需與護照及簽證相同。

位數	說明
第1~3位數	為**航空公司**代號。
4	為航空公司**來源號碼**。
5	表示機票**搭乘聯張數**（例如：3表示有3張搭乘聯）。
6-13	**機票本身票號**。
14	為**檢查號碼**、非票號、防盜之用。

4. 電腦自動化機票：以自動開票機刷出的機票，機票上每一欄位的資料意義都是考試的重點。

5. 含登機證的自動化機票：是最常見的機票形式，該形式的機票右側為登機證，背面貼有磁條，儲存旅客行程相關資料，又稱為磁帶式機票。

6. 電子機票（E-ticket, ET，簡稱E票）

   (1) 1994年，由聯合航空(UA)首先使用電子機票。是將機票上的各項資料儲存在電腦資料庫中，旅客不需持有實體機票之搭乘聯，航空公司開出一種將機票行程(Itinerary)與收據併為一體的電子機票收據，搭機前出示此收據，即可為旅客辦理無票登機手續，就算遺失此收據也無須做任何處裡。

   (2) 2008年起，全球全面使用電子機票(E-ticket)。為方便其他國家海關及機場人員辨識，電子機票多以全英文列印。

（十一）機票之開票，分四種情況

代碼	英文	說明
SITI	Sales Inside Ticket(ing) Inside	本國買票，本國開票，均在機票第一站。
SITO	Sales Inside Ticket(ing) Outside	本國買票付款，外站開票。
SOTI	Sales Outside Ticket(ing) Inside	外站買票，本國開票。
SOTO	Sales Outside Ticket(ing) Outside	外站買票，外站開票，均不在首站。

（十二）機票之分類

1. 依旅客航程區分

種類	說明
單程機票OW (One Way)	1. 指單向行程，全程搭同一等級坐艙。 2. 例如：臺北→香港(TPE→HKG)。
來回機票RT (Round Trip)	1. 指出發地、目的地相同，全程搭同一等級座艙。 2. 例如：臺北→新加坡→臺北(TPE→SIN→TPE)。
環遊機票CT (Circle Trip)	1. 指不屬於直接來回，由出發而呈環狀旅遊方式，再回出發地之機票。 2. 例如：臺北→洛杉磯→夏威夷→臺北(TPE→LAX→HNL→TPE)。
開口式雙程機票OJT (Open Jaw Trip) 為特殊航程	1. 由出發地再回到原出發地，但其中某段行程使用了其他交通工具，造成缺口。 2. 例如：臺北→洛杉磯→租車至舊金山→臺北(TPE→LAX→(Drive)SFO→TPE)。

2. 依不同條件區分

種類	說明
普通票 (Normal Fare)	1. 全票(Full Fare、**Adult Fare**)，又稱**年票**。 2. 有效期**一年**，年滿**12歲需購買全額票價100%**。 3. 例如：2023.1.5為開票日，到期日為2024.1.5。 4. 占1個位置，享免費行李託運。
折扣票 (Discounted Fare)	1. **嬰兒票**Infant Fare(IN, INF) 　(1) **未滿2歲之嬰兒，不占座位No Seat(NS)**。 　(2) 可購買**全票之10%**。 　(3) 享有免費託運行李10Kg或1件。 2. **半票或兒童票**Half、Children Fare(CH, CHD) 　(1) **滿2歲至12歲**的旅客。 　(2) 為**全票之50%**。（美國為66.7%）。 　(3) 享有大人的免費行李託運。 3. 折扣機票不可以： 　(1) Endorsement限制搭乘指定班機。 　(2) Reroute更改路線。 　(3) Refund退款。

種類	說明

特別票
（優待機票）
(Special Fare)
	1. **老人票**Old Man Discount Fare**(OD)**
	  (1) 中華民國年滿65歲，可享國內50％之機票。
	2. **領隊優惠票**Tour Conductor's Fare
	  (1) 按航協IATA規定：**團體15人得免費一張**；30人享二張免費機票。
	3. **旅行業代理商優待機票**Agent Discount Fare(AD)
	  (1) 票價為一般**機票之25%**，故稱四分之一機票(Quarter Fare)或AD75機票。
	4. **航空公司職員機票**Air Industry Discount Fare(ID)
	  (1) 此類機票屬空位搭乘之SUBLO票，亦稱SA機票。
	  (2) **ID75，享25%優惠機票。ID90，享10%票價。**
	5. **免費機票**(Free of Charge)FOC
	6. **旅遊機票**Excursion Fare(E)
	  (1) 比普通票效期短，**越短越便宜。**
	  (2) 例如：YE3-60，至少停留3~60天。**YEE30為旅遊機票經濟艙，有效期
	    30天。**
	7. **團體旅遊票**Group Inclusive Tour Fare(GV)
	  (1) 限定旅行團人數，給予之優待票。
	  (2) **例如：YGV-20經濟艙團體旅遊人數至少20人。**
	p.s. 旅行社為旅客訂購機票時，以護照註記之出生日期，作為購票之資格認定。
	p.s. 機票上Non-endorsable指不可背書轉讓搭乘另一家航空公司。

＊ 電子機票：1998年由英國航空首創，不但響應環保，也可避免機票遺失。憑機票代號、旅行
　證件，可到機場櫃檯換登機證。IATA規定，2008年6月，全球全面改用。我國首創電子機票
　之航空公司為華信航空(AE)。

＊ 包機航空公司Charter Airlines。

（十三）客機艙別

艙別	代號	內容
頭等艙(First Class) （行李40公斤）	P、F	在飛機最前面，約為經濟艙**三倍票 價**，是最好的等級。
商務艙(Business Class) （行李30公斤）	C	提供商務人士之空間，約為經濟艙 **二倍票價**。
經濟艙(Economy Class) （行李20公斤）	Y、S	座位數最多，費用最低。
有折扣之經濟艙 (Economy Class Discounted)	K、B、H、M、L、Q、 T、V、X	針對團體折扣票，給予經濟艙之後 座位。（嬰兒票免費托運10公斤）

（十四）航空運輸三大區域

由**國際航協IATA**制定，總部設於**蒙特婁YUL，1945年成立**，訂定票價與運輸之統一條件，**清帳所設於英國倫敦**。票價計算為依**哩程Mileage system**，再搭配機票城市間距離，旅行業要成為銀行清帳計畫(BSP)會員，其先決條件為加入IATA。

1. **第一大區域**（Area 1，亦稱Traffic Conference 1，簡稱**TC1**）：包括**北美、中美、南美洲、**夏威夷。

2. **第二大區域**（Area 2，亦稱Traffic Conference 2，簡稱**TC2**）：包括**歐洲、非洲、中東**。

3. **第三大區域**（Area 3，亦稱Traffic Conference 3，簡稱**TC3**）：包括**亞洲、澳洲、**紐西蘭。

p.s. 東半球含概第二、三大區域。

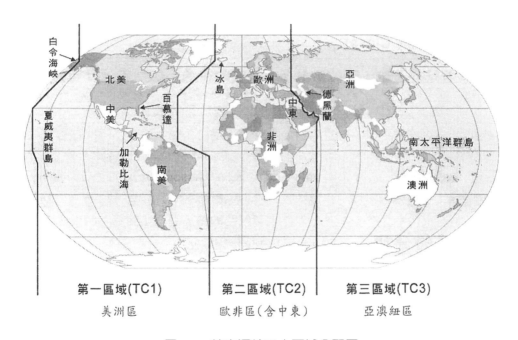

圖5-4　航空運輸三大區域分配圖

（十五）時區劃分

1. 以**英國格林威治GMT為中心0°C**，分東經180°，西經180°。〈向東為加(+)，向西為減(-)〉

2. **180°線會合在太平洋為「國際換日線」**。

3. 360°÷24小時=15°（每時區為15°）。

4. 穿越國際換日線，由東往西加一天，向西往東減一天。

5. **臺灣**在東經120~122°，與格林威治之時差為**+8小時**。（120÷15=8小時）

（十六）九大航權

航權	說明
第一航權領空**飛越權**	航空公司不降落而飛越某一國之領空。
第二航權技術**降落權** （技術停站權）	航空公司降落至某一國，但僅能加油、維修等短暫停留。 （不得營運）
第三航權**卸載權**	航空公司僅限在某國卸下乘客及貨物。但回程不得裝載。
第四航權**裝載權**	航空公司在他國允許載運乘客及貨物。
第五航權延伸權（延遠權）	1. **航空公司可裝戴乘客、郵件及貨物飛往任何其他締約國領域與御下來自該領域之乘客、郵件及貨物。** 2. 例如：臺北－新加坡－東京。新加坡至東京為第五航權。
第六航權橋樑權	1. 航空公司在他國載運客貨至另他國。中間需行經本國。 2. 例如：紐約→臺北→首爾。
第七航權境外營運權（完全第三國運輸權）	1. 航空公司在其他兩國之間承戴旅客、貨物，而不用飛返本國。 2. 例如：國泰經營臺北至紐約之航線。
第八航權他國境內延伸權	1. 航空公司在他國境內，任何兩個不同地方承載旅客、貨物往返但航機必須以本國為起點或終點。 2. 例如：日本航空經營上海－北京。
第九航權他國境內營運權	1. 航空公司在他國境內開辦「國內航線」。 2. 例如：長榮航空取得美國授予的第九航權，則長榮航空可以經營美國國內航線。

（十七）航空公司電腦訂位系統(Computer Reservation System, CRS)

1. 起源於**美利堅航空**AA與IBM合作，**Sabre**首開航空訂位之先河。

2. **Abacus** International

    (1) 與美國Sabre聯盟，總部設於**新加坡**。

    (2) **亞太地區最大的全球電腦訂位系統**。

    (3) 華航CI、長榮BR均加入。

    (4) 訂位系統五要件以PRINT為代號。

3. **Amadeus（阿瑪迪斯）**

(1) Amadeus於85年進入臺灣，以**訂房作業**為主。

(2) 為**歐洲四家航空公司**聯合成立。

(3) 以**SMART**為代號。

(4) 總公司設於**西班牙馬德里**。

4. **Galileo（伽利略）**

(1) **占全球1/3市場**之訂位系統。

(2) 其訂房系統約占臺灣二成市場。

5. 訂位系統之代號比較

ABACUS		AMADEUS	
P	Phone訂位者電話	S	Schedule行程
R	Route路線（行程）	M	Name姓名
I	Inform訂位者姓名	A	Address訂位者聯絡
N	Name旅客姓名	R	Route路線（行程）
T	Ticket機票號碼	T	Ticket機票號碼

（十八）航空組織

比較	國際民航組織	國際航空運輸協會
成立時間	1944年	1945年
總部	蒙特婁(YMQ)	蒙特婁(YMQ)
組織屬性	聯合國附屬機構，具官方性質	半官方
簡介	源於1944年國際簽署之「國際民航公約」。	前身為1919年在海牙成立並在二次大戰時解體的「國際航空業務協會」。

（十九）世界主要城市代碼表(City Code)

1. 美洲（第一大區域）

國家	城市	代碼	國家	城市	代碼	國家	城市	代碼
美國	洛杉磯 Los Angeles	**LAX**	美國	西雅圖 Seattle	SEA	加拿大	溫哥華 Vancouver	**YVR**
	舊金山 San Fancisco	**SFO**		芝加哥 Chicago	**CHI**		蒙特婁 Montreal	YMQ
	拉斯維加斯 Las Vegas	**LAS**		紐約 New York City	**NYC**		多倫多 Toronto	YTO
	波特蘭 Portaland	PDX		華盛頓 Washington	WAS	中美洲	墨西哥城 Mexico City	MEX
	邁阿密 Miami	MIA		波士頓 Boston	**BOS**		貝里斯 Belize	BNZ
	安克拉治 Anchorage	ANC		檀香山 Honolulu	HNL	阿根廷	布宜諾斯艾利斯 Buenos Aires	BUE

＊ YMQ為蒙特婁的城市代碼；YUL為蒙特婁皮爾‧埃利奧特‧特魯多國際機場(Pierre Elliott Trudeau)的機場代碼。

＊ YTO為多倫多的城市代碼；YYZ為多倫多皮爾遜國際機場(Pearson International Airport)的機場代碼。

2. 歐洲（第二大區域）

國家	城市	代碼	國家	城市	代碼	國家	城市	代碼
希臘	雅典 Athens	ATH	德國	柏林 Berlin	BER	挪威	奧斯陸 Oslo	OSL
義大利	羅馬 Rome	**ROM**		法蘭克福 Frankfurt	**FRA**	瑞典	斯德哥爾摩 Stockholm	STO
	米蘭 Milan	MIL		慕尼黑 Munich	MUC	芬蘭	赫爾辛基 Helsinki	HEL
	威尼斯 Venice	VCE	荷蘭	阿姆斯特丹 Amsterdam	**AMS**	英國	倫敦 London	**LON**
瑞士	蘇黎士 Zurich	ZRH	比利時	布魯塞爾 Brussels	BRU	俄羅斯	莫斯科 Moscow	MOW
	日內瓦 Geneva	GVA	西班牙	馬德里 Medrld	MAD	奧地利	維也納 Vienna	**VIE**
法國	巴黎 Paris	**PAR**	丹麥	哥本哈根 Copenhagen	CPH	葡萄牙	里斯本 Lisbon	LIS

非洲（第二大區域）

國家	城市	代碼	國家	城市	代碼
埃及	開羅 Cairo	**CAI**	南非	約翰尼斯堡 Johannesburg	**JNB**
沙烏地阿拉伯	利雅德 Riyadh	RUH	葉門	薩那 Sana	SAH

3. 亞洲（第三大區域）

國家	城市	代碼	國家	城市	代碼	國家	城市	代碼
中華民國	臺北 Taipei	**TPE**	中國	北京 Beijing	**BJS**	日本	東京 Tokyo	**TYO**
	高雄 Kaohsiung	**KHH**		上海 Shanghai	**SHA**		名古屋 Nagoya	NGO
	花蓮 Hualien	HUN		香港 Hong Kong	**HKG**		大阪 Osaka	**OSA**
	臺中 Taichung	**TXG**		澳門 Macau	**MFM**		福岡 Fukuoka	**FUK**
	臺南 Tainan	TNN		南京 Nanjing	NKG		札幌 Sapporo	SPK
	金門 Kinmen	KNH		杭州 Hangzhou	HGH		沖繩 Okinawa	**OKA**
	馬公 Makung	MZG		廣州 Guangzhou	**CAN**	菲律賓	馬尼拉 Manila	MNL
韓國	首爾 Seoul	**SEL**	馬來西亞	吉隆坡 Kuala Lumpur	**KUL**	以色列	耶路撒冷 Jerusalem	JRS
泰國	曼谷 Bangkok	**BKK**		檳城 Penang	PEN	阿拉伯聯合大公國	杜拜 Dubai	DXB
	普吉島 Phuket	HKT	新加坡	新加坡 Singapore	**SIN**			
越南	河內 Hanoi	HAN	印尼	雅加達 Jakarta	JKT	尼泊爾	加爾滿都 Kathmandu	KTM
	胡志明市 Ho Chi Minh City	**SGN**		峇里島 Denpasar Bali	**DPS**	印度	新德里 New Delhi	DEL

大洋洲（第三大區域）

國家	城市	代碼	國家	城市	代碼	國家	城市	代碼
澳洲	坎培拉 Canberra	CBR	澳洲	凱恩斯 Cairns	CNS	美國	關島 Guam	GUM
	雪梨 Sydney	SYD		墨爾本 Melbourne	MEL	紐西蘭	奧克蘭 Auckland	AKL
	布里斯班 Brisbane	BNE	美國	檀香山 Honolulu	HNL		威靈頓 Wellington	WLG

（二十）航空公司代碼(Airline Code)

代號	航空公司	代號	航空公司	代號	航空公司
AA	美利堅航空	GA	印尼航空	OZ	韓亞航空
AC	加拿大國家航空	GF	巴林海灣航空	PA	汎美航空
AE	華信航空	HA	夏威夷航空	PR	菲律賓航空
AF	法國航空	HP	美西航空	QF	澳洲航空
AI	印度航空	IB	西班牙航空	QZ	尚比亞航空
AN	安適航空	IY	葉門航空	RA	尼泊爾航空
AR	阿根廷航空	KA	港龍航空	RG	巴西航空
AY	芬蘭航空	KE	大韓航空	RJ	約旦航空
AZ	義大利航空	KL	荷蘭航空	SA	南非航空
BA	英國航空	KU	科威特航空	SK	北歐航空
BI	汶萊航空	LA	智利航空	SN	比利時航空
BR	長榮航空	LH	德國航空	SQ	新加坡航空
CI	中華航空	LR	哥斯達黎加航空	SR	瑞士航空
CO	美大陸航空	LY	以色列航空	SV	沙烏地阿拉伯航空
CP	加拿大航空	MH	馬來西亞航空	TG	泰國航空
CV	盧森堡航空	MI	得運航空	TN	汎澳航空
CX	國泰航空	MK	模里西斯航空	TW	美國環球航空
DA	全歐航空	MS	埃及航空	UA	聯合航空
DL	達美航空	NG	奧地利航空	UE	洛杉磯航空
EA	東方航空	NW	西北航空	UL	斯里蘭卡航空
EG	日本亞細亞航空	NZ	紐西蘭航空	US	全美航空
EW	環澳航空	OA	奧林匹克航空	WD	加華航空

（二十一）機場之聯檢程序CIQ（E/D Card出入境登記卡）

名稱	內容
海關C (Custom)	其主要職責為**檢查**出入境旅客所**攜行李**與貨品之安全掃瞄、數量規格、是否違禁品、有否超額攜帶應稅品等。
證照查驗I (Immigration)	主要職責在查驗入出境旅客是否有合法之證件，是否符合本人身分以及管制限制出境人士之進出。
檢疫Q (Quarantine)	（旅客部分為**預防接種**證明，即**黃皮書Yellow Book**）表示對人、物之檢疫及衛生檢查，檢疫作業分為「旅客檢疫」與「動植物檢疫」兩部分，旅客檢疫工作由行政院衛生署檢疫總所派駐執行，而動植物檢疫工作由農委會動植物檢驗局擔任，大多集中在入境檢查。（霍亂、鼠疫、黃熱病及SARS為國際法定傳染病）

（二十二）來臺免簽證適用國家

簽證種類		國家
免簽證	14天免簽證適用國家（共1國）	西亞地區（共1國）：阿曼
	30天免簽證適用國家（共17國）	亞太地（共7國）：吉里巴斯、澳門、馬來西亞、密克羅尼西亞聯邦、諾魯、紐埃、新加坡 美洲地區（共10國）：安奎拉（英國海外領地）、安地卡及巴布達、阿魯巴（荷蘭海外自治領地）、維京群島（英國海外領地）、開曼群島、古巴、古拉索（荷蘭海外自治領地）、多明尼加、聖文森、土克凱可群島（英國海外領地）
	31天免簽證適用國家（共1國）	亞太地區（共1國）：庫克群島
	42天免簽證適用國家（共1國）	美洲地區（共1國）：聖露西亞
	45天免簽證適用國家（共1國）	亞太地區（共1國）：北馬里安納群島（塞班、天寧及羅塔等島）
	60天免簽證適用國家（共1國）	亞太地區（共1國）：薩摩亞

簽證種類		國家
免簽證（續）	90天免簽證適用國家（共66國）	亞太地區（共10國）：關島、日本、韓國、馬紹爾群島、紐西蘭、新喀里多尼亞、帛琉、法屬玻里尼西亞（包含大溪地）（法國海外行政區）、吐瓦魯、瓦利斯群鳥和富圖納群島（法國海外行政區） 亞西地區（共1國）：以色列 美洲地區（共22國）：貝里斯、百慕達（英國海外領地）、波奈（荷蘭海外行政區）、智利、哥斯大黎加、多米尼克、厄瓜多、瓜地洛普、瓜地馬拉、圭亞那、海地、宏都拉斯、馬丁尼克（法國海外省區）、尼加拉瓜、巴拿馬、巴拉圭、沙巴（荷蘭海外行政區）、聖巴瑟米（法國海外行政區）、聖佑達修斯（荷蘭海外行政區）、聖克里斯多福及尼維斯、聖馬丁（荷蘭海外自治領地、法國海外行政區）、美國 歐洲地區（共33國）：安道爾、奧地利、比利時、捷克、丹麥、愛沙尼亞、丹麥法羅群島、芬蘭、法國、德國、希臘、丹麥格陵蘭島、教廷、匈牙利、冰島、義大利、拉脫維亞、列支敦斯登、立陶宛、盧森堡、馬爾他、摩納哥、荷蘭、挪威、波蘭、葡萄牙、聖馬利諾、斯洛伐克、斯洛維尼亞、西班牙、瑞典、瑞士
	120天免簽證適用國家（共1國）	亞太地區（共1國）：斐濟
	180天免簽證適用國家（共3國）	美洲地區（共3國）：加拿大、蒙哲臘（英國海外領地）、秘魯
	24個月免簽證適用國家（共1國）	美洲地區（共1國）：福克蘭群島（英國海外領地）
落地簽證		1. 定義：到達目的國，才獲得允許入境許可的簽證，通常使用在無邦交國家。 2. 停留時間：30天。自抵達翌日起算30天，期滿不得申請延期及改換其他停留期限之停留或居留簽證。 3. 適用對象： (1) 適用免簽證來臺國家之國民持用緊急或臨時護照，且效期6個月以上者。 (2) 所持護照不足6個月之美籍人士。

（二十三）國人適用免簽證、落地簽證暨享有免收停留簽證費之熱門旅遊國家／地區

入境方式	國家／地區
免簽證	亞太地區：斐濟、關島、日本、韓國、澳門、馬來西亞、紐西蘭、新加坡 亞西地區：以色列 美洲地區：加拿大、古巴、秘魯、智利、哥倫比亞、哥斯大黎加、多明尼加、巴拿馬、尼加拉瓜、美國、開曼群島、維京群島、沙巴 歐洲地區：英國、申根簽證適用國（奧地利、比利時、捷克、法國、德國、希臘、義大利、盧森堡、摩納哥、荷蘭、挪威、波蘭、葡萄牙、西班牙、瑞典、瑞士、芬蘭、丹麥）
落地簽證	亞太地區：汶萊、柬埔寨、馬爾地夫、尼泊爾、泰國 非洲地區：埃及、馬達加斯加
電子簽證	澳大利亞、印度、緬甸、菲律賓、寮國、斯里蘭卡

（二十四）簽證類別

簽證	說　明
美國簽證 US Visa	1. 類別： (1) 非移民簽證(Non-Immigrate Visa)：核發給預計入境美國做短暫停留並在停留期滿後離開美國的入境者；常見的類別為**B-1商務簽證**及**B-2觀光簽證**，旅客可以憑該簽證到美國短期洽商和觀光。 (2) 移民簽證(Immigrate Visa)：核發給欲永久居留於美國的人（即「綠卡」持有人）。 2. 入境可停留時間是以入境時移民官之判斷決定，註記於I-94（入出境紀錄）中。 3. 美國在臺協會(AIT)於2011年12月23日宣佈在臺灣納入免簽證待遇，均需至美國在臺協會(AIT)申請。
申根簽證 Europe-Schengen Visa	1. 旅客前往**歐洲地區旅遊**必備之簽證。 2. 源於1985年6月14日由西德、法國、荷蘭、比利時、盧森堡等五國，於盧森堡申根鎮共同簽署之《申根公約》，舉凡所有簽署國均稱「申根國家」或「申根公約國」。 3. 申根公約國現有25國成員，包含奧地利、比利時、法國、德國等。 4. 申根公約實施範圍僅及於**3個月以下**之一般人士旅遊簽證。 5. 100年1月11日起，國人凡持有效中華民國護照，即可以免申根簽證方式前往歐洲35國及地區觀光旅遊；停留期間為每6個月內累計不超過90天。

簽證	說　明
個人簽證 Individual Visa	以個人身分名義申請的簽證類別。
團體簽證 Group Visa / Collective Visa	依據旅遊目的國訂定之固定申請人數，以團體名義申請的簽證類別。 申請時須有明確的進出該國家之日期與行程，團體簽證通常需要團進團出。
單次入境簽證 Single Entry Visa	在簽證核發效期內，可單次進出的簽證類別。
多次入境簽證 Multiple Entry Visa	在簽證核發效期內，憑證可多次進出的簽證類別。
落地簽證 Grand Upon Arrival Visa / Landing Visa	在旅客到達目的國後，才獲得入境許可的簽境，通常發生在無邦交的國家中。
免簽證 No Visa / Visa Free	基於國與國互惠原則，核發的免證入境優惠。
過境簽證 Transit Visa	為方便旅客過境轉機或短暫停留，一般適用於停留時間不超過48或72小時的過境人士，申請費用多為免費。

三、旅行業相關法規

（一）發展觀光條例(111.5.18)摘釋

1. 前言

    (1) 《**發展觀光條例**》是觀光產業中最重要的法律，是**發展觀光事業之法源**，被稱為觀光事業的母法。

    (2) 《發展觀光條例》於**58年**制訂，歷經多次修訂，最近一次修訂為111年5月18日，共有71條條文。

2. 主管機關

    《發展觀光條例》所稱主管機關，**在中央為交通部**；在直轄市為直轄市政府；在縣（市）為縣（市）政府。

3. 《發展觀光條例》第2條之名詞定義

	法定名詞	名詞定義
1	觀光產業	指有關觀光資源之開發、建設與維護，觀光設施之興建、改善，為觀光旅客旅遊、食宿提供服務與便利及提供舉辦各類型國際會議、展覽相關之旅遊服務產業。
2	觀光旅客	指觀光旅遊活動之人。
3	觀光地區	指風景特定區以外，經中央主管機關會商各目的事業主管機關同意後指定供觀光旅客遊覽之風景、名勝、古蹟、博物館、展覽場所及其他可供觀光之地區。
4	風景特定區	指依指定程序劃定之風景或名勝地區。
5	自然人文生態景觀區	指無法以人力再造之特殊天然景緻、應嚴格保護之自然動、植物生態環境及重要史前遺跡所呈現之特殊自然人文景觀。其範圍包括：原住民保留地、山地管制區、野生動物保護區、水產資源保育區、自然保留區、國家公園內之史蹟保存區、特別景觀區、生態保護區等地區。
6	觀光遊樂設施	指在風景特定區或觀光地區提供觀光旅客休閒、遊樂之設施。
7	觀光旅館業	指經營國際觀光旅館或一般觀光旅館，對旅客提供住宿及相關服務之營利事業。
8	旅館業	指觀光旅館業以外，以各種方式名義提供不特定人以日或週之住宿、休息並收取費用及其他相關服務之營利事業。
9	民宿	指利用自用住宅空間房間，結合當地人文、自然景觀、生態、環境資源、農林漁牧、工藝製造、藝術文創等生產活動，以在地體驗交流為目的、家庭副業方式經營，提供旅客城鄉家庭式住宿環境與文化生活的住宿處所。
10	旅行業	指經中央主管機關核准，為旅客設計安排旅程、食宿、領隊人員、導遊人員、代購代售交通客票、代辦出國簽證手續等有關服務而收取報酬之營利事業。
11	觀光遊樂業	指經主管機關核准經營觀光遊樂設施之營利事業。
12	導遊人員	指執行接待或引導來本國觀光旅客旅遊業務而收取報酬之服務人員。
13	領隊人員	指執行引導出國觀光旅客團體旅遊業務而收取報酬之服務人員。
14	專業導覽人員	指為保存、維護及解說國內特有自然生態及人文景觀資源，由各目的事業主管機關在自然人文生態景觀區所設置之專業人員。
15	外語觀光導覽人員	指為提升我國國際觀光服務品質，以外語輔助解說國內特有自然生態及人文景觀資源，由各目的事業主管機關在自然，人文生態景觀區所設置具有外語能力之人員。

（二）旅行業管理規則(112.7.26.)摘釋

民國42年公佈，是觀光產業中最早頒佈的法令。

1. 旅行業管理機制

(1) 制度面

要項	說明
專業經營制	1. 旅行業辦理旅遊，先收取團費，再分時分段提供食宿、交通、遊覽之服務，屬信用**擴張**之服務業。 2. 為防杜旅行業因兼營其他業務而掏空，旅行業應**專業經營**。
公司組織制	1. 營利事業之型態有獨資、合夥及公司組織，前二者無法人人格。 2. 為使旅行業具有**法人人格**，獨立行使權利、負擔義務，旅行業應以**公司組織**為限，並應於公司名稱上標明**旅行社**字樣。
分類管理制	1. 我國旅行業成為**綜合、甲種、乙種**共三類。 2. 每一種類旅行業，其業務、資本額、註冊費、保證金、經理人之要求都不同，採取分類管理。
中央主管制	1. 旅行業之**證照核發及輔導管理**，由**交通部觀光局**負責。 2. **直轄市**觀光主管機關承辦旅行業**從業人員異動登記**事項。
任職異動報備制	1. 旅行業對其雇用的人員執行業務範圍內所有的行為，**視為該旅行社之行為**。 2. 旅行業應於開業前將**開業日期、全體職員名冊**，報請**交通部觀光局、省（市）觀光主管機關、所屬旅行商業同業工會**。 3. 職員有異動時，應於**10日內**將異動表報觀光主管機關備查。
專業人員執業證照制	旅行業之經理人、導遊人員、領隊人員須具備專業知識，**旅行業經理人證書、導遊證、領隊證**是旅行業從業人員執業證。
分支機構一元制	旅行社設立分支機構，必須以「**分公司**」型態設立。
定型化契約制	1. 旅行社提供之服務，須賴其合作夥伴（法律上稱為**履行輔助人**，例如：航空公司、交通公司、旅館、餐廳等）始能達成。 2. 旅程涵蓋的每一環節都可能影響旅行社給付內容，較易產生旅遊糾紛。 3. 民國83年公佈**消費者保護法**，對包括旅行業在內之企業所備之定型化契約予以規範，消費者保護法規定，企業經營者應本**平等互惠**之原則進行交易。 4. 民法債編之「旅遊」專節，有**旅遊書面之規定**，簽定旅遊契約是旅行業者與旅客之間的約定，彼此的權利義務更明確。 5. 旅行社**未與旅客簽定書面契約，處新臺幣1萬元以上，5萬元以下罰鍰**，旅遊契約書應設置專櫃保管1年。

(2) 行政管理面

要項	說明
證照管理	1. 經營旅行業，應先申請許可，取得許可文件後→辦妥公司證記，領取公司執照→申請旅行業執照。 2. 旅行業執照為**終身制**，無效期限制。
申請程序	申請設立旅行社是採書面審查。
設立要件	1. 旅行業屬**特許業務**，由**交通部觀光局**訂定審查要件。 2. 審查要件有：營業處所、經理人、保證金、資本資、註冊費。

＊ 2023年9月交通部觀光局升格為交通部觀光署，相關資訊以政府頒佈為主。

(3) 經營管理面

a. 建構商業秩序網

要項	說明
廣告規範	1. 旅遊產品並無實體足供旅客鑑視，為維護交易安全，旅行業管理規則規定，旅行業刊登新聞紙、雜誌、電腦網路及其他大眾傳播工具之廣告，應載明**公司名稱、種類**及**註冊編號**。 2. 廣告內容應與旅遊文件相符合，不得有內容誇大虛偽不實或引人錯誤之表示或表徵。 3. 旅遊契約明定，**廣告**亦視為契約之一部分。 4. 綜合旅行業得以註冊之**服務標章**替代**公司名稱**，註冊標章以一個為限。
合理收費	1. 旅行業經營業務應合理收費，不得以購物佣金或促銷行程以外之活動彌補團費。 2. 民法規定，旅遊營業人所提供之旅遊服務，應使其具備旅遊之**通常價值及約定品質**，使旅行業者，必須合理收費，維持品質。
禁止包庇非法	1. 經營旅行業者，應申請旅行業執照，並受旅行業管理法令之規範；未領取旅行業執照者，自不得經營旅行業務。 2. 為防杜非法旅行業者，依附於合法旅行業，旅行業不得包庇非旅行業經營旅行業務。
非旅行業不得經營旅行業務	未經申請核准而經營旅行業務者，處**新臺幣9萬元以上，45萬元以下**之罰鍰。

b. 建構消費者保護網

要項	說明
保證金制度	1. 旅行業於旅客出發前先收取團費，再分時分段提供食宿、交通、導遊，旅客給付團費時，無法鑑視產品是否有瑕疵，所以，經營旅行業者，應依規定繳納保證金。保證金目的在**維護旅客權益、保障旅客與旅行業交易之安全**。 2. 旅行業符合經營同種類業務**滿2年**，最近2年無重大違規，保證金未被執行，可申請退還十分之九保證金。 3. 旅行業的保證金應以**銀行定存單**繳納。
保險制度－履約保證保險	1. 旅行業舉辦團體旅行業務，應投保**履約保證保險**，一旦旅行社因**財務問題**無法履約時，由保險公司負責理賠。 2. 履約保證保險之投保範圍，為旅行業因**財務困難未能繼續經營，而無力支付辦理旅遊所需的一部分或全部費用**，致其安全之旅遊活動一部或全部無法完成時，在保險金額範圍內，所應給付旅客之費用。
保險制度－責任保險	1. 為支應旅客及隨團服務人員**因意外事故所致體傷之醫療費用**，旅行業舉辦團體旅遊時應投保責任保險。 2. 旅行業若未投保責任險，發生意外須賠償保額的**3倍**。 3. 責任保險投保最低金額 {{TABLE}}
糾紛申訴	1. 中華民國旅行業品質保障協會，簡稱**品保協會(TQAA)**，是國內由旅行業者自己組成來保護消費者的自律性團體，使旅遊消費者有充分保障，為觀光公益法人，僅接受團體會員。由品保協會負責調解、代償辦理旅遊糾紛。 2. **旅遊航空票價、食宿、交通費用**，由品保協會按季發表，供消費者參考。 3. 旅遊品質保障金由會員繳納，有**永久基金**和**聯合基金**二部分。退出品保協會時，可領回聯合基金，不得領回永久基金。

責任保險投保最低金額：

責任保險範圍	投保最低金額
每一旅客及隨團服務人員**意外死亡**	200萬元
每一旅客及隨團服務人員**因意外事故所致體傷之醫療費用**	10萬元
旅客及隨團服務人員**家屬**前往海外或來中華民國**處理善後所必需支出之費用**	10萬元
國內旅遊善後處理費用	5萬元
每一旅客及隨團服務人員**證件遺失**之損害賠償費用	**2,000元**

要項	說明
糾紛申訴 （續）	4. 最高代償責任金額與旅行業保證金相同。

旅行社分類	永久基金	聯合基金	最高代償責任金額
綜合旅行社	10萬元	100萬元	1,000萬元
甲種旅行社	3萬元	15萬元	150萬元
乙種旅行社	**1萬2仟元**	6萬元	60萬元

要項	說明
	5. 出國旅遊發生糾紛，可透過觀光局、消基會、消保會、品保協會申訴。
公告制度	旅行社如有以下情形，交通部觀光局得予公告： 1. 保證金被執行或受停業處分。 2. 廢止旅行業執照。 3. 解散。 4. 無正當理由自行停業。 5. 經票據交換所公告為拒絕往來戶。 6. 未辦履約保證保險或責任險。

◎ 重要觀念比較

責任保險：為支應旅客因意外事故所致體傷之醫療費用。

履約保證保險：為支應旅行社因財務問題無法履約之費用。

保證金：保障旅客與旅行業交易之安全。

    c. 建構旅遊安全網：

要項	說明
合法設施	**旅遊安全**為旅遊首要，**旅行業管理規則**規範的旅遊安全有： 1. 應使用合法營業用的交通工具。 2. 應使用合法業者依規定設置遊樂及住宿設施。 3. 旅客安全維護。

要項	說明
旅遊預警 Travel Warnings	1. **外交部**領事事務局建立**國外旅遊預警分級表**，分成四級。 2. 外交部公告「外交部發佈國外旅遊警示參考資訊指導原則」。

分級顏色	代表內容	國家
紅色警戒	不宜前往	例如：嚴重暴動、進入戰爭或內戰狀態、已爆發戰爭內戰者、旅遊國已宣佈採行國土安全措施及其他國已進行撤僑行動者、核子事故、工業事故、環境衛生及健康條件嚴重惡化且有爆發大規模嚴重傳染性疾病之虞、恐怖分子活動區域或有恐怖分子嚴重威脅事件等，嚴重影響人身安全與旅遊便利者。
橙色警戒	避免非必要旅行	例如：發生政變、政局極度不穩、暴力武裝區域持續擴大者、搶劫、偷竊或槍殺事件持續增加者、難（饑）民人數持續增加者、示威遊行頻繁、可靠資訊顯示恐怖分子指定行動區域、環境衛生及健康條件嚴重惡化有爆發區域性嚴重傳染性疾病之虞、突發重大天災事件等，足以影響人身安全與旅遊便利者，應避免非必要旅行。
黃色警戒	特別注意旅遊安全，並檢討應否前往	例如：政局不穩、治安不佳、搶劫、偷竊、罷工事件頻傳、突發性之缺糧、乾旱、缺水、缺電、交通或通訊不便、環境衛生及健康條件惡化、恐怖分子輕度威脅區域等，可能影響人身健康及安全者，應高度警覺特別注意旅遊安全並檢討應否前往。
灰色警戒	提醒注意	例如：部分地區治安不佳、搶劫、偷竊、罷工事件多、水、電、交通或通訊不便、環境衛生及健康條件不良、潛在恐怖分子威脅區域等，可能些微影響人身健康及安全者，應注意身邊安全，做好正常安全預防措施。

要項	說明
緊急事故通報	行程發生緊急事故，如遺失護照或旅客傷亡，應於**24小時內**，向交通部觀光局通報。
領隊隨團服務	1. 成行時，每團均應派遣領隊隨團服務。 2. **交通部觀光局**可派員到機場檢查旅行社出國旅遊團體是否派合格領隊隨團。

＊ 資料來源：交通部觀光局「旅行業作業基本知識」。

衛福部疫情管制署疫情中心：

	分級		意涵	旅遊建議
1	注意	Watch	提醒注意	提醒遵守當地一般預防措施
2	警示	Alert	加強預警	對當地採取加強防護
3	警告	Warning	避免所有非必要旅遊	避免至當地所有非必要旅遊

考題推演

( ) 1. 旅行社推出了豪華旅遊團，針對出國旅遊就是要住最高級、吃高檔餐廳的消費市場以符合消費者的生活型態、價值觀、個性等，這是使用下列哪一種市場區隔變數？　(A)心理變數　(B)人口統計變數　(C)地理變數　(D)行為變數。

【108統測】

解答 A

( ) 2. 若本國航空公司的航班，從台北出發至西雅圖後，再繼續飛到紐約，接著從紐約飛往西雅圖後，再飛回台北，每一站皆可載客上下，這是屬於哪一種航權？(A)第六航權　(B)第七航權　(C)第八航權　(D)第九航權。　　　【107統測】

解答 C

( ) 3. 國際航空運輸協會(IATA)將全球區分為三大飛航區域(TC1、TC2、TC3)，以下城市代碼的排列順序，何者是按TC1→TC2→TC3？　(A)NYC→OSA→VIE (B)BER→BNE→SEA　(C)ANC→MIL→SGN　(D)CBR→YVR→TPE。

【108統測】

解答 C

( ) 4. 一對夫妻帶著一個已滿12歲和一對滿週歲的雙胞胎小孩出國，這家人購買機票時，符合規定之最經濟選項，下列何者正確？　(A)3張全票、1張兒童票、1張嬰兒票　(B)3張全票、0張兒童票、2張嬰兒票　(C)2張全票、2張兒童票、1張嬰兒票　(D)2張全票、1張兒童票、2張嬰兒票。　　　【108統測】

解答 B

( ) 5. 某私人機構於民國108年3月期間，邀請阿根廷國籍之學者，來臺進行為期一週的無償學術演講，依相關規定，應該為講者申請何種簽證？　(A)Courtesy Visa (B)Diplomatic Visa　(C)Resident Visa　(D)Visitor Visa。　　　【108統測】

解答 D

（　） 6. 中華民國副總統賴清德先生於 2022 年 1 月 25 日，以總統特使身分出席友邦
宏都拉斯新任總統的就職典禮，其出訪時所持有的護照是屬於下列哪一種？
(A)禮遇護照　(B)外交護照　(C)公務護照　(D)普通護照。　　　【111統測】

解答 B

《解析》持有外交護照的適用身分為總統、副總統及其眷屬，及外交、領事人員
等。

（　） 7. 2022 年 2 月，俄羅斯與烏克蘭之間的緊張局勢，是國際上最受矚目的焦點。隨
後俄羅斯於 2 月 24 日向烏克蘭發動「特殊軍事行動」，此時我國外交部應對
國人發佈烏克蘭的哪一種旅遊警示？　(A)紅色警示　(B)橙色警示　(C)黃色警
示　(D)灰色警示。　　　【111統測】

解答 A

《解析》由於烏克蘭與俄羅斯持續交戰中，外交部於2022年03月23日已將烏克蘭
列為紅色警示地區，呼籲國人不宜前往，宜盡速離境。

（　） 8. 世界知名賭場所在地包括：美國的拉斯維加斯、摩納哥的蒙地卡羅、澳洲的墨
爾本及馬來西亞的雲頂高原，下列哪一個賭場位於飛航區 TC 2？　(A)墨爾本
(B)雲頂高原　(C)蒙地卡羅　(D)拉斯維加斯。　　　【111統測】

解答 C

《解析》TC 2為歐非區，墨爾本、馬來西亞位於TC 3，拉斯維加斯則為TC1。

（　） 9. 關於中華民國入境流程順序，下列何者正確？　(A)人員檢疫 → 動植物檢疫 →
證照查驗 → 領取行李 → 海關行李檢查　(B)人員檢疫 → 領取行李 → 動植物
檢疫 → 證照查驗 → 海關行李檢查　(C)人員檢疫 → 證照查驗 → 動植物檢疫
→ 領取行李 → 海關行李檢查　(D)人員檢疫 → 證照查驗 → 領取行李 → 動植
物檢疫 → 海關行李檢查。　　　【111統測】

解答 D

《解析》入境流程為人員檢疫→證照查驗→領取行李→動植物檢疫→海關行李檢
查入境。

（　）10.在 2022 年 6 月初，小金預計自行從臺灣出發至美國紐約參加國際餐旅產業投
資會議，委託旅行社訂購機票及安排招商會議行程。此趟旅遊行程的類型是屬
於下列何者？　(A)business tour　(B)cruise tour　(C)familiarization tour　(D)
group inclusive tour。　　　【111統測】

解答 A

《解析》(A)商務旅遊；(B)郵輪旅遊；(C)熟悉旅遊；(D)團體全備旅遊。

(　　) 11. 關於申根簽證的敘述，下列何者正確？　(A)免申根簽證待遇適用國家及地區為26個　(B)1987年所簽署取消區域內國家的邊境管制公約　(C)自2011年起，持臺灣護照者可免簽證入境申根成員國家　(D)申根公約發起國包括德國、法國、英國、比利時及盧森堡。　【112統測】

解答 C

《解析》 (A)為36個；(B)於1985年簽署；(D)申根公約發起國包括德國、法國、荷蘭、比利時及盧森堡。

實力測驗

★ 5-1 旅行業的定義與特性

( ) 1. 舉辦嘉年華會與節慶活動造成人潮聚集的旅遊旺季，是屬於下列哪一種旅行業的特性？ (A)產業競爭性 (B)需求季節性 (C)供給僵硬性 (D)景氣循環性。 【102統測】

( ) 2. 在餐旅發展效益中，觀光乘數效益(tourism multiplier effects)是屬於下列哪一種層面的考量？ (A)社會 (B)經濟 (C)文化 (D)環境。 【102統測】

( ) 3. 有關旅行業特性的敘述，下列何者正確？ (A)旅遊產品需要事先規畫遊程、安排交通、住宿與餐廳等，屬於professionism (B)2024年元旦石川地震造成輪島市觀光停擺，屬於rigidity of supply components (C)2025年大阪萬國博覽會吸引許多遊客到訪，將造成一房難求，屬於heterogeneity (D)領隊有能力導覽解說、處理遊客遺失護照或生病等突發事件，屬於perishability。 【113統測】
《解析》(A)專業性；(B)供給僵固性；(C)異質性；(D)易逝姓。

( ) 4. 參觀羅馬教皇及西班牙聖地牙哥大教堂，為何種觀光為主？ (A)宗教觀光 (B)遊學觀光 (C)美食觀光 (D)環境觀光。 【102餐服技競】

( ) 5. 每年「端午節」熱鬧非凡，各地辦理划龍舟比賽，已歷史悠久，此種旅遊活動稱為： (A)生態之旅 (B)宗教之旅 (C)節慶之旅 (D)人文之旅。

【103餐服模擬】

( ) 6. 小明與朋友到臺南參觀古蹟、廟宇及老房子，這種觀光活動是屬於下列哪一種觀光活動？ (A)生態 (B)產業 (C)社會 (D)文化。 【104統測】

( ) 7. 「交通部觀光局為推展臺灣觀光，以墾丁等臺灣景點為背景，邀請明星代言人拍攝偶像連續劇，以吸引海外粉絲來臺尋找劇中觀光景點」。上列敘述中，何者屬於觀光系統的「觀光客體」？ (A)偶像連續劇 (B)來臺海外粉絲 (C)明星代言人 (D)墾丁等臺灣景點。 【105統測】

( ) 8. 旅行社的中央主管機關是： (A)內政部警政署 (B)交通部觀光局 (C)內政部移民署 (D)外交部領事事務局。

解答

| 5-1 | 1.B | 2.B | 3.A | 4.A | 5.C | 6.D | 7.D | 8.B |

( ) 9. 鑒於旅遊糾紛申訴案例日益增加，已於何種法規規定「旅遊」專節加以規範？
(A)憲法　(B)商事法　(C)民法　(D)刑法。

( )10. 關於臺灣近年來觀光發展的過程，下列敘述何者錯誤？　(A)民國89年：觀光
客倍增計畫　(B)民國91年：生態旅遊年　(C)民國93年：臺灣觀光年　(D)民國
97年：旅行臺灣年。

( )11. 目前全世界最大的民營旅行社是　(A)英國通濟隆公司　(B)中國旅行社　(C)美
國運通公司　(D)美國聯邦公司。

( )12. 由旅行業者自行籌組成立的單位，主要在調解旅客之旅遊糾紛案件，以提升服
務品質，保障業者與旅客之權益，此單位為　(A)中華民國旅行業品質保障協
會　(B)中華民國觀光導遊協會　(C)中華民國觀光領隊協會　(D)臺灣觀光協
會。

( )13. 政府自民國幾年起開放國人出國觀光？　(A)56年　(B)76年　(C)68年　(D)81
年。

( )14. 哪一年全面開放大陸人士來臺觀光？　(A)76年　(B)81年　(C)91年　(D)97
年。

( )15. 小華是高爾夫球迷，希望參加到英國蘇格蘭「老球場」打球的團體行程。此種
旅遊行程屬於下列何者？　(A)獎勵旅遊　(B)商務旅遊　(C)特別興趣旅遊
(D)機加酒自由行。　　　　　　　　　　　　　　　　　　　　　　【110統測】

★ 5-2　旅行業的發展過程

( ) 1. 關於「American Express Company」，下列敘述何者錯誤？　(A)是交通時刻
表的創始者　(B)成立初期業務以貨物運送為主　(C)中文為「美國運通公司」
(D)成立之後業務包含發行信用卡。　　　　　　　　　　　　　　【100統測】

( ) 2. 「Grand Tour」的主要旅遊特色是什麼？　(A)宗教　(B)健康　(C)教育　(D)商
務。

解答

9.C　　10.A　　11.C　　12.A　　13.C　　14.D　　15.C　　5-2　　1.A　　2.C

( ) 3. 關於歐美旅行業的發展，下列何者正確？ (A)詹姆斯‧瓦特(James Watt)最早發行旅行支票與信用卡 (B)威廉‧哈頓(William Harden)創立法國第一家旅行社，為世界旅行社先驅 (C)世界最早鐵路密德蘭鐵路(Midland Countries Railroad)開啟英國旅遊風氣 (D)安東尼‧庫克(Antonine Cook)首創領隊與導遊制度以及旅館預訂制度。 【113統測】

《解析》(A)詹姆斯‧福克(James Fargo)；(B)湯瑪斯‧庫克(Thomas Cook)創立英國第一家旅行社，為世界旅行社先驅；(D)湯瑪斯‧庫克建立領隊與導遊制度；美國運通公司首創旅館訂房預定制度。

( ) 4. 政府透過推動「Tourism2020臺灣永續觀光發展方案（或策略）」，將臺灣形塑成亞洲重要旅遊目的地，下列何者不是其主要特質？ (A)友善 (B)智慧 (C)體驗 (D)綠能。 【113統測】

《解析》形塑臺灣成為「友善、智慧、體驗」之亞洲重要旅遊目的地。

( ) 5. 現代大眾旅遊(Mass Travel)的興起，主要是發生在哪一個時期？ (A)第二次世界大戰結束後 (B)哥倫布發現新大陸 (C)文藝復興運動時期 (D)工業革命時期。 【103統測】

《解析》第二次世界大戰（1939~1945年），戰後各個國家為了自身的產業，推出振興經濟措施。

( ) 6. 關於國外餐旅業的發展，下列敘述何者錯誤？ (A)波斯帝國滅亡，讓歐洲旅遊沒落，進入黑暗時代 (B)文藝復興時期，發展出「大旅遊」(Grand Tour)的旅遊型態 (C)英國人湯瑪斯‧庫克(Thomas Cook)被後人尊稱為「旅行業鼻祖」 (D)工業革命期間，交通運輸的發展，促使旅行活動的大變革。 【102統測】

( ) 7. 下列有關旅行業沿革與發展的敘述，何者錯誤？ (A)1891年美國運通公司發行第一張信用卡 (B)通濟隆公司(Thomas Cook & Son)成立全世界第一家旅行社 (C)臺灣於民國76年開放國人赴大陸探親 (D)臺灣於民國78年成立「中華民國旅行業品質保障協會」。 【104統測】

《解析》1891年，美國運通公司發行旅行支票。

( ) 8. 近代英國開啟了「壯遊」（The Grand Tour，又稱為「大旅遊」）的風潮，此風潮最符合下列哪一種的旅遊型態？ (A)文化教育旅遊(Cultural and Educational

🔔 解答

3.C   4.D   5.A   6.A   7.A   8.A

Travel)　(B)生態旅遊(Eco-tourism)　(C)大眾旅遊(Mass Travel)　(D)宗教朝聖旅遊(Pilgrimages)。 【105統測】

(　　) 9. 下列何者為中華民國旅行業品質保障協會之英文簡稱？　(A)TQAA　(B)ASTA　(C)CGOT　(D)IATA。

(　　)10. 觀光餐旅業的發展過程，下列敘述何者正確？　(A)民國76年臺灣開放國人出國觀光是與外國雙向交流之開始　(B)臺灣最早成立的民間觀光組織是臺灣省觀光協會　(C)黑暗時代特權階級所雇用精通外語的護衛稱為Courier，首開領隊與導遊之先河　(D)美國的汽車旅館(Motel)是從1930年以後陸續發展。

【101統測】

《解析》(A)民國68年開放國人出國觀光；(B)民國45年由政府設立「臺灣省觀光事業委員會」，民間則成立「臺灣觀光協會」；(C)古羅馬時期，貴族遠赴外地會雇用精通外語的護衛稱為Courier，首開領隊與導遊之先河。

(　　)11. 臺灣第一屆臺北國際旅展(International Travel Fair, ITF)是由非營利組織所舉辦，此組織為下列何者？　(A)臺灣觀光協會　(B)臺北市旅行同業公會　(C)臺灣觀光事業委員會　(D)亞太旅行協會。 【100統測】

(　　)12. 關於臺灣觀光發展的歷程，依時間先後順序排列，下列何者正確？甲、交通部觀光局成立；乙、公務人員休假開始使用國民旅遊卡；丙、重新開放旅行業執照申請，並將旅行業分為綜合、甲種及乙種；丁、開放國人出國觀光　(A)甲丙丁乙　(B)甲丁丙乙　(C)丁甲丙乙　(D)丁丙甲乙。 【100統測】

(　　)13. 「觀國之光，利用賓于王」，觀光一詞最早出自於：　(A)西周易經　(B)夏禹　(C)春秋戰國　(D)魏晉南北朝。 【103餐服模擬】

(　　)14. 易經觀卦中有「觀國之光，利用賓于王」，此句話為什麼一詞最早出現？　(A)餐旅　(B)休息　(C)遊憩　(D)觀光。 【102餐服技競】

(　　)15. 我國民間最早成立的觀光組織是　(A)HARC　(B)ATM　(C)TGA　(D)TVA。

【101餐服技競】

(　　)16. 下列有關我國旅行業的沿革與發展的敘述，何者正確？　(A)民國42年頒佈「旅行業管理規則」　(B)民國67年將旅行業分為綜合、甲種、乙種三類　(C)

 解答

9.A　　10.D　　11.A　　12.B　　13.A　　14.D　　15.D　　16.A

民國68年公佈「發展觀光條例」　(D)民國78年政府強制規定旅行業者須投保「履約保險」與「責任保險」。　　　　　【104統測】

《解析》58年，公佈《發展觀光條例》。77年，將旅行業分為綜合、甲種、乙種三類。84年，政府強制規定旅行業者須投保「履約保險」與「責任保險」。

(　)17. 關於提昇臺灣觀光的政策，下列何者最早推動？　(A)觀光客倍增計畫　(B)觀光拔尖領航方案　(C)全面開放大陸人士來臺觀光　(D)推動一縣市一旗鑑觀光計畫。　　　　　　　　　　　　　　　　　　　　　【104統測】

《解析》觀光客倍增計畫：91年。推動一縣市一旗鑑觀光計畫：95年。全面開放大陸人士來臺觀光：97年。觀光拔尖領航方案：98年。

(　)18. 下列哪一項政府推動的觀光政策，是以「將臺灣打造成為東亞交流轉運中心及國際觀光重要旅遊目的地」為政策目標？　(A)觀光客倍增計畫　(B)旅行臺灣感動100　(C)觀光拔尖領航方案　(D)開放大陸人士來臺觀光。　　【105統測】

《解析》觀光拔尖領航方案中，大三通是臺灣取代香港，成為東亞觀光交流轉運中心的契機。政府高度重視，發展觀光已有與國際接軌的基礎。

(　)19. 小花於民國113年1月搭乘專為旅遊路線規畫的台灣好行，關於台灣好行的服務內容，下列何者正確？　(A)僅在臺灣西部地區營運　(B)代訂國內食宿及提供行李配送服務　(C)各營運路線僅提供假日服務　(D)臺鐵、高鐵與景點間的接駁。　　　　　　　　　　　　　　　　　　　　　　　　　【113統測】

《解析》臺灣好行為景點接駁旅遊服務。

(　)20. 關於臺灣觀光發展重要事件發生時程之順序，由先至後的排列，下列何者正確？甲、臺灣高速鐵路正式完工通車，臺灣進入一日生活旅遊圈；乙、全面實施週休二日；丙、開始實施星級旅館評鑑制度；丁、開放陸客自由行　(A)甲→乙→丙→丁　(B)甲→丙→丁→乙　(C)乙→甲→丙→丁　(D)丁→乙→甲→丙。　　　　　　　　　　　　　　　　　　　　　　　　　　【105統測】

《解析》全面實施週休二日：90年；臺灣高速鐵路正式完工通車：96年；開始實施星級旅館評鑑制度：99年；開放陸客自由行：100年。

(　)21. 以下觀光發展的排序何者正確？甲、發行機器可判讀護照；乙、發佈旅行業管理規則；丙、開放第二類大陸人士來臺觀光；丁、國外旅遊警示分級由三級制改為四級制；戊、成立交通部觀光事業小組；己、首度舉辦大陸地區領隊人員

解答

17.A　　18.C　　19.D　　20.C　　21.D

甄試　(A)乙→戊→甲→己→丁→丙　(B)戊→乙→己→甲→丁→丙　(C)戊→乙→甲→己→丙→丁　(D)乙→戊→己→甲→丙→丁。　【105全國教甄】

《解析》乙、發佈旅行業管理規則：42年→戊、成立交通部觀光事業小組：49年→己、首度舉辦大陸地區領隊人員甄試：81年→甲、發行機器可判讀護照：84年→丙、開放第二類大陸人士（第二類：大陸地區人民由大陸地區經第三地中轉來臺）來臺觀光：91年→丁、國外旅遊警示分級由三級制改為四級制：98年。

(　)22. 關於臺灣觀光發展的歷程，依時間先後順序排列，下列何者正確？甲、交通部觀光局成立；乙、公務人員休假開始使用國民旅遊卡；丙、重新開放旅行業執照申請，並將旅行業分為綜合、甲種及乙種；丁、開放國人出國觀光　(A)甲→丙→丁→乙　(B)甲→丁→丙→乙　(C)丁→甲→丙→乙　(D)丁→丙→甲→乙。　【100統測】

《解析》交通部觀光局成立（62年）→開放國人出國觀光（68年）→重新開放旅行業執照申請，並將旅行業分為綜合、甲種及乙種（77年）→公務人員休假開始使用國民旅遊卡（92年）。

(　)23. 關於旅行業發展的敘述，下列何者錯誤？　(A)臺灣於2008年開始啟用自動查驗通關(e-gate)系統　(B)circular note（周遊券）是旅行支票的前身　(C)臺灣虎航屬於low-cost carrier (LCC)　(D)臺灣於2012年被列為美國免簽證的國家之一。　【109統測】

(　)24. 民國16年成立的中國旅行社為我國第一家民營旅行社，其前身為下列何者？(A)上海商銀旅行部　(B)東亞交通公社　(C)匯豐銀行旅行部　(D)歐亞旅行社。　【110統測】

(　)25. 關於我國餐旅業發展的重要事件發生順序，下列何者正確？甲、SARS疫情爆發，重創觀光產業；乙、全面實施週休二日，國民旅遊盛行；丙、啟動兩岸大三通，促進餐旅業發展；丁、臺北希爾頓飯店開幕，旅館業走入國際連鎖時代(A)甲→乙→丙→丁　(B)乙→甲→丙→丁　(C)丙→甲→丁→乙　(D)丁→乙→甲→丙。　【110統測】

(　)26. 下列何者不是旅行業未來發展趨勢？　(A)廣泛運用科技　(B)發展低碳旅行　(C)開發定點旅遊　(D)產品設計單一化。　【110統測】

解答

22.B　　23.A　　24.A　　25.D　　26.D

( )27. 我國交通部觀光局曾推動多項觀光政策,對餐旅業發展具有重大影響,下列政策何者於民國 100 年後啟動? (A)臺灣觀光年 (B)觀光客倍增計畫 (C)觀光大國行動方案 (D)開放陸客來台觀光 【110統測】

( )28. 英國旅行業先驅湯瑪斯・庫克(Thomas Cook)將交通運輸工具結合旅遊活動,開啟史上第一個團體全備旅遊。該旅遊活動之主題為下列何者? (A)朝聖活動 (B)禁酒活動 (C)考察活動 (D)遊學活動。 【110統測】

★ 5-3 旅行業的類別與旅行社的種類

( ) 1. 某旅遊集團經營一家綜合旅行業及二家公司,依規定應實收資本總額不得少於新臺幣多少元? (A)800萬元 (B)900萬元 (C)2,700萬元 (D)3,300萬元。 【102統測】

《解析》依據103.5.21.修正之《旅行業管理規則》,綜合旅行業資本額為3,000萬元,一家分公司的資本額為150萬元,兩家則為300萬元,故3,000+300=3,300萬元。

( ) 2. 旅行業辦理旅客出國及國內旅遊業務,應投保履約保證保險,其中甲種旅行社須投保最低金額為新臺幣 (A)6,000萬元 (B)4,000萬元 (C)2,500萬元 (D)2,000萬元。 【100全國教甄】

( ) 3. 有關我國旅行業的業務範圍敘述,下列何者正確? (A)甲種及乙種旅行業均可提供國內外旅遊諮詢服務 (B)乙種旅行業可接受旅客委託代辦出、入國境及簽證手續 (C)綜合、甲種及乙種旅行業均可設計國內行程,並安排導遊或領隊人員 (D)只有綜合旅行業可自行組團,為旅客出國觀光安排食宿、交通與旅遊提供服務。 【103統測】

( ) 4. 某科技大廠看好臺灣觀光業的前景,決定跨足旅遊業成立甲種旅行社,初步規劃將總公司設在臺北,並在全省開設三家分公司。依「旅行業管理規則」規定,應繳納之保證金為 (A)105萬 (B)150萬 (C)195萬 (D)240萬。 【103統測】

《解析》甲種旅行業保證金新臺幣150萬元,甲種旅行業每一分公司保證金新臺幣30萬元。150+(30×3)=240萬元。

 解答

27.C   28.B   5-3   1.D   2.D   3.C   4.D

( ) 5. 歐美旅行業類別之一為「特殊旅行業(Special Travel Agency)」，下列何者<u>不屬於</u>特殊旅行業的別稱？　(A)Incentive Company　(B)Meeting Planner　(C)Motivational House　(D)Tour Operator。　　　　　【113統測】

《解析》(A)(C)獎勵公司；(B)會議規劃公司；(D)遊程承攬業。

( ) 6. 依「發展觀光條例」所訂定之「旅行業管理規則」中，下列哪一項<u>不是</u>甲種旅行業的業務範圍？　(A)代訂國內食宿及提供行李服務　(B)提供國內外旅遊諮詢服務　(C)設計國內外旅程、安排導遊人員或領隊人員　(D)以包辦旅遊方式安排國內外旅遊服務。　　　　　【104統測】

( ) 7. 王大明想要籌設一間旅行社，籌備流程包含籌組公司及向「主管機關」申請籌設等工作，該主管機關為下列何者？　(A)旅行業公會　(B)所在地縣市政府　(C)經濟部商業司　(D)交通部觀光局。　　　　　【104統測】

( ) 8. 關於我國乙種旅行業所代理之旅行業務，下列敘述何者正確？　(A)可代理外國旅行業辦理聯絡、推廣、報價等業務　(B)可代理綜合旅行業招攬國內外觀光旅遊有關業務　(C)可代理綜合旅行業招攬國內觀光旅遊有關業務　(D)可代理甲種旅行業招攬國外觀光旅遊有關業務。　　　　　【105統測】

( ) 9. 某旅遊集團於臺北市申請開設綜合旅行業，並在桃園市、高雄市、臺中市與臺南市分別設立四家分公司。依據現行旅行業管理規則之規定，該集團總共應繳納保證金新臺幣多少萬元？　(A)270萬元　(B)750萬元　(C)1,120萬元　(D)1,600萬元。　　　　　【105統測】

《解析》綜合旅行業總公司保證金為1,000萬元，綜合旅行業分公司每一家保證金為30萬元，1,000+(30×4)家旅行社分公司=1,120萬元。

( )10. 關於旅行社的相關敘述，何者正確？　(A)高職旅行社為一綜合旅行社，而且是品質保障協會會員，並在臺中、高雄各有一家各分公司，則此旅行社應投保之最低履約保險金額為新臺幣4,800萬元　(B)旅行業申請籌設後，應於1個月內向經濟部辦理公司設立登記，並備具文件向交通部觀光局申請旅行業註冊，逾期即撤銷設立之許可　(C)目前經營旅行業須具備「交通部旅行業執照」、「營利事業登記證」、「公司設立登記證」及「經理人之經理人結業證書」　(D)旅客於出發後發現或被告知其所參加之團體已併團，則原始承攬旅行業應賠償旅客之違約金為全部團費之5%。　　　　　【105全國教甄】

 解答

5.D　　6.D　　7.D　　8.C　　9.C　　10.D

《解析》綜合旅行社，而是品質保障協會會員，履約保證保證為4,000萬元，每一家分公司100萬元，此旅行社應投保之最低履約保險金額為新臺幣4,200萬元。旅行業申請籌設後，應於2個月內向經濟部辦理公司設立登記，並備具文件向交通部觀光局申請旅行業註冊，逾期即撤銷設立之許可。目前經營旅行業須具備「交通部旅行業執照」、「公司設立登記證」及「經理人之經理人結業證書」。

( )11. 下列有關團體全備行程(GIPT)之縮寫字母的英文原名，何者不正確？ (A)G代表Group (B)I代表Inclusive (C)P代表Passenger (D)T代表Tour。
　　《解析》(C)Package。

( )12. 一般而言，旅行業組織中負責國外訂團的作業、特殊遊程的安排及線控等是哪一部門的工作？ (A)企劃部 (B)業務部 (C)產品部 (D)票務部。

( )13. 依據中華民國旅行業品質保障協會之「會員入會資格審查作業要點」，關於旅行社應繳交的旅遊品質保障金之規定，下列哪一項正確？ (A)永久基金甲種旅行業：新臺幣參萬元 (B)永久基金綜合旅行業：新臺幣伍萬元 (C)聯合基金甲種旅行業總公司新臺幣：壹拾萬元 (D)聯合基金綜合旅行業總公司：新臺幣伍拾萬元。
　　《解析》(B)10萬元；(C)15萬元；(D)100萬元。

( )14. 旅行業者為順應市場需求，區隔特定市場族群，設計開發出深入體驗之特殊旅遊主題的遊程，此屬於下列哪一種旅遊類型？ (A)特別興趣團體全備旅遊(special interest package tour, SIT) (B)提早訂位優惠團體旅遊(early bid discount group tour) (C)熟悉旅遊(familiarization tour, FAM tour) (D)自費旅遊(optional tour)。 【102統測】

( )15. 旅行業擁有雄厚財力，以專業的企劃人才做深入的市場調查與研究，設計出屬於自己品牌的定期遊程，是下列何種旅行業？ (A)Tour Wholesaler (B)Tour Operator (C)Retail Travel Agent (D)Incentive Company。 【101統測】

( )16. 關於旅行業的PAK聯營方式，下列敘述何者正確？ (A)易遊網旅行社與中國信託商業銀行，共同合作推廣東京之旅 (B)雄獅旅遊與康福旅行社各自組團，共同包機前往上海 (C)理想旅運社與新進旅行社，共同合作推廣德國之旅 (D)時報旅行社結合各地分公司，共同推廣知本之旅。 【101統測】

🔔 解答

11.C　　12.C　　13.A　　14.A　　15.A　　16.C

(　)17. 關於旅行業以電腦網路經營相關業務，接受旅客線上訂購與交易，下列敘述何者<u>錯誤</u>？　(A)應將旅遊契約登載於網站　(B)網站內容須報請交通部觀光局備查　(C)收受全部或部分價金前，應將其銷售商品或服務之限制及確認程序、契約終止或解除及退款事項，向旅客據實告知　(D)旅行業受領價金後，應開立統一發票收據交付旅客。　　　　　　　　　　　　【102統測】

(　)18. 旅行社將上游產業資源整合，設計不同類型的套裝遊程（如：豪華、精緻、經濟遊程）以類似批發方式提供下游業者進行銷售，並從中賺取利潤，是屬於下列哪一種經營模式？　(A)Wholesaler　(B)Retailer　(C)PAK　(D)Direct Sales。　　　　　　　　　　　　　　　　　　　　　　　　　【104統測】

《解析》Wholesaler薑售旅行業；Retailer零售旅行業；PAK同業結盟；Direct Sales直接銷售。

(　)19. 當網路旅行社接受旅客線上訂購交易時，下列哪一項資訊<u>不須</u>登載於網站？(A)公司名稱　(B)旅遊契約　(C)營業項目　(D)代收轉付交易憑證。　　　　　　　　　　　　　　　　　　　　　　　　　　　　　　　　　【105統測】

《解析》旅行業受領價金後，應將旅行業代收轉付收據憑證交付旅客。

(　)20. 一對夫妻帶著兩位小孩，參加某家甲種旅行社所安排的美加團旅遊行程，此旅行社具有保障旅客權益之觀光公益法人會員資格，且具有品保協會會員資格。假設此旅行社未設有分公司，依據截至民國109 年 3月之相關法規，下列敘述何者<u>錯誤</u>？　(A)該旅行社應繳納的品保聯合基金為新臺幣15萬元　(B)該旅行社的履約保險應投保最低金額為新臺幣2,000萬元　(C)依據責任保險，應為旅客投保意外死亡至少每人新臺幣200萬元　(D)若全家的證件皆遺失，依據責任保險，最少可以獲得新臺幣8,000元賠償。　　　　　　【109 統測】

(　)21. 某甲初次創業，於民國109年3月開設綜合旅行社，並辦理公司設立登記。依據民國108年9月修正的「旅行業管理規則」，該旅行業依規定登記最低資本總額，其需繳納之註冊費與保證金，總計為新臺幣多少元？　(A)1,100萬元(B)1,030萬元　(C)1,010萬元　(D)1,003萬元。　　　　　　　　　　　【109統測】

(　)22. 某甲為大兒子出資，於民國108年12月25日於臺中市設立一家綜合旅行社，並同時於臺北市設立一家分公司；此外，某甲也為小兒子出資，於高雄市設立一家甲種旅行社，以及於新北市與臺南市各設立一家分公司。依民國108 年9 月

 解答

17.D　　18.A　　19.D　　20.B　　21.D　　22.A

修正之「旅行業管理規則」規定，關於某甲為大小兒子創業，應繳納的新臺幣金額，下列敘述何者正確？　甲：資本額應繳納3,950萬元、乙：保證金應繳納1,240萬元、丙：品保基金中的永久基金應為10萬元、丁：履約保證保險金投保金額為8,400萬元　(A)甲、乙　(B)乙、丙　(C)丙、丁　(D)甲、丁。

【109統測】

(　)23. 關於旅行社的業務或種類，下列敘述何者正確？　(A)我國甲種旅行社的業務，除了可以招攬或接待國內外旅客，也可以委託同業代為招攬旅遊業務　(B)我國甲種旅行社的業務，除了提供國內外自行組團旅遊服務，也提供代理外國旅行社推廣業務　(C)日本旅行業中的第一種旅行業其經營項目與業務內容，如同我國的乙種旅行社　(D)日本旅行業中的第二種旅行業，其經營項目與業務內容，類似我國的甲種旅行社。　【109統測】

(　)24. 下列何者不屬於乙種旅行社的業務範圍？　(A)開發國內包辦旅遊業務　(B)代旅客購買國內客票、托運行李　(C)接受委託代售國內海、陸、空運輸事業之客票　(D)招攬或接待本國旅客提供國內旅遊、食宿、交通。　【110統測】

★ 5-4　旅行業的組織與部門

(　) 1. 負責國內外之行程規劃、產品包裝與旅遊資訊製作等業務，是旅行社中的哪一個部門？　(A)作業部　(B)資訊部　(C)企劃部　(D)業務部。　【103統測】

(　) 2. 旅行社之外勤業務人員，進行拜訪個別客戶或公司行號的推廣工作，例如推銷公司年度員工旅遊的從業人員稱為　(A)Direct Sales　(B)Freelance Tour Guide　(C)Ticketing Center Clerk　(D)In House Salesperson。　【103統測】

《解析》Direct Sales直客部的業務人員。

　　　　Freelance Tour Guide特約導遊，目前法規已無此用法。

　　　　Ticketing Center Clerk票務中心的票務人員。

　　　　In house Salesperso內勤銷售人員，銷售人員在公司內接聽電話或回覆網路上的提問。

(　) 3. 下列何者不是旅行社控團人員(OP)的主要工作項目？　(A)航班確認　(B)整理護照及簽證　(C)設計新的旅遊產品　(D)準備行前說明會資料。　【104統測】

 解答

23.B　　24.A　　5-4　　1.C　　2.A　　3.C

( ) 4. 大型旅行業分工詳細，相關從業人員之工作職責，下列敘述何者錯誤？ (A)帶團領隊人員大多由業務主管指派，確保旅遊團如期出國 (B)控團人員需整理護照簽證、確認航班及準備行前說明會資料 (C)業務人員負責行銷與說明旅遊產品，增進顧客了解產品內容 (D)票務人員負責票價諮詢、訂位、開票等作業與相關業務服務。 【105統測】

( ) 5. 大型旅行業營運組織中，旅遊團體確認最後參團人數後，原則上由下列哪一部門人員負責向國外代理旅行社接洽且訂定當地交通與食宿等行程？ (A)產品部 (B)票務部 (C)管理部 (D)業務部。 【105統測】

( ) 6. 根據民國112年10月19日所修正的「導遊人員管理規則」，下列敘述何者正確？ (A)外語導遊人員類科專用制評量筆試科目包含英語科目 (B)外國人具有高級中學以上學校畢業，領有畢業證書，得以參加我國導遊人員評量測驗 (C)華語導遊人員類科評量應測科目包含：導遊實務（一）、導遊實務（二），以及觀光資源概論 (D)外語導遊人員評量測驗的報名資格，若為高中職畢業者（取得畢業證書），得採用專用制評量。 【113統測】

《解析》(A)英語以外之其他外國語；(C)導遊執業實務、導遊執業法規、觀光資源概要；(D)通用制。

( ) 7. 我國專門職業及技術人員普通考試導遊人員考試規則，將旅遊安全與緊急事件處理歸屬於哪一個考試科目？ (A)導遊實務（一） (B)導遊實務（二） (C)觀光資源概要 (D)外國語。

( ) 8. 關於領隊的英文名稱，下列何者錯誤？ (A)tour conductor (B)tour guide (C)tour leader (D)tour manager。 【100統測】

( ) 9. 小美初取得華語導遊執業證，下列哪一個地區的觀光客旅遊業務，不是她可以執行接待或引導的範圍？ (A)香港 (B)澳門 (C)大陸 (D)新加坡。 【104統測】

( )10. 某大型旅行社職員的職務工作內容為「簽證作業、機位追蹤及旅客人數控管」，原則上，此為下列何者之工作職掌？ (A)導遊人員 (B)業務人員 (C)遊程企劃 (D)團控人員。 【110統測】

解答

4.A　5.A　6.B　7.A　8.B　9.D　10.D

( )11. 下列何者**不屬於**旅行社辦理團體出國作業流程中的出團作業項目？ (A)簽訂旅遊契約 (B)舉辦行前說明會 (C)擬定年度出團計畫 (D)確認旅客特殊需求。 【110統測】

( )12. 關於領隊與導遊任用資格及條件的敘述，下列何者**錯誤**？ (A)導遊人員的職前訓練時數較長 (B)領隊與導遊人員的報考資格相同 (C)領隊與導遊人員的考試科目相同 (D)領隊與導遊人員的執業證效期相同。 【110統測】

★ 5-5 旅行業的經營理念

( ) 1. 遊程設計之各項團體作業當中，將團體路線、出發日期、班機及旅館資訊建檔，同時擬定Tour Code的命名，是屬於哪一項作業流程？ (A)參團作業 (B)結團作業 (C)國國後作業 (D)前置作業。 【103統測】

( ) 2. 旅行業的團體作業可區分為「團控作業」、「回國後作業」、「參團作業」、「前置作業」、「出團作業」，其作業流程依序排列應為 (A)前置作業→團控作業→參團作業→出團作業→回國後作業 (B)前置作業→參團作業→團控作業→出團作業→回國後作業 (C)前置作業→出團作業→團控作業→參團作業→回國後作業 (D)前置作業→參團作業→出團作業→團控作業→回國後作業。 【103統測】

( ) 3. 遊客在花蓮購買大理石，所花費的金錢被大理石店老闆用來支付員工薪水，員工再用薪水去百貨公司消費，促使當地經濟繁榮、市場活絡。此經濟循環作用所產生的效益，稱為下列何者？ (A)tourism multiplier effect (B)tourism motivation effect (C)tourism more effect (D)tourism mass effect。 【106統測】
《解析》tourism multiplier effect觀光乘數效應，本試題舉的例子是觀光乘數效應裡的直接效益：例如說觀光客來花蓮住宿，旅館業者可以支付員工薪水，聘請當地員工，員工有收入，也在花蓮生活消費。

( ) 4. 關於Abacus International 的描述，下列何者**錯誤**？ (A)由日航等六家航空公司結盟創立 (B)是一種電腦訂位系統 (C)目前為我國旅行業所使用的CRS之一 (D)其總部設於新加坡。
《解析》(A)為歐洲四家航空公司。

解答

11.C　　12.C　　 5-5 　　1.D　　2.B　　3.A　　4.A

( ) 5. 關於出國旅遊所需辦理的證照與手續，下列敘述何者錯誤？ (A)C.I.Q.中的「C」指的是海關手續 (B)E／D Card指的是海關申報單 (C)Passport指的是身分證件 (D)P.T.V.中的「V」指的是外國簽證。

《解析》(B)出入境登記卡。

( ) 6. 關於旅行業以電腦網路經營相關業務，接受旅客線上訂購與交易，下列敘述何者錯誤？ (A)應將旅遊契約登載於網站 (B)網站內容須報請交通部觀光局備查 (C)收受全部或部分價金前，應將其銷售商品或服務之限制及確認程序、契約終止或解除及退款事項，向旅客據實告知 (D)旅行業受領價金後，應開立統一發票收據交付旅客。 【102統測】

( ) 7. 下列哪一種情形依規定應申請換發護照？ (A)護照汙損不堪使用 (B)護照效期不足一年 (C)所持護照非最新式樣 (D)持照人認為有必要並經主管機關同意者。 【102統測】

( ) 8. 外交部規定國外旅遊警示之顏色與意涵，下列敘述何者正確？ (A)灰色警示：提醒注意 (B)藍色警示：特別注意旅遊安全並檢討是否前往 (C)紅色警示：避免非必要旅行 (D)黃色警示：不宜前往。 【102統測】

( ) 9. 外交部領事事務局未在何處設有辦事處供民眾申請護照？ (A)嘉義 (B)臺南 (C)花蓮 (D)臺中。 【105全國教甄】

《解析》供民眾申請護照的地點為外交部領事事務局、外交部辦事處中部（臺中）、南部（高雄）、東部（花蓮）、雲嘉南（嘉義），此四處稱為四辦，共5個承辦地點。

( )10. 有關我國目前各類護照效期的敘述，下列何者正確？ (A)外交護照的效期為4年 (B)公務護照的效期為6年 (C)接近役齡男子及役男之普通護照效期為3年 (D)役畢男性及年滿14歲女性之普通護照效期為10年。 【103統測】

《解析》外交護照及公務護照之效期以5年為限，主管機關得視持照人任務之需要，酌減為3年~1年。普通護照以10年為限。未滿14歲者之普通護照以5年為限。接近役齡男子及役男之普通護照效期為10年。

( )11. 護照是國人旅行國際間的身分證明，政府公務部門的人員因接洽公務或赴國外考察開會，應申請哪一種護照？ (A)Diplomatic Passport (B)Official Passport (C)Ordinary Passport (D)Business Passport。 【104統測】

解答

| 5.B | 6.D | 7.A | 8.A | 9.B | 10.D | 11.B |

《解析》Diplomatic Passport外交護照。Official Passport公務護照。Ordinary Passport普通護照。Business Passport字面翻譯為商務護照，但這不是我國護照分類之一。

( )12. 關於簽證與護照的說明與種類，下列何者為非？ (A)與我國最早簽定打工渡假簽證的國家是澳洲與紐西蘭 (B)國人於101年11月1日起前往美國，只要持新版晶片護照即可免簽證進入美國進行各種活動 (C)我國新版護照內頁是以臺灣景點地標及風土民情為底色圖案主題，並搭配臺灣生態「寬尾鳳蝶」 (D)普通護照中未滿14歲者的護照效期為5年，役男護照效期為5年。

【102全國教甄】

( )13. 下列哪一個國家非屬申根公約國，但接受我國人適用以免申根簽證待遇入境？ (A)摩納哥 (B)盧森堡 (C)冰島 (D)愛沙尼亞。 【103全國教甄】

( )14. 小英在2010年利用學校暑假期間赴比利時、荷蘭及法國等地進行三個星期的旅遊行程，小英當時出國前，必須事先申請下列哪一種簽證？ (A)在學簽證 (B)英國簽證 (C)禮遇簽證 (D)申根簽證。 【104統測】

( )15. 促進我國與其他國家間青年之互動交流與了解，申請人目的為「度假」，藉由打工使度假展期及賺取旅遊生活費用，此外籍人士應向我國申請下列哪一種簽證？ (A)Tourist Visa (B)Transit Visa (C)Visa Granted Upon Arrival (D)Working Holiday Visa。 【105統測】

《解析》與我國簽訂打工渡假簽證的國家有14個：紐西蘭、澳洲、日本、加拿大、德國、韓國、英國、愛爾蘭、比利時、捷克、波蘭、奧地利、匈牙利、斯洛伐克。

( )16. 下列何者不屬於機票票價的種類？ (A)Special Fare (B)Checking Fare (C)Normal Fare (D)Discounted Fare。 【103統測】

《解析》Normal Fare普通票；Discounted Fare折扣票；Special Fare特別票。

( )17. 下列敘述何者正確？甲、NOT VALID BEFORE代表機票標註日期之後使用無效；乙、中華民國出境機場服務稅每人每次500元，隨機票徵收；丙、班機號號碼中，往東、往北飛的班機號碼為雙數；丁、GV團體票又稱計畫旅行票，後接數字代表為運費的折扣，例如GV25；戊、ID為航空公司給予同仁使用的

解答

12.B　　13.A　　14.D　　15.D　　16.B　　17.A

優惠機票，後接數字為運費的折扣，如ID90　(A)乙、丙、戊　(B)甲、丁、戊　(C)甲、丙　(D)甲、丙、丁。　　　　　　　　　　　　　　【105全國教甄】

《解析》NOT VALID BEFORE代表機票標註日期之前使用無效，即機票開始使用的日期。GV團體票，後接數字代表最低開票人數。

(　)18.自動查驗通關系統(E-gate)採電腦自動化方式，結合生物辨識科技，讓旅客能自助、便捷、快速的入出國境，這屬於下列哪一項出入境程序？　(A)海關(Customs)　(B)證照查驗(Immigration)　(C)檢疫(Quarantine)　(D)登機報到(Airport Check-in)。　　　　　　　　　　　　　　【105統測】

(　)19.國際航空運輸協會(International Air Transport Association)將全球飛航區域(Traffic Conference Area)分為三大飛航區(TC1、TC2、TC3)，下列哪一個國家屬於TC3？　(A)加拿大　(B)紐西蘭　(C)巴西　(D)法國。　　　【103統測】

(　)20.國際航空運輸協會(IATA)為統一管理及制定票價，將全世界劃分為3大區域，下列哪一個城市不屬於TC3的範圍？　(A)DPS　(B)MEL　(C)DEL　(D)GRU。

【103全國教甄】

《解析》DPS印尼峇里島。MEL澳洲墨爾。DEL印度新德里。GRU巴西聖保羅機場。

(　)21.國際航空運輸協會(Intenational Air Transport Association)將全球飛航區域(Traffic Conference Area)分為三大飛航區(TC1、TC2、TC3)，下列哪一個國家屬於TC2？　(A)Egypt　(B)Vietnam　(C)Canada　(D)Australia。　【104全國教甄】

《解析》Egypt埃及；位於非洲北部，是TC2。Vietnam越南，位於亞洲，是TC3。Canada加拿大，位於美洲，是TC1。澳大利亞（澳洲）位於大洋洲，是TC3。

(　)22.臺灣虎航自105年3月18日起新增「臺北－亞庇」航線，預期增加機位供給，有助提升臺北與馬來西亞旅遊人次，請問這兩個機場代號(Aiprort Code)是？　(A)TSA、BKI　(B)TPE、BKI　(C)TPE、KUL　(D)TSA、KUL。

【105全國教甄】

《解析》臺灣虎航是臺灣的首家低成本航空公司，於2014年9月正式營運。

(　)23.若設計從臺灣桃園國際機場出發到美洲來回遊程，則下列何者是行程中正確的機場代碼？　(A)TPE－ANC—JFK—TPE　(B)TPE—HKG—SIN—TPE　(C)TPE—BKK—MFM—TPE　(D)TPE—AMS—LHR—TPE。　　　【104統測】

🔔 解答

18.B　　19.B　　20.D　　21.A　　22.B　　23.A

《解析》TPE臺北－ANC安格拉治－JFK紐約甘迺迪機場－TPE臺北。
HKG香港、SIN新加坡、BKK曼谷、MFM澳門、AMS荷蘭阿姆斯特丹、LHR英國倫敦希斯洛機場。

( )24.外交部規定國外旅遊警示之顏色與意涵，下列敘述何者正確？ (A)灰色警示：提醒注意 (B)藍色警示：特別注意旅遊安全並檢討是否前往 (C)紅色警示：避免非必要旅行 (D)黃色警示：不宜前往。 【102統測】

( )25.當網路旅行社接受旅客線上訂購交易時，下列哪一項資訊不須登載於網站？ (A)公司名稱 (B)旅遊契約 (C)營業項目 (D)代收轉付交易憑證。 【105統測】

( )26.依民國107年10月19日修正之「旅行業管理規則」規定，關於網路旅行社的敘述，下列何者正確？甲、網站首頁應載明公司名稱、種類、地址、服務標章，以及代表人姓名；乙、網站首頁應載明經營之業務項目，以及付款流程、進度與規定；丙、接受旅客線上訂購交易者，應將「旅遊契約」登載於網站；丁、當收取價金後，應將「代收轉付收據」憑證交付旅客 (A)甲、乙 (B)甲、丁 (C)乙、丙 (D)丙、丁。 【108統測】

( )27.截至民國108年3月止，有關中華民國出入境規定，下列何者錯誤？ (A)聯檢程序為Customs、Immigration、Quarantine (B)旅客檢疫是由衛生福利部疾病管制署執行 (C)攜帶美元現鈔二萬元入境時，可走綠線檯通關 (D)攜帶人民幣現鈔二萬元入境時，可走綠線檯通關。 【108統測】

( )28.下列哪一個機場未設置自動查驗通關系統(e-Gate)？ (A)松山 (B)臺中 (C)金門 (D)高雄。 【113統測】
《解析》臺灣僅國際機場（桃園、松山、小港、臺中）設置自動查驗通關系統。

( )29.世界觀光組織發展觀光衛星帳(Tourism Satellite Account)系統，以分析觀光餐旅產業對整體經濟的影響，此系統始於何年？ (A)1997 (B)1998 (C)1999 (D)2000。 【107統測】
《解析》世界觀光組織(UNWTO)在1990年代開始規劃觀光衛星帳的架構，1999年完成編製作業手冊，現已成為各國編製觀光衛星帳的參考範本。

( )30.以下旅遊城市境內機場及資訊，下列何者為非？ 旅遊城市代碼／機場代碼／航空飛行區域 (A)NYC／JFK／AERA 1 (B)SHA／PVG／AERA 3 (C)TYO／HND／AERA 3 (D)LON／LGA／AERA 2。 【107全國教甄】

🔔 解答

24.A　25.D　26.D　27.C　28.C　29.C　30.D

《解析》 LON倫敦(AERA 2)、LGA紐約拉瓜地機場(AERA 1)。

(　)31. 國際航空運輸協會(IATA)將全球區分為三大飛航區域(TC1、TC2、TC3)，以下
哪一個城市<u>不是</u>屬於TC2？　(A)MUC　(B)MFM　(C)MAD　(D)MOW。

【106統測】

《解析》 TC2歐非區：MUC德國的慕尼黑。
MAD西班牙的馬德里。
MOW俄羅斯的莫斯科。
MFM澳門機場屬於TC3亞澳紐區。

▼ **閱讀下文，回答第32~34題**

小江舉辦到澎湖的家族旅遊，因考量交通時間，決定搭乘飛機從高雄出發至澎湖。

(　)32. 此趟去程登機證上顯示目的地的機場代碼為下列何者？　(A)MIA　(B)MZG
(C)PEN　(D)PER。　　　　　　　　　　　　　　　　　　　　　　　　　【111統測】

(　)33. 此趟旅程只能選擇搭乘下列哪一家航空公司？　(A)) AE　(B) SQ
(C) VN　(D) CX。　　　　　　　　　　　　　　　　　　　　【111統測】

《解析》 (A)邁阿密；(B)澎湖；(C)檳城；(D)伯斯。

(　)34. 此趟旅遊的成員中，有五位成年人，未成年小孩有 1 位 11 個月、1 位 18 個
月、2 位滿 2 歲、1 位 6 歲及1 位 13 　，此趟旅遊中，購買兒童票最經濟的選
項為下列何者？　(A)2張兒童票　(B)3張兒童票　(C)4張兒童票　(D)5張兒童
票。　　　　　　　　　　　　　　　　　　　　　　　　　　　　　　　【111統測】

《解析》 兒童票指2~12歲之未成年小孩，因此2位滿2歲及1位6歲的小孩共3位須
購買兒童票。

(　)35. 關於我國國籍航空航權敘述，下列何者正確？　(A)從SIN出發直飛TPE是屬第
二航權　(B)從TPE出發直飛BKK是屬第三航權　(C)從JFK飛LAX停留再飛TPE
是屬第六航權　(D)從TPE出發途中停留BNE只加油，續飛AKL，是屬第五航
權。　　　　　　　　　　　　　　　　　　　　　　　　　　　　　　　【112統測】

《解析》 (A)從新加坡SIN出發直飛臺北是屬第三航權；(B)曼谷BKK；(C)從紐約
甘迺迪國際機場JFK飛洛杉磯LAX停留再飛臺北是屬第八航權；(D)從臺
北出發途中停留澳洲布里斯本機場BNE只加油，續飛紐西蘭奧克蘭機場
AKL，是屬第二航權。

🛎 **解答**

31.B　　32.B　　33.A　　34.B　　35.B

( )36. 隨著學習華語的人愈來愈多，華語已成為21世紀的強勢語言，一位美國文學作家Joan，日前規劃到臺灣學校的語文中心上課學習華語一年，他應申請下列何種中華民國簽證？　(A)停留簽證　(B)居留簽證　(C)學生簽證　(D)移民簽證。　　　　　　　　　　　　　　　　　　　　　　　　　　【112統測】

《解析》停留簽證為180天內，居留簽證為180天以上至5年內。

( )37. Jolin 即將舉辦世界巡迴演唱會，從臺灣搭飛機到杜拜轉機後，抵達美國紐約。則她依序經過了哪幾個飛航區域？　(A)TC 2 → TC 1 → TC 3　(B)TC 1 → TC 3 → TC 2　(C)TC 1 → TC 2 → TC 3　(D)TC 3 → TC 2 → TC 1。　【112統測】

《解析》臺灣 TC 3→杜拜 TC 2→美國紐約 TC 1。

( )38. 夫妻帶著一對剛滿周歲的嬰兒，以及一位滿6歲與一位滿12歲的小朋友，從臺灣搭乘飛機前往美國。其家人最經濟的購票選擇，下列何者正確？　(A)總計需要三張全票，兩張嬰兒票以及一張兒童票　(B)總計需要三張全票，一張嬰兒票以及兩張兒童票　(C)總計需要兩張全票，兩張嬰兒票以及兩張兒童票　(D)總計需要兩張全票，一張嬰兒票以及三張兒童票。　　　　　　　　　　　　　　　　　　　　【113統測】

《解析》

	全票	兒童票	嬰兒票
年齡	14歲以上	2~14歲	2歲以下

▼ 閱讀下文，回答第39~40題

因應疫情的解封，小顧夫妻計畫帶著15歲女兒和12歲兒子出國旅遊，預計拜訪的景點有鬱金香花卉市場、風車、海尼根體驗館、琴酒博物館及梵谷博物館等，並購買木鞋作為紀念品，享受當地的人文風情。

( )39. 若計畫從臺灣桃園國際機場出發，根據小顧一家人預計拜訪的景點，下列何者為他們最可能的飛行路線？　(A)TPE→BKK→AMS→BKK→TPE　(B)TPE→HNL→AKL→HNL→TPE　(C)TPE→LAX→BUE→LAX→TPE　(D)TPE→TYO→YVR→TYO→TPE。　　　　　　　　　　　　　　　　　　　　　【112統測】

《解析》從拜訪的景點判斷所到國家為荷蘭之特色；AMS為阿姆斯特丹；AKL為紐西蘭奧克蘭機場；BUE為阿根廷布宜諾斯艾利斯機場；YVR為加拿大溫哥華國際機場。

 解答

36.B　　37.D　　38.A　　39.A

(　)40. 小顧全家是第一次出國申辦普通護照且在臺設有戶籍之國民，依據民國110年
1月之「護照條例」有關護照效期年限的敘述，下列何者正確？　(A)夫妻二人
以十年為限、女兒以十年為限、兒子以三年為限　(B)夫妻二人以十年為限、女
兒以五年為限、兒子以三年為限　(C)夫妻二人以十年為限、女兒以十年為限、
兒子以五年為限　(D)夫妻二人以十年為限、女兒和兒子因未成年，以五年為
限。　　　　　　　　　　　　　　　　　　　　　　　　　　　　【112統測】

《解析》14歲以上護照效期年限為10年，14歲以下則5年為限。

(　)41. 小顧最後決定參加安安綜合旅行社所安排的團體旅遊行程，此旅行社具有保障
旅客權益之觀光公益法人會員資格，且具有品保協會會員資格。假設此旅行社
未設有分公司，依據民國111年11月之「旅行業管理規則」，下列敘述何者正
確？　(A)依據履約保險，該旅行社的投保金額為新臺幣4,000萬元　(B)依據責
任保險，應為旅客投保意外死亡至少每人新臺幣100萬元　(C)依據責任保險，
若全家的證件皆遭失，可以獲得四人總金額新臺幣2萬元賠償　(D)依據責任保
險，應為每位旅客投保家屬前往海外處理善後所必需支出之費用新臺幣20萬
元。　　　　　　　　　　　　　　　　　　　　　　　　　　　　【112統測】

《解析》(B)200萬元；(C)8,000元=2,000元╳4人；(D)10萬元。

🔔 解答

40.C　　41.A

▼ 閱讀下文，回答第42~44題

小葉透過在旅行社工作的朋友幫忙代訂商務出差的機票，圖（一）是旅行社寄給小葉的電子機票客戶副本。

圖（一）

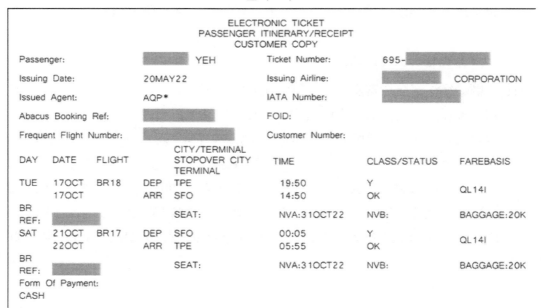

( )42. 小葉所預訂的搭乘艙等為何？ (A)經濟艙 (B)商務艙 (C)頭等艙 (D)豪華
經濟艙。 【112統測】

( )43. 一般電子機票的機票號碼共由幾個數字組成？ (A)12 (B)13 (C)14
(D)15。 【112統測】
《解析》電子機票的機票號碼共13個數字。

( )44. 關於此電子機票的敘述，下列何者正確？ (A)單程可免費託運40公斤的行李
(B)此張機票的使用期限為5月20日 (C)預定抵達舊金山的時間為00：05 (D)
所搭乘的航空公司為EVA Airways。 【112統測】
《解析》(A)20kg；(B)10月31日；(C)14:50。

 解答

42.A　　43.B　　44.D

▼ 閱讀下文，回答第45~46題

英國搖滾天團Coldplay舉行「星際漫遊Music of The Spheres」世界巡迴演唱會，2022年開始的第一站是哥斯大黎加，中間演唱過的地區包含墨西哥、德國柏林、英國、巴西、秘魯、荷蘭、美國、日本東京、臺灣高雄、澳洲伯斯等。一連兩天在高雄，吸引近8.7萬人前往朝聖。高人氣也導致當地飯店房價飆漲，主唱克里斯馬汀(Chris Martin)也跟上時事，公開道歉「我知道有些飯店，價格變貴很多。」一句話點出此次哄抬旅館房價的亂象。高雄市觀光局查獲8家業者哄抬房價，最高裁罰5萬元。

( )45.高雄市觀光局查獲8家業者哄抬房價，其懲罰標準較有可能是高於下列哪一種
公開價格？ (A)complimentary (B)contract rate (C)flat rate (D)rack rate。

【113統測】

《解析》(A)免費招待；(B)商務契約租；(C)絕對房價；(D)牌價。

( )46.從上述世界巡迴演唱會的地區，依國際航空運輸協會(IATA)三大飛航交通運輸
區域的定義，下列何者正確？ (A)從巴西到秘魯是TC1→TC2 (B)從墨西哥到
德國柏林是TC3→TC2 (C)從臺灣高雄到澳洲伯斯是TC3→TC1 (D)從英國到
哥斯大黎加是TC2→TC1。 【113統測】

《解析》(A)TC1→TC1；(B)TC1→TC2；(C)TC3→TC3。

 解答

45.D 46.D

memo

06
CHAPTER

觀光餐旅相關產業

- ☑ 6-1　觀光遊樂產業
- ☑ 6-2　會議展覽業
- ☑ 6-3　博奕娛樂業
- ☑ 6-4　交通運輸業

趨勢導讀　本章之學習重點

1. 本章重點包括原有的會議展覽業、交通運輸業，還加上新增加的觀光遊樂產業以及博奕娛樂業。
2. 國內外的觀光遊樂業發展，考生須熟記相關年代與內容。
3. 國內外博奕娛樂業的發展需熟讀相關年代與發生事件。
4. 交通運輸業包括了陸、海、空三大領域，考生須熟記。

致勝關鍵

6-1　觀光遊樂產業

一、觀光遊樂業的定義與相關規定

（一）定義

1. 觀光遊樂業又稱為觀光娛樂業、觀光休閒遊憩業。

2. 依據《發展觀光條例》，我國的觀光遊樂業是指「經主管機關核准經營觀光遊樂業設施之營利事業」，而觀光遊樂業中通常附有各式遊樂設施服務，觀光遊樂設施「在風景特定區或觀光地區提供觀光旅客休閒遊樂之設施」。

2. 〈風景特定區管理規則〉第2條中明訂觀光遊樂設施的項目涵蓋以下幾類：機械遊樂設施、水域遊樂設施、陸域遊樂設施、空域遊樂設施，以及其他經主管機關核定之觀光遊樂設施。

3. 我國觀光遊樂業的主管機關在中央為交通部、在直轄市為直轄市政府、在縣（市）為縣（市）政府。

4. 觀光遊樂業的設立、發照、檢查、輔導、獎勵、處罰與監督管理事項，屬重大投資案件者，由交通部辦理之；其非屬重大投資案件者，由地方主管機關辦理之。

5. 依據〈觀光遊樂業管理規則〉，觀光遊樂設施指在風景特定區或觀光地區提供觀光旅客休閒、遊樂之設施。

6. 依據行政院主計總處分類，觀光遊樂業被畫分在R大類「藝術、娛樂及休閒服務業」，其定義：「遊樂園及主題樂園是指：從事經營遊樂園或主題熱源之行業，如提供機械遊樂設施、水上遊樂設施、遊戲、表演秀及主題展覽等複合式遊樂活動之場所。不包括：露營區之營地出租（歸入「其他住宿業」）。」

（二）相關規定

1. 主管機關

　　觀光遊樂業之設立、發照、經營管理、檢查、處罰及從業人員之管理等事項，屬重大投資案件，由中央單位交通部觀光局管轄，非屬重大投資案件，由直轄市政府及各縣（市）政府管轄。

p.s.重大投資案件，指申請籌設面積，符合下列條件之一者：

(1) 位於都市土地，達5公頃以上。

(2) 位於非都市土地，達10公頃以上。

2. 專用標識

　　根據〈觀光遊樂業管理規則〉第18條規定：觀光遊樂業應將觀光遊樂業專用標識懸掛於入口明顯處。

（三）觀光遊樂業責任保險規定

　　根據〈觀光遊樂業管理規則〉第20條：觀光旅遊業應投保責任保險，其保險範圍及最低保險金額如下：

1. 每一個人身體傷亡：新臺幣300萬元。

2. 每一事故身體傷亡：新臺幣3,000萬元。

3. 每一事故財產損失：新臺幣200萬元。

4. 保險期間總保險金額：新臺幣6,400萬元。

二、觀光遊樂業的分類

遊樂區的類型	內容	
森林遊樂區	林務局從民國54年起發展森林遊樂事業，依資源特性陸續成立了18處森林遊樂區，並建置「臺灣山林悠遊網」行銷推廣。	
	北部地區	滿月圓、內洞、東眼山、觀霧與太平山森林遊樂區。
	中部地區	武陵、合歡山、大雪山、八仙山、奧萬大等。
	南部地區	阿里山、藤枝、雙流與墾丁森林遊樂區。
	東部地區	池南、富源、向陽與知本等森林遊樂區。
觀光遊樂區	包括了以自然或人文景觀搭配機械遊樂設施、陸域遊樂設施及水域遊樂設施的觀光遊樂區；臺灣好樂園網站中顯示，目前經觀光主管機關核准經營觀光遊樂業設施之營利事業，領有執照且經營中的業者計有24家（如圖6-1）。	
	北部地區	野柳海洋世界、雲仙樂園、小叮噹科學主題樂園、六福村主題樂園、萬瑞森林樂園、小人國主題樂園、綠舞莊園日式主題遊樂區。
	中部地區	香格里拉樂園、火炎山溫泉渡假村、西湖渡假村、東勢林場遊樂區、麗寶樂園、泰雅渡假村、九族文化村、杉林溪森林生態渡假園區、劍湖山世界。

遊樂區的類型	內容	
	南部地區	頑皮世界、尖山埤江南渡假村、義大世界、8大森林樂園、小墾丁度假村、大路觀主題樂園。
	東部地區	遠雄海洋公園、怡園渡假村。

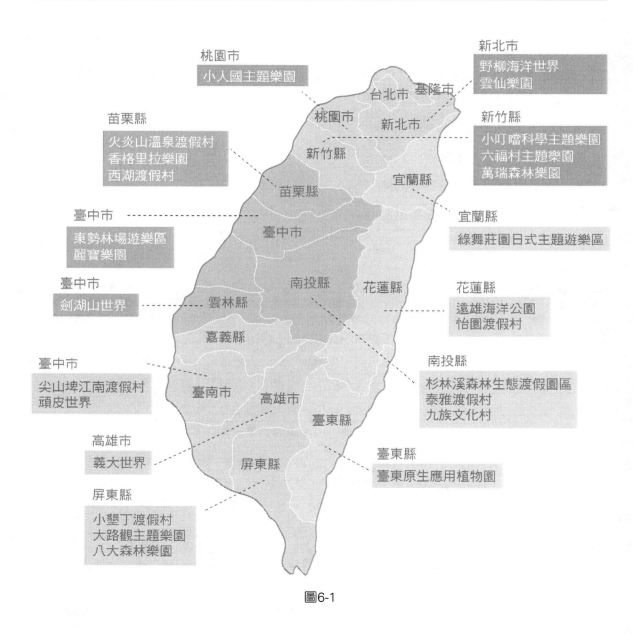

圖6-1

根據上述24個觀光遊樂區的經營主題，可做以下分類：

主題風格	觀光遊樂區
動物親親	1. 野柳海洋世界 2. 六福村主題遊樂園 3. 頑皮世界 4. 遠雄海洋公園
親子時光	1. 小人國主題樂園 2. 八大森林樂園 3. 雲仙樂園 4. 小叮噹科學主題樂園 5. 香格里拉樂園 6. 萬瑞森林樂園
文化體驗	1. 九族文化村 2. 泰雅渡假村 3. 綠舞莊園日式主題遊樂區
度假享受	1. 火炎山遊樂區 2. 麗寶樂園 3. 尖山埤江南渡假村 4. 小墾丁渡假村 5. 怡園渡假村
生態探索	1. 西湖渡假村 2. 東勢林場遊樂區 3. 杉林溪森林生態渡假園區 4. 大路觀主題樂園
挑戰刺激	1. 劍湖山世界 2. 義大世界

三、觀光遊樂業的特性

特性	說明
資本密集	觀光遊樂產業的主要成本為：土地成本、遊樂設施、健助吳、整體環境、表演活動、人事費用等。例如：主題樂園即屬於大型綜合性的工程。
勞力密集	觀光遊樂產業需要大量的服務人力，例如：美國迪士尼樂園，就需要大量的員工來服務遊客。
地理性	觀光遊樂園和主題樂園多位在風景區或觀光地區，設立的地點須考量交通便利性。

特性	說明
市場具生命週期及變動性	觀光遊樂產業投資金額龐大，營運成本高，無法短時間內回本，加上觀光市場易受環境影響而有波動，園區內各項機械設施也有產品生命週期。

主題設立需具代表性	1. 遊樂園須以主題式情境來規劃，設計園區的風格及遊樂設施，以作為行銷推廣的策略。
	2. 例如：
	   (1) 結合電影製片廠的好萊塢環球影城。
	   (2) 以日本凱蒂貓為主的三麗鷗夢幻樂園。
	   (3) 樂高樂園的積木主題。

商品具擴充性	遊樂園的收入來源除了門票外，還包括餐飲與購物收入。遊樂園會將主題融入於餐飲商品中，並將主題延伸至周邊商品的製作，例如：卡通玩偶、文具用品、糖果餅乾、服飾等，能提高入園遊客的購買意願，也能增加遊樂園的營收。
講究對等的價格與價值	遊樂園通常採一票到底的收費方式，遊客留在園區的時間內較長，業者須規劃有足夠的遊樂設施和有水準的表演活動，讓遊客能有值回票價的感受，以提高重遊率。

四、觀光遊樂業的發展

迪士尼樂園的成功是因為提供遊客一個安全、整潔的整體娛樂環境與服務。

時間	內容
18世紀	遊樂園出現在英國與法國。
1955年	迪士尼公司在美國加州安納罕市開創世界第一座迪士尼樂園，將卡通人物與遊樂園結合的第一個現代化大型主題樂園，吸引眾多遊客。
1964年	1. 好萊塢環球影城在美國加州洛杉磯開幕，結合電影製片廠及主題樂園。 2. 美國聖地牙哥海洋公園，是世界上最大的海洋主題公園。
1968年	丹麥的比薩樂高樂園，是樂高積木主題樂園。
1971年	美國佛羅里達州的奧蘭多迪士尼樂園開幕，是世界第一大迪士尼樂園。
1983年	日本東京迪士尼樂園開幕，每年平均吸引了1,200萬名遊客。
1992年	巴黎迪士尼樂園成立。
2001年	日本大阪環球影城開幕。2014年，亞洲第一座「哈利波特魔法世界」此成立。
2005年	香港迪士尼樂園開幕。
2011年	新加坡環球影城在聖淘沙名勝世界成立。
2012年	馬來西亞的樂高樂園，是亞洲第一座樂高主題樂園，含有樂高主題樂園、樂高水上樂園、Sea Life海洋。
2016年	上海迪士尼樂園開幕。

考題推演

(C) 1. 遊樂園通常採取一票玩到底的收費方式，業者為了讓遊客停留在園區的時間較長，必須規劃有足夠的遊樂設施及一定水準的表演活動，讓遊客有值回票價的感受，這段敘述屬於觀光遊樂業的特性中的哪一項？　(A)商品具擴充性　(B)商品具資本密集性　(C)商品講究對等的價格與價值　(D)主題設立具代表性。

　解答 C

(C) 2. 張同學於暑假期間前往中部知名景點遊玩，景點中有幸福摩天輪可鳥瞰風景，大船塢可進行水戰迷宮，搭乘擎天飛梭可以挑戰極速落體的快感，飛越恐龍谷則可享受沉浸式虛擬體驗。依觀光遊樂服務業之經營類型，此知名景點應屬於下列哪一種？　(A)自然賞景型　(B)海濱遊憩型　(C)綜合遊樂園型　(D)動物展示型。　　　　　　　　　　　　　　　　　　　　【111統測】

　解答 C

　《解析》該知名景點有提供遊樂機械設備及虛擬的人為造景。為綜合遊樂園型。

(B) 3. 楊同學規劃與家人自行開車，從雲林出發向南到屏東，經南迴公路到臺東、花蓮旅遊，再依原路返回雲林住家如圖（一）所示。下列何者是較適合安排於旅程中的主題樂園？　(A)頑皮世界、麗寶樂園　(B)怡園渡假村、大路觀主題樂園　(C)香格里拉樂園、小墾丁渡假村　(D)義大世界、綠舞莊園日式主題遊樂區。　　　　　　　　　　　【111統測】

圖（一）

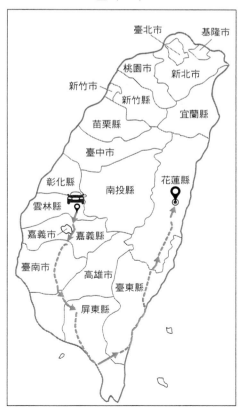

　解答 B

　《解析》該路線途中有經過頑皮世界（臺南市）、義大世界（高雄市）、大路觀主題樂園（屏東縣）、小墾丁渡假村（屏東縣）、怡園渡假村（花蓮縣）；而不會經過香格里拉樂園（苗栗縣）、麗寶樂園（臺中市）、綠舞莊園日式主題遊樂區（宜蘭縣）。

( ) 4. 關於觀光地區與其主管機關的配對，下列何者錯誤？　(A)溪頭森林遊樂區：教育部　(C)武陵農場：農委會林務局　(B)玉山國家公園：內政部營建署　(D)大鵬灣國家風景區：交通部觀光局。　　　　　　　　　　　　　【112統測】

解答 C

《解析》(C)武陵農場的主管機關為行政院退輔會。

( ) 5 美西團體旅遊行程中經常會造訪賭城拉斯維加斯與大峽谷，當地導遊會推薦直升機於空中鳥瞰大峽谷的行程，此活動具有刺激性，需由旅客衡量自己身體狀況選擇是否自費參加。此種不包含在旅遊契約中的活動，稱為下列何者？
(A)city tour　(B)incentive tour　(C)optional tour　(D)theme tour。　【112統測】

解答 C

《解析》(A)城市觀光；(B)獎勵旅遊；(C)自費行程；(D)主題旅遊。

( ) 6. 關於臺灣觀光遊樂產業的敘述，下列何者錯誤？　(A)東部的遠雄海洋公園，是位於花蓮縣著名的主題樂園　(B)中部的九族文化村，是結合主題樂園以及野生動物園　(C)中部的麗寶樂園，是提供水陸設施的複合式主題樂園　(D)南部的義大世界，是結合住宿、購物商場的主題樂園。　　　　【112統測】

解答 B

6-2　會議展覽業

一、會議展覽業(MICE Industry)的定義

1. 歐美是最早發展會議展覽業的區域。展覽會的概念源自於1889年巴黎展覽會(Paris Exhibition)和1904年密蘇里州聖路易安納州的採購展。

2. 國際展覽協會（The Global Association of the Exhibition Industry，其舊稱Union des Foires Internationales，簡稱UFI），成立於1925年義大利米蘭，總部設在法國巴黎，是一個商業展覽辦理、展覽會場管理、國際展覽業公協會與相關夥伴的合作及審查機關。

3. 會議展覽產業即：會議(Meeting)、獎勵旅遊(Incentives)、大型會議(Conventions)以及展覽(Exhibitions/ Events)的合稱，又稱為MICE產業，簡稱會展。

4. 根據行政院主計總處分類，會議展覽業被畫分在N大類「支援服務業」，其定義：「從事會議及工商展覽籌辦或管理之行業」。

中文	英文	內容
會議	Meetings	1. 一群人在特定時間與地點，為了某種目的與需求，使參與者可以相互討論或分享資訊，以滿足所需的一種室內性活動。 2. 會議種類

類型	說明
會議(Meeting)	是各種會議的綜合用詞。
年會 (Convention)	較具規模且正式的集會，如公司年度的會員活動，會員聚在一起制定公司方針。
代表大會 (Congress)	由推選出的代表一起參與所招開的正式會員代表會議。
論壇(Form)	非正式的會議活動，針對一些與公共利益相關的議題，做公開的討論並總結。
研討會 (Seminar)	偏中小型的會議，會議目的通常為教育或資訊的傳達，且發表的論文需先經過評選，一般分為口頭報告及論文展示兩種。
專題研討會 (Symposium)	與研討會相似，但沒有很正式，且交流過程可與聽眾進行雙向的意見交換。

中文	英文	內容
獎勵旅遊	Incentives	為了達成企業或團體的目標，以及提升鼓勵員工的表現，所舉辦的特殊旅遊經驗或聚會方式。
大型會議	Conventions	1. 臺灣於2010年修訂「行政院觀光發展推動委員會推動國際會議及展覽在臺辦理補（捐）助原則」，明確定義「國際會議」為： (1) 與會人員來自3個國家或地區以上。 (2) 100人以上（含會議舉辦地主國）。 (3) 外國人數須達與會人數之30％或50人以上。 2. 國內會議與國際會議最大差異在於參與國家數及與會的國際人士，亦即國內會議之參與者以國內人士居多。
展覽	Exhibitions	1. 參展者選擇一地點進行展示品的陳列，且於過程中與參觀者進行互動，以達到公關、業務和行銷的目的。整個活動重點在於企業與企業之間的互動。 2. 為了公關、行銷、販售的目的，以靜態方式陳列商品、服務或推銷資料的展覽，一般附屬於會議而舉辦，是會議主辦單位的主要收入來源之一，以業內人士交流為主。 3. 展覽分為國際展覽與國內展覽。 4. 根據「行政院觀光發展推動委員會推動國際會議及展覽在臺辦理補（捐）助原則」，明確定義「國際展覽」為：「指國外直接參展廠商數達10％以上或來自6個以上國家或地區之商展」。

中文	英文	內容
展覽 （續）	Exhibitions	5. 國際展覽分為： (1) 在國內舉辦的國際展覽（Inbound展）。 (2) 在國外舉辦的國際展覽（Outbound展），是以國內主辦單位在海外舉辦展覽為主。 6. 依參加展覽的對象分為： (1) B2B：Business to Business，以企業為主。 (2) B2C：Business to Customer，以一般消費大眾為主。 7. 臺灣大型展覽，例如：臺北國際旅展(ITF)、臺灣美食展(TCE)。
活動	Events	為了滿足某特殊需求所規劃好的非經常事件，以便可以在公開場合提供或配合的相關活動，使籌辦者和參與者可以藉由活動以滿足需求。 1. Maga Events：超大型活動，例如：威尼斯嘉年華、奧運、世足賽等。 2. Special Events：特殊活動，例如：節慶、文化活動、產品發表會、晚會等。

4. 國際會議的定義

單位	定義
中華國際會議展覽協會	1. 參加會議人數須達50人以上。 2. 外國與會人數須達總與會人數的20％以上。
經濟部商業司	1. 參加會議國家需達3國以上。 2. 參加會議人數須達100人以上。 3. 除地主國外，其他國家與會人數須達全體的30％或50人以上。
ICCA, International Congress and Convention Associations	1. 參加會議人員須達50人以上。 2. 需定期舉行會議。 3. 至少輪流在3國以上舉辦。 4. 以籌組「國際會議」為主要功能。
UIA, Union of International Associations	1. 由國際組織舉辦的會議。 2. 除地主國外，參加會議國家須達5國以上。 3. 除地主國與會人員以外的外國與會人員須達總體與會者的40％以上。 4. 會期至少3天，同時舉行展覽或至少300名與會者。

資料來源：《2010年商業服務業年鑑》，商發院，2010。

二、會議展覽業的特性

會議展覽業是全世界新興、有潛力的行業,具有「三高三大三優」的特色,分述如下:

分項	特色	說明
三高	高創新效益	企業在會展中展出創新產品,或是透過會議發佈最新資訊和相關資訊。
	高附加價值	舉辦會議展覽能提升企業、國家、城市在國際的能見度及形象。
	高發展潛力	會議產業可支持製造業或其他服務業的發展,也可為周邊相關行業帶來衍生的經濟效益,形成龐大的產業關聯效果,創造可觀的產值及就業人口。 直接效益:門票收入、與會/參展廠商營業收入。 間接效益:餐飲、旅宿、觀光、娛樂、交通運輸、資訊科技等周邊產業的效益。
三大	經濟產值大	UFI指出全球會展產業年產值高達2兆美元。
	就業機會大	根據經濟部研究指出,每興建1,000平方公尺的展覽面積,可創造100個工作機會。
	產業關聯大	會展業可為本業創造經濟效益,還可向上整合生產、加工、製造等一、二級產業;向下延伸至服務、行銷、觀光等三、四級產業。
三優	人力優勢	會展效果具良好乘數效果;每投入1元,大約可帶動7~10元的周邊經濟效益。
	技術優勢	
	資產運用效率優勢	各國無不積極發展會展產業,以活絡經濟發展。

另外,會展產業還包括了以下特性:

特性	說明
整合性	會展除了主商品外,還要配合周邊相關產業,其過程環環相扣,缺一不可。
異質性	會展屬服務業,服務的提供會因人、事、時、地、物的不同而改變。
不可分割性	參展者與參觀者必須在同一時間、同一地點,服務才會產生。
無法儲存性	若參與會展人數多於預期、參展廠商不足,會降低會展成果應有的產值。參與人數太少,則造成服務資源的浪費。
藝術性	會展活動本身具有藝術美感體驗,佈置整體環境與展品亦須對聲、光、形、色到文字、圖像做整體考量。

三、會議展覽的發展演進

（一）西方國家會展產業發展

年代	說明
羅馬帝國的亞歷山大時期	有50萬人旅行到古希臘城市艾菲索斯(Ephesus)參加慶典，觀賞特技表演等。因此，城市即成為人們交易或討論公共議題的地點，會展活動也因應而生。
西元前	歐洲商旅以車隊方式旅行各地，進行商品販售，後來逐漸成為固定的市集活動，直到貨幣出現，開始演變成展覽初型。
11~12世紀	大型展覽貿易活動成型，且主要集中在德國伯爵領地的「香檳地區」展覽會。
17世紀	1. 歐洲集市開始朝專業化發展，轉變成「樣品博覽會」，是現代貿易展覽會的雛形。 2. 1667年，法國由國王路易十四提倡舉辦世界第一個藝術展覽會，法國成為展覽會的發源地。
18~19世紀	1. 1756年，英國舉辦第一次工藝展覽會，此展覽會以工業發明項目為主，被認為是「工業展覽會」的開端。 2. 1851年，英國在倫敦舉辦「萬國工業博覽會」，被認為是世界第一個真正具有國際規模的展覽會。 3. 19世紀國際會議活動成型： (1) 1815年的維也納國際會議，是現代國際會議的起源。 (2) 1896年，美國在底特律成立了第一個會議管理局。
20世紀~迄今	1. 1945年，貿易展覽會與博覽會的專業化成為趨勢，並成為國際經貿發展的主流。 2. 1949年，美國在紐約持立了會議產業諮議會(Convention Industry Council, CIC)，接著在1972年成立了國際會議專家協會(Meeting Professional Internaitonal, MPI)，並與CIC共同發展出「會議專家認證(Certified Meeting Professional, CMP)」，成為全球會議規劃人員追求的專業目標。

（二）亞洲地區會展產業發展

就亞洲地區而言，新加坡、中國大陸、日本等國在展覽館數量、室內面積與舉辦國際會議次數方面為較多的國家。

國家	說明	主要展場
新加坡	新加坡是將會展產業發展策略與經濟發展目標緊密結合的國家。	濱海灣金沙綜合渡假村 聖淘沙名勝世界
中國	北京和上海是中國最重要的會展產業城市	上海國際會展中心

國家	說明	主要展場
日本	1965年，日本政府成立「日本會議局」，負責全國會展相關事宜。 日本會展產業最大的挑戰是展場面積規模不足。	東京國際展覽中心
韓國	南韓政府將會議展覽產業列為新成長動力產業之一，將會展業設定為高附加價值服務產業。	首爾會展中心 釜山會展中心
香港	香港會議展覽中心被評為亞洲最佳會議展覽中心。	香港會議展覽中心
澳門	澳門位於大珠三角地區，地理位置優越，是東西經貿、文化交流之地。	澳門世界貿易中心 澳門威尼斯人會議展覽中心
馬來西亞	2014年，獲得亞洲最佳會展目的地獎。	吉隆坡雙子星國際展覽館
泰國	泰國位於東南亞核心位置，有良好的地理優勢。	清邁國際會展中心 國際貿易展覽中心

（三）臺灣會展產業發展

時期	年代	說明
經濟萌芽期	國民政府遷臺～1970年代	1. 會展活動屬於萌芽期，展覽場所剛開始建立。 2. 1974年，臺北第一個國際專業展：臺北圓山飯店舉辦臺灣外銷成衣展售會。
國際貿易成長期	1980年代～1990年代	1. 以出口貿易導向為主的經濟發展模式快速成長。 2. 1980年代，四大功能場地完成，會展活動正式進入國際化。 3. 1982年，第一屆臺北國際電腦展。 4. 1986年，臺北世界貿易中心落成。 5. 1987年，第一屆「臺北國際旅展」(ITF)。 6. 1989年，臺北國際會議中心(Taipei International Convention Center, TICC)完工啟用。 7. 1990年，國際貿易大樓、臺北君悅飯店落成。
會展產業建立期	1990～2003年	1. 1990年，TICC與臺北世界貿易中心整體落成並聯合開幕。為臺灣會展產業創造一個新的里程。 2. 1999年，臺北世界貿易中心展覽二館落成。 3. 2003年，臺北世界貿易中心展覽三館落成。

時期	年代	說明
國家政策發展期	2004年~迄今	1. 2004年，行政院成立「觀光發展推動委員會MICE專案小組」 2. 2005年，經濟部商業成立「會展辦公室」，以推動「會議展覽服務業發展計畫」。 3. 2005年，臺北小巨蛋落成。 4. 2008年，「會展行動年」，經濟部國貿局成立「會展產業諮詢委員會」。南港展覽館落成。 5. 2009年，臺北小巨蛋舉辦「國際聽障奧運會」；高雄舉辦「世界運動會」。 6. 2009年，經濟部國際貿易局以「臺灣會展躍升計畫」及「加強提升我國展覽國際競爭力方案」兩大旗艦計畫為主，強化臺灣會展推廣及國際行銷。 7. 2010年，「臺北國際花卉博覽會」，臺灣第一次獲得國際授權舉辦的國際級博覽會。 8. 2010年，行政院核定「臺灣會展產業行動計畫」。臺灣會展產業正式成為國家重點發展產業之一。 9. 2013~2016年，經濟部國貿局推動「臺灣會展領航計畫」。 10. 2017~2010年，經濟部國貿局推動「臺灣會展產業發展計畫」。 11. 2011年，南港展覽二館啟用。

　　根據2018年全球展覽業協會(UFI)的「亞洲展覽報告」中指出，臺灣計有5個展覽館、140項展覽，在總展覽空間面積的部分，於亞洲地區中排名第6，僅次於中國大陸、日本、印度、韓國及香港。隨著臺灣出口導向之產業外銷持續成長，臺灣的展覽市場亦有望持續成長，成為亞洲最有潛力的市場之一。

　　經濟部國際貿易局持續推動我國會展產業，致力發展臺灣成為全球會展重要目的地，積極建構國際級的會展場館，包括「臺北世貿展覽1館」、「臺北南港展覽1、2館」、「臺北國際會議中心」及2014年正式營運的「高雄展覽館」，已形成南北會展發展之雙核心，成為亞洲主要的專業會展中心之一。目前規劃中的尚有台中水湳國際會展中心以及桃園會展中心等，可望帶動臺灣會展產業邁入新紀元。

　　臺灣擁有極佳的公共交通建設且經驗豐富，舉辦全球知名的國際大型展覽，例如臺北國際電腦展及臺北國際自行車展，分別為資訊通訊產業、自行車產業之亞洲第一、全球第二大的國際重要大展。2019年AFFCA統計優秀展覽場地項目中獲得全亞洲第三名的殊榮，享譽國際，未來臺灣會展產業均衡發展，發揮會展最大效益，服務臺灣產業外銷，活絡地方經濟。

四、獎勵旅遊

　　獎勵旅遊(Incentive Travel)是指企業為獎勵達成目標的員工而給予的一種福利制度，以旅遊來達到回饋與獎勵的目的，有別於一般的員工旅遊活動。歐美地區通常是由獎勵旅遊公司依據公司需求規劃來辦理。臺灣目前專職獎勵旅遊公司較少，多由一般旅行社分設部門直接為客戶規劃獎勵旅遊事宜。

獎勵旅遊	內容說明
定義	依據美國獎勵旅遊行銷協會(Incentive Marketing Association, IMA)對獎勵旅遊的定義為：「某一活動或事物具有讓參與者願意投入努力的價值，以達到提供者的期待。」
目的	主要是藉由活動進行所營造出的成就感與榮譽感，以激勵員工投入更多的心力在工作，進而為公司創造出更多的利益。
辦理獎勵旅遊的考量因素	1. 充足的預算：規劃活動時須達到讓參與者滿意的程度。 2. 專人規畫安排：獎勵旅遊包含部分的專業提升、產業交流的元素在其中，因此需要專業知識豐富的人員協助辦理。 3. 推動時間適中：推動的時間安排會讓員工能為了取得參與資格而努力。 4. 旅遊時間的選擇：一般活動會以淡季為主，以不影響公司運作為原則，也能在不影響旅遊品質的情況下降低旅遊成本。 5. 目的地的選擇：不能以公司的喜好為依據，需提出能讓員工感興趣的旅遊地點，才能引起員工興趣以到激勵效果。

考題推演

(　) 1. 國際展覽協會的總部設在哪裡？　(A)英國倫敦　(B)美國紐約　(C)義大利米蘭 (D)法國巴黎。

　　解答 D

(　) 2. 臺灣在2010年明確定義「國際會議」包括以下幾項內容，何者為非？　(A)與會人員來自3個國家或地區以上　(B)與會人員來自5個國家或地區以上　(C)100人以上（含會議舉辦地主國）　(D)外國人數須達與會人數之30%或50%以上。

　　解答 B

(　) 3. 會議展覽業具有三高三大三優的特色，會議產業可支持製造業或其他服務業的發展，也可為周邊相關行業帶來衍生的經濟效益，創造可觀的產值及就業人口，此段敘述屬於以下哪一個？　(A)高創新效益　(B)高附加價值　(C)經濟產值大　(D)高發展潛力。

　　解答 D

( ) 4. 關於會議展覽業的說明，下列何者正確？ (A)第一屆萬國（工業）博覽會為現今世界博覽會前身，在英國倫敦舉辦 (B)臺灣會議展覽業可區分為：一般會議、特殊旅遊、大型會議及展覽 (C)展覽稱為 convention，可分為以企業為主或一般消費大眾為主的展覽 (D)依據中華民國行業標準分類，會議展覽業是屬於X大類之支援服務類。 【111統測】

解答 A

《解析》 (B)MICE：一般會議、獎勵旅遊、大型會議及展覽；(C)展覽為 exhibition，以行銷、販售為目的，通常附屬於會議中而舉辦；(D) N大類之支援服務類。

6-3 博奕娛樂業

一、博弈娛樂業的定義

1. 博弈娛樂業(Gambling Entertainment Industry)是一種綜合性的娛樂事業，包括：賭博、秀場、餐飲、會展、度假、住宿及其他娛樂設施等的休閒活動。博弈娛樂夜的活動設施並非以賭博為唯一目的，而是以休閒娛樂為最終目標。

2. 博弈又稱「博彩」(Gaming)是博弈產業中的賭博遊戲，是靠機會或搭配技巧來贏得勝利，遊戲的過程中將有價值的物品拿來冒險，以期望能在某種機率下獲得更有價值的獎品而進行的博弈娛樂動作。

3. 依照中華民國行業標準分類中的定義，博弈業被畫分在R大類「藝術、娛樂及休閒服務業」，博弈業的定義：「從事彩券銷售、經營博弈場、投幣式博弈機具、博弈網站及其他博弈服務之行業。」

二、博弈娛樂業的類型

類型	說明
有可能正期望值的博弈	1. 某些博弈規則沒有莊家閒家之分，玩家可靠技巧，在短時間內取得數學理論正數的期望值。 2. 例如：德州撲克、麻將、角子老虎機。

類型	說明
沒有正期望值的博弈－桌上式博奕	1. 有些博弈方法是無法透過技巧增加期望值，因為賠率對莊家有利，長遠來看必然是莊家勝出。 2. 通常桌上式博奕遊戲(Table Game)，賭場有安排操作者代表莊家（Dealer，澳門賭場稱為荷官），與賭客相互進行博、決定輸贏的活動，通常在一定規格的遊戲桌進行，因此稱為Table Game。 3. 例如：雙骰子賭博(Craps)、輪盤(Roulette)、21點(Black Jack)、百家樂(Bacarrat)、牌九。
撲克牌博奕(Poker Game)	1. 以撲克牌進行各式的賭博遊戲，賭場主人不參與賭博，可能只負責發牌，讓賭客之間互博，賭場以抽取佣金為主。 2. 簡單來說，是一種無「莊」的遊戲，是遊戲參與者之間的對賭。
運動博彩	有些國家或地區舉行賽馬、賽狗運動，並設有投注。外國博彩網站也設有其他體育投注，例如：足球、籃球、網球、曲棍球等，可區分成兩種： 1. 跑道式下注(On-track)，例如：賽馬、賭狗、賽車。 2. 非跑道式下注，例如：運動博弈。

三、觀光賭場的類型

分類依據	分類項目
依設置地點分類	陸上型博弈娛樂。
	水上型博弈娛樂。
依博弈內容分類	運氣型博弈娛樂。
	技巧型博弈娛樂。
	娛樂運氣與技巧兼具之博弈。

四、博弈娛樂業的發展

　　目前世界上有四大賭城：美國拉斯維加斯賭城、美國大西洋賭城、澳門賭城、歐洲摩納哥蒙地卡羅賭城。

（一）西方博弈娛樂業的發展

國家	說明
美國	1. 1776年獨立後，新成立的政府以賭博作為籌集政府經費的方法。 2. 1931年，內華達州賭場合法化，是當時美國唯一賭博合法化的州。 3. 1955年，拉斯維加斯設立美國第一家賭場。 4. 拉斯維加斯是世界四大賭城之一，兼具賭博、購物、度假的城市，有「世界娛樂之督」、「賭城」和「結婚之都」之稱。 5. 1976年，紐澤西州的賭場，是美國東岸最大的賭場。 6. 1990年，伊利諾州的河船賭博合法化。 7. 1991年，密西西比州，河船和碼頭旁賭博合法化。
歐洲	1. 摩納哥 　(1) 摩納哥地處法國南部，1863年，賭場合法化。 　(2) 蒙地卡羅賭場(Monte-Carlo)是歐洲最古老的大型賭場，以頂級奢華著稱。 2. 法國：尼斯賭場。 3. 義大利：威尼斯賭場。
澳洲	1. 1852年，澳洲就成立了首家賽馬俱樂部，這是澳大利亞最早的合法賭博場所。 2. 1980年代，澳洲政府推廣博弈娛樂業，提倡博弈事業的社會責任。 3. 澳洲有14家賭場，視賭場為一種休閒娛樂，是賭場分佈密度全球最高的國家。 4. 澳洲著名賭場有：雪梨新港城賭場、星城賭場、墨爾本皇冠賭場、黃金海岸賭場。
南非	設置國家博弈管理委員會，統籌管理全國博弈相關事務。

（二）亞洲博弈娛樂業的發展

國家	說明
澳門	1. 1847年，澳葡政府頒佈法令，宣告博彩業合法化。 2. 1938年起，引入百家樂（現在澳門最受歡迎的玩法）。 3. 澳門有「東方蒙地卡羅」、「東方拉斯維加斯」之稱。 4. 2004年，美國拉斯維加斯著名威尼斯人賭場創辦的金沙賭場在澳門開幕 5. 2007年威尼斯人渡假村開幕。 6. 2008年美高梅金殿、十六浦娛樂場。

國家	說明		
澳門 （續）	賭場	落成日期	持牌公司
	新葡京賭場	2007年	澳博
	金都娛樂場	2006年	銀河
	星際酒店	2006年	
	澳門金沙娛樂場	2004年	威尼斯人
	威尼斯人渡假村酒店	2007年	
	永利度假村	2006年	永利
	皇冠酒店娛樂場	2007年	新濠博亞
	美高梅金殿渡假村	2007年	美高梅
韓國	華克山莊娛樂場(Walker-hill Casino)是韓國規模最大的賭場，不只博弈，也特別注重觀光、飯店及餐飲，是複合型的發展概念，隸屬於萬豪國際集團。		
新加坡	1. 2010年開放觀光博弈娛樂業。 2. 有「東方摩納哥」之稱。 3. 新加坡兩大賭場： 　(1) 馬來西亞雲頂集團的聖淘沙名勝世界。 　(2) 美國金砂集團的濱海灣金沙綜合娛樂城。		
馬來西亞	1. 1971年開放賭場設立。 2. 雲頂山莊是亞洲僅次於澳門的第二大賭場，僅接待外國旅客。		
菲律賓	1. 1977年開放賭場設立。 2. 太陽城賭場有「亞洲最友善賭場」之稱。		

（三）臺灣博弈娛樂業的發展

年代	說明
39年	訂定〈臺灣省愛國獎券發行辦法〉，委託臺灣銀行辦理發行，76年終止發行。
84年	訂定《公益彩券發行條例》。
88年	發行公益彩券。
97年	發行運動彩券。
98年	依據《離島建設條例》，辦理澎湖博弈第一次公投，反對博弈以56.44％超過支持博弈的43.56％。

年代	說明
101年	1. 馬祖博弈公投以57％同意，是第一個依據《離島建設條例》通過，可依規定設置賭場的地區。 2. 馬祖設置博弈特區需克服幾個難題：氣候影響飛行、機場碼頭等基礎建設、古蹟生態資源的保護。
105年	澎湖博弈第二次公投，反對博弈以81.07％超過支持博弈的18.93％。
106年	金門博弈公投，投票結果為反對，反對博弈的得票率超過90％。

　　根據《離島建設條例》，開放離島設置觀光賭場，應依公民投票法先辦理地方性公民投票，其公民投票案投票結果，應經有效票數超過二分之一以上同意，投票人數不受縣（市）投票權人總數二分之一以上之限制。

　　觀光賭場應附設於國際觀光度假區內。國際觀光度假區之設施應另包含國際觀光旅館、觀光旅遊設施、國際會議展覽設施、購物商場及其他發展觀光有關之服務設施。國際觀光度假區之投資計畫，應向中央觀光主管機關提出申請。

五、博弈娛樂業面臨的影響

優缺點	影響	說明
優點	活化經濟	大量人潮為當地帶來很多相關的投資，增加收入。
	增加稅收	
	改善公共建設	大量人潮進出，必須要有好的交通網絡（例如：國際機場、港口、增加航班、觀光巴士、捷運系統等）及設施、資訊聯絡網等。
	增加工作機會	博弈娛樂業的開設，會帶給當地觀光收益、創造工作機會。
缺點	文化衝擊	賭場的奢糜、一擲千金的揮霍、高檔的享受等，影響當地風氣，使得在地文化受到強烈衝擊。
	當地房地產波動	大量賭客、遊客，吸引投資者，造成土地難求，促使當地地價上漲。
	生態環境改變	賭場渡假村的發展，渡假村大量興建，在商業利益下對土地的利用，因此破壞了生態環境。
	社會犯罪問題	賭場帶來大量賭客、觀光客，也會衍生許多的社會犯罪問題，例如：偷竊、吸毒、搶劫等社會秩序及安全問題。
	個人與家庭問題	過度的賭博行為會對個人與家庭造成影響，例如：嗜賭、酗酒、偷竊的行為，甚至可能產生破產、婚姻暴力等問題。

六、博弈娛樂業的發展課題

課題	說明
法規與配套措施	發展博弈娛樂業需訂定嚴謹的法規與配套措施，並確實執行，才能控制可能衍生的問題；博弈在臺灣仍屬於法令禁止的行為，若要發展博弈則需先對相關法令進行修正，目前與博弈相關的法規條文有以下幾項：《刑法》、《民法》、《社會秩序維護法》、《違反社會秩序維護法案處理辦法》、《刑法訴訟法》、〈觀光旅館業管理規則〉、《動物保護法》。
經濟收益與社會成本	博弈娛樂業會帶來經濟效益，但社會成本的付出也非常大，需要整體性的考量。
國家整體人力資源分配不均	博弈娛樂業中有些基層人員不須高學歷，國家如果多數就業人口都投入某一個特定行業，會造成人力資源分配不均。
相關產業整體提升	博弈娛樂業可帶動觀光產業發展，博弈娛樂業的收入來自於賭場外，也來自餐飲、住宿、購物、休閒及會議展覽等。

考題推演

(A) 1. 博弈業被畫分在中華民國行業標準分類中的哪一類？ (A)R大類 (B)N大類 (C)I大類 (D)H大類。

解答 A

(C) 2. 哪一項博奕遊戲有安排操作者代表莊家，與賭客相互進行活動？ (A)Black Jack (B)Roulette (C)Poker (D)Craps。

解答 C

(A) 3. 截至 2022 年 2 月止，下列哪一個國家尚未設立合法化的賭場？ (A)泰國 (B)韓國 (C)新加坡 (D)菲律賓。 【111統測】

解答 A

《解析》 亞洲區域賭場已經合法化的國家及地區計有澳門、南韓、馬來西亞、新加坡、越南、菲律賓、緬甸、柬埔寨及寮國等，而泰國目前法律明文禁止博奕活動。

(B) 4. 關於博弈娛樂產業的敘述，下列何者錯誤？ (A)美國的拉斯維加斯有賭城之稱 (B)新加坡最有名的賭場位於雲頂山莊 (C)澳門為亞太地區著名的賭城之一 (D)韓國規模最大賭場為華克山莊娛樂場。 【112統測】

解答 B

《解析》 雲頂娛樂城是馬來西亞的賭場，新加坡的賭場有為聖淘沙名勝世界及濱海灣金沙綜合度假村。

6-4 交通運輸業

1. 依據行政院主計處總分類，交通運輸業被劃分在H大類「運輸及倉儲業」，運輸業指：「從事以運輸工具提供客貨運輸及其運輸輔助、倉儲、郵政及快遞之行業，附駕駛之運輸設備租賃亦歸入本業。」。

2. 目前運輸業的運輸方式主要包括：鐵路運輸、公路運輸、水路運輸、航空運輸、管道運輸等五種。與觀光餐旅產業相關的有：陸上運輸業、水上運輸業，以及航空運輸業三大類。

一、陸上運輸業

　　旅遊活動中，陸地上所依賴的交通工具主要以自小客車、遊覽車、火車與捷運為主，亦有部分地區還使用纜車或是利用動物做為交通工具。

類型	說明
公路運輸	1. 定義：利用高速公路、快速道路和一般道路做為運輸路線。使用汽車（例如：公共汽車、遊覽車、巴士、計程車）、貨車、卡車、聯結車等運輸工具，完成貨物與人員跨區移動的運輸方式。 2. 優缺點： 　(1) 優點：機動性大、靈活、方便且速度快、運輸時間準確 　(2) 缺點：運載量有限、安全性能較差，排出的廢氣會汙染空氣。 3. 類型： | 類型	特性 | |------|------| | 自用汽車 | 自駕出遊人數不售團體、時間限制，行程安排自由、攜帶行李方便，花費相對便宜。 | | 租車業務 | 可解決遊客在旅遊當地的交通問題。 | | 巴士、遊覽車 | 1. 可乘載人數較多、接送遊客方便、克服了行李與轉車的問題。 2. 是自助旅行、散客、青年學生，以及銀髮族喜愛的方式之一。 3. 例如：臺灣觀巴、臺灣好行（景點接駁）旅遊服務。 |

類型	說明
鐵路運輸	1. 利用鐵路設施、設備運送旅客和貨物的一種運輸方式。 2. 優缺點 　(1) 優點：乘載量較大、運行速度較快、運費較低廉、運輸準確、受氣候條件影響較小。 　(2) 缺點：運輸受軌道限制、不能跨越海洋運輸。 3. 類型：

類型	特性
臺灣鐵路	1. 臺鐵1891年通車。 2. 臺鐵郵輪式列車：旅客能去到別人不能下車之處，例如舊山線的魚藤坪橋。 3. 臺灣鐵道之旅：如臺灣之星，臺灣唯一環島觀光列車。
臺灣高鐵	臺灣高鐵於2007年通車。
國外鐵路	1. 歐亞地區的火車、高鐵是往來各城市的重要工具。 2. 歐洲之星(The Eurostar)：往返英國倫敦與法國巴黎。 3. 東方快車(The Orient Express)：往返英國倫敦與土耳其伊斯坦堡的豪華景觀列車。 4. 王公快車：印度史上最豪華且最昂貴的列車。 5. 葡萄牙杜羅列車：穿越30座架橋及26個隧道。 6. 澳洲大汗號(The Ghan)：由南到北貫穿澳洲中部地區，連通著澳洲南北兩個海岸。 7. 美國加州微風號(California Zephyr)：被譽為式全美最長最美的鐵路。 8. 俄羅斯西伯利亞鐵路(Trans-Siberian Railway)：橫跨的區域有1/5地球周長的距離。

類型	說明
大眾運輸與捷運系統	1. 大眾運輸：除了乘客之外，具有固定路線、車站、班次及費率，也就是一般大眾所使用的運輸系統。 2. 捷運系統：利用地面、地下或高架設施，不受干擾的使用專用動力車輛行駛於專用路線，並以班次密集、大量且快速的輸送都市與鄰近地區旅客的大眾運輸系統。 3. 類型：

類型	特性
鐵路捷運	傳統式鋼輪鋼軌式之高運量系統，例如：臺北捷運、高雄捷運、新加玻捷運。
輕軌捷運	傳統式鋼輪鋼軌式之中運量系統，車廂較小、載客量也較少，例如：吉龍坡捷運系統。
膠輪捷運	將鋼輪改為橡膠輪胎，例如：臺北捷運木柵線。
單軌捷運	屬中運量，主要使用於娛樂場所，例如：美國迪士尼樂園。
自動導引捷運	以自動化運轉的導引式線性馬達，屬中運量，例如：溫哥華捷運。

二、水上運輸業

　　海上交通工具以船舶為主，包括：遊艇、郵輪、氣墊船、渡輪及獨木舟等優點為運載量大、成本低、舒適、運送範圍廣；缺點為速度慢、花費時間長、受自然氣候以及水域不穩定影響。

　　水上運輸業的類別包括水上交通運輸業以及水上觀光運輸業。

水上交通運輸業	指從事海洋、內河及湖泊等船舶客運運輸的行業。
水上觀光運輸業	以遊艇、遊輪作為載具，結合水陸自然景觀及海洋生物資源等來規劃觀光航線作為營運主軸，為遊客提供觀光、餐飲、娛樂、遊憩和住宿休息等服務之行業，如郵輪、渡輪、客輪。

（一）與觀光結合的海上交通工具介紹如下：

類型	特性
郵輪(Cruise)	1. 郵輪國際協會(CLIA)指出，郵輪是目前觀光業成長最快速的產業。 2. 郵輪的特性： 　(1) 是一座海上移動城堡，有各式各樣餐廳。 　(2) 有公海上合法的博弈及免稅商店。 　(3) 停靠各港口時可觀賞各地風景。 　(4) 上船後只需整理一次行李，不必每天打包行李。 　(5) 能欣賞到只有海上才能觀賞到的景點。 3. 郵輪的規模 表格如下
渡輪(Ferries)	1. 航線短、價格較低廉。 2. 渡輪是民眾交通運輸工具，同時也有觀光功能。 3. 例如：淡水到八里的渡輪、高雄到旗津的旗津渡輪、參觀紐約自由女神像的史坦頓島渡輪、尼加拉瓜瀑布的薄霧少女號。

依容納量區分	人數
小型	499人以下
中型	500~999人
大型	1,000~1,999人
超大型	2,000人以上

（二）郵輪產業介紹

1. 郵輪旅遊的發展

　　1807年，美國人羅波特‧富爾頓(Robert Fulton)是第一個將蒸氣輪船導入商業使用的人。郵輪觀光在旅遊市場中，規模、人數或消費能力，都是觀光業之首。全球郵輪的市場，仍以北美占最大宗，其次為歐洲。根據國際郵輪協會(Cruise Lines International Association, CLIA)的調查，近年來由於亞洲經濟大幅崛起，人民所得也增加，連帶讓消費較高的郵輪旅客人數逐年增高，年成長率平均已達8~9%，預計到了2030年，可望突破1,100萬人次。

2. 世界郵輪概況

　　目前全球郵輪市場主要分為三大集團，分別是嘉年華集團(Carnival Corp.，CCL)、皇家加勒比集團(Royal Caribbean Cruises Ltd., RCL)，以及雲頂郵輪集團(Genting Cruise Lines)。

郵輪集團	郵輪船隊
嘉年華集團	1. 包括公主郵輪、皇后郵輪、歌詩達郵輪、嘉年華郵輪、荷美郵輪、璽寶郵輪等。 2. 公主郵輪(Princess Cruises)，1977年因電視劇「愛之船」而全球家喻戶曉。 3. 皇后郵輪(Cunard Line)，創立於1838年英國船公司，世界上唯一被允許冠上英女王名字的郵輪，也是第一艘設有海上天文台的郵輪（瑪麗皇后二號）、第一艘設有海上博物館的郵輪（維多利亞皇后號）。 4. 璽寶郵輪(Seabourn Cruise Line)有海上六星級飯店之稱，以連續14年榮獲《貝里茲郵輪雜誌》評選為「世界最頂級郵輪」，並連續3年獲得《Conde Nast Traveler》旅遊雜誌讀者票選為「世界最佳小型郵輪」和「頂級郵輪餐食最高評鑑」。以頂級客層居多也被稱為「魚子醬船隊」。 5. 荷美郵輪(Holland America Line)，有「海上美術館」之稱，船內有多樣古董及美術品陳列。 6. 歌詩達郵輪(Costa Crociere)，起源於19世紀義大利的歌詩達家族，1947年開始經營海上客運業務。是義大利也是歐洲規模最大的郵輪公司。
皇家加勒比集團	1. 創立於1969年美國邁阿密。該集團下的海洋綠洲號及海洋魅麗號是目前全世界最大的郵輪。 2. 皇家加勒比國際郵輪、精英郵輪。
雲頂郵輪集團	1. 雲頂郵輪集團在臺灣將以三大品牌：麗星郵輪、星夢郵輪以及水晶郵輪，推出符合不同客群需求的多元化產品，全面性佈局旅遊產業。 2. 麗星遊輪、星夢郵輪、水晶郵輪、挪威郵輪，航線遍及亞太區、南北美洲、加勒比海、歐洲、地中海、百慕達等多個目的地。

三、航空運輸業

（一）航空運輸業的定義

依營運性質可區分為「民用航空運輸業」及「普通航空業」。

1. 民用航空運輸業：指以航空器直接載運旅客、貨物、郵件，以取得報酬之事業。
2. 普通航空業：指以航空器經營民用航空運輸業以外的飛航業務而收取報酬之事業，例如空中遊覽、勘查、消防、搜尋、救護、商務專機及其他經核准的飛航業務。

依營運方式可分為「定期航班」、「不定期航班」。

1. 定期航班(Scheduled Flight)：依〈民用航空運輸管理規則〉定義，指以排定規則性日期及時間，沿著核定之航線，在兩地之間以航空器經營運輸之業務。

2. 不定期航班(Unscheduled Flight)：依〈民用航空運輸管理規則〉定義，指定期航空運輸業務以外之加班機、包機運輸(Charter Flight)之業務。

（二）航空運輸業的特性

以民用航空運輸業為例，有以下特性：

特性	說明
公共服務性	因民用航空運輸所服務的對象為一般民眾，因此負有其社會責任，也必須遵守法令來營運。
不可儲存性	飛機的艙位無法儲存，沒賣完的空位就不具收益性。換言之，飛機的艙位是無法事先儲存以供旺季使用，所以才有旺季供應不足、淡季供給過剩的現象。
收益的變動性	運輸業的營運成本是依所提供的服務量而定，收入則依使用量而定。一架飛機無論空機或滿載其成本是固定的，但收入卻依乘載率（裝載率）而定。
運輸工具的替代性	民用航空運輸業同時面臨相同運輸工具（航空公司之間）與不同運輸工具（航空公司與鐵路、公路等）間的競爭。
管制性	為了兼顧業者、貨主與社會大眾的立場，政府須依法對民用航空運輸業實施監理與管制，其管制內容包括：業者的加入、退出、營業的地區與項目、運費、財務、飛安、設備等，都需請業者務必遵行。

（三）飛機的分類

分類依據	種類	說明
飛機機體大小	廣體飛機(Wide-Body Aircraft)	雙走道(Twin Aisles)，每排座椅可乘坐7~10名旅客。
	窄體飛機(Narrow-Body Aircraft)	單走道(Single Aisle)，每排座椅可乘坐2~6名旅客。

分類依據	種類	說明
貨物裝運方式	全貨機(Air Freighter)	全機的設計配置只針對裝載貨運，因此貨運使用效率佳。
	機腹裝運(Belly-Hold Loading)	利用客機的機腹空間裝運貨物的方式，客機在載運旅客和行李以外的剩餘空間也能用來載運部分貨物，但仍以客運為主。
	客貨兩用機(Combi Aircraft)	將飛機艙的中段隔開，前半段空間載客、後半段載貨的混和機型。
營運貨機所有權	自有飛機(Own Aircraft)	航空公司自己擁有飛機的所有權，以降低營運成本。
	租機(Leased Aircraft)	1. 濕租(Wet Lease)：出租方僅負責固定成本的開銷，如提供飛機(Aircrafts)、飛行員薪資(Crew)、飛機維修(Maintenance)及保險(Insurance)等所謂的ACMI；而租用芳澤負擔營運成本，例如：燃油、機場使用費、旅客和行李貨物的保險費等，依班適用於短期租賃（三個月）。 2. 乾租：出租方僅提供飛機，且適合長期租賃。

（四）廉價航空(Low-Cost Carrier, LCC)

在歐美國家相當普遍，飛機是最常使用的中長途交通工具，許多旅客只要能快速安全的到達目的地，對於機上的服務並沒有特別需求。

成為廉價航空需透過採取較低成本的經營方式，以達到降低票價的目標，方法如下：

方法	說明
降低營業本	1. 飛行路線多以中短程（4小時內）為主，提高飛機使用率，以增加更多班次與載客量。 2. 基對單一化，減少購機價格、後勤維修保養費與培訓機師的費用。 3. 使用城市周邊小型機場，避免租用機場昂貴設施如空橋，以節省機場使用費。 4. 降低空、地勤人員薪水或改以約聘方式聘僱，以降低人事成本。
簡化機內服務	1. 不提供機上雜誌、報紙，簡化機艙內的清掃等以減少成本。 2. 增加額外服務收費，例如：機上餐飲、視聽娛樂、托運行李、座位預留等服務。

方法	說明
降低票務成本	1. 客艙等級單一化，不能更改日期、轉名或退票，如有變動則需額外付費，也沒有飛行獎勵計畫。 2. 推廣網路訂票、網上辦理登記手續及其他服務，以降低票務及櫃檯人力成本。 3. 主要提供點對點航班服務，減少轉機服務。 4. 票價變動與航班載客率及距離出發日期的長短有關，冷門時段票價更便宜，以降低空席率。

常見的著名廉價航空如下：

地區	內容
美洲地區	美國西南航空(Southwest Airlines)、捷藍航空(JetBlue)、穿越航空(Airtrans)、全美航空(U.S.Airways)、泰德航空（Ted，聯合航空子公司）等。
亞洲地區	捷星航空（Jetstar Asia，新加坡）、老虎航空（Tiger Airways，新加坡）、亞洲航空（AirAsia，馬來西亞）等。
澳洲地區	捷星航空（Jetstar Asia，墨爾本）、維珍藍航空（Virgin Blue，維珍航空在澳洲成立的子公司）。
歐洲地區	瑞安航空（Ryanair，愛爾蘭）、易捷航空（easyJet，英國）等。

（五）觀光空中旅遊設施

在觀光旅遊活動中，某些景點無法利用其他交通工具前往到達，或是要增進旅遊行程的豐富與特色，因而衍生出用來觀光的空中旅遊設施，包括直升機、熱氣球、飛行船。

類型	定義
直升機	例如：澳洲大堡礁直升機觀光、澳洲黃金海岸直升機體驗、紐約直升機體驗、夏威夷搭直升機探火山口等。
熱氣球、飛行船	具探險及特殊需要的情況下使用的交通工具。 1. 熱氣球：18世紀末，法國孟格非兄弟發明的近代的熱氣球；1783年，在法國進行第一次載人的空中旅行。 2. 飛行船：是氣囊中灌入比空氣輕的氮氣，使船體升空，再用發動機帶動螺旋槳往前推行，利用船尾尾面操控航行方向。

（六）航空聯盟

　　航空聯盟(Airline Alliance)源自於聯營航班(Code Sharing)與延遠航線的代理制度；是指兩間或以上的航空公司之間達成合作協議，藉由資源共享，提供全球的航空網絡，加強國際間的聯繫，並使跨國旅客在轉機時更方便，以達到節省成本與共創利潤的目的。

　　全球最大的三個航空聯盟分別是星空聯盟(Star Alliance)、天合聯盟(SkyTeam)以及寰宇一家(Oneworld)，分述如下：

航空聯盟	總部	成立年	創始的航空公司	成員數	特色
星空聯盟 STAR ALLIANCE	德國法蘭克福FRA	1997	聯合航空(UA)、漢莎航空(LH)、加拿大航空(AC)、北歐航空(SK)、泰國航空(TG)	26	歷史最久、世界上最大的航空聯盟，長榮航空在2013年加入。
寰宇一家 oneworld	美國紐約NYC	1999	美國航空(AA)、英國航空(BA)、國泰航空(CX)、原加拿大航空（2000年被屬於星空聯盟的加拿大楓葉航空併購）	15	全球第三大航空公司聯盟，又稱精英聯盟，航空成員不是高端航空公司就是所在區域的霸主。。
天合聯盟 SKYTEAM	荷蘭阿姆斯特丹AMS	2000	法國航空(AF)、達美航空(DL)、墨西哥航空(AM)、大韓航空(KE)	19	全球第二大航空聯盟，中華航空在2011年加入。

考題推演

(D) 1. 全球郵輪市場目前主要分成三大集團，何者為非？　(A)嘉年華集團　(B)皇家加勒比集團　(C)雲頂集團　(D)阿拉斯加集團。

　　解答 D

(D) 2. 有關航空運輸業的特性，何者為非？　(A)不可儲存性　(B)收益變動性　(C)公共服務性　(D)季節性。

　　解答 D

( ) 3. 長榮航空隸屬於全球三大航空聯盟中的哪一個？ (A)One world (B)Star Alliance (C)Sky Team。

　　解答 B

( ) 4. 依據行政院主計總處的「中華民國行業標準分類」，下列敘述哪一項<u>不屬於</u>國內交通運輸業？ (A)小琉球旅遊搭乘透明式設計玻璃船一覽海底風情 (B)年節期間採用黑貓宅急便服務寄送伴手禮給親友 (C)天際航空俱樂部推出直升機空中飛行的體驗活動 (D)香香中餐廳提供五公里內員工親自外送到府服務。

【111統測】

　　解答 D

　　《解析》交通運輸業為從事以運輸工具提供運輸輔助、倉儲之行業，而中餐廳所提供的外送服務為餐飲業的範疇。

( ) 5. 丁越是航空公司高級主管，為了與其他航空公司策略性合作，預計加入前三大國際航空聯盟，下列何者<u>不是</u>丁越的選項？ (A)OneWorld Alliance (B)Sky Alliance (C)Sky Team (D)Star Alliance。 【112統測】

　　解答 B

　　《解析》全球最大的三個航空聯盟分別是星空聯盟(Star Alliance)、天合聯盟(SkyTeam)及寰宇一家(One World Alliance)。

★ 6-1　觀光遊樂產業

(　) 1. 下列哪一個森林遊樂區<u>不位於</u>中部地區？　(A)大雪山森林遊樂區　(B)奧萬大森林遊樂區　(C)富源森林遊樂區　(D)八仙山森林遊樂區。

(　) 2. 目前觀光業成長最快速的產業為　(A)郵輪業　(B)航空業　(C)旅宿業　(D)餐飲業。

(　) 3. 餐旅業的發展中受許多因素影響，下列何種重要的發指使得旅遊大眾化，因此被稱為是觀光事業之母？　(A)文藝復興　(B)交通運輸　(C)學習旅遊　(D)階級旅遊。　　　　　　　　　　　　　　　　　　　　　　　【107統測】

(　) 4. 根據民國106年1月20日所修正的「觀光遊樂業管理規則」，下列敘述何者正確？甲、觀光遊樂業申請籌設面積，不得少於二公頃。但其他法令另有規定者，或直轄市、縣（市）政府依其自治權限另定者，從其規定；乙、觀光遊樂業申請重大投資案，位於非都市土地，土地面積須達五公頃以上；丙、觀光遊樂業應投保責任保險，每一個人身體傷亡之最低保險金額為三百萬元；丁、觀光遊樂業應投保責任保險，每一事故身體傷亡之最低保險金額為新臺幣六千萬元　(A)甲、乙　(B)乙、丙　(C)甲、丙　(D)乙、丁。　　　　【113統測】

《解析》乙、都市土地達五公頃以上；非都市土地達十公頃以上；丁、新臺幣三千萬元。

★ 6-2　會議展覽業

(　) 1. 近年藉由兩岸大三通之交通便利性，拓展國際旅遊市場，MICE就是當中頗為重要的主軸，請問下列有關MICE Industry的英文原名，何者<u>不正確</u>？　(A)M代表Meeting　(B)I代表Incentive　(C)C代表Cost　(D)E代表Exhibitions。

(　) 2. 展覽活動中的主要角色包括A主辦單位、B參展廠商、C參觀展覽者、D旅行社　(A)A　(B)AB　(C)ABC　(D)ABCD。

解答

6-1	1.C	2.A	3.B	4.C	6-2	1.C	2.C

( ) 3. ICCA為哪個組織的縮寫？ (A)International Congress and Convention Association (B)Intergovernmental Congress and Convention Association (C) Intercontinental Congress and Convention Association (D)Independent Congress and Convention Association。

( ) 4. 會議展覽服務業具有「三高三大」之特徵，以下何者非三高特徵？ (A)高能見度 (B)高成長潛力 (C)高創新效益 (D)高附加價值。

( ) 5. 臺灣第一屆臺北國際旅展(International Travel Fair, ITF)是由非營利組織所舉辦，此組織為下列何者？ (A)臺灣觀光協會 (B)臺北市旅行同業公會 (C)臺灣觀光事業委員會 (D)亞太旅行協會。 【100統測】

( ) 6. 民國113年初於臺南市辦理的臺灣燈會，包含展現多個特色燈區及辦理慶元宵晚會，為臺南市帶來大量觀光人潮，請問此臺灣燈會較屬於下列何者？ (A)congress (B)event (C)conference (D)incentive。 【113統測】
《解析》(A)congress會議；(B)event事件；(C)conference商務；(D)incentive獎勵。

( ) 7. 關於會議展覽業的特質，下列敘述何者正確？ (A)低產業關聯 (B)低技術門檻 (C)高就業門檻 (D)高附加價值。 【113統測】
《解析》(A)高產業關聯；(B)高技術門檻；(C)低就業門檻。

★ 6-3 博奕娛樂業

( ) 1. 澳門准許開設西式幸運博彩共29項，最受歡迎的為 (A)21點 (B)老虎機 (C)輪盤 (D)百家樂。

( ) 2. 博弈娛樂業的模式有四種，下列何者為我國合法化的博弈娛樂？ (A)網路博弈 (B)樂透彩券 (C)跑道式下注 (D)賭場。

( ) 3. 「東方蒙地卡」、「亞洲拉斯維加斯」是指下列何者？ (A)韓國 (B)馬來西亞 (C)澳門 (D)新加坡。

( ) 4. 下列何者視賭博為一種休閒活動，故賭場分佈密度全球最大？ (A)韓國 (B)澳洲 (C)澳門 (D)新加坡。

🔔 解答

| 3.A | 4.A | 5.A | 6.B | 7.D | 6-3 | 1.D | 2.B | 3.C | 4.B |

( ) 5. 下列敘述何者<u>不是</u>發展博弈事業所帶來的優點？ (A)當地地價上漲 (B)增加稅收 (C)增加工作機會 (D)活化經濟。

( ) 6. 下列何者<u>不是</u>世界五大賭場之一？ (A)美國大西洋城 (B)摩納哥蒙地卡羅 (C)南非太陽城 (D)韓國華克山莊。

( ) 7. 臺灣公益彩券將投注博弈的資金上轉向公益、照顧弱勢。請問，臺灣的公益彩券於哪一年開始發行？ (A)85年 (B)88年 (C)90年 (D)95年。

( ) 8. 臺灣曾經完成離島博弈公投，請問這是依據哪一種法規辦理？ (A)觀光遊樂業管理規則 (B)離島建設條例 (C)風景特定區管理規則 (D)發展觀光條例。

( ) 9. 關於我國博弈娛樂業的發展，下列敘述何者正確？ (A)76年，我國開始發行公益彩券 (B)98年，辦理澎湖博弈第一次公投，結論是反對博弈 (C)101年，馬祖博弈公投，反對博弈 (D)98年發行運動彩券。

( )10. 以下哪一個國家<u>尚未</u>有合法的賭場設立？ (A)日本 (B)韓國 (C)新加坡 (D)澳門。

( )11. 關於博弈娛樂業的敘述，何者正確？ (A)澳門是賭場分佈密度最高的國家 (B)韓國華克山莊有亞洲最友善賭場之稱 (C)馬來西亞雲頂山莊是亞洲第二大賭場，只接待外國旅客 (D)新加坡有東方蒙地卡羅、東方拉斯維加斯之稱。

★ 6-4 交通運輸業

( ) 1. 低成本航空公司(LCC)的營業特性，下列何項<u>錯誤</u>？ (A)每趟航程時間以7小時以上為主 (B)使用城市周遭小型機場 (C)推廣網路購票及登機手續 (D)主要提供點對點航班。

( ) 2. 長榮航空為下列哪一個航空聯盟的會員？ (A)對應聯盟(Value Alliance) (B)星空聯盟(Star Alliance) (C)寰宇一家(Oneworld) (D)天合聯盟(SkyTeam)。

( ) 3. 下列何者<u>非</u>海上運輸的優點？ (A)運量大 (B)成本低廉 (C)對環保維護較佳 (D)速度快。

( ) 4. 目前全世界最大的郵輪「海洋魅力號」隸屬於以下哪一個集團？ (A)美洲嘉年華郵輪 (B)美洲加勒比郵輪 (C)亞洲麗星郵輪 (D)歐洲地中海郵輪。

🔔 解答

5.A	6.D	7.B	8.B	9.B	10.A	11.C	6-4	1.A	2.B
3.D	4.B								

( ) 5. 有海上六星級飯店之美名，且被評為「世界最頂級郵輪」與「世界最佳小型郵輪」，屬於頂級郵輪中的頂級是下列何者？ (A)璽寶郵輪 (B)寶瓶星號 (C)皇后郵輪 (D)歌詩達郵輪。

( ) 6. 下列哪一家屬於目前有飛航臺灣的低成本航空（low cost carrier，又稱廉價航空）？ (A)樂桃航空(Peach Aviation) (B)新加坡航空(Singapore Airlines) (C)日本航空(Japan Airlines) (D)國泰航空(Cathay Pacific Airways)。 【105統測】

 解答

5.A　　　6.A

memo

07
CHAPTER

觀光餐旅行銷

- ☑ 7-1 餐旅行銷的基本概念
- ☑ 7-2 餐旅行銷的方法

1. 本章學習重點為行銷組合的4P以及SWOT分析。

2. 要熟知各種業務推廣的方式,除了熟記中英文外,行銷組合的策略應用,考生須多加留意。

7-1　餐旅行銷的基本概念

一、行銷管理的觀念演進

演進	說明
生產導向 (Production Concept)	1. 產業革命前，大量生產，降低成本。 2. 因為市場的需求量大，故企業者著重在**提高生產效率、增加產量和降低生產成本**，不關心消費者的需求。
產品導向 (Product Concept)	1. 產品革命後，提升品質，以期獲得消費者的喜愛。 2. 企業過度重視商品本身，不關心消費者的需求，容易導致「**行銷近視症**」。
銷售導向 (Selling Concept)	1930年代，因經濟恐慌，購買力低，業者運用銷售技巧，推銷產品，但並**不重視消費者反應**。
行銷導向 (Marketing Concept)	1. **注重消費者需求**，以「顧客至上」、「創造顧客滿意度」為理念。 2. 又稱「**顧客行銷**」(Customer Concept)、「**消費者導向**」。 3. 以市場調查為生產依據，重視消費者的需求，依據消費者需求來研發設計產品以滿足消費者需求。 4. 企業以**滿足消費需求**和**企業最大利潤**為目標。 5. 舉例： 　(1) 宅配到府的年菜，於包裝上標示詳細的營養成分、熱量、保存期限、加熱說明…等。 　(2) 旅館業針對不同住宿客人的需求，設計客房商品或服務。
社會行銷導向 (Society Marketing Concept)	1. **重視消費者需求**，企業利潤，並肩負部分的社會責任。 2. 又稱「**綠色行銷**」、「**生態行銷**」、「**人道行銷**」或「**公益行銷**」。 3. 社會行銷導向同時兼顧**滿足消費者需求、企業利潤和社會大眾之利益**。 4. 舉例 　(1) **鐵路局將保麗龍餐盒改為紙製餐盒**。 　(2) 麥當勞企業提出推廣臺灣美食創意競賽，鼓勵青年學子發揮創意推展臺灣美食，並由麥當勞提供獎學金及國外見習機會。 　(3) 臺東知本老爺飯店採節能減碳措施，成為環保旅館。 　(4) 旅館業者推出住宿房客自備盥洗備品，可享住宿優惠活動。

二、與餐旅行銷相關的名詞定義

名詞	定義
行銷 (Marketing)	1. 依據2004年，美國行銷學會(American Marketing Association, AMA)定義：「行銷是創造、溝通與傳送價值給客戶，及經營顧客關係以便讓組織與其利益關係人受益的一種組織功能與程序」。 2. 行銷：為了達成個人或組織的營運目標，所創造的交易活動，並去計畫執行創意商品，服務觀念、價格、推廣及通路等過程。
餐旅行銷 (Hospitality Marketing)	指餐旅業透過市場調查，市場機會分析，以了解消費者的需求及產品本身在市場上的定位，據以研發、調整新產品，並運用行銷策略來滿足消費者的需求，以獲取合理利潤，進而達到企業營運目標。
餐旅市場 (Hospitality Market)	1. 狹義：指對餐旅產品有實際需求與潛在需求的所有消費者或客源所在地或國家。 2. 廣義：指餐旅產品的供應商，例如：旅行業、旅館業、餐飲服務業…等與餐旅產品的消費者、購買者，例如：觀光客，在整個餐旅商品之買賣交易過程中所產生的各種行為與關係的結合。 3. 特性： <table><tr><td>敏感性 (Sensitivity)</td><td>受經濟、政治、社會、國際局勢之影響，例如：SARS。</td></tr><tr><td>複雜性 (Variability)</td><td>其餐旅客源有不同的國籍、宗教、生活習慣，教育文化背景，加上顧客個人有不同的興趣、性別、年齡。</td></tr><tr><td>季節性 (Seasonality)</td><td>受季節的影響，有淡旺季之分。</td></tr><tr><td>富彈性 (Elasticity)</td><td>消費的需求具有彈性與替換性，而餐旅產品的需求受市場價格、經濟波動的影響。</td></tr><tr><td>擴展性 (Expansion)</td><td>餐飲市場之需求強度大小與其立地位置、交通工具、國民所得、休閒時間、生活習慣有關，故其需求具擴展性。</td></tr></table>

（一）觀光及旅行銷策略分析

觀光餐旅行銷的策略分析即是行銷學上的STP流程，S代表市場區隔(Segmentation)、T代表目標市場的選擇(Targeting)、P代表市場定位(Positioning)，透過STP流程才能訂出對自身最佳的行銷策略。

市場區隔　→　目標市場　→　市場定位
Segmentation　　Targeting　　Positioning

名詞	定義
市場區隔 (Market Segmentation)	1. 市場區隔是將原本很大的市場分割成許多次級市場，同一個次級市場內的顧客需求類似，又稱為市場細分化。 2. 市場區隔變數 <table><tr><th>區隔變數</th><th>說明</th></tr><tr><td>地理區隔變數</td><td>國家、行政區域、縣市、都市化程度、人口密度、地點。</td></tr><tr><td>人口統計變數</td><td>年齡、性別、所得、職業、社會階層、學歷（教育程度）、家庭人口數。</td></tr><tr><td>心理統計變數</td><td>生活型態、社會階層、人格性質、價值觀、個性。</td></tr><tr><td>行為變數</td><td>購買時機、購買場所、使用狀況、使用經驗、使用者狀態、使用頻率、品牌忠誠度。</td></tr></table> 3. 餐旅業者根據消費者的需求而研發所好的產品，以發展行銷策略。
目標市場 (Targeting)	1. 企業依據人口、地理、心理或行為等四個變數區分出市場後，再從中選擇一個或數個市場做為目標市場。 2. 目標市場選擇策略 <table><tr><th>策略</th><th>說明</th><th>舉例</th></tr><tr><td>無差異行銷 Undifferentiated Marketing</td><td>又稱大眾行銷。對目標市場內各個次級市場提供相同的產品，採取相同的行銷策略。</td><td>麥當勞、摩斯漢堡等速食業採大量產銷為目標的型態。</td></tr><tr><td>差異化行銷 Differentiated Marketing</td><td>對目標市場內各個次級市場提供不同的產品，採取不同的行銷策略。</td><td>王品餐飲集團下的多個品牌餐廳，可滿足不同族群的需求。</td></tr><tr><td>集中式行銷 Concentrated Marketing</td><td>又稱利基行銷。鎖定特定的目標市場，全力行銷。</td><td>專門經營日本團的大興旅行社。</td></tr><tr><td>個人化行銷 Individual Marketing</td><td>又稱一對一行銷、客製化行銷、小眾行銷。為個別消費者提供客製化的產品與服務。</td><td>有經營客製化旅遊的東南旅行社。</td></tr></table>

名詞	定義
目標市場 (Targeting) （**續**）	3. 置入性行銷(Placement Marketing)，又稱為產品置入(Product Placement) 是指刻意將行銷事物用巧妙的手法置入既存媒體，期望藉由既存媒體的曝光率達成廣告效果；行銷事物和既存媒體不一定相關，一般閱聽人也不一定能察覺這是一種行銷的手法。置入性行銷是一種隱喻式的「廣告」手法，在目前是一種被廣泛運用的行銷手法。
市場定位 (Positioning)	1. 市場定位是產業建立自身產品在消費者心中的看法及地位，使產品或服務符合廣大市場中一個或更多的區隔市場，以建立有意義的競爭情勢。 2. 市場定位是指企業產品、企業服務、品牌形象在消費者心中的地位。

三、消費者的行為與需求

（一）消費者的需求

◎ 美國心理學家馬斯洛(Maslow, 1954)需求層次理論

1. 動機是人類生存成長的內在動力；此內在動力由多種不同的需求所組成。

2. 需求之間有高低層次之分，由低而高依次是生理需求、安全需求、愛與隸屬需求、尊重需求、知的需求、美的需求、自我實現需求。每當低層需求獲得滿足後，高一層需求隨而產生。

3. 在七層需求中，前四層屬基本需求(Basic Needs)，後三種屬衍生需求(Metaneeds)。

需求層次	說明
生理需求	是最基本的需求，通常是人們生存的一些必要條件，例如：餐廳必須要能提供餐食及飲料，滿足客人的基本需求。
安全需求	是人們對於免於恐懼、危險以及被剝奪的需求。例如：客人在用餐的時候，基於安全性需求，希望用餐環境能不被打擾。
社會需求	包括與人交際、結交朋友、友誼歸屬等需求。
尊重的需求	包括自信並受其同儕團體的認同與尊重的需求。例如：有些**具有社會地位的客人**來用餐時，**希望能受到相當程度的重視與尊重**，藉以表達自己的身分、地位。
自我實現需求	是個人對自我潛能的充分發揮，實現自我理想及能力的需求。

（二）消費者購買行為

確認需求	→	蒐集資料	→	評估可行方案	→	購買決策	→	購後行為
消費者對個人需求的了解與認知。		消費者會產生尋求新資訊的動機與行為。例如透過大眾媒體。		依據收集的資料比較評估。		評估後，產生購買意願。		消費者的滿意度會影響對產品的忠誠度。

圖7-1　消費者決策過程

考題推演

(D) 1. 旅館業者特別為女性顧客提供專屬的仕女樓層(lady's floor)，較符合下列哪一種行銷觀念？　(A)銷售導向(sales orientation)　(B)社會行銷導向(social marketing orientation)　(C)生產導向(production orientation)　(D)行銷導向(marketing orientation)。　　　　　　【106統測】

解答　D

(C) 2. 連鎖咖啡廳調查顧客的生活型態與購買頻率，將客群分為重視產品價格與重視咖啡廳氛圍的消費者，之後決定將主力客群鎖定在享受氛圍的消費者，所以將咖啡廳打造成為家與辦公室之外的第三個好去處。此連鎖咖啡廳是採用下列哪一種行銷策略？　(A)4 P　(B)PEST　(C)STP　(D)SWOT。　　【111統測】

解答　C

《解析》STP行銷三步驟為市場區隔（客群分為重視產品價格與重視咖啡廳氛圍的消費者）→目標市場選擇（將主力客群鎖定在享受氛圍的消費者）→市場定位（打造成為家與辦公室之外的第三個好去處）。

(C) 3. 好棒棒連鎖炸雞竹北店新開幕，推出臉書打卡即送大杯紅茶活動，或拍照上傳社群平台即可獲得神秘好禮。好棒棒連鎖炸雞的行銷方式屬於下列哪一種？ (A)Direct marketing　(B)Hunger marketing　(C)Internet marketing　(D)Personal sales。　　　　　　　　　　　　　　　　　　　　　　【111統測】

解答　C

《解析》(A)直效行銷；(B)飢餓行銷；(C)網路行銷；(D)店內個人推銷。

( ) 4. 朱同學在速食餐廳的櫃檯前看著螢幕上的菜單猶豫不決，考慮選購何種套餐組合較為優惠，此為消費決策過程中的哪一步驟？ (A)蒐集資料 (B)方案評估 (C)購買決策 (D)期望定位。 【111統測】

解答 B

《**解析**》消費者決策模式中「方案評估」為消費者透過套餐組合評估後較為優惠，縮小選擇範圍。

7-2 餐旅行銷的方法

一、餐旅行銷規劃的步驟與方法

步驟	方法說明
確立經營目標	確立企業、組織的營運目標，以供各行銷計畫及策略的制定。
市場調查與市場機會分析	蒐集各項行銷環境的內外部資訊，並檢討分析產品本身的**優勢**(Strength)、**劣勢**(Weakness)，及目標市場的**機會**(Opportunity)與將面臨的競爭**威脅**(Treat)。
餐旅行銷目標的選定	根據市場機會分析結果決定目標市場，其目標可分為短期與長期目標兩種。
研擬餐旅行銷策略計畫	根據各項餐旅市場調查與機會分析評估，再衡量企業本身之條件與需求，研擬有效消費行銷策略行動方案。現代企業行銷策略常用行銷組合（**4P：產品、價格、通路、推廣促銷**）的方式，來提升市場占有率。
餐旅行銷策略計畫的執行	依據目標市場個別設計的行銷組合行動方案依進度及預算予以執行。
控制、評估、修正	針對預定達到的行銷目標進度，加以評估、控制並提出修正。

二、餐旅行銷組合策略之運用

餐旅業在進行整體的行銷規劃時，可以控制的變數包含：**產品本身(Product)**、**訂價的策略(Price)**、**地點的選擇(Place)**、**宣傳的方法(Promotion)**等，我們稱為**行銷組合(Marketing Mix)的4P**。

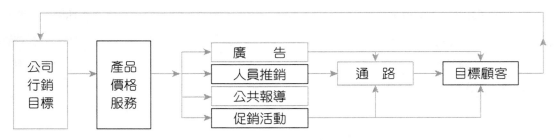

圖7-2 餐旅行銷組合策略

◎ 除上述行銷組合4P，若再加上人員(People)、規劃(Programming)、夥伴／合作關係 (Partnership)、包裝／配套(Package)，即為餐旅行銷組合8P。

（一）產品(Product)

項目	說明
定義	1. 是可供交易或使用的一種屬性，餐旅產品包含**軟硬體設施**（旅館設施、房間設備、餐飲美食、用餐環境）、**精緻套裝旅遊**、**遊程設計**、**導遊接待服務**，產品品**牌、服務、品質保證**等。 2. 餐旅產品之設計研發，須以消費市場之需求為考量，力求產品的常態性、便利性與趣味性等。
範例	1. **觀光局所舉辦的各地方節慶活動。** 2. **臺灣鐵路局推出的觀光列車。** 3. 92年12月啟動臺灣觀光巴士(Taiwan Tour Bus)以方便國際旅客搭乘。 4. 航空公司每年推出的城市旅遊產品(Ciry Break Packages)：華航(CI)Dynasty Tour、泰航(TG)Royal Orchid Tour、國泰(CX)Discovery Tour。 5. 民宿業安排的住宿服務、主題旅館。
產品生命週期	1. 餐旅產品有其**生命週期**(Product Life Cycle, P.L.C.)。因此，須針對餐旅產品及服務品質不斷研究、改良、創新，以加強「質量管理」。 2. 分為五個階段： <table><tr><td>引入期</td><td>1. 指產品被引入市場的時期。 2. 行銷的重點在於提升產品的知名度。 3. 幾乎零利潤。</td></tr><tr><td>成長期</td><td>1. 指產品已慢慢獲得市場的接受。 2. 行銷的重點在建立消費品牌偏好。</td></tr><tr><td>成熟期</td><td>1. 產品已獲得大家的接受。 2. 銷售的重點在建立消費者的忠誠度。 3. 應採取修正策略、開發潛在客戶。</td></tr></table>

項目	說明	
產品生命週期（續）	飽和期	產品的銷售趨於飽和。
	衰退期	1. 產品的銷售慢慢的下滑衰退。 2. 銷售的重點在創新有效的廣告或開發、包裝新產品，給予產品新樣貌。 3. 利潤最低。

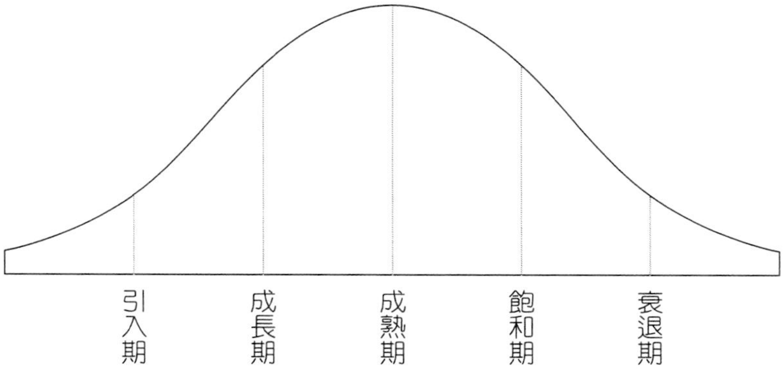

引　成　成　飽　衰
入　長　熟　和　退
期　期　期　期　期

圖7-3　餐旅產品的生命週期

（二）價格(Price)

1. 價格是影響企業組織利潤的重要直接因素，須適時針對市場價格波動而調整，例如淡旺季價格不同，以爭取最佳營收。

2. 價格與產品的價值有高度關連性，也是消費者決定購買的重要因素。

3. 訂價策略：

項目	說明
成本導向	1. 以產品的成本做為訂定產品價格的方法。 2. 包括成本加乘法、目標利潤法、平均成本法。
需求導向	1. 以消費者對商品本身的認知與需求決定價格。 2. 用需求來決定產品的最高價格。 3. 包括認知價值訂價法、超值訂價法。
競爭導向	1. 業者透過對競爭對手的產品價格、生產條件等為基礎來訂定自己的產品價格 2. 包括追隨訂價法、市場競爭訂價法。
差別定價	根據顧客、產品、時間、地點等方面的差異，對同一產品或服務採取不同的定價。

項目		說明
網路行銷定價		1. 網路行銷是開放性和全球性的市場，消費者可透過網路購買所需產品。 2. 包括免費訂價策略（線上免費使用）、低價定價策略、客製化定價策略、使用者訂價策略（使用軟體、音樂）。
心理導向	畸零定價法 Odd Pricing	利用奇數訂價方式，讓消費者有較便宜的感受，例如299、399吃到飽。
	威望訂價法 Prestige Pricing	利用高價位即是高品質的心理策略，來引導消費者購買，以滿足對身分地位的虛榮心，例如三井日本料理。
	同類產品訂價法 Line Pricing	同一產品設定少數的價格水準，簡化消費者的購買決策，例如飲料直接分成大、中、小杯的價格。
	習慣訂價法 Customary Pricing	利用消費者對該產品既定習慣的認知來定價，例如消費者認為夜市牛排一客應該150~250元，如果超過這價格就太貴了。

（三）通路(Place)

1. 通路是**消費者對餐旅商品認識的管道**。

2. 行銷通路最重要是地點，以方便顧客前往或專車接送，使產品以最有效的管道服務顧客，例如機場旅館、汽車旅館的出現，即考慮到地點；此外電子機票的使用，縮短了旅行業與航空公司之通路。

3. 常見的通路如下：

項目	說明
零階通路	直銷通路，指無中間代理商或經銷。餐旅業地點方便，旅客便於直接前來。例如：消費者在網路自行訂位／房。
一階通路	指餐旅業與消費者間，僅有一家中間旅遊代理商。例如：住宿旅客透過某旅行社安排訂房。
二階通路	指餐旅業與消費者間，加入餐旅批發商與零售商。例如：航空公司透過票務中心→旅行社、將機票銷售給消費者。
三階通路	指餐旅業與消費者間，前後共加入三階層的餐旅代理商，例如：航空公司透過票務中心→綜合旅行社→甲種旅行社，將機票賣給消費者。

項目	說明
	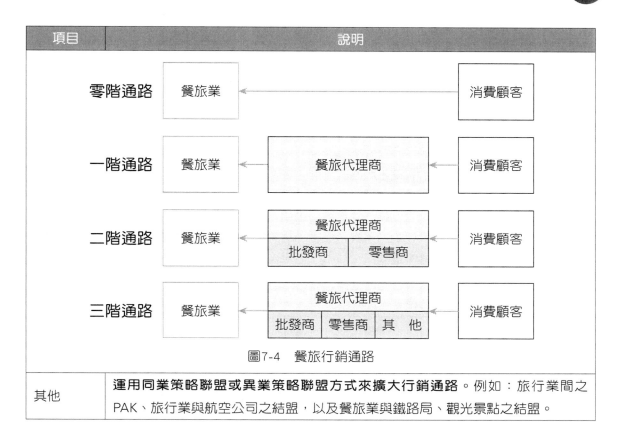 圖7-4 餐旅行銷通路
其他	**運用同業策略聯盟或異業策略聯盟方式來擴大行銷通路**。例如：旅行業間之PAK、旅行業與航空公司之結盟，以及餐旅業與鐵路局、觀光景點之結盟。

（四）促銷（推廣）(Promotion)

1. **促銷是加強消費者購買商品的誘因。**

2. 餐旅企業為將產品資訊迅速的傳送給目標市場的消費大眾，均透過宣傳廣告來促銷。例如：觀光局的新局徽。

3. 常見的推廣促銷工具有五種：

種類	說明
產品廣告(Advertising)	1. **利用廣告媒體**，例如：電視、報章雜誌、網站…等以多種語言方式來推廣。 2. 目的在透過廣告來告知，說明以影響消費者，並提升產品知名度。
促銷活動(Sales Promotion)	1. 利用宣傳小冊、說明書、摺頁、海報、招牌，或以投影片、錄影帶、光碟片、幻燈片等視聽媒體來推廣促銷活動。 2. 促銷活動，例如：**來店禮**、抽獎、**折價券**、大減價，或**免費贈品、試吃、試住等活動**。 3. 目的在提升產品品牌，增強廣告效益。

種類	說明
置入性行銷 (Media Placement)	1. **運用平面媒體**，例如：新聞、雜誌、或電視、電臺之旅遊報導、美食節目製作的方式。 2. 將餐旅產品、品牌標誌予以置入電視、電影節目中或生活情況中，以增加產品在市場的曝光率，提升企業形象與知名度，進而增加產品在市場之占有率。
公共關係(Public Relation)	1. 利用各種不同方式，例如新聞製作，並在媒體刊登、定期或不定期召開新聞媒體記者會、產品發表會、辦理熟悉旅遊(Familiarization Trip, FAM Trip)觀光餐旅博覽會或大型活動等方式來進行宣傳。 2. 目的在運用事實來佐證，藉以**創造公司良好聲譽與形象**，或將危機傷害減至最低。
人員推銷(Personal Selling)	係經由銷售人員直接與顧客面對面或電話中促銷，以發掘潛在顧客，建立與消費者的良好關係。

（五）延伸行銷組合

行銷組合8P	說明
產品(Product)	—
價格(Price)	—
通路(Place)	—
促銷(Promotion)	—
人員(People)	重視人員甄選和訓練，期望能與消費者產生良好互動，人員是企業最佳的資產。
包裝(Package)	將相關產品組合成套裝產品，提供良好配套服務。
規劃(Programming)	全面性的考量後，為消費者提供行銷計畫、執行與控制。
夥伴關係(Partnership)	與同業結盟或異業結盟，共同行銷。

（六）店內行銷(In-house Sale)

透過店內人員或店內的行銷廣告，主動向來電的顧客進行行銷。

分類	說明	舉例
向上銷售 (Up Selling)	促銷更高價值的產品和服務，刺激消費者有更多的消費。	可樂、薯條要加大嗎？

分類	說明	舉例
向下銷售 (Down Selling)	遞減銷售的方式，當顧客拒絕了服務人員第一次的推銷內容，因應需求，進而推薦較低價的類似商品。	服務人員：我們有臺北一日遊999元的行程。 客人：太貴了！ 服務人員：我們也有臺北半日遊只要399元的行程。
交叉銷售 (Crossing Selling)	橫向銷售為滿足顧客多樣化的需求，例如：告知顧客加購的價格低於個別購買。	臺北飯店兩天一夜2990元，可另外用299元加購原價650元的自助晚餐。
整組銷售 (Bundle Selling)	以套裝組合方式，將多樣或多量產品一起銷售，售價降低、利潤減少，但一次銷售的淨利卻增加。	1張餐卷599元，1本10張只要4990元。

三、SWOT分析

SWOT分析又稱為市場情勢分析，是策略管理的重要工具。

優勢(S)與劣勢(W)是指企業內部分析；機會(O)與威脅(T)是指企業外部分析。

內部分析是分析產品的優勢與劣勢；外部分析是分析企業面對外在環境時的機會和威脅。

內部分析 外部分析	優勢 (Strengths)	劣勢 (Weaknesses)
機會 (Opportunities)	1. 投入資源加強優勢能力、爭取機會策略。 2. 企業利用外部機會及本身的優勢，取得利潤。	1. 投入資源改善弱勢能力、爭取機會策略。 2. 企業利用外部機會，克服本身的劣勢。
威脅 (Threats)	1. 投入資源加強優勢能力、減低威脅策略。 2. 企業面對威脅時，利用本身的優勢克服威脅。	1. 投入資源改善劣勢能力、減低威脅策略。 2. 企業本身處在劣勢環境，又面臨外部威脅與困境。必須改善弱勢以降低威脅或進行合併、縮減規模。

考題推演

(B) 1. 川味麻辣餐廳將其最受歡迎的麻辣鍋底，製成自家招牌調理組合包鋪貨於美美超市，並安排餐廳廚師上午9:00–11:00於美美超市辦理產品試吃及買二送一促銷優惠。根據該餐廳所運用的4P行銷策略分析，下列何者正確？甲、美美超市是屬於4P中的place；乙、川味麻辣餐廳的麻辣鍋底調理組合包是屬於4P中的partnership；丙、美美超市與川味麻辣餐廳的合作夥伴關係是屬於4P中的package；丁、辦理產品試吃及買二送一的促銷優惠是屬於4P中的promotion
(A)甲、乙　(B)甲、丁　(C)乙、丙　(D)丙、丁。　　　【113統測】

解答　B

《解析》乙、川味麻辣餐廳的麻辣鍋底調理組合包是屬於product（產品）；丙、美美超市與川味麻辣餐廳的合作夥伴關係是屬於partnership（夥伴）；甲、place通路；丁、promotion促銷。

(A) 2. 餐旅行銷組合包含產品、價格、通路與推廣，下列有關行銷組合的概念，何者錯誤？　(A)產品僅包含有形的商品　(B)價格是顧客購買產品所付出的價錢　(C)通路是指將產品銷售到市場的平臺　(D)推廣是指讓顧客知悉產品以吸引顧客購買。　　　【106統測】

解答　A

(B) 3. 長榮航空公司推出搭乘該公司航班飛往上海，得以3,999元加購價購買上海長榮桂冠酒店的住宿券一張，這是屬於下列哪一種推銷方式？　(A)upselling　(B)cross selling　(C)down selling　(D)bundle selling。　　　【106統測】

解答　B

(A) 4. LA DOUX 烘焙坊的蛋黃酥一直熱賣，每天開門顧客就大排長龍，需求量非常高，因此老闆的思維就是繼續大量生產蛋黃酥，以更低的成本生產，使價格維持便宜划算，但疏於顧及產品品質。此種行銷的觀念是屬於何種導向？　(A)生產導向　(B)產品導向　(C)行銷導向　(D)社會行銷導向。　　　【112統測】

解答　A

《解析》生產導向的營運重點認為消費者只想要廉價產品，因此降低生產成本，且致力於提高生產效率以增加產量。

★ 7-1 餐旅行銷的基本概念

( ) 1. 關於馬斯洛(Maslow)的需求層次理論，下列敘述何者正確？甲、電影明星在餐廳用餐時，希望能免於被狗仔隊偷拍，是屬於社會需求；乙、餐廳提供餐食與飲料給顧客，是屬於生理需求；丙、餐廳提供顧客與人交際應酬的場所，是屬於安全需求；丁、具有社會地位的顧客，希望受到餐廳服務人員的重視與禮遇，是屬於自尊需求 (A)甲、乙 (B)甲、丙 (C)乙、丁 (D)丙、丁。
【100統測】

( ) 2. 旅館業者推出住宿房客自備盥洗備品可享住宿優惠的活動，較屬於下列哪一種行銷導向？ (A)銷售導向 (B)社會行銷導向 (C)生產導向 (D)通路導向。
【104統測】

( ) 3. 旅館業者與婚紗業者合作，推出新的組合商品與服務，這是屬於下列哪一種發展策略？ (A)加強科技應用策略 (B)重視異業聯盟策略 (C)重視健康保健策略 (D)強化綠色環保策略。
【104統測】

( ) 4. 星巴克咖啡因為重視自然環境，與咖啡種植者建立良好關係，實行有機栽培，此行為是企業的何種責任？ (A)對消費者的責任 (B)對投資者的責任 (C)對供應商的責任 (D)對社會環境的責任。
【104餐服技競】

( ) 5. 某餐廳舉辦「你消費、我賑災」之愛心義賣，屬於下列哪一種促銷推廣活動？ (A)公共關係 (B)銷售推廣 (C)人員銷售 (D)產品廣告。
【105統測】

( ) 6. 關於行銷概念發展時期之順序，由先至後的排列，下列何者正確？ (A)生產導向→銷售導向→產品導向 (B)行銷導向→產品導向→社會行銷導向 (C)產品導向→社會行銷導向→行銷導向 (D)銷售導向→行銷導向→社會行銷導向。
【105統測】

( ) 7. 許多「頂客族」（即雙薪水、無子女）或「單身貴族」把寵物當成家庭成員，針對這種生活型態的偏好，而推出寵物餐廳，這是使用下列哪一種區隔變數？ (A)人口統計變數 (B)地理變數 (C)心理變數 (D)行為變數。
【104統測】

解答

7-1	1.C	2.B	3.B	4.D	5.A	6.D	7.C

( ) 8. 某餐廳將市場分割成數個小市場區塊，個別訂定行銷策略，是屬於下列何項行銷概念？ (A)Direct Marketing (B)Public Relation (C)Market Segmentation (D)Internal Marketing。 【103統測】

《解析》Direct Marketing直效行銷，是行銷管道之一，買方和賣方直接交易，不需要透過居中的銷售人員或零售商，例如：寄送廣告郵件。Public Relation公共關係。Market Segmentation市場區隔。Internal Marketing內部行銷，公司管理部門將員工視為內部市場來經營，以行銷手法達到激勵員工的目的，使員工具有更好的服務意識與顧客導向概念，藉以吸引、開發、激勵、留住優秀人才，最終目的在於建立有高效率的工作團隊，進而全面提升企業整體績效。

( ) 9. 下列敘述何者不是餐旅行銷的原則？ (A)制定行銷策略前，通常會進行Strengths、Weaknesses、Opportunities與Threats之分析 (B)餐旅業所有行銷工作僅能由業務部門同仁統一執行 (C)目標行銷又稱STP，包含Segmentation、Targeting與Positioning (D)餐旅外部行銷環境之分析包含經濟、社會、政治、科技與競爭環境等。 【103統測】

《解析》制定行銷策略前，進行Strengths（優勢）、Weaknesses（劣勢）、Qpportunities（機會）、Theats（威脅）分析。餐旅業行銷工作可由業務部門同仁、現場提供服務同仁和全體員工一起執行。目標行銷又稱STP，含Segmentation（市場區隔）、Targeting（目標市場選擇）、Positioning（市場定位）。

( )10. 下列何者是餐旅業服務行銷金三角？ (A)供應商、顧客、餐旅企業 (B)員工、供應商、顧客 (C)餐旅企業、員工、供應商 (D)顧客、餐旅企業、員工。 【103統測】

( )11. 當餐旅業的產品已被多數顧客接受，銷售量達到最高點後成長趨緩，這是屬於產品生命週期的哪一階段？ (A)成熟期 (B)導入期 (C)成長期 (D)衰退期。 【103統測】

《解析》成熟期的銷售量成長趨緩，利潤在此時期達到最高峰而後轉趨下降。

( )12. 餐飲行銷必須先做好市場區隔，選定市場目標，依市場需求與特定，研擬行銷組合即為4P，所謂4P下列何者錯誤？ (A)Price (B)Product (C)People (D)Promotion。 【103餐服技競】

解答

8.C　　9.B　　10.D　　11.A　　12.C

( )13. 旅行社合組PAK團可視為旅遊行銷「8P」組合的哪一項？ (A)Partnership (B) Programming (C)Promotion (D)Product。 【103全國教甄】

( )14. 某餐廳強調以環保、綠色、在地食材及低食物哩程為主要行銷訴求，通常屬於下列哪一種行銷觀念？ (A)customer oriented (B)production oriented (C)sales oriented (D)social marketing oriented。 【107統測】

( )15. 好好蛋糕公司專精製作低價大眾化的鮮奶油蛋糕，並致力於大量製作、提高生產效率及降低成本。好好蛋糕公司設定的行銷營運方式，最接近哪一種行銷導向？ (A)marketing oriented (B)production oriented (C)product oriented (D) social marketing oriented。 【113統測】

《解析》生產導向認為消費者只想要廉價產品，因此降低生產成本，且致力於提高生產效率。(A)行銷導向；(B)生產導向；(C)產品導向；(D)社會行銷導向。

★ 7-2 餐旅行銷的方法

( ) 1. 「近年來外食需求增加以及重視健康飲食」，這是屬於餐旅行銷外在環境的哪一項分析？ (A)economic (B)political (C)social (D)technological。 【100統測】

( ) 2. 成功的PR有助於提升企業良好的形象，PR是指下列哪一項？ (A)優惠專案 (B)公共關係 (C)廣告行銷 (D)價格調降。 【100統測】

( ) 3. 餐廳在菜單上標示出每道菜色的熱量為經營的主題訴求，是下列哪一種行銷導向？ (A)production oriented (B)selling oriented (C)social marketing oriented (D)marketing segmentation oriented。 【102統測】

( ) 4. 餐旅業透過批發商與零售商兩個通路，將產品銷售給顧客，這是屬於下列哪一種通路模式？ (A)零階通路 (B)一階通路 (C)二階通路 (D)三階通路。 【102統測】

( ) 5. 王品集團旗下的餐廳，針對目標市場發展了多種品牌的作法，是屬於下列哪一種行銷策略？ (A)機會行銷(opportunity marketing) (B)差異化行銷 (differentiated marketing) (C)集中行銷(concentrated marketing) (D)配套行銷 (package marketing)。 【107統測】

🔔 解答

13.A 14.D 15.B 7-2 1.C 2.B 3.C 4.C 5.B

( ) 6. 關於價格策略之敘述，下列何者正確？ (A)discriminatory pricing是指採吉祥數字訂價法：訂價方式在價格中呈現吉祥數字 (B)odd pricing是指採畸零訂價法：訂價方式以畸零數字結尾 (C)penetration pricing是指採高價策略訂價法：訂價策略以高價方式謀取利潤 (D)skimming pricing是指採低價策略訂價法：訂價策略以低價薄利多銷方式擴大市場。 【108統測】

( ) 7. 傳統的行銷以「4P」產品(Product)、價格(Price)、通路(Place)、促銷(Promotion)為主，根據學者Alastair Morrison所提服務業行銷中，可再加入4P延伸成「8P」的行銷組合(Marketing Mix)，此再加入的4P為下列何者？ (A)participate、package、passion、practice (B)people、pleasure、programming、passion (C)people、package、programming、partnership (D)practice、progress、partnership、pleasure。 【108統測】

《解析》people（人員）、package（包裝）、programming（規劃）、partnership（夥伴）。

( ) 8. 某飯店在聖誕節當日，舉辦免費體驗手做薑餅屋，並邀請育幼院的小朋友來參與，此活動較符合下列哪一種推廣策略？ (A)sales promotion (B)personal selling (C)direct marketing (D)public relations。 【108統測】

( ) 9. 某產品鎖定都會區，且以30~40歲任職於服務業的女性為目標市場。依市場區隔變數中，地理、人口統計、心理以及行為的四種變數，使用了幾種變數？ (A)1種 (B)2種 (C)3種 (D)4種。 【109統測】

( )10. 餐廳透過外送平台訂餐服務拓展客源，顧客可以更便利取得餐點，為下列餐旅行銷組合4P的哪一項？ (A)product (B)place (C)price (D)promotion。 【110統測】

( )11. 服務行銷中，企業藉由員工教育訓練，以提升員工對企業的認同感並強化其履行企業承諾的能力，此為下列何種行銷？ (A)內部行銷 (B)外部行銷 (C)科科技行銷 (D)互動行銷。 【110統測】

( )12. 餐旅業因應時代背景與內外在環境的變遷、行銷概念也隨之演進。關於社會行銷導向的概念敘述，下列何者正確？ (A)注重產品生產技巧 (B)注重產品質提升 (C)注重產品銷售技巧 (D)注重產品生產節能減碳。 【110統測】

解答

| 6.B | 7.C | 8.D | 9.B | 10.B | 11.A | 12.D |

( )13. 完美居家生活新推出大廚萬能鍋，其廣告頻繁見於各大媒體與網路，該產品標榜讓消費者能輕而易舉在家烹煮出一桌餐廳級的好料理。然而此鍋銷售量成長緩慢，可能是消費者對產品未能瞭解，還在觀望中。大廚萬能鍋目前是在哪一個產品生命週期階段？ (A)decline stage (B)growth stage (C)introduction stage (D)maturity stage。 【113統測】

《解析》導入期銷售量成長緩慢，因消費者不熟悉，故採用頻繁廣告提高知名度。

( )14. 張同學想要在網美咖啡店吃烤布丁，於是瀏覽了許多Instagram中網美咖啡店與烤布丁的相片，最後決定在這個週末前往M購物商場的恬恬咖啡店，並決定在眾多的品項中購買黑糖奶茶與烤布丁。有關張同學的消費決策過程，不包含下列哪一個階段？ (A)購買決策 (B)需求認知 (C)購後行為 (D)尋找訊息。 【113統測】

《解析》「想要在網美咖啡店吃烤布丁」為需求認知，「瀏覽Instagram網美咖啡店」為尋找訊息，「決定前往某咖啡店，並決定購買黑糖奶茶與烤布丁」為購買決策，題文中並未經歷購後行為的階段。

▼ 閱讀下文，回答第15~17題

　　一群好友相約出遊，選擇住宿國內連鎖旅館，為減少一次性備品的使用，該旅館鼓勵房客若自行準備牙刷、牙膏等盥洗用品，即贈送雙人下午茶。入住當天在電梯裏看到館內的宣傳海報，推出下午茶餐券，原價一客＄499，買一本10張餐券送2張餐券且全臺分館適用，只要＄4,990；當日晚上選擇餐廳時，看到館內時尚米其林餐廳，推出一客＄8,800起的各式套餐。同行好友陷入在館內享用高檔精緻美食，或外出品嚐在地特色小吃的兩難中。

( )15. 若房客自備盥洗用品，旅館業者即贈送雙人下午茶，是屬於下列哪一種行銷方式？ (A)market orientation (B)production orientation (C)selling orientation (D)social marketing orientation。 【111統測】

《解析》選項(D)社會行銷導向以永續發展作法強調環保、回收再利用為原則；(A)行銷導向；(B)生產導向；(C)銷售導向。

( )16. 該旅館推出一本10張送2張的下午茶餐券，是屬於下列哪一種促銷方式？ (A)bundle selling (B)cross selling (C)down selling (D)up selling。 【111統測】

《解析》選項(A)整組銷售為搭配不同產品成為套裝組合；(B)交叉銷售；(C)向下銷售；(D)向上銷售。

 解答

13.C　　14.C　　15.D　　16.A

( )17. 該旅館時尚餐廳標榜為米其林星級餐廳，套餐一客 $ 8,800起，是屬於下列哪一種訂價策略？ (A)discriminatory pricing (B)penetration pricing (C)prestige pricing (D)skimming pricing。 【111統測】

《解析》(A)差別定價法；(B)市場滲透法；(C)威望定價法／炫耀定價法：將產品定在高單價，以彰顯高品質之價值；(D)市場吸脂法。

▼ 閱讀下文，回答第18~19題

元宵節前後一週為臺灣的觀光節，J Hotel 利用觀光節推出「住宿加早、晚餐及臺北捷運一日票，並贈送臺北 101 觀景臺門票，每人只要 $3,999」的優惠產品組合如圖（二），以吸引旅客消費入住，另外，若續住一晚只要加價 $ 1,000。

圖（二）

( )18. 此種結合兩個公司以上的產品配套組合，其所採用的是行銷組合中的哪一個策略？ (A)partnership (B)place (C)price (D)product。 【112統測】

《解析》(A)夥伴；(B)通路；(C)價格；(D)產品。

 解答

17.C 18.A

(　　)19. 此種搭配多項產品的優惠銷售方式，為下列何者？　(A)bundle selling　(B) cross selling　(C)down selling　(D)up selling。　　　　　　【112統測】

《解析》 搭配兩種不同產品（飯店住宿加捷運一日票）所形成的優惠產品，此種以套裝組合的銷售方式稱為「整組銷售」。(A)整組銷售；(B)交叉銷售；(C)向下銷售；(D)向上銷售。

 解答

19.A

觀光餐旅業的現況與未來

☑ 8-1 我國觀光餐旅業市場現況

☑ 8-2 觀光餐旅業當前面臨的課題

☑ 8-3 觀光餐旅業未來發展趨勢

趨勢導讀 本章之學習重點（本章為每年必考的重點）

1. 了解我國目前的觀光發展現況。

2. 了解我國觀光餐旅業（餐飲業、旅宿業、旅行業）面臨的狀況與未來發展趨勢。

8-1 我國觀光餐旅業市場現況

一、國際觀光市場現況

1. 根據聯合國世界觀光組織(World Tourism Organization, UNWTO, 2017)預測：西元2010~2030年間，全球國際旅遊人數年平均成長率約為3.3%，2030年將往上攀升至18億人次。

2. 2020年初新冠肺炎(COVID-19)疫情爆發並蔓延全球，觀光旅遊業是COVID-19疫情爆發後受災最嚴重的產業之一：COVID-19疫情的影響，除旅遊供給面外，同時影響需求面，世界各國祭出出境限制和航班取消／減班措施，大幅度減少國內和國際的旅遊服務，旅客需求也持續減少。

3. 各國疫情發展持續升溫

   (1) 國際航空運輸協會(IATA)於2020年7月份預測全球航空客運需求於2024年才能恢復疫情前2019年的水準。

   (2) 世界觀光組織(UNWTO)9月份預測2020年全球旅遊目的地的國際入境旅客將下跌70%，隨著疫情及疫苗發展程度，提出3種預估國際旅客復甦時間，第一種預測自2020年底，國際旅客將在2.5年內恢復到2019年水準（2023年中復甦）；第二種預測3年內復甦（2023年底）；第三種則預測需4年時間復甦（2024年底）。

4. 當疫情緩且各國解除鎖國後

   (1) 疫情對於經濟的影響將持續一段時間，且當疫情逐漸趨緩後，國際旅遊限制仍可能持續存在著。

   (2) 各國為支持自己國內的觀光旅遊業，可能採行有目的地限制出境旅遊，鼓勵以當地的觀光旅遊作為替代。

   (3) 國內旅遊不受限於邊境開放政策，目前預計國內旅遊將替代國外旅遊需求，但對於以觀光外匯收入為主的國家來說，將影響較鉅。

二、臺灣觀光市場現況

1. 依據內政部移民署統計資料，2019年臺灣入境旅客人次1,186萬人次。

2. 另依世界經濟論壇(World Economic Forum, WEF)2019年9月4日發佈之「2019年全球觀光競爭力指數」，評比對象涵蓋全球140個國家與地區，臺灣整體觀光競爭力指數，於140個參與評比之國家與地區中名列第37名，較上次2017年評比（第30名）下降7名，亞太地區則排名第11名。

3. 亞洲旅遊市場競爭激烈，來臺旅客市場已面臨客源結構、旅遊模式、旅客特性與偏好改變的挑戰，觀光局持續深耕日本、港澳、韓國等主力市場，開發新南向及紐澳等新興潛力市場，以及拓展歐洲、美國等長程市場，並發展穆斯林、獎勵旅遊、修學旅行等特定族群市場，開發多元特色旅遊產品，精準開拓國際觀光客源。

4. 來臺旅客自2015年首次突破千萬人次，達1,043萬人次，之後逐年穩定成長至2019年1,186萬人次，然來臺旅客觀光支出則受全球經濟景氣低迷、日幣走貶、大陸旅客減少及自由行旅客增加等影響，由2015年新臺幣4,589億元略減至2019年新臺幣4,456億元。2019年四大客源市場分別有日韓341萬人次（占29%）、歐美港澳291萬人次（占25%）、新南向277萬人次（占23%）、中國大陸271萬人次（占23%）等，可見來台市場已朝穩定成長、客源結構趨於均衡之發展現象。

5. 自2015年來臺旅客首次突破千萬大關，已連續5年千萬達標，然受新冠肺炎(COVID-19)影響，嚴重衝擊國際旅遊市場，各主要來臺旅遊市場現況及其疫後可能變化如下：

   (1) 2020年新冠肺炎(COVID-19)疫情擴散，使得旅遊團、國內相關大型活動、會展因防疫措施而延期或停辦，大幅衝擊國際旅客來臺及國人國內旅遊。

   (2) 海空運業者持續減班，民眾大幅降低出遊意願。

   (3) 預測在疫情趨緩後，雖世界逐漸恢復正軌，國際旅行限制可能將持續存在。

三、目前臺灣觀光政策

1. Taiwan Tourism 2030臺灣觀光政策白皮書（2021~2030年）確立臺灣觀光發展以「觀光立國」為願景，建立政府各部門落實「觀光主流化」之施政理念，以宣示政府重視觀光的強度及高度暨推展觀光的決心與毅力，共同合作打造台灣成為觀光之島。

2. 強調，未來10年臺灣將成為「亞洲旅遊重要的目的地」，觀光產業將會創造兆元以上的產值，成為帶領國家整體經濟發展的火車頭，未來應強化跨域合作機制，貫徹提升觀光品質，讓外界重新認識臺灣的美好，共同推動整體臺灣觀光永續發展。

3. 6大施政主軸「組織法制變革、打造魅力景點、整備主題旅遊、廣拓觀光客源、優化產業環境、推展智慧體驗」，以及23項策略及36項重點措施。

4. COVID-19疫情衝擊觀光產業之復甦及振興

(1) 2020年初，受新冠肺炎(COVID-19)疫情嚴重衝擊觀光運輸產業之影響，交通部推出紓困方案1.0版，包括人才培訓、接待陸團旅行業提前離境補助、停止出入團補助、入境旅行社紓困補助、協助觀光產業融資周轉貸款及利息補貼、觀光旅館及旅館必要營運負擔補貼等方案。

(2) 全球疫情升溫，隨即推出紓困2.0方案：擴大預算辦理旅行業停止出入團補助（增加7億元）、人才培訓（增加15億元）、協助觀光產業融資周轉貸款及利息補貼（增加10億元），此外，更新增觀光產業營運及員工薪資費用補貼，以充分照顧保障到觀光產業員工薪資及無雇主導遊、領隊及領團人員生計，更協助觀光遊樂業受到團體訂單取消，提供實質補貼方案。

(3) 國際疫情仍未明朗化之際，推出針對仍受國境管制衝擊之觀光產業提供紓困方案3.0版，延續紓困2.0方案為薪資費用補貼之實質補貼方案，補貼對象包括以出入境為主要經營業務之旅行社、以從事導遊及領隊工作維生之人員、都會區內以非本國籍旅客為主要客源之觀光旅館及旅館業者。

(4) 復甦及振興方面，除全力協助旅行業、旅宿業及觀光遊樂業轉型發展外，在疫情趨於緩和，規劃由國內旅遊展開振興復甦，並以「第一階段防疫旅遊」→「第二階段安心旅遊」→「第三階段疫後轉型發展」等策略步驟，積極有序提振觀光旅遊市場。

A. 安心旅遊部分：帶動1,846萬人次出遊，有效推升國民旅遊內需「食、宿、遊、購、行」，直接間接觀光效益達654億元（依2019年臺灣旅遊調查報告人均消費金額乘以人數計算），乘數效果可達逾7倍。同時，規劃擴大五大市場國際行銷、鼓勵國際旅客入境獎勵措施、提升旅宿溫泉品牌與行銷、旅宿業品質提升及觀光遊樂業優質化計畫、智慧觀光數位轉型等補助計畫，增進國旅及國際旅遊市場競爭力。

B. 升級轉型部分：相關「觀光前瞻建設計畫（前瞻2.0）」，配合行政院「向山致敬」及「向海致敬」政策，秉持前瞻基礎建設之精神，打造「六大國際魅力景區」及「推動區域旅遊品牌」，藉由觀光圈平台進行資源盤點、觀光產業健檢，依健檢結果研提改善策略。目的：加速東北角、北觀、日月潭、阿里山、東海岸及澎湖等6個國家風景區管理處之觀光景點建設，並以補助地方政府之方式整備旅遊帶頂尖景點，以串接觀光局所屬13國家風景區遊程，建構安全旅遊環境，打破國際旅客普遍認為「臺灣等於臺北」的刻板印象加強及優化相關旅遊服務設施，推廣深度體驗旅遊活動，延長遊客停留時間，用數位科技新技術改變與重新塑造觀光產業競爭優勢創造出觀光產業新的企業型態、商業模式與價值。

5. 交通部為辦理全國觀光發展業務，於2023年9月15日交通部觀光局升格為交通部觀光署。

考題推演

( ) 1. 「交通部觀光局為推展臺灣觀光，以墾丁等臺灣景點為背景，邀請明星代言人拍攝偶像連續劇，以吸引海外粉絲來臺尋找劇中觀光景點」。上列敘述中，何者屬於觀光系統的「觀光客體」？ (A)偶像連續劇 (B)來臺海外粉絲 (C)明星代言人 (D)墾丁等臺灣景點。 【105統測】

解答 D

( ) 2. 下列哪一項是交通部觀光局民國101年起推動的觀光行銷主軸？ (A)Naruwan Welcome to Taiwan (B)Taiwan Touch Your Heart (C)Time for Taiwan (D)Tour Taiwan Years。 【105統測】

解答 C

( ) 3. 觀光局為了提升觀光事業，曾於下列何年將觀光主題訂為「台灣溫泉觀光年」？ (A)民國88年 (B)民國91年 (C)民國95年 (D)民國98年。 【106統測】

解答 A

8-2 觀光餐旅業當前面臨的課題

項目	說明
人員流動性高，服務品質難以提升	經濟發展，生育率低。年輕人不願長期穩定投入餐旅服務業，導致人員流動率高、人力短缺、服務品質無法提升。
法規的限制	目前勞基法對工時規範，使餐旅業員工無法有效運用，人力吃緊。
國際企業的相互競爭	民國91年加入世界貿易組織(World Trade Organization, WTO)後，增加國際企業間的競爭力。
在國外經營餐旅業之困難度較高	臺灣大型企業將經營據點延伸到國外，卻因異國的風土民情、法令規章、語言文化，而使經營困難度高，削弱了競爭實力。

考題推演

(　　)1. 關於餐飲業內部經營管理問題，下列敘述何者錯誤？　(A)餐飲工作多為操作性工作，工時長、工作重，故基層人力短缺，人事流動率高　(B)為降低人事流動率，餐飲業者應加強人力培訓，並以自動化設備來替代人力之不足　(C)對於餐飲業而言，標準作業程序之建立有助於營運品質穩定　(D)雖然大環境造成營運成本增加，但對獲利的影響不大。　　　　　　　　　　　【102統測】

解答 D

(　　)2. 針對餐旅產業發展所帶來的影響，下列敘述何者錯誤？　(A)餐旅產業的發展，大多能對經濟、社會、文化等帶來正面效益，極少負面影響　(B)可提高就業機會、增加政府稅收、加速經濟建設，並帶動相關產業的發展　(C)因屬勞力密集性產業能提供大量工作機會，造成勞力供需與工作型態的改變　(D)文化發展層面促使政府保護稀有文化資產，增加觀光客與當地文化的交流。

【108統測】

解答 A

8-3 觀光餐旅業未來發展趨勢

（一）餐飲業經營管理的問題

內部經營管理的問題	外部經營環境的問題
1. 人力短缺、人事流動率高。 2. 人員招募不易、人力素質待提升。 3. 營造成本增加、壓縮獲利空間。 4. 房租、房價上漲、商圈店面難求。 5. 服務品質不穩定、欠缺標準化作業程序(Standard Operating Procedure, SOP)。	1. 經濟不景氣、物價上漲、房租增加。 2. 環保意識崛起，社會責任的分擔。 3. 餐飲市場消費型態的轉變： 　(1) 消費需求多樣化。 　(2) 重視服務品質、講究用餐氣氛。 　(3) 重視健康美食與全方位享受。 　(4) 重視精緻化、人性化的溫馨服務。 　(5) 「一價吃到飽」的歐式自助餐供食方式。 4. 資訊科技及網際網路的衝擊。

（二）餐飲業未來發展及努力方面

未來發展趨勢	未來努力的方向
1. 餐飲經營方式走向連鎖化、企業化、國際化。 2. 餐飲服務兩極化－速食餐廳與豪華精緻餐廳。 3. 產品創新，建立品牌形象。 4. 未來豪華高級餐廳營運主流－複合式餐廳與主題餐廳。 5. 綠色環保餐廳興起，強調健康飲食菜單。 6. 便利商店速食品與家常菜替代品的需求逐漸增加。 7. 重視現代餐飲文化與資訊科的應用。	1. 建立正確餐飲經營的哲學理念。 2. 發展餐廳特色，創造品牌形象。 3. 加強形象行銷，研發精緻產品。 4. 重視服務管理，加強人力培訓。 5. 重視餐飲行銷、改變行銷觀念。

資料來源：蘇芳基(2007)。餐旅概論。臺北：揚智。

（三）觀光餐旅兼未來的發展趨勢

項目	說明
產品與服務方面	1. 形象包裝，力求品牌創新。 2. 產品除了重視衛生、安全、健康、趣味外，亦兼顧環保與品質保證之社會責任。 3. 研發優質的精緻產品與服務。 4. 注重高品質、全方位的功能享受。 5. 重視人性化及個別化服務。

項目	說明
經營與管理方面	1. 加盟、連鎖經營或合併；同業、異業結盟為未來營運管理之趨勢。 2. **組織型態越趨向扁平化**，以節省人事成本，提升競爭力。 3. 加強人力資源之培訓，以解決人力短缺及提升人力素養。 4. **旅行業之組織呈極大化與極小化。** 5. 跨國餐旅業集團規模越來越大。 6. 重視市場區隔與產品的市場定位，以利行銷。 7. **重視餐旅產品之「置入式行銷」**，將產品置入電視、電影節目中或生活情境，以增加產品、品牌之曝光率，提升企業形象與市場占有率。 8. **資訊科技之應用**，以提升營運績效與服務品質。例如：**電子機票、卡片鑰匙、電腦資訊管理系統及資訊網路訂房、訂位系統、快速遷出退房(Express Check-Out)系統**，以及銷售點餐系統（例如：銷售點作業系統）等。

餐旅營運型態方面	1. 旅行業
	  (1) 營運規模呈兩極化，即市場規模極大與極小化。
	  (2) 重視品牌、形象包裝及品質保障IOS(International Organization for Standardization)認證。
	  (3) 旅遊產品精緻化，強調主題、定點之深度旅遊。
	  (4) 生態旅遊、知性旅遊及文化之旅的專業旅行社逐漸興起。
	  (5) 網路旅行社、虛擬旅行社逐漸茁壯。
	  (6) 資料銀行、旅遊資訊中心、訂位中心的出現。
	2. 旅館業都市型、渡假型、會議型、休閒型以及環保型旅館快速成長。博奕事業也逐漸與旅館結合。
	3. 餐飲業
	  (1) **餐飲業呈兩極化**，即**豪華高級餐廳**與**速簡型速食餐廳**，成為未來餐飲市場的主流。
	  (2) **複合式、主題式、連鎖加盟餐廳越來越多**。主題餐廳的主題越分越細，強調個性化、特色化。
	  (3) **外帶、外送式餐廳興起**，菜餚送到府上之服務越受歡迎。
	  (4) 咖啡專賣店、茶藝館、冰品飲料專門店仍不斷崛起。

資料來源：蘇芳基(2007)。餐旅概論。臺北：揚智。

考題推演

(　　) 1. 關於餐旅業未來發展之敘述，下列何者正確？甲、大量平價旅館興起後，國際知名連鎖品牌的引進將日漸減少；乙、APP訂位系統開發是利用科技來提升競爭優勢；丙、餐旅業因競爭激烈，不宜推行同業或異業策略聯盟；丁、速簡餐廳在未來仍具有市場優勢　(A)甲、乙　(B)甲、丙　(C)乙、丙　(D)乙、丁。

【106統測】

解答　D

(　　) 1. 觀光餐旅業歷經疫情時代後，改變許多消費模式與經營方式，下列哪些較<u>不符合</u>觀光餐旅未來發展趨勢？　(A)重視銀髮族市場的經營與推廣　(B)連鎖化與國際化的經營日益減少　(C)強調主題化、個性化的產品服務　(D)實踐產品服務的專業認證或國際認證。　　　　　　　　　　　　　【113統測】

《解析》集團化、連鎖化與國際化的經營日益增加為未來發展趨勢。

(　　) 2. 關於目前臺灣觀光餐旅業的現況與趨勢，下列敘述何者正確？　(A)異國風味餐廳日漸減少(B)餐旅業的薪資結構普遍偏低　(C)已有完善低碳旅行社認證制度　(D)導遊考試主管機關為考選部。　　　　　　　　　　　　【113統測】

《解析》(A)異國風味餐廳日漸增加；(C)尚未有完善低碳旅行社認證制度；(D)配合發展觀光條例修法，導遊領隊證照評量自113年起將改由交通部舉辦。

(　　) 1. 關於餐飲業內部經營管理問題，下列敘述何者<u>錯誤</u>？　(A)餐飲工作多為操作性工作，工時長、工作重，故基層人力短缺，人事流動率高　(B)為降低人事流動率，餐飲業者應加強人力培訓，並以自動化設備來替代人力之不足　(C)對於餐飲業而言，標準作業程序之建立有助於營運品質穩定　(D)雖然大環境造成營運成本增加，但對獲利的影響不大。　　　　　　　　　　　　【102統測】

(　　) 2. 針對餐旅產業發展所帶來的影響，下列敘述何者<u>錯誤</u>？　(A)餐旅產業的發展，大多能對經濟、社會、文化等帶來正面效益，極少負面影響　(B)可提高就業機會、增加政府稅收、加速經濟建設，並帶動相關產業的發展　(C)因屬勞力密集性產業能提供大量工作機會，造成勞力供需與工作型態的改變　(D)文化發展層面促使政府保護稀有文化資產，增加觀光客與當地文化的交流。

【108統測】

  解答

| 8-1 | 1.B | 2.B | 8-2 | 1.D | 2.B |

★ 8-3　餐旅業的未來發展趨勢

(　) 1. 到加油站加油即送速食店的薯條兌換券一張，是屬於餐旅業未來發展趨勢的哪一種類型？　(A)異業結盟　(B)連鎖加盟　(C)複合式經營　(D)綠色環保。

【101統測】

(　) 2. 未來旅遊市場之發展趨勢，下列敘述何者錯誤？　(A)旅遊活動精緻化　(B)多景點和多國的環球旅行　(C)地方或區域特色旅遊　(D)深度旅遊。【101統測】

(　) 3. 餐旅業未來發展的趨勢，下列敘述何者正確？　(A)旅館經營要家族式經營成本才會降低　(B)連鎖化經營方式會持續發展　(C)組織精簡要減少兼職人員　(D)速食業已飽和應創新。

【101統測】

(　) 4. 航空市場競爭激烈，除了確保平安載送旅客到達目的地之外，有些航空公司以降低票價的方式來吸引旅客，唯行李托運、機上餐食、視聽娛樂等服務需額外收費，是指下列哪一種航空業之經營型態？　(A)航空貨運(air cargo)　(B)廉價航空(low-cost airline)　(C)直飛航班(on-line airline)　(D)包機客運(charter air transportation)。

【102統測】

(　) 5. 關於臺灣餐旅業的未來發展趨勢，下列敘述何者正確？　(A)餐旅市場消費需求量持續增加　(B)獨立經營模式是未來發展趨勢　(C)研發高熱量飲食以滿足顧客對美味飲食的需求　(D)用人力取代科技來管理餐旅企業以提升營運效率。

【102統測】

(　) 6. 下列何者不是未來觀光餐旅業可能的發展趨勢？　(A)食安問題日益受到重視　(B)綠色環保議題為產業發展重要課題　(C)少子化現象使得消費者更重視親子餐廳　(D)短天數多國的全備旅遊為旅行業發展重點。

【103統測】

(　) 7. 有關餐旅業未來發展趨勢的敘述，下列何者錯誤？　(A)資訊科技化將提升餐旅業的競爭力　(B)環保意識抬頭帶動了綠色餐飲業的發展　(C)國際觀光旅館業餐飲收入比重將逐漸降低　(D)餐旅業者之社會責任逐漸受到重視。

【103統測】

《解析》國際觀光旅館業的房租收入和餐飲收入比重相當。

(　) 8. 下列有關旅行業未來發展趨勢的敘述，何者錯誤？　(A)透過異業策略聯盟，整合資源及增加競爭力　(B)結合資訊科技，行銷通路邁向多元化發展　(C)透

解答

| 8-3 | 1.A | 2.B | 3.B | 4.B | 5.A | 6.D | 7.C | 8.C |

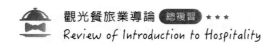
過遊程設計，增加購物停留點與強迫遊客消費　(D)定點深度旅遊與精緻化旅遊行程逐漸形成風潮。　　　　　　　　　　　　　　　　　　【105統測】

（　　）9. 關於餐飲業的未來發展趨勢之敘述，下列何者錯誤？　(A)注重健康安全的餐飲食材　(B)強調單打獨鬥的行銷策略　(C)重視餐飲產品的創意創新　(D)開拓國際市場的經營管理。　　　　　　　　　　　　　　　　　【105統測】

（　　）10. 近年來餐廳使用觸控式點餐系統與開發智慧手機專屬APP應用系統，原則上是屬於下列哪一種餐飲業的發展趨勢？　(A)餐飲業的M型化　(B)資訊科技的應用　(C)環保意識的興起　(D)國際化連鎖經營。　　　　　　　　　　【105統測】

（　　）11. 關於旅館業之經營概念及發展趨勢，下列敘述何者錯誤？　(A)網路訂房已逐漸成為未來訂房方式的主流　(B)逐漸朝向集團化及連鎖化之經營趨勢發展　(C)休閒旅館住房淡旺季比商務旅館較不明顯　(D)超額訂房為解決商品具時效性的方法之一。　　　　　　　　　　　　　　　　　　　　　【105統測】

（　　）12. 關於觀光餐旅業發展的敘述，下列何者錯誤？　(A)短程區域旅遊會越來越盛行　(B)MICE產業可帶動旅館和旅行業的發展　(C)搭高鐵加10元享住宿優惠，是屬於異業結盟策略　(D)銀髮族的觀光旅遊市場有日益減少之趨勢。

　　　　　　　　　　　　　　　　　　　　　　　　　　　　　　　【107統測】

（　　）13. 關於臺灣旅宿業未來的發展趨勢，下列敘述何者錯誤？　(A)為強調經營特色，國際連鎖品牌的引進日漸減少　(B)鼓勵旅客住宿時自備盥洗用品、續住不更換床單(C)奢華精緻旅館與平價住宿興起，呈現兩極化現象　(D)以資訊科技提升營運效能，提供旅客更便利服務。　　　　　　　　　　　　　　【112統測】

《解析》旅宿業未來的發展趨勢集團化、連鎖化、國際化經營。

（　　）14. 關於餐飲業未來的發展趨勢，下列何者錯誤？　(A)外帶與外送平台持續地成長　(B)獨立餐廳經營模式成為主流　(C)食材履歷與食安逐漸被重視　(D)餐廳推出冷凍真空料理食品。　　　　　　　　　　　　　　　　　　　【112統測】

《解析》連鎖化經營為餐飲市場未來發展的主流，並非以獨立餐廳經營模式為主流。

 解答

9.B　　　10.B　　　11.C　　　12.D　　　13.A　　　14.B

New Wun Ching Developmental Publishing Co., Ltd.

New Age · New Choice · The Best Selected Educational Publications — NEW WCDP

新文京開發出版股份有限公司

新世紀‧新視野‧新文京 — 精選教科書‧考試用書‧專業參考書